国家卫生健康委员会"十四五"规划教材
全国高等学校药学类专业第九轮规划教材
供药学类专业用

药用植物学

第 8 版

主　编　黄宝康

副主编　王旭红　温学森　贾景明

编　者（以姓氏笔画为序）

王　弘（北京大学药学院）　　　　　李　涛（四川大学华西药学院）

王戎梅（西安交通大学药学院）　　　汪建平（华中科技大学同济医学院）

王旭红（中国药科大学）　　　　　　张　磊（中国人民解放军海军军医大学）

卢　燕（复旦大学药学院）　　　　　赵　丁（河北医科大学）

白云娥（山西医科大学）　　　　　　贾景明（沈阳药科大学）

刘　忠（上海交通大学药学院）　　　黄宝康（中国人民解放军海军军医大学）

许　亮（辽宁中医药大学）　　　　　葛　菲（江西中医药大学）

孙立彦（山东第一医科大学）　　　　温学森（山东大学药学院）

李　明（广东药科大学）　　　　　　薛　焱（内蒙古医科大学）

人民卫生出版社
·北　京·

图书在版编目（CIP）数据

药用植物学 / 黄宝康主编 . —8 版 . —北京：人民卫生出版社，2022.7（2025.10 重印）

ISBN 978-7-117-33001-5

Ⅰ.①药…　Ⅱ.①黄…　Ⅲ.①药用植物学 – 医学院校 – 教材　Ⅳ.①Q949.95

中国版本图书馆 CIP 数据核字（2022）第 049826 号

人卫智网	www.ipmph.com	医学教育、学术、考试、健康，购书智慧智能综合服务平台
人卫官网	www.pmph.com	人卫官方资讯发布平台

药用植物学
Yaoyong Zhiwuxue
第 8 版

主　　编：黄宝康

出版发行：人民卫生出版社（中继线 010-59780011）

地　　址：北京市朝阳区潘家园南里 19 号

邮　　编：100021

E - mail: pmph @ pmph.com

购书热线：010-59787592　010-59787584　010-65264830

印　　刷：三河市潮河印业有限公司

经　　销：新华书店

开　　本：850×1168　1/16　印张：18　插页：24

字　　数：520 千字

版　　次：1986 年 11 月第 1 版　　2022 年 7 月第 8 版

印　　次：2025 年 10 月第 6 次印刷

标准书号：ISBN 978-7-117-33001-5

定　　价：68.00 元

打击盗版举报电话：010-59787491　E-mail: WQ @ pmph.com

质量问题联系电话：010-59787234　E-mail: zhiliang @ pmph.com

数字融合服务电话：4001118166　E-mail: zengzhi @ pmph.com

 出 版 说 明

全国高等学校药学类专业规划教材是我国历史最悠久、影响力最广、发行量最大的药学类专业高等教育教材。本套教材于1979年出版第1版,至今已有43年的历史,历经八轮修订,通过几代药学专家的辛勤劳动和智慧创新,得以不断传承和发展,为我国药学类专业的人才培养作出了重要贡献。

目前,高等药学教育正面临着新的要求和任务。一方面,随着我国高等教育改革的不断深入,课程思政建设工作的不断推进,药学类专业的办学形式、专业种类、教学方式呈多样化发展,我国高等药学教育进入了一个新的时期。另一方面,在全面实施健康中国战略的背景下,药学领域正由仿制药为主向原创新药为主转变,药学服务模式正由"以药品为中心"向"以患者为中心"转变。这对新形势下的高等药学教育提出了新的挑战。

为助力高等药学教育高质量发展,推动"新医科"背景下"新药科"建设,适应新形势下高等学校药学类专业教育教学、学科建设和人才培养的需要,进一步做好药学类专业本科教材的组织规划和质量保障工作,人民卫生出版社经广泛、深入的调研和论证,全面启动了全国高等学校药学类专业第九轮规划教材的修订编写工作。

本次修订出版的全国高等学校药学类专业第九轮规划教材共35种,其中在第八轮规划教材的基础上修订33种,为满足生物制药专业的教学需求新编教材2种,分别为《生物药物分析》和《生物技术药物学》。全套教材均为国家卫生健康委员会"十四五"规划教材。

本轮教材具有如下特点:

1. 坚持传承创新,体现时代特色 本轮教材继承和巩固了前八轮教材建设的工作成果,根据近几年新出台的国家政策法规、《中华人民共和国药典》(2020年版)等进行更新,同时删减老旧内容,以保证教材内容的先进性。继续坚持"三基""五性""三特定"的原则,做到前后知识衔接有序,避免不同课程之间内容的交叉重复。

2. 深化思政教育,坚定理想信念 本轮教材以习近平新时代中国特色社会主义思想为指导,将"立德树人"放在突出地位,使教材体现的教育思想和理念、人才培养的目标和内容,服务于中国特色社会主义事业。各门教材根据自身特点,融入思想政治教育,激发学生的爱国主义情怀以及敢于创新、勇攀高峰的科学精神。

3. 完善教材体系,优化编写模式 根据高等药学教育改革与发展趋势,本轮教材以主干教材为主体,辅以配套教材与数字化资源。同时,强化"案例教学"的编写方式,并多配图表,让知识更加形象直观,便于教师讲授与学生理解。

4. 注重技能培养,对接岗位需求 本轮教材紧密联系药物研发、生产、质控、应用及药学服务等方面的工作实际,在做到理论知识深入浅出、难度适宜的基础上,注重理论与实践的结合。部分实操性强的课程配有实验指导类配套教材,强化实践技能的培养,提升学生的实践能力。

5. 顺应"互联网+教育",推进纸数融合 本次修订在完善纸质教材内容的同时,同步建设了以纸质教材内容为核心的多样化的数字化教学资源,通过在纸质教材中添加二维码的方式,"无缝隙"地链接视频、动画、图片、PPT、音频、文档等富媒体资源,将"线上""线下"教学有机融合,以满足学生个性化、自主性的学习要求。

众多学术水平一流和教学经验丰富的专家教授以高度负责、严谨认真的态度参与了本套教材的编写工作,付出了诸多心血,各参编院校对编写工作的顺利开展给予了大力支持,在此对相关单位和各位专家表示诚挚的感谢! 教材出版后,各位教师、学生在使用过程中,如发现问题请反馈给我们(renweiyaoxue@163.com),以便及时更正和修订完善。

人民卫生出版社
2022年3月

黄宝康

　　海军军医大学药学院教授,博士生导师,中药资源学科带头人。上海市育才奖,军队院校育才奖银奖获得者。兼任上海市植物学会理事长,上海市药学会中药专业委员会副主任委员。从事药用植物学和生药学教学科研工作31年,研究方向为中药资源及新药研究开发。主持完成国家自然科学基金重点项目、面上项目以及科技部863项目等基金课题15项,以第一作者或通讯作者发表SCI及核心期刊论文120余篇。申请国家发明专利15项。主编全国高等学校药学类专业规划教材《药用植物学》等教材以及专著9部,科技部、教育部及国家自然科学基金项目评审专家。获军队科技进步奖3项,获优秀教学成果奖5项。

副主编简介

王旭红

　　中国药科大学教授。研究方向为药用植物分类与显微鉴定。主持的药用植物学课程被评为 2018 年国家精品在线开放课程(线上一流课程)、2019 年国家级线上线下混合式一流课程、江苏省首批一流虚拟仿真课程。获首届江苏省高校教师教学创新大赛一等奖,主持或参与多项江苏省教改课题,中国药科大学"国邦卓越奖教金"获得者,获中国药科大学第三届课程思政教学比赛一等奖。发表教学论文十余篇。主编、参编多部教材和题库。

温学森

　　山东大学药学院教授,药学博士,研究生导师。从事药用植物学和生药学的教学和科研工作 32 年。在地黄种质资源、高产栽培技术、产后加工和炮制原理、有效成分分析和生物活性评价等方面开展了一系列相关研究,先后承担 3 项国家自然科学基金项目。此外,还开展了金银花、菊花、黄芩、大枣、瓦松、百蕊草等不同品种的栽培、产后加工和贮藏等方面的研究工作,考察栽培条件及产地加工工艺对药材质量的影响,为提高药材质量奠定基础,发表研究论文 60 余篇。

贾景明

　　沈阳药科大学二级教授,博士生导师,中韩分子生药学研究室主任。辽宁省"兴辽英才计划"领军人才。中国中西医结合学会分子生药学专业委员会副主任委员,中国药学会中药资源专业委员会、科技传播专业委员会委员;主编《分子生药学专论》《中药生物技术》及《瑞云山常见药用植物图鉴》等教材与专著。主持国家自然科学基金面上项目,"十一五"国家科技重大专项,"十二五"科技支撑计划,"十三五"国家重点研发计划项目等课题。以第一作者或通讯作者发表 SCI 论文 60 余篇。主要研究方向为中药资源学、中药化学及分子生药学。

前　言

　　本版教材为国家卫生健康委员会"十四五"规划教材,根据药学专业培养目标,坚持"三基""五性""三特定"以及传承创新的编写原则和思想,在《药用植物学》(第7版)的基础上,结合国内外药用植物研究进展进行了必要的修订补充。

　　本版教材主要修订内容包括,根据《中国植物志》及2020年版《中华人民共和国药典》(以下简称《中国药典》)等更新完善植物各论部分的学名、形态描述及功效。新增第十二章药用植物资源的保护与可持续利用。统一完善各章的编写体例,章前有学习要求,章后有内容小结。结合学科发展规律及立德树人教育理念,在相关章节设置知识拓展的模块内容,拓宽学生知识面或提供进一步的阅读材料。蕨类植物精简至9个科,被子植物科的数量保留68个,部分较重要的药用植物以简表的形式介绍。补充或更新了部分重要药用植物彩色照片,增加了部分重要植物花的精细解剖照片,形象直观地展示所代表科的形态特征。彩图总数增至200幅。同时更新补充了部分植物形态组织墨线图,有利于学生准确完整理解相关内容。

　　本版教材的修订编写由主编和副主编共同负责拟定编写大纲,全体编委集体讨论、分工编写,副主编审稿,最后由主编统稿定稿。具体章节分工是:绪论　黄宝康;第一章　张磊;第二章　李涛;第三章　第一节　李明,第二节　葛菲,第三、四节　王戍梅,第五、六节　薛焱;第四章　第一、二节　孙立彦,第三、四节　王旭红;第五、六章　温学森;第七、八章　白云娥;第九章　汪建平;第十章　许亮;第十一章　三白草科至毛茛科　王旭红,小檗科至芸香科　王弘,楝科至山茱萸科　卢燕,杜鹃花科至唇形科　赵丁,茄科至菊科　贾景明,泽泻科至兰科　刘忠;第十二章　第一节　贾景明,第二节　黄宝康;药用植物简表及彩图由黄宝康教授汇总修订。

　　本教材的主要读者对象为全国高等学校药学类专业的本科生,亦可作为有关专业成人教育或自学教材使用。本教材提供数字资源内容,用二维码的形式呈现,同时编写了配套教材《药用植物学实践与学习指导》(第3版)。

　　本教材在编写过程中得到了各编者及所在院校的大力支持,中国人民解放军海军军医大学吴宇、李春艳帮助整理部分资料及编写会务工作,在此表示诚挚的谢意。由于编者水平有限,本书还存在一些不足之处,恳请广大读者提出宝贵意见和建议,以便进一步修订完善。

编者

2022年1月

目　录

绪　　论

学习要求

掌握: 药用植物学的学习方法。
熟悉: 药用植物学的研究内容与主要任务。
了解: 药用植物学的发展。

绪论
教学课件

自然界丰富多样的植物是生态环境的重要组成部分,并且为人类的衣食住行提供了各种原料。其中相当一部分植物具有医疗保健用途,被人们用来防病治病。我国是世界上使用药用植物种类较丰富、应用药用植物较早的国家之一。《中国植物志》记载了我国 301 科 3 408 属 31 142 种植物,而我国有药用记载的植物总数有 1 万多种。我国历版国家标准或地方标准收载的药材饮片基源植物(法定药用植物)有 2 965 种。2020 年版《中国药典》(一部)收载的 616 味药材与饮片中,有 543 味为植物药,涉及药用植物 624 种。另外还收载了 47 种植物油脂和提取物。中药及天然药物中的绝大部分来源于植物。因此,在从事中药与天然药物领域的学习与研究时,掌握与了解药用植物学的基础知识是十分必要的。

一、药用植物学的内涵与任务

药用植物(medicinal plant)是指其植株的全部或一部分可用于传统医学或现代医学治疗、预防疾病的植物。药用植物学(pharmaceutical botany)是运用植物学的知识与方法来研究药用植物,包括其形态组织、生理功能、分类鉴定、资源开发和合理利用等内容的一门学科。通过研究药用植物的形态描述与分类鉴定,调查药用植物资源,整理发掘中草药种类,保证用药准确有效。药用植物学的主要任务可以归纳为药用植物的种类鉴定与资源利用,即正本清源、开源节流。

(一)正本清源,确保基源准确

无论是中药材还是草药,确保基源准确是保证临床使用安全有效的前提。药用植物学的首要任务是科学准确地鉴定植物种类,澄清混乱品种,鉴定伪品药材,为生药基源正本清源,需要有扎实的植物分类知识与技能。

植物性药材的种类繁多、来源十分复杂,加上各地应用历史、使用习惯的差异,植物和药材的名称存在"同名异物""同物异名"现象,加上相似品、代用品、混淆品和伪品的存在,给基源鉴定带来困难。

名称为"金钱草"的药材,2020 年版《中国药典》记载为报春花科植物过路黄 *Lysimachia christinae* Hance 的干燥全草,"广金钱草"则为豆科植物广金钱草 *Desmodium styracifolium* (Osbeck) Merr. 的干燥地上部分。而《中药大辞典》则记载"金钱草"为唇形科植物活血丹 *Glechoma longituba* (Nakai) Kuprianova 的全草或带根全草。《江西中药材标准》记载"江西金钱草"来源于伞形科植物天胡荽 *Hydrocotyle sibthorpioides* Lam. 及其变种。

未有鉴定学名的药材名称还容易造成混淆误解,"青蒿"既可指药材青蒿 Artemisiae Annuae Herba(其基源为菊科植物黄花蒿 *Artemisia annua* L.),也可指植物青蒿 *Artemisia carvifolia* Buchanan-Hamilton ex Roxburgh,而后者不含青蒿素,不能作青蒿药材使用。

广防己和关木通曾作为防己和木通药材使用,1963 年至 2020 年各版《中国药典》规定防己为防

己科粉防己 *Stephania tetrandra* S. Moore 的干燥根。20 世纪 90 年代,比利时曾误把马兜铃科的广防己 *Aristolochia fangchi* Y. C. Wu ex L. D. Chow et S. M. Hwang 代替防己用作减肥药,导致了严重的马兜铃酸肾中毒事件。马兜铃科木通马兜铃(关木通)*Aristolochia manshuriensis* Kom. 也曾取代木通科木通 *Akebia quinata*(Thunb.)Decne 作为主流药材。由于造成严重不良后果,《中国药典》自 2005 年版起不再收载广防己和关木通。

此外,一些外形相似的药材存在误采、误用情况。名贵中药材如冬虫夏草、天麻、西洋参、野山参等,由于经济利益的驱使,在市场上常有各种伪品、掺假或以次充好现象出现。

因此,准确鉴定原植物种类,澄清中药的混乱品种,确保基源准确,对中药材的生产、流通、使用、科研及临床安全有效具有重要意义。

(二)开源节流,确保资源好用

一定的时间和空间内的资源总是有限的。要确保药用植物资源好用,可持续利用,既要开源,又要节流。一方面要提高资源的利用效率,避免浪费。另一方面可根据植物亲缘关系,利用新技术寻找新资源、扩大新药源,使药用植物资源做到可持续利用。

加强对现有药用植物资源的合理利用与保护。我国大量的古代本草著作在药用植物的栽培、采收、加工、炮制、贮藏、应用等方面积累了丰富的经验,可以充分利用现代技术挖掘潜力。屠呦呦团队受东晋葛洪《肘后备急方》启发,从黄花蒿中发现青蒿素治疗疟疾,为人类健康作出巨大贡献。通过对药用植物资源的调查与文献考证,明确我国的药用植物资源家底,并充分利用现代技术,阐明药效物质基础,提高有效性、安全性,并通过道地性、生态适宜性研究提高药用植物品质及种植效率,减少资源浪费。

目前常用的药用植物资源有约 80% 为野生,只有不到 20% 为人工栽培,有许多为稀有濒危物种。野生资源非常丰富的药用植物,一旦其产品开发进入现代规模化生产,如不注意可持续利用,野生资源也会趋于枯竭。自从在短叶红豆杉 *Taxus brevifolia* Nutt. 树皮中发现了抗癌成分紫杉醇并上市后,对红豆杉的不合理开发利用曾导致我国云南地区红豆杉资源遭受严重破坏。我国 1999 年制定,经 2021 年调整后的《国家重点保护野生植物名录》共列入国家重点保护野生植物 455 种和 40 类,包括国家一级保护野生植物 54 种和 4 类,国家二级保护野生植物 401 种和 36 类。当前世界各国对植物药的需求和开发不断增加,生态环境及生物多样性保护压力增大,一定要加强对野生、濒危药用植物的繁育与保护,同时注重寻找新资源,扩大新药源。植物系统进化和植物化学分类学原理显示,亲缘关系较近的植物,其体内代谢过程与化学成分也相近,据此可以发现新药源或寻找进口替代品。如在 20 世纪 50 年代,我国植物学家和药学专家在云南、广西、海南找到了能完全取代印度产蛇根木 *Rauvolfia serpentina*(L.)Benth. ex Kurz. 的降血压资源植物萝芙木 *Rauvolfia verticillata*(Lour.)Baill. 及其同属多种植物。人们在过去本草文献无记载或认为无药用价值的长春花 *Catharanthus roseus*(L.)G. Don、喜树 *Camptotheca acuminata* Decne. 以及红豆杉属 *Taxus* 植物中发现降压成分利血平,抗癌成分长春新碱、喜树碱和紫杉醇等,已用于临床。我国先后从国外成功引种栽培了水飞蓟 *Silybum marianum*(L.)Gaertn.、番红花 *Crocus sativus* L.、西洋参 *Panax quinquefolius* L.、曼地亚红豆杉 *Taxus×media*、紫锥菊 *Echinacea purpurea*(L.)Moench、玛卡 *Lepidium meyenii* Walp. 等药用植物。

此外,根据植物细胞具有"全能性"的原理,可运用细胞工程、组织培养技术繁殖试管苗和保存种质,进行脱毒苗生产,扩大利用药用植物资源。利用植物细胞、基因、酶运用发酵工程生产次生代谢产物,利用 DNA 重组等方法开展遗传育种,采用毛状根培养或药用植物内生真菌获得药用成分等,这些技术促进了药用植物资源的安全和可持续发展。

二、药用植物学的发展与学科定位

(一)药用植物学的发展历史

药用植物学的发展已有数千年悠久的历史,植根于中华民族传统文明,可以追溯到人类远古时期。在生活和生产实践中,人类通过与疾病长期斗争所积累的经验总结,发现了许多能消除或减轻疾病痛苦的植物、动物和矿物,逐步形成了对药物的感性和理性认识。我国古代记载药物来源与应用知识的著作称为"本草",其中记载的多数为植物。本草有时也指中药或传统药物。

东汉时期的《神农本草经》收载药物 365 种,为现存最早的本草专著,也是我国古代第一部药物知识的总结,为后人用药及编写本草著作奠定了基础。

梁代陶弘景将《神农本草经》和《名医别录》合并加注而成的《本草经集注》,收载药物 730 种。

唐代李勣、苏敬等 23 人集体编写,由官方颁发的《新修本草》(习称"唐本草"),被认为是世界第一部药典,收载本草 850 种。

明朝李时珍的《本草纲目》记载药物 1 892 种,附方 11 000 余个,新增药物 374 种,其中收录植物 1 100 余种。全面总结了 16 世纪以前我国人民认、采、种、制、用药的经验,不仅大大地促进了我国医药的发展,同时也促进了东亚和欧洲各国药用植物学的发展。

其他重要本草还有宋·苏颂等撰的《图经本草》、宋·唐慎微的《经史证类备急本草》、清·赵学敏的《本草纲目拾遗》以及清·吴其浚的《植物名实图考》和《植物名实图考长编》等。

我国介绍西方近代植物科学的第一部书籍是 1857 年在上海出版的李善兰和英国人 A. Williamson 合作编译的《植物学》,全书共八卷,插图 200 余幅,书中创立了许多现代植物学名词和名称。20 世纪初至 40 年代,胡先骕、钱崇澍、张景钺、严楚江等植物学家,运用近代植物学理论与方法,研究发表了一些植物分类和植物形态解剖论著。1934 年,《中国植物学杂志》创刊。1936 年浙江医药专科学校报社与上海正定公司出版了韩士淑根据日本下山氏原著编译的第一部《药用植物学》中文大学教科书。1949 年中国科学图书公司出版了李承祜教授编著的《药用植物学》,这也是我国第一部以现代观点编写的《药用植物学》大学教科书。

中华人民共和国成立后,党和国家十分重视中医中药和天然药物的研究和人才的培养,在各地陆续设立了中医药大专院校(系)和药用植物教学与研究机构,培养了大批药用植物研究人才,开展了中药原植物与生药鉴定的教学与研究工作。各医(药)科大学药学专业、中医药大学中药专业均开设了药用植物学课程,人民卫生出版社出版的《药用植物学》国家规划教材使用范围较广、影响较大,谢成科(第 1 版)、沈联德(第 2 版)、郑汉臣(第 3~5 版)、张浩(第 6 版)、黄宝康(第 7~8 版)先后担任该教材的主编。

在这个时期还出版了许多中药与药用植物相关的重要专著,如《中国植物志》《中药志》《中国药典》《中国药用植物志》《中药大辞典》《全国中草药汇编》《中国本草图录》《原色中国本草图鉴》《新华本草纲要》《中国中药资源志要》《中华本草》《中国药用植物》《中国药用真菌》《中国药用地衣》《中国药用孢子植物》《中国民族药志》《中国中药资源大典》等;还有《中国中药杂志》《中草药》《中药材》以及 Journal of Ethnopharmacology、Planta Medica、Journal of Natural Product、Phytomedicine、Phytochemistry 等发表大量药用植物和中药研究论文的期刊。

(二) 药用植物学学科与课程定位

"药用植物学"作为一门课程,是药学、中药学专业重要的专业基础课,与生药学、天然药物化学、中药学、中药鉴定学、中药资源学、中药商品学、药用植物栽培学、药用植物生物技术等课程均有密切关系,也是学习了解中药与天然药物的基础学科,是一门理论性、实践性、直观性均很强的专业基础课程。

广义上说,研究药用植物的科学就是药用植物学。有关药用植物栽培、植物化学成分、药用植物组织培养与生物工程、生药或中药鉴定、中药资源、品质评价、资源开发利用等都可以说是药用植物学的相关内容。

一般认为,药用植物学主要解决药用植物的种类、资源及其品质问题。形态学、组织学和分类学是基础内容,从细胞、组织、器官、植物体、类群、生态系统,阐明植物的形态构造和分布;从藻类、菌类、地衣、苔藓、蕨类、裸子植物、被子植物,介绍植物的系统分类。有关药用植物的分类鉴定、品质评价、组织培养、规范化种植、资源开发与利用等内容则是在此基础上的开发与应用。

现代科学技术的发展促进了各学科之间的相互渗透、相互借鉴,相近分支学科的差异和界限逐渐淡化,同时也促进形成一些新的学科分支。随着现代医药学,特别是现代生物学、化学以及信息技术与人工智能的迅猛发展,从传统的形态分类到植物实验分类学、细胞分类学、化学分类学、数值分类学、分子系统学等,药用植物学不断地增添了新的研究内容、研究方法与研究方向。如植物内部的形态、生理、结构与功能、基因调控研究,以及外环境对药用植物的生长发育、物质与能量代谢、遗传变异与进化的影响与调控研究。

(三) 药用植物学的发展趋势

当前药用植物学的核心任务是分类与资源,分类上要正本清源,解决真伪问题。资源的数量上要保证可持续利用,品质上追求绿色优质。

分子生物学技术、信息技术以及人工智能大数据技术的快速发展,为药用植物学的发展提供了强劲动力。在分类鉴定方面,除了传统的形态学和组织学方法,分子标记、DNA 条形码以及 DNA 测序技术也为药用植物鉴定提供了分子证据。

在加强药用植物传统育种的基础上,发展药用植物分子标记育种与药用植物品质定向调控,运用分子遗传标记技术构建重要药用植物遗传连锁图,从野生类型筛选优良目的基因,种质资源的收集和保存及良种选育研究,通过诱变、杂交、选择突变体,发展新品种。利用组织培养、快速繁殖、脱毒等新技术培育优良品种,利用民族药用植物资源和内生菌等微生物资源开发新药源,应用细胞工程、酶工程、发酵工程和生物反应器生产药用植物活性成分。

开展优质药材的种质资源道地性研究和珍稀濒危植物的濒危机制研究。植物生态型是形成道地药材的重要的生物学本质因素,依据植物生态学的理论和方法,研究药用植物分布、产量、品质及抗逆相关的生态因子,采用 DNA 分子遗传标记技术应用于药用植物的道地性研究,从居群和分子水平上阐明药材道地性产生的机制,开展绿色中药材的高效栽培技术研究。

三、药用植物学的学习方法

学习药用植物学首先要从整体上把握内容体系。药用植物学的基础知识包括形态解剖学和系统分类学。前者包括植物细胞、组织、器官的形态和显微特征,后者包括植物分类系统、药用植物重点科属种的分类特征。通过学习,掌握本学科基础理论知识和基本实验技能,为中药与天然药物相关专业课程学习奠定坚实的基础。

药用植物学的学习过程中应注重理论联系实践,充分运用植物标本、模型、图表、显微切片等教具以提高学习效果,提高分析问题和解决问题的能力。要十分重视实验操作和野外实习,认真观察和比较实物,才能更好地理解教材中所讲述的植物形态、显微构造的名词术语,为学好植物分类及相关内容打下坚实的基础。在查阅植物检索表时必须先理解植物器官形态学名词,以利于准确检索;理解并能在显微镜下准确识别植物的显微构造,才能为今后顺利观察药材的显微特征以及学习植物细胞组织培养技术等打下良好的基础。

在学习过程中要善于整理总结,进行前后联系,横向比较,重在理解,不要死记硬背。抓住植物关键的识别特征,如十字花科的十字花冠、四强雄蕊、角果,菊科的头状花序、聚药雄蕊、瘦果,伞形科的复伞形花序和双悬果,卫矛科、无患子科、姜科植物种子的假种皮等特征。

要学好、学活植物形态、分类内容,要多去校园、野外观察。遇到不认识的植物,要想方设法查阅检索鉴定,比较各种植物及其器官的形态特征,找出各类植物特征之间的异同点,再对照教材或其他参考书,通过亲身实践方能加深印象和帮助理解。

此外要利用好配套教材及数字资源,还可以利用网络资源,如中国植物志电子版(http://www.iplant.cn/frps)、中国数字植物标本馆(https://www.cvh.ac.cn)来帮助学习或鉴定药用植物。

总之,多观察、多实践、多思考,才能将本课程学得活、记得牢和用得好。

内容小结

　　药用植物是指可用于治疗、预防疾病的植物。药用植物学是运用植物学的知识与方法来研究药用植物的一门学科。药用植物学的主要任务可以归纳为药用植物的种类鉴定与资源利用,即正本清源、开源节流。药用植物学发展具有悠久的历史,古代记载药物的著作也称本草。当代生物技术及信息技术发展促进了药用植物学的快速发展。学习药用植物学要坚持多观察、多实践、多思考。

(黄宝康)

绪论
目标测试

第一章

植物的细胞

第一章
教学课件

学习要求

掌握:植物细胞的形态、基本结构和功能;植物细胞的后含物。
熟悉:植物细胞壁的结构。
了解:植物细胞的分裂、生长及分化特点,植物细胞的全能性及生物学价值。

植物细胞是植物体结构和生命活动的基本单位。人类对细胞的认识水平在不断地发展。早在1665年,英国学者胡克(Robert Hooke)通过显微镜观察软木薄片,将看到的蜂窝状小室称为细胞(cell)。1839年前后,德国植物学家施莱登(Matthias Schleiden)和动物学家施旺(Theodor Schwann)分别提出动、植物均由细胞构成,他们创立的细胞学说被恩格斯称为是19世纪自然科学的三大发现之一。1902年,德国植物学家哈伯兰特(G. Haberlandt)提出植物细胞具有全能性,任何一个已分化的细胞都有可能形成一个完整的植株;1958年,美国植物学家斯图尔德(F. C. Steward)用胡萝卜根韧皮细胞培养出完整植株证实了植物细胞的全能性。1933年前后,德国科学家鲁斯卡(E. Ruska)设计制造了世界上第一架电子显微镜,使人们对细胞结构的认识更加精细。1961年,布拉舍(J. Brachet)根据细胞在电镜下的图像,绘制了细胞超微结构模式图,使人类对细胞的认识进入了超微及分子水平。

无论是低等植物还是高等植物均由细胞构成。如小球藻是生活在淡水中的单细胞植物,只由一个细胞组成,直径大约几微米。高等植物的个体由许多细胞组成,细胞因存在于植物体的部位和执行的机制不同,其形状和大小则随之而异。如输送养料和水分的细胞呈长管状,并连通成管状,以利于物质输送。起支持作用的纤维细胞多呈长梭形,并聚集成束,以加强支持功能。根尖分生区细胞小,壁薄,排列紧密,具有很强的分生能力。

植物细胞直径多在10~100μm,但也有相差悬殊的,如细菌的细胞直径小于0.2μm。西瓜果肉细胞储藏了大量的水分及色素,直径可达1mm。苎麻茎中的纤维细胞可长达50cm。

第一节　植物细胞的形态和基本构造

研究植物细胞的构造需要借助显微镜,才能将其结构观察清楚,光学显微镜的分辨极限不小于0.2μm,有效放大倍数一般不大于1 600倍,光镜下看到的结构称为显微结构(microscopic structure)。要观察清楚更细微的结构,则需要用电子显微镜,包括扫描电镜或透射电镜,观察到的细胞结构称为超微结构(ultramicroscopic structure)或亚显微结构(submicroscopic structure)。

一个典型的植物细胞的结构,可见外面包围着一层比较坚韧的细胞壁,壁内为原生质体。原生质体主要包括细胞质、细胞核、细胞器等有生命的物质。此外,细胞中尚含有多种非生命物质,它们是原生质的代谢产物,称为后含物。为了便于学习,将各种植物细胞的主要构造集中在一个细胞里加以说明,这个细胞称为典型的植物细胞或模式植物细胞(图1-1、图1-2)。

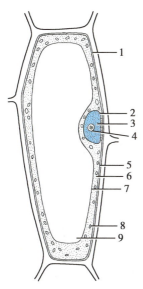

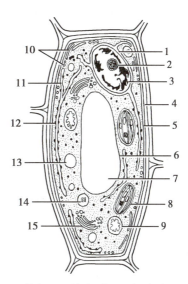

1. 细胞壁　2. 核膜　3. 核液　4. 核仁　5. 质膜
6. 胞基质　7. 液泡膜　8. 叶绿体　9. 液泡

图 1-1 植物细胞的显微构造（模式图）

1. 核膜　2. 核仁　3. 染色质　4. 细胞壁　5. 质膜
6. 液泡膜　7. 液泡　8. 叶绿体　9. 线粒体　10. 微管
11. 内质网　12. 核糖体　13. 圆球体　14. 微球体
15. 高尔基复合体

图 1-2 植物细胞的超微构造（模式图）

一、原生质体

原生质体（protoplast）是细胞内有生命物质的总称，包括细胞质、细胞核、质体、线粒体、高尔基体、核糖体、溶酶体等，是细胞的主要成分，细胞的一切代谢活动都在这里进行。构成原生质体的物质基础是原生质（protoplasm），原生质是细胞生命物质的基础，其化学成分复杂，并随代谢活动而变化，最主要的成分是以蛋白质与核酸（nucleic acid）为主的复合物。核酸有两类，一类是脱氧核糖核酸（deoxyribonucleic acid，简称 DNA），另一类是核糖核酸（ribonucleic acid，简称 RNA）。DNA 是遗传物质，决定生物的遗传和变异；RNA 则是把遗传信息传送到细胞质中去的中间体，在细胞质中直接影响着蛋白质的产生。

按照原生质体内物质的作用、形态及组分上的差异，又分为细胞质、细胞核和细胞器三部分：

（一）细胞质

细胞质（cytoplasm）是原生质体的基本组成成分，为半透明、半流动的基质。在年幼的植物细胞里，细胞质充满整个细胞，随着细胞的逐渐长大和液泡的形成、扩大，细胞质被挤压到细胞的周围并紧贴细胞壁。细胞质与细胞壁相接触的膜称作细胞质膜（cytoplasmic membrane），与液泡相接触的膜称作液泡膜（vacuolar membrane）。细胞质膜和液泡膜之间的部分称作中质（medium）。在显微镜下见到的细胞质为一个均匀的整体。

质膜对各种物质的通过具有选择性，能控制大分子有机物、水、无机盐和其他营养物质进出细胞。细胞质膜和液泡膜还具有半渗透现象，即细胞质与细胞外部液体之间存在着渗透作用。在栽培植物时，如土壤中盐分过多或施肥过浓，植物根毛细胞不但吸收不到水分，细胞中的水分反而向外扩散，从而造成细胞质壁分离，使植物产生生理干旱现象，严重时植物会枯萎死亡。

此外，质膜还能抵御病菌的侵害，接收和传递外界的信号，调节细胞的生命活动。

（二）细胞核

细胞核（cell nucleus）是细胞生命活动的控制中心。遗传信息的载体 DNA 在核中贮藏、复制和转录，从而控制细胞和植物体的生长、发育和繁殖。高等植物每个细胞通常只具有一个细胞核，但一些低等植物如藻类、菌类和种子植物的乳管细胞也有双核或多核的。细胞核一般呈圆球形,其大小一般在 10~20μm。在幼小的细胞中,细胞核位于细胞中央,随着细胞的长大和中央液泡的形成,细胞核也随之被挤压到细胞的一侧。有些细胞的核也可以借助于几条细胞质线四面牵引而保持在细胞的中央。

根据细胞的进化地位、结构和遗传方式的不同,主要是细胞核结构的不同,细胞可以分为原核细胞(prokaryotic cell)与真核细胞(eukaryotic cell)。原核细胞没有定型的细胞核,由原核细胞构成的生物称原核生物(prokaryote),如支原体、衣原体、立克次体、细菌、放线菌、蓝藻等。真核细胞有定型的细胞核,核外有核膜包被。由真核细胞构成的生物称为真核生物(eukaryote),包括高等植物和大多数的低等植物。

在光学显微镜下观察活细胞,因细胞核具有较高的折光率而易看到。细胞核具有一定的结构,可分为核膜、核液、核仁和染色质四部分。

1. 核膜(nuclear membrane)   是分隔细胞质与细胞核的界膜。在光学显微镜下观察到一层核膜,在电子显微镜下可看到由内外两层膜组成。膜上有许多小孔,称为核孔(nuclear pore)。这些孔的张开或关闭,对控制细胞核与细胞质之间的物质交换和调节细胞的代谢具有十分重要的作用。

2. 核液(nuclear sap)   是细胞核膜内呈黏滞性的液体,主要成分是蛋白质、RNA 和多种酶,这些物质保证了 DNA 的复制和 RNA 的转录。

3. 核仁(nucleolus)   是细胞核中折光率强的小球体状物质,一或数个。主要由核糖体 RNA(rRNA)、核糖体 DNA(rDNA)和核糖核蛋白组成。其主要功能是进行 rRNA 的合成。

4. 染色质(chromatin)   散布在核液中,是易被碱性染料着色的物质。在不是分裂期的细胞核中,染色质不明显,或者可以成为着色较深的网状物。当细胞核行将分裂时,染色质聚合成为一些螺旋状的染色质丝,进而形成棒状的染色体(chromosome)。每种植物在分裂过程中,都会形成一定数目、形状及大小的染色体,其形态结构分析(染色体核型或组型分析)可作为植物分类和研究植物进化的重要依据。染色质主要由 DNA 和蛋白质所组成,和植物的遗传有着重要的关系。

细胞核是细胞遗传和代谢的调控中心。失去细胞核的细胞通常不能进行正常的生长、代谢和分裂。同时,细胞核总是包埋在细胞质中,其生理功能的实现也离不开细胞质。

(三) 细胞器

细胞器(organelle)是细胞中具有一定形态结构、组成和特定功能的微器官,也称拟器官。目前认为,细胞器包括质体、液泡、线粒体、内质网、核糖体、微管、高尔基体、圆球体、溶酶体、微体等。前三者可以在光学显微镜下观察到,其余则只能在电子显微镜下才能看到。

1. 质体(plastid)   质体为植物细胞所特有的细胞器,其基本组成为蛋白质和类脂,含有色素。质体内所含色素不同,其生理功能也不一致。据此,可将质体分为白色体、叶绿体和有色体(图 1-3)。

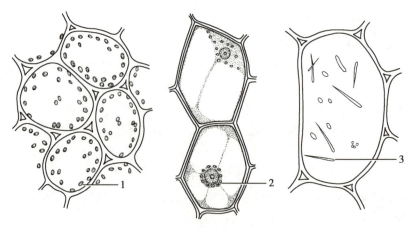

1.叶绿体   2.白色体   3.有色体

图 1-3   质体的种类

（1）白色体（leucoplast）：白色体为球形、纺锤形或其他形状的无色小颗粒,在植物个体发育中形成最早。在植物的分生组织,种子的幼胚以及所有器官的无色部分都可发现。白色体与物质的积累和贮藏有关,它包括合成淀粉的造粉体,合成蛋白质的蛋白质体和合成脂肪、脂肪油的造油体。

（2）叶绿体（chloroplast）：高等植物的叶绿体一般呈球形或扁球形,直径 4~10μm,厚度 1~2μm。常存在于植物体内能透光的部分,而以叶肉细胞中最多。叶绿体主要由蛋白质、类脂、脱氧核糖核酸和色素组成,此外还含有与光合作用有关的酶和多种维生素等,是进行光合作用和合成同化淀粉的场所。叶绿体含有的色素主要有 4 种:叶绿素 a、叶绿素 b、胡萝卜素和叶黄素。其中以绿色的叶绿素含量最多,所以叶绿体呈绿色。

在电子显微镜下,叶绿体呈现一种复杂的超微结构,外面被双层膜包被,包被里面为无色的基质（matrix）,其中常有同化淀粉。基质中有若干基粒（grana）,基粒由一列双层膜片状的类囊体（thylakoid）重叠而成。叶绿素分子及许多与光合作用有关的酶分布在膜上。在基粒之间,有基粒间膜（fret）相联系（图 1-4）。

（3）有色体（chromoplast）：有色体在细胞中常呈杆状、针状、圆形、多角形或不规则形。常存在于花、果实和根中。其所含色素主要是胡萝卜素和叶黄素。

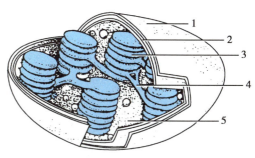

1. 外膜　2. 内膜　3. 基粒　4. 基粒间膜　5. 基质

图 1-4　叶绿体的立体结构

常使植物呈黄色、橙色或橙红色。在胡萝卜的根、蒲公英的花瓣、番茄的果肉细胞中均可看到有色体。

以上三种质体由幼小细胞中的前质体（proplastid）发育而来,而且它们之间在一定的条件下可以转化。例如发育中的番茄,最初含有白色体,见光后白色体转化为叶绿体,使幼果呈绿色,最后在果实成熟时,叶绿体逐渐转变成有色体,番茄由绿而变红。有色体也能转化成其他质体,例如胡萝卜根暴露在地面的部分经光照而变成绿色,这是有色体转化为叶绿体的缘故。

2. 液泡（vacuole）　液泡亦是植物细胞特有的细胞器。在幼小细胞中液泡很小、分散或不明显,随着细胞长大成熟,液泡逐渐增大,并彼此合并成几个大液泡或一个中央大液泡,而将细胞质、细胞核等挤向细胞的周边（图 1-5）。液泡外有液泡膜（tonoplast）,把膜内的细胞液与细胞质隔开。液泡膜是有生命的,是原生质体的一个组成部分,作用是控制细胞内的物质交换。液泡内含有新陈代谢过程中产生的各种物质的混合液,也称细胞液,是无生命的。其主要成分除水外,还有糖类（saccharide）、盐类（salt）、生物碱类（alkaloid）、苷类（glycoside）、鞣质（tannin）、有机酸（organic acid）、挥发油（volatile oil）、色素（pigment）、树脂（resin）、晶体（crystal）等,其中不少化学成分具有很强的生理活性,往往是植物药的有效成分。

除质体和液泡外,植物的细胞器还有:线粒体（mitochondrion）,主要与细胞内的能量转换有关;内

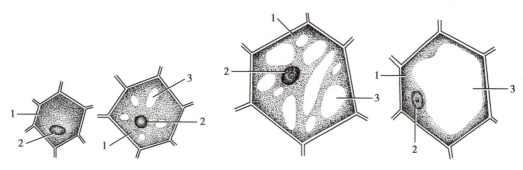

1. 细胞质　2. 细胞核　3. 液泡

图 1-5　液泡的形成

质网（endoplasmic reticulum），与细胞内蛋白质、类脂和多糖的合成、运输及贮藏有关；高尔基体（golgi body），主要与多糖的合成和运输有关；核糖体（ribosome），一般被认为是蛋白质合成的场所；溶酶体（lysosome）和微体（microbody），含有各种酶，能分解生物大分子，对细胞内贮藏物质的利用起重要作用；圆球体（spherosome），是脂肪积累和分解的场所。这些细胞器都有一定的形态和功能，是细胞生长和代谢不可缺少的。

由微丝、微管和中间纤维系统组成的细胞骨架，也被认为是广义的细胞器，它是真核细胞细胞质内普遍存在的蛋白质纤维网架系统，它把分散在细胞质中的细胞器及各种膜结构组织起来，相对固定在一定的位置，使细胞内新陈代谢有条不紊地进行。

二、细胞后含物

植物细胞在生活过程中，由于新陈代谢的活动而产生的各种非生命的物质，统称为后含物（ergastic substance）。后含物的种类很多，它们以液状、晶体状和非结晶固体形状存在于细胞质和液泡中，其形态和性质往往随物种的不同而异，因而细胞的后含物是生药显微鉴定和理化鉴定的重要依据之一。此外，有些后含物还是药用植物贮藏的营养物质或主要活性成分，有些则是细胞的代谢废弃产物。成形的贮藏物质和代谢产物主要包括淀粉、菊糖、贮藏蛋白质、脂肪油和各种晶体。

（一）淀粉

淀粉（starch）由多分子葡萄糖脱水缩合而成，其分子式为$(C_6H_{12}O_5)_n$。一般绿色植物经光合作用所产生的葡萄糖，暂时在叶绿体内转变成的淀粉为同化淀粉（assimilation starch）。同化淀粉再度分解为葡萄糖，转运到贮藏器官中，而在造粉体（白色体之一）内重新形成的淀粉称为贮藏淀粉（reserve starch）。贮藏淀粉以淀粉粒（starch grain）的形式贮藏在植物根、块茎和种子等的薄壁细胞中。淀粉积累时，先形成淀粉的核心——脐点（hilum），然后环绕核心继续由内向外层层沉积。许多植物的淀粉粒，在显微镜下可以看到围绕脐点有许多亮暗相间的轮纹——层纹（annular striation），这是由于淀粉沉积时，直链淀粉（葡萄糖分子成直线排列）和支链淀粉（葡萄糖分子成分支排列）相互交替分层沉积的缘故，直链淀粉较支链淀粉对水有更强的亲和性，两者遇水膨胀不一，从而表现出了折光上的差异。如果用乙醇处理，使淀粉脱水，这种轮纹就会随之消失。

淀粉粒的形状有圆球形、卵圆球形、长圆球形或多面体形等；脐点的形状有颗粒状、裂隙状、分叉状、星状等，有的在中心，有的偏于一端。淀粉还有单粒、复粒、半复粒之分：一个淀粉粒只具有一个脐点的称为单粒淀粉（simple starch grain）；具有 2 个或多个脐点，每个脐点有各自层纹的称为复粒淀粉（compound starch grain）；具有 2 个或多个脐点，每个脐点除有各自的层纹外，在外面另被有共同层纹的称为半复粒淀粉（half compound starch grain）。淀粉的形状、大小、层纹和脐点常随植物种类而异，可作为鉴定药材的一种依据。淀粉粒不溶于水，在热水中膨胀而糊化，可经酸或酶分解为葡萄糖。含有直链淀粉的淀粉粒遇稀碘液显蓝紫色，支链淀粉则显紫红色。用甘油醋酸试液装片，置偏光显微镜下观察，淀粉粒常显偏光现象，已糊化的则无偏光现象（图1-6）。

图片：马铃薯淀粉粒

（二）菊糖

菊糖（inulin）为果糖分子的聚合物，能溶于水，不溶于乙醇，常见于菊科、桔梗科和龙胆科部分植物根的薄壁细胞中。在生活细胞中呈溶解状态，组织脱水干燥或用乙醇制片后在显微镜下可见到析出的呈类圆形或扇形的菊糖结晶。菊糖遇 α- 萘酚 - 浓硫酸试液显紫红色而溶解。

图片：蒲公英根菊糖

（三）贮藏蛋白质

植物细胞中的贮藏蛋白质（storage protein）是化学性质稳定的无生命物质，不同于构成原生质体的有生命的蛋白质。可分为结晶形或无定形。结晶的蛋白质称为蛋白拟

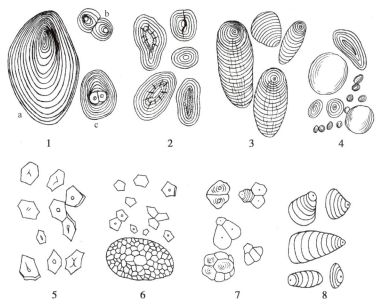

1. 马铃薯(a 为单粒,b 为复粒,c 为半复粒)　2. 豌豆　3. 藕　4. 小麦　5. 玉米　6. 大米　7. 半夏　8. 姜

图 1-6　各种淀粉粒

晶体,无定形的蛋白质常被一层膜包裹成圆球状的颗粒称为糊粉粒(aleurone grain)。在种子的胚乳和子叶细胞里普遍具有糊粉粒。蓖麻胚乳细胞中的糊粉粒除蛋白质拟晶体外还含有磷酸盐球形体(globoid)(图 1-7)。茴香胚乳的糊粉粒中还包含有细小草酸钙簇晶。这些贮藏蛋白质遇碘试液呈暗黄色;遇硫酸铜加苛性碱水溶液显紫红色。

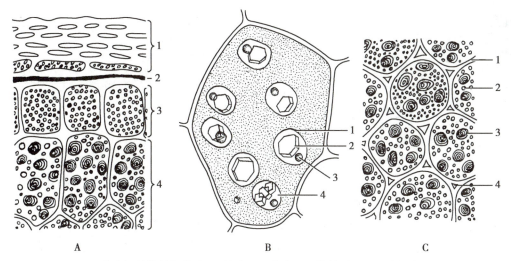

A. 小麦颖果的外部构造:1. 果皮　2. 种皮　3. 糊粉层　4. 胚乳细胞
B. 蓖麻的胚乳细胞:1. 糊粉粒　2. 蛋白质拟晶体　3. 球形体　4. 基质
C. 豌豆的子叶细胞:1. 细胞壁　2. 糊粉粒　3. 淀粉粒　4. 细胞间隙

图 1-7　各种糊粉粒

(四)脂肪和脂肪油

脂肪(fat)和脂肪油(fatty oil)是由脂肪酸和甘油结合而成的酯,也是植物贮藏的一种营养物质,存在于植物各器官中,种子中尤为常见。一般在常温下呈固态或半固态的称脂肪,如乌桕脂,可可豆

脂;呈液态的称脂肪油,呈小油滴状态分布在细胞质里(图1-8)。有些植物种子含脂肪油特别丰富,如蓖麻、芝麻、油菜等的种子。

脂肪和脂肪油均不溶于水,易溶于有机溶剂,遇碱则皂化,遇苏丹Ⅲ试液显橙红色、红色和紫红色,遇锇酸变成黑色。脂肪油具有多种用途,可作食用、药用或工业用,如蓖麻油常用作泻下剂,月见草油治疗高脂血症等,茶油可作为注射剂原料或软膏基质。

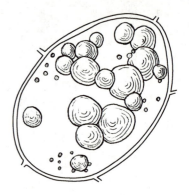

图1-8 脂肪油(椰子胚乳细胞)

(五)晶体

晶体(crystal)是植物细胞中无机盐的结晶体,存在于植物细胞的液泡中。最常见的是草酸钙晶体,少数植物中有碳酸钙晶体。晶体常被认为是植物新陈代谢的废物,它的形成可以避免过多的酸对细胞的损害。

1. 草酸钙结晶(calcium oxalate crystal) 草酸钙常为无色透明的结晶,以不同的形态分布于细胞液中(图1-9)。在某些植物的器官中,随着组织衰老,部分细胞内的草酸钙结晶也逐渐增多。一般一种植物只能见到一种形态,但少数也有两种或多种的,如臭椿根皮除含簇晶外尚有方晶,曼陀罗叶含有簇晶、方晶和砂晶。

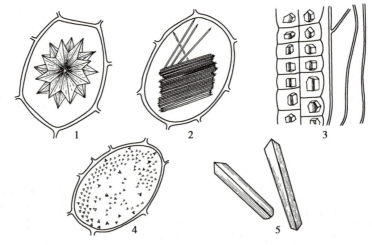

组图:草酸钙结晶

1.簇晶(大黄根状茎) 2.针晶束(半夏块茎) 3.方晶(甘草根)
4.砂晶(牛膝根) 5.柱晶(射干根状茎)

图1-9 各种草酸钙结晶

(1)单晶(solitary crystal):又称方晶或块晶,通常单独存在于细胞内,呈正方形、斜方形、菱形、长方形等形状。如在甘草、黄柏中所见到的。有时单晶交叉而形成双晶,如莨菪叶。

(2)针晶(acicular crystal):为两端尖锐的针状晶体,在细胞中大多成束存在,称为针晶束(raphides),常存在于黏液细胞中,如半夏、黄精等。也有的针晶不规则地分散在细胞中,如苍术根状茎。

(3)簇晶(cluster crystal,rosette aggregate):由许多菱状晶集合而成,一般呈多角形星状,如大黄根状茎、人参根等。

(4)砂晶(micro-crystal,crystal sand):呈细小的三角形、箭头状或不规则形,聚集在细胞里,如颠茄叶、牛膝根、枸杞根皮等。

(5)柱晶(columnar crystal,styloid):为长柱形,长度为直径的四倍以上,如射干的根茎、淫羊藿的叶等。

不是所有植物都含有草酸钙结晶,所含的草酸钙结晶又因植物种类不同而具有不同的形状和大小,这些特征可作为鉴别生药的依据。草酸钙结晶不溶于醋酸,但遇20%硫酸便溶解并形成硫酸钙针状结晶析出。

2. 碳酸钙结晶（calcium carbonate crystal）　多存在于植物叶的表皮细胞中,其一端与细胞壁连接,形状如一串悬垂的葡萄,形成钟乳体。钟乳体多存在于爵床科、桑科、荨麻科等植物体中,如穿心莲叶、无花果叶、大麻叶等的表皮细胞中含有。碳酸钙结晶加醋酸则溶解并放出 CO_2 气泡,可与草酸钙结晶区别(图1-10)。

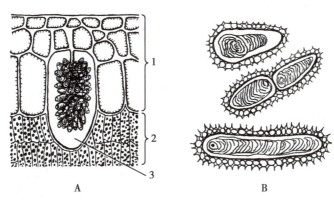

图片：无花果碳酸钙结晶

A. 无花果叶内的钟乳体：1. 表皮和皮下层　2. 栅栏组织　3. 钟乳体和细胞腔
B. 穿心莲细胞中的螺状钟乳体

图 1-10　碳酸钙结晶

除草酸钙结晶和碳酸钙结晶外,某些植物体内还存在其他类型的结晶,如柽柳叶中含有硫酸钙结晶,菘蓝叶中含靛蓝结晶,槐花中含芸香苷结晶等。

此外,细胞质中还存在着其他与植物生长发育密切相关的物质,如酶（enzyme）、维生素（vitamin）、生长素（auxin）、抗生素（antibiotic）等。

三、细胞壁

一般认为细胞壁（cell wall）是由原生质体分泌的非生命物质所构成,具有一定的坚韧性。但现已证明,在细胞壁(主要是初生壁)中亦含有少量具有生理活性的蛋白质,它们可能参与细胞壁的生长以及细胞分化时细胞壁的分解过程。细胞壁是植物细胞特有的结构,与液泡、质体一起构成了植物细胞区别于动物细胞的三大结构特征。植物细胞由于年龄和执行功能的不同,其细胞壁的成分和结构也有所不同。

（一）细胞壁的分层

细胞壁根据形成的先后和化学成分的不同分为三层:胞间层、初生壁和次生壁(图1-11)。

1. 胞间层（intercellular layer）　又称中层（middle lamella）,存在于细胞壁的最外面,是相邻的两个细胞共有的一层。不含纤维素,无偏光性。主要由果胶（pectin）组成,果胶具有很强的亲水性与可塑性,使相邻细胞彼此粘连在一起。果胶很容易被酸或酶等溶解,从而导致细胞的相互分离。药材显微鉴定中常用的组织解离法和农业上沤麻的工艺过程就是利用这个原理,前者是用硝酸和铬酸的混合液解离,后者是利用细菌的活动产生果胶酶,分解麻纤维细胞的胞间层而使其相互分离。

2. 初生壁（primary wall）　在植物细胞生长过程中,由原生质体分泌的纤维素（cellulose）、半纤维素（hemicellulose）和少量果

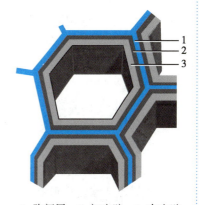

1. 胞间层　2. 初生壁　3. 次生壁

图 1-11　细胞壁的结构

胶质加在胞间层的内侧,形成细胞的初生壁。初生壁一般薄(1~3μm)而有弹性,能随细胞的生长而延伸,壁的延伸又使初生壁中填充了一些新的原生质体分泌物,这称为填充生长。许多植物细胞终生只具有初生壁。原生质体分泌物也可同时增加在已形成的初生壁的内侧,这称为附加生长。在植物体细胞杂交研究中,常利用纤维素酶和果胶酶进行细胞壁脱除,从而获得具有生活力的原生质体。

3. 次生壁(secondary wall) 次生壁是细胞壁停止生长后,逐渐在初生壁的内侧一层层地积累一些纤维素、半纤维素和少量木质素(lignin)等物质,使细胞壁附加增厚。次生壁一般较厚(5~10μm)而坚硬,可以增加植物细胞壁的机械强度,较厚的次生壁还可分为内、中、外三层。但并非所有的细胞都具有次生壁。大部分具有次生壁的细胞,在成熟时原生质体死亡,残留的细胞壁起支持和保护植物体的功能。

图1-12 胞间连丝(柿核)

(二)胞间连丝和纹孔

1. 胞间连丝(plasmodesmata) 细胞壁生长时并不是均匀增厚的,在初生壁上具有一些明显的凹陷区域——初生纹孔场(primary pit field),分布着许多小孔,细胞的原生质细丝穿过这些小孔与相邻细胞的原生质体彼此相连,这种原生质丝称为胞间连丝。在电子显微镜下可看到胞间连丝中有内质网连接相邻细胞的内质网系统,其有利于保持细胞间生理上的联系,是细胞间物质运输与信息传递的重要通道。如柿核、马钱子胚乳的细胞经染色处理后可以在光学显微镜下看到胞间连丝(图1-12)。

2. 纹孔(pit) 次生壁形成时并不是均匀增厚的,初生壁完全没有次生壁覆盖的区域形成一个空隙,称为纹孔。一个纹孔由纹孔腔(pit cavity)、纹孔膜(pit-membrane)组成。纹孔腔是指由次生壁围成的空腔,其开口——纹孔口(pit aperture)朝向细胞内。腔底的初生壁和胞间层称为纹孔膜。纹孔的形成有利于细胞间的物质交换。相邻的细胞壁其纹孔常成对地相互衔接,称为纹孔对(pit pair)。根据次生壁增厚情况不同,纹孔对有三种类型,即单纹孔、具缘纹孔和半缘纹孔(图1-13)。

(1)单纹孔(simple pit):细胞壁上未加厚的部分呈圆孔形或扁圆形,纹孔对的中间有纹孔膜。单纹孔多存在于薄壁组织、韧皮纤维和石细胞中。

(2)具缘纹孔(bordered pit):又称重纹孔,纹孔边缘的次生壁向胞腔内拱起,形成拱形的边缘,使纹孔腔变大,在松柏类裸子植物的管胞中,其纹孔膜中央呈圆盘状增厚(初生壁性质),形成纹孔塞,其直径大于纹孔口。这种纹孔在显微镜下正面观为三个同心圆,由外到内分别是纹孔腔→纹孔塞→纹孔口的边缘。纹孔塞在具缘纹孔上有阀门的作用,当水流得很快时,水流压力会把纹孔塞推向压力小的一面,从而堵住纹孔口,阻止水流向该侧流动。

(3)半缘纹孔(half bordered pit):在管胞或导管与薄壁

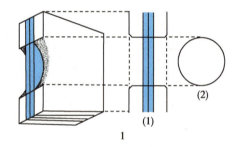
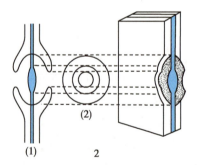
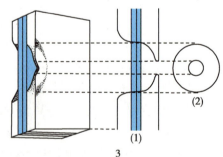

1.单纹孔 2.具缘纹孔 3.半缘纹孔
(1)切面观 (2)正面观

图1-13 纹孔的图解

细胞间形成的纹孔。即一边有架拱状隆起的纹孔缘,而另一边形似单纹孔,没有纹孔塞。

(三)细胞壁的特化

通常细胞壁主要是由纤维素构成,这样的细胞壁具有韧性和弹性。由于环境的影响、生理功能的不同,细胞壁也常常沉积其他物质,以致发生理化性质的特殊改变,如木质化、木栓化、角质化、黏液质化和矿质化等。

1. 木质化(lignification)　细胞壁在附加生长时沉积了较多的木质素(lignin,一种苯丙烷类的复杂有机聚合物),使细胞壁变得坚硬牢固,增加了植物细胞群和组织间的支撑能力,导管、木纤维、石细胞等的细胞壁即是木质化的细胞壁。木质化的细胞壁加间苯三酚试液一滴,待片刻,再加浓盐酸一滴,即显樱红色或紫红色。

2. 木栓化(suberization)　是细胞壁内渗入了脂肪性的木栓质的结果。木栓化的细胞壁不透水和空气,使细胞内原生质体与周围环境隔绝而坏死,但对植物内部组织具有保护作用,如树干外面的褐色外层树皮就是由木栓化细胞组成的木栓组织和其他死细胞的混合体。栓皮栎的木栓组织特别发达,常作红葡萄酒封装软木塞。木栓化细胞壁遇苏丹Ⅲ试液可染成红色。

3. 角质化(cutinization)　某些植物细胞产生的脂肪性角质,除填充细胞壁本身外,常在茎、叶或果实的表皮外侧形成一层角质层。它可防止水分过度蒸发,以及某些虫类和微生物的侵害。角质层遇苏丹Ⅲ试液亦可被染成橘红色。

4. 黏液质化(mucilagization)　是细胞壁中的纤维素和果胶质等成分发生变化而成为黏液。黏液质化所形成的黏液在细胞的表面常呈固体状态,吸水膨胀后则呈黏滞状态。如车前子、亚麻子的表皮细胞中具有黏液化细胞。黏液质化的细胞壁遇玫瑰红酸钠醇溶液染成玫瑰红色,遇钌红试剂可染成红色。

5. 矿质化(mineralization)　是指细胞壁中含有硅质或钙质等,以增强植物的机械支持能力,其中以含硅质的最常见,如禾本科植物的茎、叶,木贼茎和硅藻的细胞壁内含有大量的硅质(二氧化硅或硅酸盐)。硅质能溶于氟化氢,但不溶于醋酸或浓硫酸(可区别于碳酸钙和草酸钙)。

第二节　植物细胞的分裂、生长和分化

一、植物细胞的分裂

植物的生长和繁衍,主要是依靠细胞的数量增殖、体积扩大和分化来实现的。而细胞的增殖是细胞分裂的结果。植物细胞的分裂方式常见的有:无丝分裂、有丝分裂和减数分裂。

1. 无丝分裂(amitosis)　无丝分裂又称直接分裂,其分裂过程简单而快速。最常见的是横缢式分裂。分裂时不出现纺锤丝和染色体,不能保证遗传的稳定性。

无丝分裂多见于低等原核生物,高等植物在愈伤组织形成、虫瘿的生长、不定芽和不定根的产生,以及胚乳形成时也常见无丝分裂。

2. 有丝分裂(mitosis)　有丝分裂又称间接分裂,它是高等植物和多数低等植物营养细胞的分裂方式。细胞分裂时首先是核分裂,随之是胞质分裂,最后产生新的细胞壁。分裂是一个连续、复杂的过程,通常分为间、前、中、后、末期5个时期。一个细胞的间期和分裂期全过程称为细胞周期(T)。

有丝分裂由于染色体复制和以后染色单体的分裂,使每一个子细胞具有与母细胞相同数量和类型的染色体,保证了子细胞具有与母细胞相同的遗传因子,从而保持了细胞遗传的稳定性。

3. 减数分裂(meiosis)　减数分裂与植物的有性生殖密切相关,仅发生在生殖细胞中。分裂的结果,使每个子细胞的染色体数只有母细胞的一半,成为单倍体(n),因此称其为减数分裂。

种子植物的精子和卵细胞经过减数分裂以后只含有一组染色体(n),为单倍体(haploid),通过受

精,精子和卵细胞结合又恢复成为二倍体(diploid),使子代的染色体仍然保持与亲代同数(2n),并且在子代的体细胞中包括了双亲的遗传物质。植物在通常情况下体细胞为二倍体。农业上常利用减数分裂的特性,进行农作物品种间的杂交来培育新品种。此外,通过自然或人工条件,如紫外线照射,高温、低温或化学药物处理等可以产生多倍体(polyploid),如三倍体的香蕉和无籽西瓜,四倍体的马铃薯和菘蓝,可以提高植株的品质或产量,但并非所有的多倍体植株都对人类有利。

二、植物细胞的生长与分化

(一) 细胞生长

多细胞植物的生长,不仅是细胞数量的增加,也与细胞生长密切相关。细胞生长是指细胞分裂形成的子细胞体积和重量的增加过程,包括原生质体和细胞壁的生长。原生质体生长过程中明显的变化是形成中央大液泡,细胞核移至侧面;细胞壁生长包括表面积增加和厚度增加,壁的化学组成也发生相应变化。细胞生长是植物个体生长发育的基础,与细胞数量增加共同作用,使植物表现出明显的伸长或扩大,如根和茎的伸长、幼小子叶的扩展、果实的长大等。

植物细胞的生长有一定限度,当体积达到一定大小后便会停止生长。细胞最终大小随植物细胞的类型而异,并受环境条件影响。

(二) 细胞分化

多细胞植物体上的不同细胞执行不同功能,与之相应地在形态或结构上表现出各种变化。例如,茎表皮细胞在细胞壁的表面形成明显的角质层以执行保护功能;叶肉细胞中发育形成了大量的叶绿体以适应光合作用的需要。这些细胞最初都来自于受精卵,具有相同的遗传组成。在个体发育过程中,细胞在形态、结构和功能上的特化过程,称为细胞分化(cell differentiation)。植物的进化程度越高,细胞的分化程度也越高。有关植物细胞分化机制和调控十分复杂,生长素和细胞分裂素是启动细胞分化的关键激素。

植物细胞具有全能性(cell totipotency),即植物体每一个细胞都与合子一样,具有再生成完整植物体的遗传上的潜在能力。能使体细胞可以像胚性细胞那样,经过诱导能分化发育成一株植物,并且一般具有母体植物的全部遗传信息。因此,基于细胞的全能性,细胞工程可以细胞为基本单位进行培养增殖,对植物的器官、组织、细胞甚至细胞器进行离体和无菌培养。采用细胞培养的方法可以获得新植株或代谢产物,也可以通过将优良性状的目的基因或次生代谢产物关键酶基因转入植物细胞,获得优良品系或提高有效成分的含量。

内容小结

植物细胞是植物体结构和生命活动的基本单位,由细胞壁、原生质体组成。原生质体主要包括细胞质、细胞核、质体等有生命的物质。此外,细胞中尚含有淀粉、菊糖、晶体等后含物。植物细胞细胞壁分胞间层、初生壁和次生壁三层,并发生木质化、木栓化、角质化、黏液质化和矿质化等特化。细胞不断地进行着分裂、生长与分化。

(张　磊)

第一章
目标测试

第二章

植物的组织

第二章
教学课件

植物在长期进化发展中，其细胞逐渐按功能的需要分化形成了不同形态和构造的细胞群。这些来源、功能相同，形态、构造相似，而且是彼此密切联系的细胞群，称组织（tissue）。植物的各种器官（根、茎、叶、花、果实和种子等）均由一些组织构成。

第一节　植物组织的种类

植物的组织一般可分为分生组织、基本组织、保护组织、分泌组织、机械组织和输导组织六类，后五类都是由分生组织分生分化而来的，所以又统称为成熟组织（mature tissue）或永久组织（permanent tissue）。

一、分生组织

分生组织（meristem）是一群具有分生能力的细胞，能不断进行细胞分裂，增加细胞的数目，使植物体不断生长，如根、茎的顶端生长和加粗生长均是分生组织活动的结果。分生组织特征是细胞小，排列紧密，无细胞间隙，细胞壁薄，细胞核大，细胞质浓，无明显的液泡。

分生组织根据组织来源性质可分为原生分生组织、初生分生组织和次生分生组织。根据在植物体上的位置，则可把分生组织分为顶端分生组织、侧生分生组织和居间分生组织。

（一）原生分生组织

原生分生组织（promeristem）来源于植物种子的胚，是由胚遗留下的终身保持分裂能力的胚性细胞组成。位于植物根、茎和枝先端的原生分生组织，即生长点（growing point），又称顶端分生组织（apical meristem）。原生分生组织分生的结果，使根、茎和枝不断地伸长和长高。原生分生组织的细胞一部分保持着原生分生组织的结构和功能，另一部分分化为其他组织（图2-1）。

（二）初生分生组织

初生分生组织（primary meristem）是原生分生组织分化出来而仍保持分生能力的细胞群，如原表皮层、基本分生组织（紧接于原

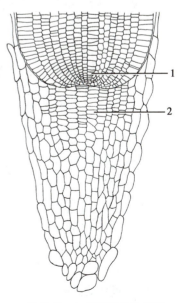

1. 生长点　2. 根冠的分生组织

图 2-1　根尖生长点和根冠

17

生分生组织之后的部位)和原形成层(茎初生构造的束中形成层)。初生分生组织分生的结果产生茎、根的初生构造。

稻、麦、竹等禾本科植物茎节间的基部和葱、蒜、韭菜等百合科植物叶的基部,都具有分生组织,称为居间分生组织(intercalary meristem),它分生的结果使茎、叶伸长,如小麦、水稻等植物的拔节、抽穗和葱、蒜、韭菜等植物叶子的上部被割后,叶子的下部仍可再生长,均是居间分生组织活动的结果。居间分生组织是从顶端分生组织中保留下来的一部分分生组织,从来源看属于初生分生组织,所以由它产生的组织仍是初生构造。

(三) 次生分生组织

次生分生组织(secondary meristem)是成熟组织(永久组织)中的某些薄壁细胞,如皮层、中柱鞘等细胞重新恢复分生功能而形成的,如木栓形成层、根的形成层和茎的束间形成层等。次生分生组织存在于裸子植物和双子叶植物的根和茎内,一般排成环状,并与轴向平行,所以又称侧生分生组织(lateral meristem)。次生分生组织分生的结果产生次生构造,使根、茎和枝不断加粗。

二、基本组织

基本组织(ground tissue)在植物体内占很大位置,分布在植物体的许多部分,是组成植物体的基础。它是由主要起代谢活动和营养作用的薄壁细胞所组成,所以又称薄壁组织(parenchyma)。其主要特征是细胞壁薄,细胞壁由纤维素和果胶构成,通常是具有原生质体的生活细胞,细胞的形状有圆球形、圆柱形、多面体形等,细胞之间常有间隙。基本组织分化程度较浅,具有潜在的分生能力。

依其结构、功能的不同可分为一般薄壁组织、通气薄壁组织、同化薄壁组织、输导薄壁组织、吸收薄壁组织、储藏薄壁组织等(图 2-2)。

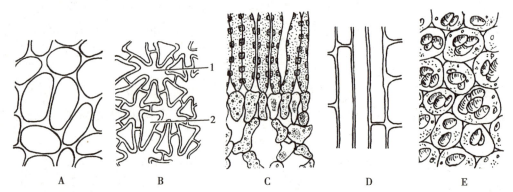

A.一般薄壁组织　B.通气薄壁组织(1.星状细胞　2.细胞间隙)　C.同化薄壁组织　D.输导薄壁组织　E.储藏薄壁组织

图 2-2　几种基本组织

(一) 一般薄壁组织

一般薄壁组织(ordinary parenchyma)通常存在于根、茎的皮层和髓部。这类薄壁细胞主要起填充和联系其他组织的作用,并具有转化为次生分生组织的可能。

(二) 通气薄壁组织

通气薄壁组织(aerenchyma)多存在于水生和沼泽植物体内。其特征是细胞间隙特别发达,常形成大的空隙或通道,具有储藏空气的功能,而且有着漂浮和支持的作用,如莲的叶柄和灯心草的茎髓。

(三) 同化薄壁组织

同化薄壁组织(assimilation parenchyma)由含有极多叶绿体的细胞组成,因呈绿色,又称绿色组织(chlorenchyma)。多存在于易受光照的部位,如植物的叶肉细胞中和幼茎、幼果的表面。细胞中有叶绿体,能进行光合作用,制造营养物质。

(四) 输导薄壁组织

输导薄壁组织(conducting parenchyma)多存在于植物器官的韧皮部、木质部和髓部。细胞较长,有输导水分和养料的作用,如髓射线。

(五) 吸收薄壁组织

吸收薄壁组织(absorption parenchyma)位于根尖的根毛区,它的部分表皮细胞外壁向外凸起,形成根毛,细胞壁薄。其主要功能是从土壤中吸收水分和矿物质等,并将吸收的物质运送到输导组织中。

(六) 储藏薄壁组织

储藏薄壁组织(storage parenchyma)储藏大量营养物质的薄壁组织,多存在于根、根状茎、果实、种子中。其细胞较大,含有大量淀粉、蛋白质、脂肪油或糖类等营养物质。

三、保护组织

组图:保护组织

保护组织(protective tissue)分布于植物的体表,常为一群外壁或整个细胞壁增厚的细胞,对植物体起保护作用,可防止植物遭受病虫的侵害及机械损伤,并有控制和进行气体交换,防止水分过度散失的能力。依其来源的不同,可分为初生保护组织(表皮)和次生保护组织(周皮)两类。

(一) 表皮

表皮(epidermis)分布于幼嫩的根、茎、叶、花、果实和种子的表面。由初生分生组织的原表皮层分化而来,通常由一层扁平的长方形、多边形或不规则形的生活细胞组成,彼此嵌合,排列紧密,无细胞间隙。少数植物的某些器官有 2~3 层细胞组成的复表皮(multiple epidermis),如夹竹桃叶。表皮细胞通常不含叶绿体,外壁常角质化,并在表面形成连续的角质层,有防止水分散失的作用。有些植物在角质层上还有蜡被,如甘蔗、蓖麻茎和葡萄、冬瓜的果实等均具有白粉状的蜡被。有的表皮细胞常分化形成气孔或向外突出形成毛茸。根的表皮又是一种吸收组织,根的表皮细胞外壁向外延伸形成根毛(root hair),扩大了表面积,从而更有利于水分和无机盐的吸收。

1. **气孔(stoma)**　气孔是由两个保卫细胞(guard cell)对合而成的孔隙,是调节气体和水分交换的通道,在表皮上(特别是叶的下表皮)呈星散或成行分布的小孔。保卫细胞的细胞质比较丰富,细胞核比较明显,含有叶绿体,它的细胞壁厚薄不均,在两个保卫细胞之间的壁较厚,而邻近其他表皮细胞方向的细胞壁较薄。因此,当保卫细胞充水膨胀时,气孔缝隙就张开;当保卫细胞失水萎缩时,气孔缝隙就闭合。气孔的张开和关闭受外界环境条件,如光照、温度和湿度等的影响。气孔与两个保卫细胞合称气孔器,主要分布在叶片和幼嫩茎枝上,能调节气体交换和水分蒸发。

保卫细胞与其周围的表皮细胞——副卫细胞(subsidiary cell)排列的方式,称气孔的轴式类型。其类型随植物种类的不同而异。因此,这些类型可用于叶类、全草类生药的鉴定。双子叶植物叶中常见的气孔轴式类型有平轴式、直轴式、不定式、不等式、环式等(图 2-3)。

(1) 平轴式(paracytic type,parallel-celled type):气孔周围的副卫细胞为 2 个,其长轴与气孔长轴平行。如茜草、番泻、补骨脂、落花生、常山和马齿苋等的叶。

(2) 直轴式(diacytic type,cross-celled type):气孔周围的副卫细胞为 2 个,其长轴与气孔的长轴垂直。常见于石竹、瞿麦、穿心莲、爵床、薄荷和益母草等的叶。

(3) 不定式(anomocytic type,irregular-celled type):气孔周围的副卫细胞数目在 3 个以上,其大小基本相同,并与其他表皮细胞形状相似。常见于毛茛、艾、桑、玄参、地黄和洋地黄等的叶。

(4) 不等式(anisocytic type,unequal-celled type):气孔周围的副卫细胞为 3~4 个,但大小不等,其中一个特别小。常见于荠菜、辣菜、菘蓝、曼陀罗和烟草等的叶。

(5) 环式(actinocytic type,radiate-celled type):气孔周围的副卫细胞数目不定,其形状较其他表皮

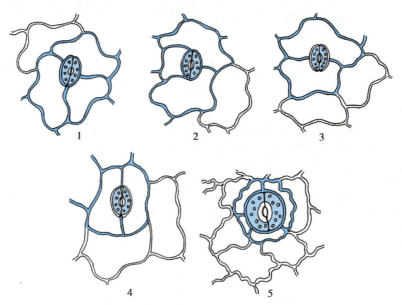

1. 不定式 2. 不等式 3. 直轴式 4. 平轴式 5. 环式

图 2-3 双子叶植物气孔的轴式类型

细胞狭窄,围绕气孔周围排列成环状。常见于茶叶和桉叶等。

单子叶植物气孔的轴式类型也很多,如禾本科植物的禾本科型(gramineous type)气孔的保卫细胞呈哑铃形,两端球形部分的细胞壁较薄,中间狭窄部分的细胞壁较厚,当保卫细胞充水两端膨胀时,气孔缝隙就张开。同时在保卫细胞的两边,还有两个平行排列而略作三角形的副卫细胞,对气孔的开闭有辅助作用,因此,有的称为辅助细胞,如淡竹叶、芸香草等(图 2-4)。

2. 毛茸(trichome,hair) 是由表皮细胞分化而成的凸起物。植物地上器官表皮上的毛茸具有保护和减少水分蒸发或有分泌物质的作用。毛茸常可分为两类:一类具有分泌作用,称为腺毛;另一类没有分泌作用,仅具保护作用,称为非腺毛。

(1) 腺毛(glandular hair):是由表皮细胞分化而来的,有头部和柄部之分,头部膨大,具有分泌能力,能分泌挥发油、黏液、树脂等物质。由于组成头、柄细胞的多少不同而有多种不同类型的腺毛。

腺鳞(glandular scale)是一种短柄或无柄的腺毛,其头部通常由 6~8 个细胞组成,略呈扁球形,排列在一个平面上成鳞片状。常见于唇形科、菊科和桑科植物中,如薄荷叶(图 2-5)。

(2) 非腺毛(nonglandular hair):无头、柄之分,因而顶端不膨大,也无分泌功能。由于组成非腺毛的细胞数目、分枝状况不同而有多种类型的非腺毛,如单细胞非腺毛、多细胞非腺毛、分枝状毛、丁字形毛、星状毛、鳞毛等(图 2-6)。有的细胞壁表面常呈不均匀的角质增厚,形成多数小凸起,称为疣点。有的细胞内壁常呈硅质化增厚,因而变得坚硬。

(二) 周皮

大多数草本植物的器官表面和木本植物的叶终生具有表皮。而木本植物的茎和根的表皮仅见于幼年时期,以后在茎和根的加粗过程中由于表皮组织已无法起到保护作用,而产生次生保护组织——周皮(periderm),以代替表皮继续完成保护内部器官的功能。周皮是一种复合组织,它是由木栓形成

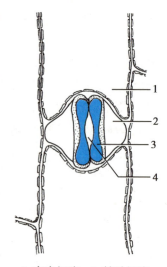

1. 表皮细胞 2. 辅助细胞
3. 保卫细胞 4. 气孔缝

图 2-4 禾本科型气孔

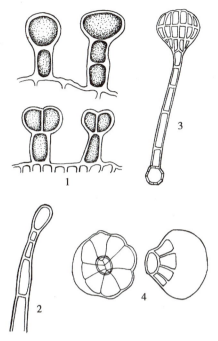

1. 洋地黄叶的腺毛　2. 曼陀罗叶的腺毛
3. 金银花的腺毛　4. 薄荷叶的腺毛(腺鳞)

图 2-5　各种腺毛

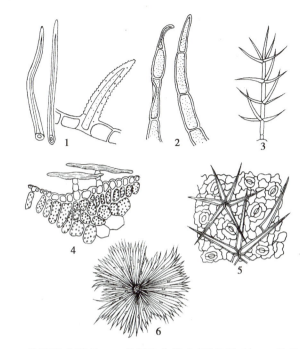

1. 单细胞非腺毛　2. 多细胞非腺毛(洋地黄叶)　3. 分枝
状毛(毛蕊花叶)　4. 丁字形毛(艾叶)　5. 星状毛(蜀葵叶)
6. 鳞毛(胡颓子叶)

图 2-6　各种非腺毛

层(phellogen,cork cambium)不断分裂而产生的。在茎中木栓形成层多起源于皮层或韧皮部(phloem)的薄壁细胞,由这些薄壁细胞恢复分生功能转变成为木栓形成层,少数可由表皮细胞发育而来;在根中木栓形成层一般由中柱鞘(pericycle)细胞产生。木栓形成层向外分生出细胞扁平、排列整齐紧密、细胞壁木栓化的木栓层(cork),向内分生出薄壁的栓内层(phelloderm),在茎的栓内层常含有叶绿体,所以又称为绿皮层。木栓层、木栓形成层和栓内层三部分合称周皮(图 2-7)。

皮孔(lenticel):当周皮形成时,原来位于气孔下面的木栓形成层向外分生许多非木栓化的薄壁细胞——填充细胞(complementary cell)。由于填充细胞的增多,结果将表皮突破,形成圆形或椭圆形的裂口,这种裂口称为皮孔,可作为气体交换的通道(图 2-8)。在木本植物的茎枝上呈现纵、横或点状突起。

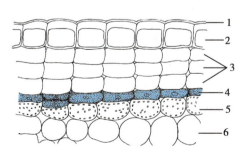

1. 角质层　2. 表皮层　3. 木栓层　4. 木栓形
成层　5. 栓内层　6. 皮层

图 2-7　木栓形成层及周皮的形成

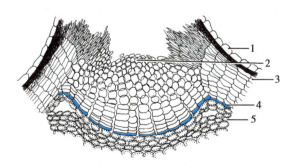

1. 表皮层　2. 填充细胞　3. 木栓层　4. 木栓形成层
5. 栓内层

图 2-8　皮孔的横切面详图

四、分泌组织

分泌组织（secretory tissue）是由具有分泌作用，能分泌挥发油、树脂、蜜汁、乳汁等的细胞所组成。根据分泌组织分布的位置，可分为外部分泌组织和内部分泌组织两大类（图 2-9）。

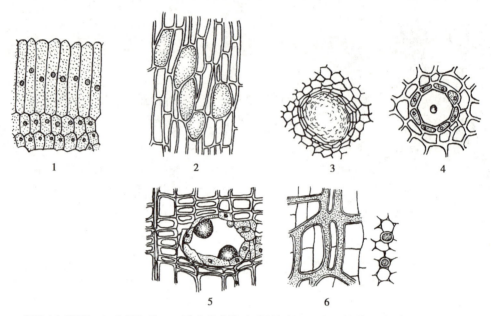

1.蜜腺（大戟属）　2.分泌细胞　3.溶生性分泌腔（橘果皮）　4.离生性分泌腔（当归根）　5.树脂道（松属木材）　6.乳汁管（蒲公英根）

图 2-9　各种分泌组织

组图：分泌组织

（一）外部分泌组织

位于植物的体表，其分泌物直接排出体外，如腺表皮、腺毛、蜜腺、盐腺、排水器等。

1. 腺表皮（glandular epidermis）　植物体某些部位的表皮细胞具有分泌功能，如漆树、某些花的柱头表皮。

2. 腺毛（glandular hair）　是由表皮细胞分化而来的，有头部和柄部之分，头部具有分泌能力。头部的细胞覆盖着角质层，从头部分泌细胞中释放的分泌物质，最初集聚在细胞壁与角质层之间，后来角质层破裂释放出分泌物。

3. 蜜腺（nectary）　是分泌蜜汁（nectar）的腺体，由一层表皮细胞或其下面数层细胞分化而来。蜜腺的细胞壁较薄，具浓厚的细胞质。细胞质产生蜜汁，可通过细胞壁由角质层的破裂扩散，或经上表皮的气孔排出体外。蜜腺常存在于虫媒花植物的花瓣基部或花托上，如油菜花、荞麦花、槐花等。但有时也在茎、叶、托叶或花柄等处，如樱桃叶片基部的腺体，大戟科植物的杯状蜜腺等。

4. 盐腺（salt gland）　是分泌离子和矿物质的特化结构，盐生植物中较常见。

5. 排水器（hydathode）　是一种能将水排出体外的结构，由水孔、通水组织和与之相连的小叶脉末梢的管胞组成，常位于植物的叶缘和叶尖，如菱、旱金莲常可见吐水现象。

（二）内部分泌组织

存在于植物体内，其分泌物储藏在细胞内或细胞间隙中。按其组成、形状和分泌物的不同，可分为分泌细胞、分泌腔、分泌道和乳汁管。

1. 分泌细胞（secretory cell）　是单个散在的具有分泌能力的细胞，常比周围细胞大，多呈圆球形、椭圆形或分枝状，其分泌物储存在细胞内。分泌细胞在充满分泌物后，即成为死亡的储存细胞。根据分泌物质的类型，可分为油细胞（肉桂、姜、菖蒲等）、黏液细胞（白及、半夏、知母）、含晶细胞（桑科、石蒜科等)、鞣质细胞、芥子酶细胞等。

2. 分泌腔(secretory cavity)　是由多数分泌细胞所形成的腔室,分泌物大多是挥发油,储存在腔室内,故又称油室。腔室的形成,一种是由于分泌细胞胞间层裂开,细胞间隙扩大形成腔隙,分泌物充满于腔隙中,而四周的分泌细胞较完整,称为离生性(裂生性 schizogenous)分泌腔,如当归;另一种是由许多聚集的分泌细胞本身破裂溶解而形成的腔室,腔室周围的细胞常破碎不完整,称为溶生性(lysigenous)分泌腔,如橘的果皮(陈皮)。

3. 分泌道(secretory canal)　在裸子植物松柏类和部分被子植物中可见顺轴分布的裂生分泌道。其形成最初出现一束长柱形细胞,后来细胞胞间层消失,细胞分离,形成一条裂生的腔道,腔道周围的分泌细胞称为上皮细胞(epithelial cell)。上皮细胞产生的分泌物贮存在腔道中,如松树茎中的分泌道贮存油树脂,称为树脂道(resin canal);小茴香果实的分泌道贮存挥发油,称为油管(vittae);美人蕉和椴树的分泌道贮存黏液,称为黏液道(slime canal)或黏液管(slime duct)。漆树韧皮部中的裂生型的分泌道含漆汁,称漆汁道。

4. 乳汁管(laticifer)　是由一个或多个细长分枝的乳细胞(latex cell)形成。乳细胞是具有细胞质和细胞核的生活细胞,原生质体紧贴在细胞壁上,具有分泌功能,其分泌的乳汁(latex)贮存在细胞中。乳汁管分布在植物的薄壁组织中,如皮层、髓部或子房壁内。乳汁管通常有下列两种:

(1) 无节乳汁管(nonarticulate laticifer):是由单个乳细胞构成,随着器官长大而伸长,管壁上无节,有的在发育过程中细胞核进行分裂,但细胞质不分裂而形成多核细胞,因而常有分枝,贯穿在整个植物中。若有多个乳细胞(如夹竹桃),它们彼此各成一独立单位而永不相连。具有分枝乳汁管的,如大戟、夹竹桃;具有不分枝乳汁管的,如桑科植物大麻等。

(2) 有节乳汁管(articulate laticifer):是由一系列管状乳细胞错综连接而成的网状系统,连接处细胞壁融合贯通,乳汁可以互相流动,如蒲公英、桔梗、番木瓜、罂粟、橡胶树等。

乳汁大多是白色的,但也有黄色或橙色的,如白屈菜、博落回。乳汁的成分复杂,大多含有药用成分,如罂粟科植物的乳汁含有多种具有止痛、抗菌、抗肿瘤作用的生物碱;番木瓜的乳汁含有蛋白酶等。

知识拓展

橡胶树的乳汁管

橡胶树 *Hevea brasiliensis*(Willd. ex A. Juss.) Muell. Arg. 为大戟科橡胶树属(*Hevea*)的高大乔木,植物体含有丰富乳汁,是最主要的天然橡胶植物。橡胶树的初生韧皮部中是无节乳汁管,随着无节乳汁管较早破坏死亡后,在形成的次生韧皮部中是有节乳汁管,有节乳汁管分泌的乳汁用于生产天然橡胶。

五、机械组织

机械组织(mechanical tissue)是细胞壁明显增厚的一群细胞,具有巩固和支持作用。根据细胞壁增厚的成分、增厚的部位和增厚的程度不同,可分为厚角组织和厚壁组织两类。

(一)厚角组织

厚角组织(collenchyma)的细胞是活细胞,常含有叶绿体,能进行光合作用,细胞壁由纤维素、果胶质和半纤维素组成,不含木质素,非木质化,呈不均匀的增厚,一般在角隅处增厚,也有在切向壁或在细胞间隙处加厚的。厚角组织是双子叶植物地上部分幼嫩器官(茎、叶柄、叶片、花梗)的支持组织。它主要在这些器官的表皮下成环或成束分布,

组图:机械组织

在许多具有棱角的嫩茎中,厚角组织常集中分布于棱角处,如益母草、薄荷茎(图2-10)。植物的根内很少含有厚角组织。

(二)厚壁组织

厚壁组织(sclerenchyma)的特征是它的细胞有全面增厚的次生壁,常具有层纹和纹孔,常木质化,成熟后细胞腔变小,成为死细胞。根据其细胞形状的不同,可分为纤维和石细胞。

1. 纤维(fiber)　是细胞壁为纤维素或木质化增厚的细长细胞。一般为死细胞,通常成束。每个纤维细胞的尖端彼此紧密嵌插而增强了坚固性。根据纤维在植物体内存在的部位不同,可将分布在韧皮部的纤维,称韧皮纤维(phloem fiber);分布在皮层的纤维,称皮层纤维(cortical fiber)。这些纤维一般木质化程度较低,纹孔和细胞腔都较显著,如肉桂。将分布在木质部的纤维,称木纤维(xylem fiber),木纤维往往极度木质化增厚,细胞腔通常较小,如川木通。

此外,尚有一种纤维,其细胞腔中有菲薄的横隔膜,这种纤维称分隔纤维(septate fiber),如姜。有的纤维次生壁外层密嵌细小的草酸钙晶体,称嵌晶纤维(intercalary crystal fiber),如草麻黄。还有一种晶鞘纤维,又称晶纤维(crystal fiber),是一束由纤维外侧包围着的许多含草酸钙晶体的薄壁细胞所组成的复合体的总称,如甘草、黄柏(图2-11)。

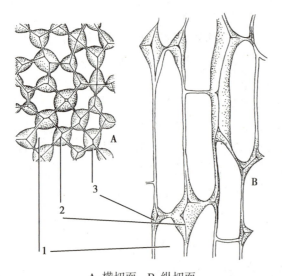

A. 横切面　B. 纵切面
1. 细胞腔　2. 胞间层　3. 增厚的壁

图 2-10　厚角组织

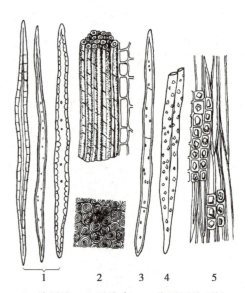

1. 单纤维　2. 纤维束　3. 分隔纤维(姜)
4. 嵌晶纤维(草麻黄)　5. 晶纤维(甘草)

图 2-11　各种纤维

2. 石细胞(sclereid,stone cell)　是细胞壁明显增厚且木质化,并渐次死亡的细胞。细胞壁上未增厚的部分呈细管状,有时分枝,向四周射出。因此,细胞壁上可见到细小的壁孔,称为纹孔或孔道;而细胞壁渐次增厚所形成的纹理,称为层纹。石细胞的形状大多是近于球形或多面体形的,但也有短棒状或具分枝的,大小也不一致。石细胞常单个或成群地分布在植物的根皮、茎皮、果皮、果核和种皮中,如党参、黄柏、八角茴香、核桃、杏仁;有些植物的叶或花亦有分布,这些石细胞通常呈分枝状,所以又称为畸形石细胞(idioblast)或支柱细胞,如茶叶(图2-12)。

组图:输导组织

六、输导组织

输导组织(conducting tissue)是植物体中输送水分、无机盐和营养物质的组织。其共同点是细胞长形,常上下连接,形成适于输导的管道。根据输导组织的构造和运输物质的不同,可分为下列两类:

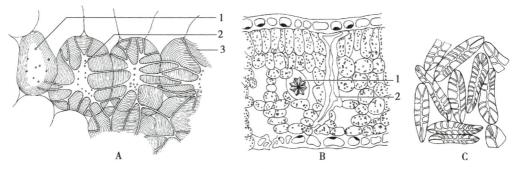

A. 梨的石细胞：1. 纹孔　2. 细胞腔　3. 层纹　B. 茶叶横切面：1. 草酸钙结晶　2. 畸形石细胞　C. 椰子果皮内的石细胞

图 2-12　几种不同形状的石细胞

（一）管胞和导管

管胞和导管是专管自下而上输送水分和溶于水中的无机养料的输导组织，存在于植物的木质部中。

1. 管胞（tracheid）　管胞是蕨类植物和绝大多数裸子植物主要的输导组织，同时也兼有支持作用。有些被子植物或被子植物的某些器官也有管胞，但不是主要的输导组织。

管胞呈狭长形，两端尖斜，末端不穿孔，细胞无生命，细胞壁木质化加厚形成纹孔，以梯纹或具缘纹孔较多见（图 2-13）。管胞互相连接并集合成群，管径较小，依靠侧壁上的纹孔（未增厚部分）运输水分。因此，液流的速度缓慢，是一类较原始的输导组织。

2. 导管（vessel）　导管是被子植物最主要的输导组织之一，少数裸子植物（如麻黄）也有导管。

导管是由多数纵长的、管状的死细胞连接而成，每个管状细胞称为导管分子（vessel element，vessel member）。导管分子的侧面观与管胞极为相似，但其上下两端往往不如管胞尖细倾斜，而且相连处的横壁常贯通形成大的穿孔，因而输导水分的作用远比管胞快。导管分子之间的横壁，在有的植物中不完全消失。横壁穿孔（perforation）的形式，因植物而不同，除单穿孔外，还有梯状穿孔、网状穿孔。细胞壁一般木质化增厚，由于不是均匀加厚，因此，按形成的纹理或纹孔的不同，有环纹、螺纹、梯纹、网纹、单纹孔和具缘纹孔等导管（图 2-14）。

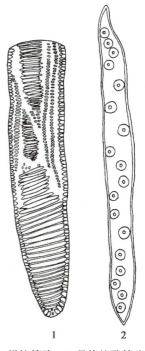

1. 梯纹管胞　2. 具缘纹孔管胞

图 2-13　管胞

（1）环纹导管（annular vessel）：增厚部分呈环状，导管直径较小，存在于植物幼嫩器官中，如凤仙花、玉米幼茎。

（2）螺纹导管（spiral vessel）：增厚部分呈螺旋状，导管直径一般较小，存在于植物器官的幼嫩部分，如藕、半夏块茎。

（3）梯纹导管（scalariform vessel）：增厚部分（连续部分）与未增厚部分（间断部分）间隔略呈梯形，即导管壁上既有横的增厚，也有纵的增厚，交接构成梯形，多存在于成长器官中，如葡萄茎。

（4）网纹导管（reticulated vessel）：增厚部分呈网状，网孔是未增厚的细胞壁，导管直径较大，多存在于器官成熟部分，如大黄根和根状茎、南瓜茎。

（5）孔纹导管（pitted vessel）：细胞壁绝大部分已增厚，未增厚处为单纹孔或具缘纹孔，前者为单纹孔导管，后者为具缘纹孔导管，导管直径较大，多存在于器官成熟部分，如甘草根、赤芍根。

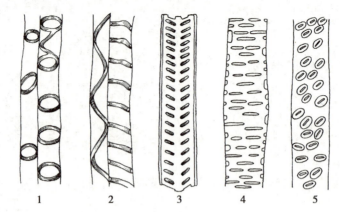

1. 环纹导管　2. 螺纹导管　3. 梯纹导管　4. 网纹导管　5. 具缘纹孔导管

图 2-14　导管类型

侵填体(tylosis):是由邻接导管的薄壁细胞通过导管壁上未增厚的部分(纹孔),连同其内含物如鞣质、树脂等物质侵入到导管腔内而形成的囊状突起物。侵填体会使导管运输能力降低,但对病菌侵害起一定的防护作用。

(二) 筛管、伴胞和筛胞

筛管、伴胞和筛胞是输送光合作用制造的有机营养物质到植物其他部分的输导组织,存在于植物的韧皮部中。

1. 筛管(sieve tube)

筛管是由一系列纵向的长管状活细胞构成的,其组成的每一个细胞称为筛管分子(sieve element)。筛管分子上下两端横壁由于不均匀地纤维素增厚而形成筛板(sieve plate),筛板上有许多小孔,称为筛孔(sieve pore)。上下相邻两筛管分子的细胞质,通过筛孔而彼此相连,这些与胞间连丝相似而较粗的丝状原生质,称为联络索(connecting strand),形成同化产物输送的通道(图 2-15)。

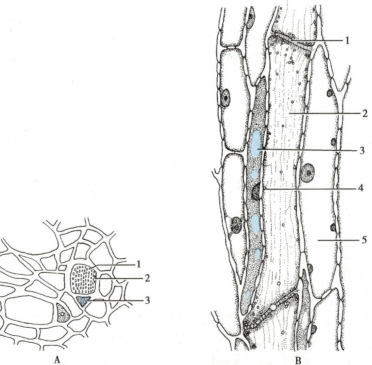

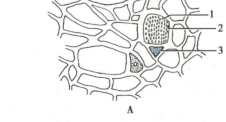

A. 横切面:1. 筛板　2. 筛孔　3. 伴胞　B. 纵切面:1. 筛板　2. 筛管　3. 伴胞　4. 白色体　5. 韧皮薄壁细胞

图 2-15　筛管和伴胞

胼胝体（callosum）：温带树木到冬季，在筛管的筛板处会生成一种黏稠的碳水化合物，称为胼胝质（callose）。形成的胼胝质将筛孔堵塞形成垫状物，称为胼胝体。一旦形成胼胝体，联络索中断，筛管分子便失去作用，直到第二年春季，这种胼胝体被酶溶解而恢复其运输功能。

筛管分子一般只能生活 1~2 年，所以树木在增粗过程中，老的筛管会不断被新的筛管取代，老的筛管被挤压成为颓废组织。但在多年生单子叶植物中，筛管则可长期行使其功能。

2. 伴胞（companion cell） 是位于筛管分子旁侧的一个近等长，两端尖，直径较小的薄壁细胞。它和筛管细胞是由同一母细胞分裂而成的，在筛管形成时，母细胞纵裂产生的一个较大的细胞发育成为筛管细胞，另一个较小的细胞发育成为伴胞。伴胞具有浓厚的细胞质和明显的细胞核，并含有多种酶，呼吸作用旺盛，筛管的输导功能与伴胞有密切关系。伴胞为被子植物所特有，蕨类和裸子植物则不存在。

3. 筛胞（sieve cell） 是蕨类植物和裸子植物运输有机养料的分子。筛胞分子是单个的狭长活细胞，直径较小，端壁倾斜，没有特化成筛板，只是在侧壁或有时在端壁上有一些凹入的小孔，称筛域（sieve area），筛域输送养料的能力没有筛孔强。筛胞不具伴胞，物质运输能力没有筛管强，是较原始的输导组织。

第二节　维管束的结构及其类型

一、维管束的结构

维管束（vascular bundle）是在植物进化到较高级的阶段即蕨类植物、裸子植物和被子植物时才出现的组织，因此，这三类植物也总称维管植物（vascular plant）。维管束在植物体内常呈束状存在，贯穿在植物体的各种器官内，彼此相连组成植物的输导系统，同时对植物器官起着支持作用。维管束主要由韧皮部（phloem）和木质部（xylem）构成。韧皮部主要由筛管、伴胞、筛胞、韧皮薄壁细胞和韧皮纤维组成，这部分较柔韧，故称韧皮部；木质部主要由导管、管胞、木薄壁细胞和木纤维组成，这部分木质坚硬，故称木质部。

双子叶植物和裸子植物根、茎的维管束，在韧皮部和木质部之间有形成层（cambium）存在，能不断增生长大，称为无限维管束或开放性维管束（open bundle）。单子叶植物和蕨类植物根、茎的维管束没有形成层，不能增生长大，称为有限维管束或闭锁性维管束（closed bundle）。

二、维管束的类型

根据维管束中木质部和韧皮部相互间排列方式的不同、形成层的有无，维管束可分为下列几种类型（图 2-16，图 2-17）。

1. 有限外韧维管束（closed collateral bundle） 韧皮部位于外侧，木质部位于内侧，两者并行排列，中间无形成层，如单子叶植物茎的维管束。

2. 无限外韧维管束（open collateral bundle） 与有限外韧维管束的不同点是韧皮部与木质

1. 外韧维管束　2. 双韧维管束　3. 周韧维管束　4. 周木维管束　5. 辐射维管束

图 2-16　维管束类型图解

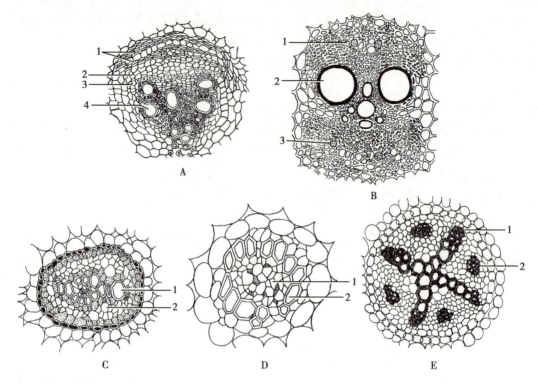

A. 外韧维管束:1. 压扁的韧皮部 2. 韧皮部 3. 形成层 4. 木质部 B. 双韧维管束:1、3. 韧皮部
2. 木质部 C. 周韧维管束:1. 木质部 2. 韧皮部 D. 周木维管束:1. 韧皮部 2. 木质部 E. 辐射
维管束:1. 木质部 2. 韧皮部

图 2-17　维管束类型详图

部之间有形成层,这样的维管束能不断增粗,如裸子植物和双子叶植物茎中的维管束。

3. 双韧维管束(bicollateral bundle)　木质部的内外侧都有韧皮部,并在外侧的韧皮部和木质部之间常有形成层。常见于茄科、葫芦科、夹竹桃科、旋花科、桃金娘科等植物的茎中,如颠茄、南瓜茎的维管束。

4. 周韧维管束(amphicribral bundle)　木质部在中间,韧皮部围绕在木质部的四周。常见于百合科、禾本科、棕榈科、蓼科和某些蕨类植物,如贯众根状茎。

5. 周木维管束(amphivasal bundle)　韧皮部在中间,木质部围绕在韧皮部的四周。常见于百合科(轮叶王孙属)、鸢尾科、天南星科(菖蒲属)、莎草科、仙茅属等植物的根状茎中,如鸢尾、菖蒲、石菖蒲、铃兰、香附等的根状茎。

6. 辐射维管束(radial bundle)　韧皮部和木质部交互间隔排列,呈辐射状并排成一圈,称为辐射维管束。存在于被子植物根的初生构造中,如毛茛根的初生构造。

内容小结

植物的组织一般可分为分生组织、基本组织、保护组织、分泌组织、机械组织和输导组织。分生组织分为原生、初生和次生分生组织,根据位置则可分为顶端、侧生和居间分生组织。基本组织又称薄壁组织,可分为一般、通气、同化、输导、吸收和储藏薄壁组织等。保护组织分为初生(表皮)和次生保护组织(周皮)。分泌组织分外部和内部分泌组织两大类。机械组织细胞壁明显增厚,具有巩固和支持作用,分为厚角组织和厚壁组织两类。输导组织是植物体中输送水分、无机盐和营养物质的组织。管胞和导管输送水分和无机养料,存在于木质部中。筛管、伴胞和筛胞输送光合作用制造的有机营养物质,存在于韧皮部中。维管束在植物体内常呈束状存在,贯穿植物体各器官,彼此相连组成植物的输导系统,并有支持作用。维管束可分为有限外韧、无限外韧、双韧、周韧、周木和辐射维管束。

（李　涛）

第二章
目标测试

第三章

植物的器官

第三章
教学课件

学习要求

掌握:根及变态根的基本形态特征、根的初生构造、根的次生构造;茎的基本形态及类型、变态茎的类型及主要特征、双子叶植物木质茎的次生构造、双子叶植物草质茎的构造;叶的组成、叶片的全形、叶脉的类型、单叶和复叶,双子叶植物叶片的构造;花的组成与形态、花的类型、花程式;果实的组成和类型,种子的形态结构。

熟悉:双子叶植物茎的初生构造、双子叶植物根状茎的构造;叶片的质地、单子叶植物叶片的构造;花序的类型;常见的药用果实和种子的类型。

了解:根的异常构造及根瘤和菌根;双子叶植物和单子叶植物茎与根状茎的异常构造、裸子植物茎的构造特点;叶端、叶基、叶缘的形状,裸子植物叶的构造;花图式,花、果实、种子的组织构造;根、茎、叶、花、果实、种子的生理功能。

自然界的植物种类繁多,形态各异,由结构简单的低等植物演化到较高等的植物就出现了器官(organ)。器官是指植物体中由不同组织组成的具有一定外部形态和内部结构,执行一定生理功能的部分。各器官间在形态结构及生理功能上有明显差异,但彼此又密切联系、相互协调构成一个完整的植物体。在高等植物中,种子植物的植物体一般由根、茎、叶、花、果实和种子六种器官组成(图3-1),其中,根、茎、叶担负着植物营养物质的吸收、合成、运输和贮藏等生理功能,称为营养器官(vegetative organ),花、果实和种子主要起着繁衍后代、延续种族的作用,称为繁殖器官(reproductive organ)。

第一节 根

根(root)通常是植物体生长在地下的营养器官,具有向地、向湿和背光的特性。土壤中的水分和无机盐,主要通过根吸收进入植株的各个部分,根是植物生长的基础。

一、正常根的形态和类型

根是植物在长期适应陆生生活过程中进化而来的器官,其外形一般呈圆柱形,在土壤中生长越向下越细,并向四周分枝,形成复杂的根系。根由于生长在地下,细胞中不含叶绿体,也无节和节间之分,一般不生芽、叶和花。

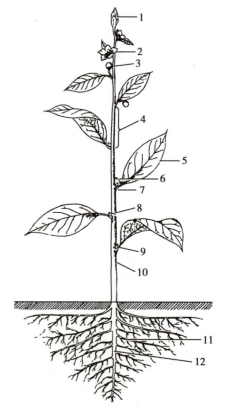

1.定芽 2.花 3.果 4.节间 5.叶片
6.叶腋 7.节 8.腋芽 9.叶柄 10.茎
11.侧根 12.主根

图3-1 植物的器官

（一）主根和侧根

植物最初由种子的胚根直接发育而来的根称主根（main root），主根一般与地面垂直向下生长。当主根生长到一定的长度时，从其侧面长出的分枝，称为侧根（lateral root）。侧根又生出新的一级侧根，如此多次反复分枝，形成整株植物的根系。

（二）定根和不定根

根就其发生来源不同，可分为定根（normal root）和不定根（adventitious root）两类。凡是直接或间接由胚根发育而成的主根及其各级侧根称为定根，它们都有固定的生长部位，如人参、桔梗、松的根。凡不是直接或间接由胚根发育而成的根称不定根。不定根没有一定的发生部位，有的由茎的基部节上产生，伸入土中起支持作用，如玉米、高粱、水稻；有的由叶上产生，如秋海棠、落地生根；或由胚轴、老根、花柄等部位产生的不定根，栽培上常用此特性进行扦插、压条等无性繁殖。

（三）直根系和须根系

一株植物地下所有根的部分总称为根系（root system）。按其形态不同分为直根系和须根系两种类型（图3-2）。

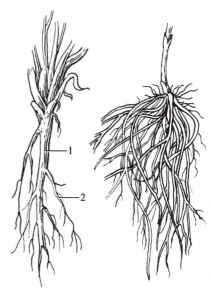

1. 直根　2. 须根

图3-2　直根系（左）和须根系（右）

1. 直根系（tap root system）　凡由明显而发达的主根及各级侧根组成的根系称为直根系，如人参、甘草、桔梗等，是大多数双子叶植物和裸子植物根系的特征。

2. 须根系（fibrous root system）　如果主根不发达或早期死亡，而由茎的基部节上生出许多大小、长短相似的不定根组成的根系称为须根系，如百合、大蒜、小麦等多数单子叶植物，徐长卿、龙胆等双子叶植物也有须根系。

知识拓展

根系的分泌功能

除主要的吸收功能外，根系也是强大的分泌器官，可向土壤等生长介质中溢泌或分泌质子、离子和大量的有机物质，即根系分泌物（root exudate）。根系分泌物在土壤结构形成、土壤养分活化、植物养分吸收、环境胁迫缓解等方面都具有重要作用，对根系分泌物的研究是植物营养、化感作用、生物污染胁迫、环境污染修复等研究领域的重要内容。

二、变态根的类型

有些植物在长期的历史发展过程中，为了适应生活环境的变化，其根的形态构造产生了一些变态，而且这些变态性状形成后可代代遗传下去，这些变态根常见的主要有以下几种类型。

组图：根的变态

（一）贮藏根

根的一部分或全部因贮藏营养物质而呈肉质肥大状，这样的根称贮藏根（storage root）。贮藏根依据其来源及形态的不同又可分为肉质直根（fleshy tap root）和块根（root tuber）。肉质直根主要由主根发育而成，一株植物上仅有一个肉质直根，其上部具有胚轴和节间很短的茎。其中，肥大呈圆锥状的，如胡萝卜、白芷、桔梗；肥大呈圆柱状的，如萝卜、菘蓝、丹参；肥大呈圆球状的，如芜菁的根。块根由侧根或不定根肥大而成,如甘薯、天门冬、何首乌、百部。块根在外形上往往不规则,而且在其膨大部分上端没有茎和胚轴(图3-3)。

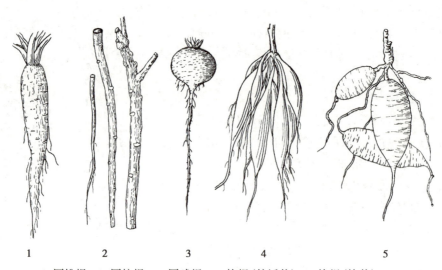

1. 圆锥根   2. 圆柱根   3. 圆球根   4. 块根(纺锤状)   5. 块根(块状)

图3-3   变态根的类型(一)(各种贮藏根)

(二) 支持根

有些植物在靠近地面的茎节上产生一些不定根深入土中,以增强支持茎干的作用,这样的根称为支持根(prop root),如玉米、薏苡、甘蔗。

(三) 攀缘根

攀缘植物在其地上茎干上生出不定根,以使植物能攀附于石壁、墙垣、树干或其他物体上,这种根称为攀缘根(climbing root),如常春藤、薜荔、络石。

(四) 气生根

自茎上产生的不伸入土中而暴露在空气中的不定根称气生根(aerial root)。气生根具有在潮湿空气中吸收和贮藏水分的能力,多见于热带植物,如石斛、吊兰、榕树。

(五) 呼吸根

有些生长在湖沼或热带海滩地带的植物,如水松、红树等,由于植株的一部分被淤泥掩盖,呼吸十分困难,因而有部分根垂直向上生长,暴露于空气中进行呼吸,称呼吸根(respiratory root)。

(六) 水生根

水生植物的根呈须状垂直生于水中,纤细柔软并常带绿色,称水生根(water root),如浮萍、菱、睡莲。

(七) 寄生根

一些寄生植物产生的不定根不是插入土中而是伸入寄主植物体内吸收水分和营养物质,以维持自身的生活,这种根称为寄生根(parasitic root),具寄生根的植物称为寄生植物。菟丝子、列当等植物体内不含叶绿体,不能自制养料而完全依靠吸收寄主体内的养分维持生活,称全寄生植物。桑寄生、槲寄生等植物,因含叶绿体既能自制部分养料又依靠寄生根吸收寄主体内的养分,称为半寄生植物(图3-4)。

三、根的显微构造

组图:根的
显微构造

根为植物体在土壤中的继续和延伸部分。越向下越尖细,最下端为根尖,渐向上则有根毛着生。根毛着生处以上部分,根中构造相继分化为初生构造、次生构造甚至异常构造。

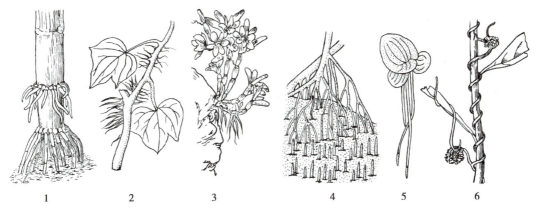

1. 支持根（玉米）　2. 攀缘根（常春藤）　3. 气生根（石斛）　4. 呼吸根（红树）　5. 水生根（青萍）　6. 寄生根（菟丝子）

图 3-4　变态根的类型（二）

(一) 根尖的构造

根尖是根的尖端幼嫩部分，即从根的最顶端到着生根毛的这一段，它是根中生命活动最旺盛、最重要的部分。根的伸长、对水分与养分的吸收，成熟组织的分化均在此部分进行，根尖的损伤会直接影响根的生长和发育。根据外部构造和内部组织分化的不同，可将根尖分为四个部分：根冠、分生区、伸长区和成熟区（图 3-5）。

1. 根冠（root cap） 为根尖最顶端的帽状结构，包于生长锥的外围，由多层不规则排列的薄壁细胞组成，起保护作用。当根不断向下延伸生长时，根冠与土壤发生摩擦，引起外围细胞的破碎、死亡和脱落，由于根冠内层细胞不断地分裂而产生新的细胞，使其外层被磨损的细胞相继得到补充，因此根冠始终能保持一定的形态和厚度。同时，根冠外层细胞被损坏后，形成黏液，有助于根向前延伸发展。绝大多数植物的根尖部分都有根冠，但寄生根和菌根通常无根冠。一般认为根的向地性生长特性与根冠前端的细胞内含有的淀粉体有关。

2. 分生区（division zone） 是根的顶端分生组织所在的部位，长约 1mm，位于根冠的上方或内方，呈圆锥状，具有很强的分生能力，故又称生长锥。分生区最先端的一群细胞，来源于种子的胚，属于原分生组织，细胞形状为多面体，排列紧密，细胞壁薄，细胞质浓，细胞核大。分生区细胞可不断地进行分裂增加细胞数目，将来进一步生长和分化，逐步形成根的各种组织。

3. 伸长区（elongation zone） 是位于分生区上方，到出现根毛的地方，长一般为 2~5mm，多数细胞分裂已逐渐停止，体积扩大，细胞沿根的长轴方向显著延伸，因此称为伸长区。伸长区的细胞开始出现了分化，细胞在形状上已有差异。根的长度生长是由于分生区细胞的分裂和伸长区细胞的延伸共同活动的结果，特别是伸长区细胞的延伸，使根不断地深入土壤中。

4. 成熟区（maturation zone） 位于伸长区的上方，成熟区内各种细胞已停止伸长，并多已分化成熟，故称为成熟区。成熟区中形成了各种初生组织，最外一层细胞分化为表皮，里面分化为皮层和中柱。特别是表皮中一部分细胞的外壁向外突出形成根毛（root hair），所以又叫根毛区。根毛的生活期很短，老的根毛陆续死亡，从伸长区上部又陆续生出新的根毛。根毛虽细小，但数量极多，大大增加了根的吸收面积，水生植物常无根毛。

综上所述，根的发育是起源于根尖的顶端分生组织，经过细胞的分裂、生长、分化，逐渐形成原表皮层、基本分生组织和原形成层等初生分生组织。最外层的原表皮层细胞进行垂周分裂（细胞分裂的平面和器官的表面相垂直），增加表面积，进一步分化为根的表皮。基本分生组织在中间，进行垂周分裂和平周分裂（细胞分裂的平面和器官的表面相平行），增大体积，进而分化为根的皮层。原形成层在最内层，分化为根的维管柱。

(二) 根的初生构造

由根尖的顶端分生组织经过分裂、生长、分化形成的根成熟区的生长过程,称为根的初生生长(primary growth),由初生生长过程中所产生的各种成熟组织,称初生组织(primary tissue),由初生组织所组成的结构称初生构造(primary structure)。

通过根尖的成熟区作一横切面,根的初生构造由外至内分别为表皮、皮层和维管柱三个部分。

1. 表皮(epidermis)   表皮位于根的最外围,是由原表皮发育而成,一般为单层细胞。表皮细胞多为长方形,排列整齐、紧密,无细胞间隙,细胞壁薄,非角质化,富有通透性,不具气孔。部分表皮细胞的外壁向外突出,形成根毛,这些特征与植物其他器官的表皮不同,而与根的吸收功能密切相适应,故有吸收表皮之称。

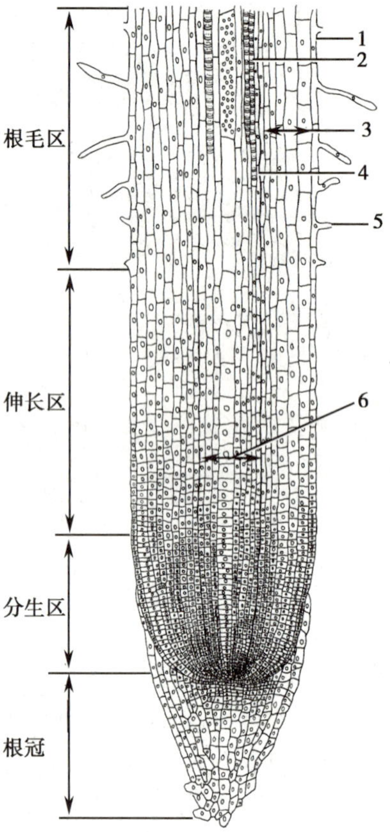

2. 皮层(cortex)   皮层位于表皮的内方,是由基本分生组织发育而成,为多层薄壁细胞所组成,细胞排列疏松,常有显著的细胞间隙,占有根中相当大的部分。通常可分为外皮层、皮层薄壁组织和内皮层。

(1) 外皮层(exodermis):为皮层最外方紧邻表皮的一层细胞,细胞排列整齐、紧密,无胞间隙。当表皮被破坏后,此层细胞的壁常增厚并栓质化,以代替表皮起保护作用。

(2) 皮层薄壁组织(cortex parenchyma):为外皮层内方的多层细胞,细胞壁薄,排列疏松,有胞间隙,具有将根毛吸收的溶液转送到根的维管柱中的作用,又可将维管柱内的有机养料转送出来,有的还有贮藏作用。所以皮层实际为兼有吸收、运输和贮藏作用的基本组织。

(3) 内皮层(endodermis):为皮层最内方的一层细胞,细胞排列整齐、紧密,无胞间隙。内皮层的细胞壁增厚特殊,一种是内皮层细胞的径向壁(侧壁)和上下壁(横壁)局部增厚(木质化和木栓化),增厚部分呈带状,环绕径向壁和上下壁而成一整圈,称凯氏带(casparian strip)。在横切面上相邻两个内皮层细胞的径向壁上则呈点状,故又叫凯氏点(casparian dots)。另一种是内皮层细胞的径向壁、上下壁以及内切向壁(内壁)显著增厚,只有外切向壁(外壁)较薄,从横切面观时内皮层细胞壁增厚部分呈马蹄形,常见于单子叶植物的根。在内皮层细胞壁增厚的过程中,有少数正对木质部角的内皮层细胞内切向壁不增厚,这些细胞称为通道细胞(passage cell),有利于水分和养料的内外流通(图3-6)。

3. 维管柱(vascular cylinder)   根的内皮层以内的所有组织构造统称为维管柱,包括中柱鞘(pericycle)、初生木质部(primary xylem)和初生韧皮部(primary phloem)三部分,单子叶植物和少数双子叶植物还有髓部(pith)。

(1) 中柱鞘(pericycle)   在内皮层以内,为维管柱最外方的组织,也称维管柱鞘。由原形成层细胞发育而来,保持潜在的分裂能力,通常由一层薄壁细胞构成,如一般双子叶植物;少数由两层至多层细胞构成;也有的中柱鞘由厚壁细胞组成。根的中柱鞘的细胞在一定时期可以产生侧根、不定根、不定芽以及一部分木栓形成层和形成层等。

(2) 初生木质部(primary xylem)和初生韧皮部(primary phloem):根的维管组织中的初生维管束(primary vascular bundle)包括初生木质部和初生韧皮部,两者各自成束,相间排列,又称为“辐射型维管束”,是根初生构造的特点,它们是由原形成层分化而成。由于根的初生木质部分化的顺序是自外

根毛区

伸长区

分生区

根冠

1. 表皮   2. 导管   3. 皮层   4. 维管束鞘
5. 根毛   6. 原形成层

图3-5   大麦根尖纵切面详图(示各分区的细胞结构)

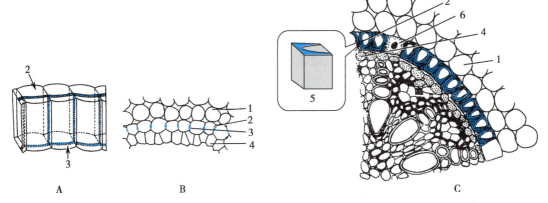

A. 内皮层细胞立体观(示凯氏带)　B. 内皮层细胞横切面观(示凯氏点)　C. 鸢尾属植物幼根横切面的一部分
1. 皮层细胞　2. 内皮层　3. 凯氏带(点)　4. 中柱鞘　5. 马蹄形增厚　6. 通道细胞

图 3-6　内皮层、凯氏带及通道细胞

向内逐渐发育成熟的,这种分化的方式称为外始式(exarch),这是根发育的一个特点。因此,近中柱鞘的木质部是最先分化成熟的,称原生木质部(protoxylem),位于木质部的角隅处,其导管管腔较小,多呈环纹或螺纹;后分化的称后生木质部(metaxylem),其导管管腔较大,多呈梯纹、网纹或孔纹。这种分化方式,近中柱鞘的导管最先形成,缩短了皮层和初生木质部之间的距离,从而加速了由根毛吸收的水分和无机盐类向地上部分的运输,根的外始式体现了结构和功能的统一。

根的初生木质部束在横切面上呈辐射状,根的初生木质部束的数目随植物种类而异,根据初生木质部束数目的不同将根分为二原型(diarch)、三原型(triarch)、四原型(tetrarch)、五原型(pentarch)、六原型(hexarch)和多原型(polyarch)。双子叶植物初生木质部的束数较少,多为二至六原型,如十字花科的油菜、萝卜,伞形科的胡萝卜以及多数裸子植物为二原型;毛茛科的唐松草属是三原型;葫芦科、杨柳科及毛茛科毛茛属的一些植物是四原型;单子叶植物禾本科的根多在六束以上,有的束数可达数百个之多。被子植物的初生木质部由导管、管胞、木纤维和木薄壁细胞组成;裸子植物的初生木质部主要是管胞。

初生韧皮部发育成熟的方式也是外始式,即原生韧皮部(protophloem)在外方,后生韧皮部(metaphloem)在内方。在同一根内,初生韧皮部束的数目和初生木质部束的数目相同;被子植物的初生韧皮部一般有筛管和伴胞,韧皮薄壁细胞,偶有韧皮纤维;裸子植物的初生韧皮部主要为筛胞(图 3-7)。

初生木质部和初生韧皮部之间为薄壁组织,在双子叶植物根中,这些细胞以后可以进一步转化为形成层的一部分,由此产生次生构造。一般双子叶植物的根中,中央部分往往由初生木质部中的后生木质部占据,因此不具有髓部。多数单子叶植物、双子叶植物中有些种类,根的中央部分未分化形成木质部,则由薄壁细胞(如乌头、龙胆、百部等)或厚壁细胞(如鸢尾等)组成髓部(图 3-8)。

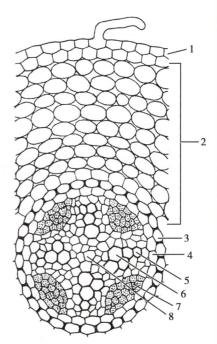

1. 表皮　2. 皮层　3. 内皮层　4. 中柱鞘
5. 原生木质部　6. 后生木质部　7. 初生韧皮部　8. 尚未成熟的后生木质部

图 3-7　双子叶植物幼根的初生构造

(三) 侧根的形成

无论是主根、侧根或不定根均可以产生新的分枝根。在根的初生生长过程中,不断地产生侧根,由此重复形成的分枝,连同原来的母根一起,共同组成根系。侧根起源于中柱鞘,即发生于根的内部组织中,因此这种起源方式被称为内起源(endogenous origin)。当侧根形成时,中柱鞘中某些细胞发生变化,细胞质变浓,液泡变小,重新恢复分裂能力。最初的几次分裂是平周分裂,使细胞层数增加,因而新生的组织就产生向外的突起,继而进行平周分裂和垂周分裂,产生一团新的细胞,形成侧根的根原基(root primordium)。侧根的根原基细胞经分裂、生长,逐渐分化形成生长锥和根冠,生长锥细胞继续进行分裂、生长和分化,并以根冠为先导向外推进,先后突破皮层和表皮而出,形成侧根。由于侧根起源于中柱鞘,其木质部和韧皮部与主根的维管组织直接相连,因而形成一个连续的维管系统(图3-9)。切断主根可以促进侧根的产生和生长,在农林园艺上常利用这个特性进行移苗。

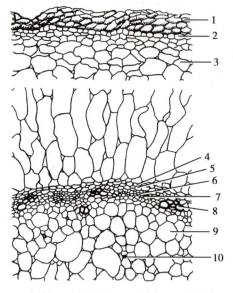

1. 根被　2. 外皮层　3. 皮层　4. 内皮层
5. 中柱鞘　6. 韧皮部　7. 韧皮纤维
8. 木质部　9. 髓　10. 髓部纤维

图3-8　直立百部(块根)横切面详图

1. 侧根(起源于中柱鞘)　2. 表皮　3. 皮层　4. 内皮层
5. 中柱鞘　6. 维管柱

图3-9　侧根的形成

侧根发生的位置,在同一种植物中常常是有着一定的部位。一般情况下,在二原型的根中,侧根发生于原生木质部与原生韧皮部之间;在三原型和四原型的根中,侧根在正对着原生木质部的位置发生;在多原型根中,侧根在正对着原生韧皮部或原生木质部的位置发生。由于侧根的位置一定,所以在母根的表面,侧根常较规律地纵向排列成行。

(四) 根的次生构造

由于根中形成层细胞的分裂、分化,不断产生新的组织,使根逐渐加粗,这种使根增粗的生长称为次生生长(secondary growth),由次生生长所产生的组织叫次生组织(secondary tissue),由这些组织所形成的结构称次生构造(secondary structure)。

多数双子叶植物和裸子植物的根,在完成初生生长形成初生构造后,可发生次生增粗生长,具有次生构造。

1. 形成层的活动及次生维管组织　当根进行次生生长时,在初生木质部与初生韧皮部之间的一些薄壁组织恢复分裂功能,平周分裂形成最初的条带状形成层,逐渐向初生木质部束外方的中柱鞘部位发展,使相接连的中柱鞘细胞也开始分化成为形成层的一部分,这样形成层就由条带状连成一个凹凸相间的形成层环(图3-10)。形成层的原始细胞只有一层,但往往刚分裂的尚未分化的衍生细胞与原始细胞相似,而产生形成层区,通常讲的形成层是指形成层区。形成层细胞不断进行平周分裂,向内产生新的木质部,加于初生木质部的外方,称次生木质部,包括导管、管胞、木薄壁细胞和木纤维;向外产生新的韧皮部,加于初生韧皮部的内方,称次生韧皮部,包括筛管、伴胞、韧皮薄壁细胞和韧皮纤维。在韧皮部下方的形成层,分裂活动较早、分裂速度较快,次生木质部产生的量比较多,因此,形成层凹入的部分大量向外推移,致使凹凸相间的形成层环变成圆环状(图3-11)。

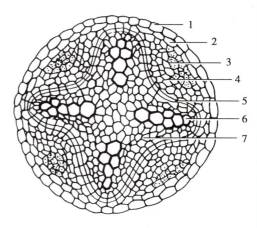

1. 内皮层　2. 中柱鞘　3. 初生韧皮部　4. 次生韧皮部　5. 形成层　6. 初生木质部　7. 次生木质部

图 3-10　形成层的发生过程

动画:根的次生生长动态模拟

此时的维管束便由初生构造的木质部与韧皮部相间排列而转变为木质部在内方,韧皮部在外方的无限外韧型维管束。次生木质部和次生韧皮部合称为次生维管组织,是次生构造的主要部分(图3-12)。

形成层细胞活动时,在一定部位也分生一些薄壁细胞,这些薄壁细胞沿径向延长,呈辐射状排列,贯穿在次生维管组织中,称次生射线(secondary ray),位于木质部的称木射线(xylem ray),位于韧皮部的称韧皮射线(phloem ray),两者合称维管射线(vascular ray)。在有些植物的根中,由中柱鞘部分细胞转化的形成层所产生的维管射线较宽,故在横切面上,可见数条较宽的维管射线,将次生维管组织分割成若干束。这些射线都具有横向运输水分和养料的功能。

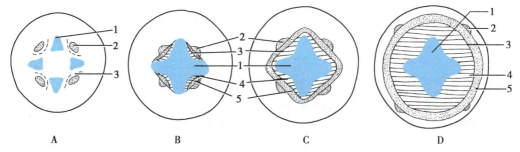

A. 幼根的情况:初生木质部在成熟中,点线示形成层起始的地方　B. 形成层已连接一起,初生部分已产生次生结构,初生韧皮部受挤压　C. 形成层全部产生次生结构,但仍呈凹凸不平的状态,初生韧皮部挤压更甚　D. 形成层已成完整的圆环状　1. 初生木质部　2. 初生韧皮部　3. 形成层　4. 次生木质部　5. 次生韧皮部

图 3-11　根的次生生长示意图(横剖面示形成的产生与发展)

在次生生长的同时,初生构造也起了一些变化,因新生的次生维管组织总是添加在初生韧皮部的内方,初生韧皮部遭受挤压而被破坏,成为没有细胞形态的颓废组织。由于形成层产生的次生木质部的数量较多,并添加在初生木质部之外,因此,粗大的树根主要是次生木质部,非常坚固。

在根的次生韧皮部中,常有各种分泌组织分布,如马兜铃根(青木香)有油细胞,人参有树脂道,当归有油室,蒲公英有乳汁管。有的薄壁细胞(包括射线薄壁细胞)中常含有结晶体及贮藏多种营养物质,如糖类、生物碱等,多与药用有关。

2. 木栓形成层的发生及周皮的形成　由于形成层的分裂活动,使根不断地加粗,外方的表皮及部分皮层由于不能相应加粗而破裂,在皮层组织被破坏之前,中柱鞘细胞恢复分生能力,形成木栓形成层(phellogen),木栓形成层向外产生木栓层(phellem),向内形成栓内层(phelloderm)。木栓层由多层木栓细胞组成,细胞沿径向整齐紧密地排列,成熟时细胞栓质化,呈黄褐色,细胞内原生质解体而死亡,由于木栓细胞不透水、不透气,故可代替外皮层起保护作用,当木栓形成时,其外部的组织由于营养断绝而死亡。栓内层细胞为数层生活的薄壁细胞,排列较疏松,一般不含叶绿体,栓内层发达者,有"次生皮层"之称。栓内层、木栓形成层、木栓层三者合称周皮(periderm)。在周皮形成以后,其外方的各种组织(表皮和皮层)由于内部失去水分和营养供给而全部枯死,所以一般根的次生构造中表皮和皮层常为周皮所代替。

木栓形成层活动期较短,随着根的进一步加粗,又会在前次形成的周皮的内方,形成新的木栓形成层,产生新的周皮。因此木栓形成层发生的位置可逐年由外向内推移,直至次生韧皮部。

应注意的是:植物学上的根皮是指周皮这一部分,而药材中的根皮类,如地骨皮、牡丹皮等,则是指形成层以外的部分,包括韧皮部和周皮。

单子叶植物的根没有形成层,不能加粗生长,没有木栓形成层,故也没有周皮,而由表皮或外皮层行使保护功能。也有一些单子叶植物,如百部、麦冬等,表皮分裂成多层细胞,细胞壁木栓化,形成一种称为"根被"的保护组织。

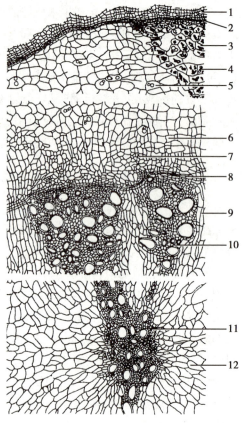

1. 木栓层　2. 木栓形成层　3. 皮层　4. 淀粉粒
5. 分泌细胞　6. 韧皮部　7. 筛管群　8. 形成层
9. 射线　10. 木质部　11. 木质部　12. 射线

图3-12　马兜铃根的横切面详图

(五) 根的异常构造

某些双子叶植物的根,除了正常的次生构造外,由于形成层的异常活动或薄壁细胞恢复分裂能力,形成异型维管束,由此产生的结构称为根的异常构造(anomalous structure),也称其为三生构造(tertiary structure)。常见的有以下几种类型:

1. 同心性异型维管束　一些双子叶植物的根,当正常的次生生长发育到一定阶段,形成层往往失去分生能力,而由相当于中柱鞘的细胞转化成新的形成层,向外分裂产生大量薄壁细胞和一圈异型的无限外韧维管束,如此反复多次,形成多层异型维管束,并有薄壁细胞相间隔,呈同心环状排列。属于此类型的又可分为两种情况:一种是新的形成层始终保持分生,使层层排列的异型维管束不断增大,在横断面上呈现"年轮状",如商陆。另一种是不断产生的新形成层仅最外面一层保持分生能力,而内层各同心性形成层于异常维管束形成后即停止活动,如牛膝、川牛膝等。

异常维管束的轮数因植物种而异,牛膝根中央正常维管束的外方,形成数轮多数小型的异型维管束,在横切面上,可见维管束呈点状,连续排列成数圈,川牛膝根的异常维管束排成3~8轮,怀牛膝根的异常维管束排成3~4轮,美洲商陆根中可形成6轮。每轮异常维管束的数目与根的粗细和该轮异常维管束所在的位置有关,在同一种植物中,根的直径越粗,每轮异常维管束的数目越多。

2. 异心性异型维管柱　有的种类正常维管束形成后,在维管柱外围的部分薄壁细胞转化形成多个非同心型的新的形成层环,而由此分生出一些大小不等的异型维管束——附加维管柱,如何首乌的块根,产生一些单独的和复合的异型维管束,故何首乌块根的横切面上可见一些大小不等的圆圈状花纹,称为"云锦花纹"。

有些双子叶植物的根,在次生木质部内也形成木栓带,称为木间木栓或内涵周皮(included periderm)。如黄芩的老根中央可见木栓环,新疆紫草根中央也有木栓带。甘松根中的木间木栓环包围一部分韧皮部和木质部而把维管柱分隔成 2~5 个束,在较老根部,这些束常由于束间组织死亡裂开而互相脱离,成为单独的束,使根形成数个分支(图 3-13)。

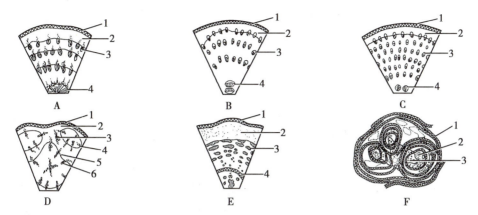

A. 商陆　B. 牛膝　C. 川牛膝:1. 木栓层　2. 皮层　3. 异型维管束　4. 正常维管束　D. 何首乌:
1. 木栓层　2. 皮层　3. 单独维管束　4. 复合维管束　5. 形成层　6. 木质部　E. 黄芩:1. 木栓层
2. 皮层　3. 木质部　4. 木栓细胞环　F. 甘松:1. 木栓层　2. 韧皮部　3. 木质部

图 3-13　根的异常构造横切面模式简图

四、根的生理功能

根是植物的重要营养器官,主要具有固着、吸收、输导、合成、贮藏和繁殖等生理功能。

(一) 固着作用

植物体的地上部分之所以能够稳固地直立在地面上,主要有赖于根系在土壤中的固定作用,植物的地下部分所占面积一般远超过地上部分,故植物的根有强大的支持作用。

(二) 吸收作用

根最主要的功能是从土壤中吸收水和无机盐。水分的吸收主要靠根端的根毛和幼嫩的表皮来完成。根对无机盐的吸收也是以溶解于水中的离子形式进行的。

(三) 输导作用

由根吸收的水分和无机盐通过根的输导组织运输至茎叶,而叶制造的有机养料,经过茎输送到根,再经根的维管组织输送到根的各部分,以维持根的生命活动的需要。

(四) 合成作用

据研究证明,根有合成的功能,能合成氨基酸、生物碱、植物激素等有机物质,对植物地上部分的生长发育产生影响。例如,烟草的根能合成烟碱,南瓜和玉米中很多重要的氨基酸是在根部合成的。

(五) 贮藏作用

根由于其内的薄壁组织比较发达,常为贮藏物质的场所。多数植物的根尤其是一些变态的贮藏根都有贮藏功能,如甘薯、甜菜、萝卜和胡萝卜的根肉质肥大,成为贮藏有机养料的贮藏器官。

(六) 繁殖作用

不少植物的根能产生不定芽,尤其是有些植物的根在伤口处更易形成不定芽,在植物的营养繁殖中常加以利用。例如,甘薯的繁殖就是利用根出芽的特性来繁殖的。

内容小结

根通常呈圆柱形,生长在土壤中,主要有固着、吸收、输导、合成、贮藏和繁殖的功能。根分为主根和侧根、定根和不定根类型,有直根系和须根系之分。有贮藏根、支持根、气生根、攀缘根、水生根和寄生根的变态,许多贮藏根作为根类药材入药。根有初生构造和次生构造,有的还产生异常构造。根的次生构造与初生构造相比,最外层的周皮代替了表皮,皮层和中柱鞘一般已不存在,维管束为无限外韧型,次生维管组织中具有维管射线。根的异常构造主要有同心环状排列的异常维管束、附加维管柱和木间木栓几种类型。

第二节　茎

茎(stem)是由胚芽发育而来,连接叶和根的轴状结构。其顶端不断向上生长,下面重复产生分枝,从而形成了植物体的整个地上部分。茎是种子植物重要的营养器官,也是植物体地上部分的躯干,有些植物的茎生长在地下,如莲藕、生姜;有的植物如蒲公英、车前具茎,但茎节非常短缩,被称为莲座状植物。

一、正常茎的形态

(一) 茎的外形

茎通常呈圆柱形,但也有一些植物的茎比较特别,呈方形(如薄荷、益母草)、三棱形(如香附子、黑三棱)、扁平形(如仙人掌、昙花)等。茎的中心一般为实心,但也有些植物的茎是空心的,如芹菜、南瓜等;禾本科植物如稻、麦、竹等的茎中空且有明显的节,特称秆。

茎上着生叶的部位称节(node),节与节之间的部分称为节间(internode)。在茎的顶端和节处叶腋都生有芽(bud)。具节和节间是茎在外形上区别于根的主要特征。多数植物的节只在叶着生部位稍有膨大,但有些植物的茎节特别明显,如石竹、玉米、竹子的节呈环状膨大,而藕的节却细缩。各种植物的节间长短也不一致,长的可达数十厘米,如竹、南瓜,短的如蒲公英茎极度缩短,节间仅1mm左右,叶簇生其上。

着生叶和芽的茎叫作枝或枝条(shoot),有些植物具有两种枝条,间节较长的称长枝(long shoot),其上的叶螺旋状排列;节间短的称短枝(dwarf shoot),其上的叶多簇生。一般短枝着生在长枝上,能生花结果,所以又称果枝,如梨、苹果和银杏。

木本植物的茎枝上还分布有叶痕(leaf scar)、托叶痕(stipule scar)、芽鳞痕(bud scale scar)和皮孔(lenticel)等。叶痕是叶子脱落后留下的痕迹;托叶痕是托叶脱落后留下的痕迹;芽鳞痕是包被顶芽的芽鳞片脱落后留下的痕迹,顶芽每年在春季开展一次,因此,可以根据芽鳞痕来辨别茎的生长量和生长年龄;皮孔是茎枝表面隆起呈裂隙状的小孔,是茎与外界气体交换的通道。以上痕迹各种植物都有一定的特征,可作为鉴别植物种类、生长年龄等的依据(图3-14)。如木兰科植物托叶大而早落,在枝条节上形成环状托叶痕,为野外鉴别木兰科植物的主要特征之一。

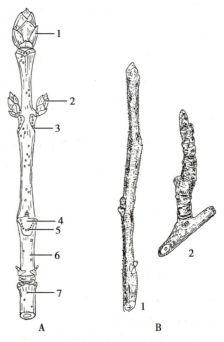

A.正常茎的外部形态:1.顶芽　2.侧芽
3.节　4.叶痕　5.维管束痕　6.节间
7.皮孔　B.长枝和短枝:1.苹果的长枝
2.苹果的短枝

图3-14　茎的外部形态

(二) 芽及其类型

芽(bud)是尚未发育的枝、花或花序,即是枝、花或花序的原始体。根据芽的生长位置、发育性质、芽鳞有无、活动能力的不同分为以下几种类型。

1. 依芽的生长位置分

(1) 定芽(normal bud):芽在茎上生长有一定的位置。定芽又分为:①顶芽(terminal bud),即生于茎枝顶端的芽。②腋芽(axillary bud),即生于叶腋的芽,亦称侧芽。有的腋芽生长位置较低,为叶柄膨大的基部所覆盖,直到叶落后,芽才露出来,故又称叶柄下芽,如悬铃木(法国梧桐)、刺槐等。③副芽(accessory bud),一些植物的顶芽和腋芽旁边又生出一两个较小的芽称为副芽,如金银花、桃、葡萄等。副芽在顶芽和腋芽受伤后可代替它们发育。

(2) 不定芽(adventitious bud):没有一定生长位置的芽,如大丽菊块根上的芽,落地生根和秋海棠叶上的芽,柳、桑等的茎枝或创伤切口上产生的芽。

2. 依芽的性质分

(1) 枝芽(branch bud):发育成枝和叶的芽。

(2) 花芽(flower bud):发育成花或花序的芽。

(3) 混合芽(mixed bud):能同时发育成枝叶和花或花序的芽,如苹果、梨的芽。

3. 依芽鳞的有无分

(1) 鳞芽(scaly bud):芽的外面有鳞片包被,如杨、柳、辛夷。

(2) 裸芽(naked bud):芽的外面无鳞片包被,多见于草本植物和少数木本植物,如薄荷、吴茱萸。

4. 依芽的活动状态分

(1) 活动芽(active bud):正常发育的芽,即能在当年萌发或第二年春天萌发的芽。

(2) 休眠芽(dormant bud):又称潜伏芽,即长期保持休眠状态而不萌发的芽。但休眠期是相对的,在一定条件下可以萌发,如树木被砍伐后,树桩上常见休眠芽萌发出许多新枝条(图 3-15)。

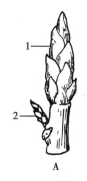

　　A　　　　　　　B　　　　　　　C　　　　　　　D

A. 定芽:1. 顶芽　2. 腋芽　B. 不定芽　C. 鳞芽　D. 裸芽

图 3-15　芽的类型

(三) 茎的分枝

由于芽的性质和活动情况不同,产生不同的分枝方式。常见的分枝方式有以下四种:

1. 单轴分枝(monopodial branching)　主茎顶芽不断向上生长形成直立而粗壮的主干,同时侧芽亦以同样方式形成各级分枝。但主干的伸长和加粗比侧枝强得多,因而主干极明显。如松、柏、杨树、银杏等。

2. 合轴分枝(sympodial branching)　主干的顶芽在生长季节生长迟缓或死亡,或顶芽为花芽,由紧接着顶芽下面的腋芽代替顶芽发育形成粗壮的侧枝,使主干继续生长,这种主干是由许多腋芽发育而成的侧枝联合组成,故称合轴。大多数被子植物是这种分枝方式,如苹果、桃。

3. 二叉分枝(dichotomous branching)　顶端的分生组织平分成两个,各形成一个分枝,在一定的时候,又进行同样的分枝,以后不断重复进行,形成二叉状分枝系统。在高等植物中多见于苔藓和蕨类植物,如地钱、石松。

4. 假二叉分枝(false dichotomous branching)　顶芽停止生长或顶芽是花芽,由近顶芽下面的两侧腋芽同时发育成两个相同的分枝,从外表上看似二叉分枝,因此称假二叉分枝,如曼陀罗、丁香、石竹(图3-16)。

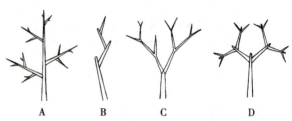

A. 单轴分枝　B. 合轴分枝　C. 二叉分枝　D. 假二叉分枝

图 3-16　茎的分枝方式图解

知识拓展

禾本科植物的分蘖分枝

分蘖(tiller)是禾本科植物特有的分枝方式,稻、麦等植物基部的某些腋芽抽生出新枝,并在发生新枝的节上形成不定根。直接从主茎基部分蘖节上发出的称一级分蘖,在一级分蘖基部又可产生新的分蘖芽和不定根,形成次一级分蘖。由此一株植物可形成许多丛生在一起的分枝。

二、茎的类型

(一) 依茎的质地分类

1. 木质茎(woody stem)　茎质地坚硬、木质部发达称木质茎。具有木质茎的植物称木本植物。其中植株高大、主干明显、基部少分枝的称乔木(tree),如银杏、杜仲、厚朴等;植株无明显主干、基部分枝出多个丛生枝干的称灌木(shrub),如夹竹桃、连翘等;若介于木本和草本之间,仅在基部木质化、上部草质的称亚灌木或半灌木(subshrub),如草麻黄、牡丹等;茎长不能直立,常缠绕或攀附他物向上生长的称木质藤本(woody vine),如五味子、木通。

2. 草质茎(herbaceous stem)　质地较柔软、木质部不发达的茎称草质茎。具有草质茎的植物称草本植物。其中在一年内完成生命周期的称一年生草本(annual herb),如红花、马齿苋等;植物第一年出苗,第二年完成生命周期的称二年生草本(biennial herb),如萝卜、菘蓝等;若生命周期在二年以上的称多年生草本(perennial herb),其中地上部分每年死亡,地下部分仍保持活力的称宿根草本,如人参、黄连等;如植物体多年保持常绿的称为常绿草本,如麦冬、万年青。

植物体细长、缠绕或攀缘他物向上生长或平卧地面生长的草本植物称草质藤本(herbaceous vine),如牵牛、鸡矢藤、党参。

3. 肉质茎(succulent stem)　质地柔软多汁、肉质肥厚的茎称肉质茎,如芦荟、景天、仙人掌。

（二）依茎的生长习性分类

1. 直立茎（erect stem） 茎直立地面生长，为常见的茎，如松、杉、紫苏。

2. 缠绕茎（twining stem） 茎细长不能直立，而依靠缠绕他物作螺旋状向上生长。其中有的呈顺时针方向缠绕，如五味子、忍冬等；有的呈逆时针方向缠绕，如牵牛、马兜铃；也有的无一定规律，如何首乌、猕猴桃。

3. 攀缘茎（climbing stem） 茎细长不能直立，而是靠卷须、不定根、吸盘或其他特有的攀缘结构攀附他物向上生长，如葡萄、栝楼、豌豆等借助于茎或叶形成的卷须攀附他物；常春藤、络石等借助于不定根攀附他物；爬山虎借助短枝形成的吸盘攀附他物。

4. 匍匐茎（creeping stem） 茎平卧地面，沿水平方向蔓延生长，节上生出不定根，如积雪草、连钱草等。若节上不生不定根则为平卧茎，如蒺藜、马齿苋（图3-17）。

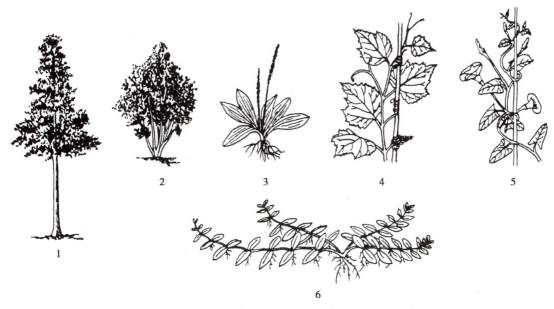

1. 乔木　2. 灌木　3. 草本　4. 攀缘茎　5. 缠绕茎　6. 匍匐茎

图 3-17　茎的类型

三、变态茎的类型

有些植物由于长期适应不同的生活环境，其茎产生了一些变态。茎的变态种类很多，可分为地下茎的变态和地上茎的变态两大类。地下茎和根类似，但仍具有茎的一般特征，其上有节和节间，并具退化鳞叶及顶芽、侧芽等，可与根区别。地下茎变态主要为贮藏各种营养物质。

（一）地上茎的变态

1. 叶状茎（叶状枝）（phylloclade） 植物的一部分茎或枝变成绿色扁平叶状或针叶状，代替叶的作用，而真正的叶则退化为膜质鳞片状、线状或刺状，如竹节蓼、天门冬、仙人掌。

2. 刺状茎（枝刺或棘刺）（shoot thorn） 茎变为刺状，具保护作用。枝刺分为不分枝和分枝的枝刺，山楂、酸橙、木瓜的枝刺不分枝，而皂荚、枸橘的枝刺有分枝。枝刺因生于叶腋，可与叶刺相区别。月季、花椒茎上的刺是由表皮细胞特化形成，易脱落，称皮刺。

3. 钩状茎（hook-like stem） 由茎的侧轴变态而来，通常弯曲呈钩状，粗短坚硬无分枝，位于叶腋，如钩藤。

4. 茎卷须（stem tendril） 茎的一部分变为卷须状，柔软卷曲而常有分枝，用以攀缘或缠绕他物向上生长，如葡萄、栝楼、丝瓜。

5. 小块茎(tubercle)和小鳞茎(bulblet)　有些植物的腋芽常形成小块茎,如山药的零余子、半夏的珠芽也可形成小块茎。有些植物在叶腋或花序处由腋芽或花芽形成小鳞茎,如卷丹、大蒜、洋葱。小块茎和小鳞茎均有繁殖作用(图3-18)。

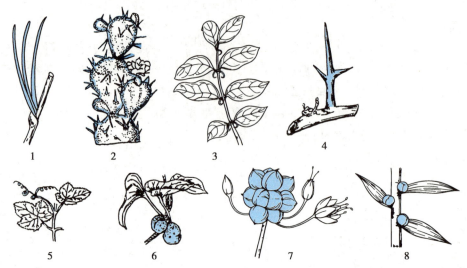

1. 叶状茎(天门冬)　2. 叶状茎(仙人掌)　3. 钩状茎(钩藤)　4. 刺状茎(皂荚)　5. 茎卷须(葡萄)
6. 小块茎(山药)　7. 小鳞茎(薤白花芽)　8. 小鳞茎(卷丹叶腋的珠芽)

图3-18　地上茎的变态

(二) 地下茎的变态

1. 根状茎(rhizome)　常横卧地下,肉质膨大呈根状,有明显的节和节间,节上有退化的鳞片叶,有顶芽和腋芽,向下常生不定根。根状茎的形态及节间长短因种类而异,有的细长,如白茅、芦苇;有的粗肥肉质,如姜、玉竹;有的短而直立,如人参、三七;有的呈团块状,如苍术、川芎;有的还具有明显的茎痕(地上茎死后留下的痕迹),如黄精。

2. 块茎(tuber)　短而膨大呈不规则块状的地下茎。节间很短,节上有芽,叶退化成小的鳞片或早期枯萎脱落,如半夏、天麻、马铃薯等,其中马铃薯的表面凹陷处即为退化茎节所形成的芽眼,其中生芽。

3. 球茎(corm)　肉质肥大呈球状或扁球状,节和节间明显,节间缩短,上有膜质鳞叶,芽发达,腋芽常生于上半部,基部具不定根。如慈姑、荸荠。

4. 鳞茎(bulb)　呈球状或扁球状,茎极度缩短称鳞茎盘,盘上生有许多肉质肥厚的鳞片叶,顶端有顶芽,鳞片叶内生有腋芽,基部具不定根。鳞茎可分为无被鳞茎和有被鳞茎,前者鳞片狭,呈覆瓦状排列,外面无被覆盖,如百合、贝母等;后者鳞片阔,内层被外层完全覆盖,如洋葱、大蒜(图3-19)。

组图:地下茎的变态

四、茎的组织构造

种子植物的主茎起源于种子内幼胚的胚芽,主茎上的侧枝则由主茎上的侧芽(腋芽)发育而来。不论主茎或侧枝,一般在其顶端都具有顶芽,保持顶端生长的能力,使植物体不断长高。

(一) 茎尖的构造

组图:茎的显微构造

茎或枝的顶端为茎尖,是顶端分生组织所在部位。它的构造基本上与根尖相似,其主要不同之处在于,其前端没有类似根冠的构造,而存在能形成叶和芽的原始突起,称为叶原基(leaf primordium)和芽原基(bud primordium)。叶原基腋部产生腋芽原基,以后分别发育为叶和腋芽,腋芽发育成枝条(图3-20)。因此,茎、叶和腋芽的发生是同时进行的。

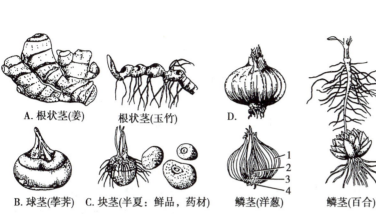

A. 根状茎(姜)　　根状茎(玉竹)　　D.

B. 球茎(荸荠)　　C. 块茎(半夏: 鲜品, 药材)　　鳞茎(洋葱)　　鳞茎(百合)

A. 根状茎　B. 球茎　C. 块茎　D. 鳞茎(1. 鳞片叶　2. 顶芽　3. 鳞茎盘
4. 不定根)

图 3-19　地下茎的变态

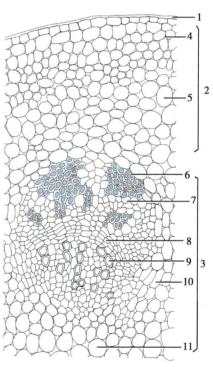

1. 幼叶　2. 生长点　3. 叶原基
4. 腋芽原基　5. 原形成层

图 3-20　忍冬芽的纵切面简图

茎或枝的顶端可分为三个部分,即分生区、伸长区和成熟区。分生区在茎尖的前端呈圆锥状,为顶端分生组织所在的部位,具有强烈的分生能力,所以又叫生长锥(growth cone)。茎尖成熟区的表面不产生根毛,但常有气孔和毛茸。

与根类似,茎的成熟区亦可相继形成初生构造、次生构造和三生构造。

(二) 双子叶植物茎的初生构造

通过茎的成熟区作一横切面,可观察到茎的初生构造,从外至内可分为表皮、皮层和维管柱(图 3-21)。

1. 表皮(epidermis)　由原表皮层发展而来,为一层长方形、扁平、排列整齐无细胞间隙的生活细胞构成。一般不具叶绿体,有的具有气孔、毛茸或其他附属物。表皮细胞的外壁较厚,通常角质化并形成角质层,有的还有蜡质。

2. 皮层(cortex)　皮层位于表皮内方,是表皮和维管柱之间的部分,由基本分生组织发展而来,由多层生活细胞构成,一般不如根的皮层发达,占较小的部分。皮层细胞壁薄而大,细胞常为多面体、球形或椭圆形,排列疏松,具细胞间隙,靠近表皮部分的细胞中常含有叶绿体,所以嫩茎呈绿色,能进行光合作用。

皮层的基本组织是薄壁组织,但在紧靠表皮的部位常具有厚角组织,可加强茎的韧性,有的排列成环状(如葫芦科和菊科的一些植物),有的聚集在茎的棱角处(如薄荷、陆英等植物),有的植物在皮层中还有纤维、石细胞,如黄柏、桑等,有的含有分泌组织,如向日葵。

茎皮层的最内一层细胞在大多数双子叶植物中仍为一般的薄壁细胞,而不像根在形态上可以分辨出内皮层,故层与维管区域之间无明显分界。有的植物此层细胞中含有

1. 表皮　2. 皮层　3. 维管柱　4. 厚角组织
5. 薄壁细胞　6. 韧皮纤维　7. 初生韧皮部
8. 束中形成层　9. 初生木质部　10. 髓射线
11. 髓

图 3-21　双子叶植物茎的初生构造(横切面详图)

许多淀粉粒而称之为淀粉鞘(starch sheath),如马兜铃、蚕豆、蓖麻等。

3. 中柱(vascular cylinder) 位于皮层以内,占茎的较大部分,包括呈环状排列的维管束、髓射线和髓等。又称为维管柱(stele)。

(1) 初生维管束(primary vascular bundle):双子叶植物茎的初生维管束包括初生韧皮部、初生木质部和束中形成层。

初生韧皮部(primary phloem)位于维管束的外侧,由筛管、伴胞、韧皮薄壁细胞和初生韧皮纤维组成,其分化成熟的顺序和根相同,也是外始式,即原生韧皮部在外方,后生韧皮部在内方。初生韧皮纤维常成群地位于韧皮部的最外侧,过去常误称之为中柱鞘纤维,究其来源实为韧皮部的一部分,故应称之为韧皮纤维。

初生木质部(primary xylem)位于维管束的内侧,由导管、管胞、木薄壁细胞和木纤维组成,其分化成熟的顺序和根完全相反,是由内向外的,称为内始式(endarch),原生木质部居内方,由口径较小的环纹、螺纹导管组成;后生木质部居外方,由孔径较大的梯纹、网纹或孔纹导管组成。

束中形成层(fascicular cambium)位于初生韧皮部与初生木质部之间,为原形成层所遗留下来,由1~2层具有分生能力的细胞组成,能使茎不断加粗。

一般植物茎的维管束是韧皮部位于木质部的外方,称外韧维管束(collateral vascular bundle)。但也有少数植物,在其木质部的内方还有韧皮部,称双韧维管束(bicollateral vascular bundle),如茄科的曼陀罗、颠茄、莨菪,葫芦科的南瓜,桃金娘科的桉树,旋花科的甘薯等。

(2) 髓射线(medullary ray):髓射线属于初生射线(primary ray),为初生维管束之间的薄壁组织,外连皮层,内接髓部,在横切面上呈放射状,具横向运输和贮藏作用。一般草本植物的髓射线较宽,木本植物的髓射线则较窄。髓射线细胞具有潜在的分生能力,在次生生长时,与束中形成层相邻的髓射线细胞能转变为形成层的一部分,即束间形成层。

(3) 髓(pith):髓是茎的中央部分,被维管束紧紧围绕,由基本分生组织所产生的薄壁细胞组成,有的髓中具石细胞。草本植物茎的髓部较大,木本植物茎的髓部一般较小,但也有例外,如泡桐、接骨木、旌节花等;有些植物的髓部因局部破坏,形成一系列片状的横髓隔,如胡桃、猕猴桃;也有些植物茎的髓部在发育过程中往往消失,形成中空的茎,如连翘、芹菜、南瓜等。

(三) 双子叶植物茎的次生构造和异常构造

双子叶植物的茎在初生构造形成后,由于形成层和木栓形成层的分裂活动,接着进行次生生长,从而形成次生构造,使茎不断加粗。一般木本植物的次生生长可持续多年,因此次生构造很发达(图3-22)。

1. 双子叶植物木质茎的次生构造

(1) 维管形成层的来源和活动:当茎进行次生生长时,髓射线里邻接束中形成层的细胞恢复分生能力,形成束间形成层

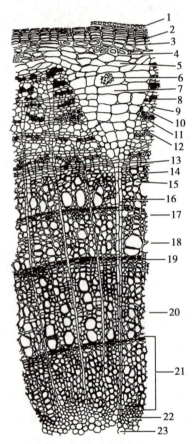

1. 枯萎的表皮　2. 木栓层　3. 木栓形成层　4. 厚角组织　5. 皮层薄壁组织　6. 草酸钙结晶　7. 髓射线　8. 韧皮纤维　9. 伴胞　10. 筛管　11. 淀粉细胞　12. 结晶细胞　13. 形成层　14. 木薄壁组织　15. 导管　16. 早材(第四年木质部)　17. 晚材(第三年木质部)　18. 早材(第三年木质部)　19. 晚材(第二年木质部)　20. 早材(第二年木质部)　21. 次生木质部(第一年木材)　22. 初生木质部(第一年木材)　23. 髓

图3-22　双子叶植物木质茎的次生构造(椴树四年生茎横切面详图)

(interfascicular cambium),束间形成层和各初生维管束中的束中形成层相连接,这样形成层就成为一个圆筒(在横切面上成为一个完整的圆环)。

形成层细胞具有强烈的分生能力,向内分裂产生次生木质部,增添于初生木质部的外方;向外分裂产生次生韧皮部,增添于初生韧皮部的内方,并将初生韧皮部推向外方。同时,形成层有一部分细胞也不断分裂形成薄壁细胞,即次生射线细胞,贯穿于次生木质部与次生韧皮部,形成横向的联系组织,称维管射线。形成层的束间部分,或产生维管组织,或继续产生薄壁组织,以增加髓射线的长度。

形成层细胞在不断地进行分裂,形成次生构造的同时,也进行径向或横向分裂,扩大本身的圆周,以适应内方木质部的增大,同时形成层的位置也逐渐向外推移。了解形成层的所在部位,对药材生产和植物嫁接均有实际意义,如在嫁接时,必须使砧木和接穗之间的形成层区尽量吻合,才能提高接穗的成活率。

(2) 次生木质部和次生韧皮部

1) 次生木质部:形成层活动时,向内形成次生木质部的量,远比向外形成次生韧皮部的量为多,就木本植物来说,茎的绝大部分是次生木质部,树木越大,次生木质部所占的比例也越大。

次生木质部由导管、管胞、木薄壁细胞、木纤维和木射线组成。次生木质部中的导管为梯纹导管、网纹导管和孔纹导管。导管、管胞、木薄壁细胞和木纤维,其细胞都是纵列的,是次生木质部中的纵向系统。木薄壁细胞单个或成群散生于木质部中,或包围在导管或管胞的外方。

此外,由形成层中的射线原始细胞衍生的细胞,径向延长,形成维管射线,位于次生木质部的部分称为木射线。木射线常有多列细胞,也有一列细胞的,细胞为保持生活状态的薄壁细胞,但其细胞壁有时稍木质化。

2) 次生韧皮部:形成层向外活动分裂形成次生韧皮部。次生韧皮部形成时,初生韧皮部被推向外方并被挤压破裂,形成颓废组织。次生韧皮部一般由筛管、伴胞、韧皮薄壁细胞和韧皮纤维组成,有的还具有石细胞、乳管等。

次生韧皮部的薄壁细胞中除含有糖类、油脂等营养物质外,有的还含有鞣质、橡胶、生物碱、苷类、挥发油等次生代谢产物,有的具有药用价值。

韧皮射线是次生韧皮部内的薄壁组织,是维管射线位于次生韧皮部的部分,细胞壁不木质化,与木射线相连,其长短宽窄因植物种类而异。

(3) 维管形成层的季节性活动和年轮

1) 早材和晚材:由于形成层的分裂活动受季节影响所产生,因为春季气候温暖,雨量充沛,形成层的分裂活动比较强烈,所产生的细胞体积大,细胞壁薄,导管直径大,材质较疏松,颜色较淡,称早材(early wood)或春材(spring wood);到了秋季,气温下降,雨量稀少,形成层的分裂活动降低,所产生的细胞体积较小,细胞壁较厚,导管的直径小,数目少,木纤维成分多,材质较密,颜色较深,称晚材(late wood)或秋材(autumn wood)。

2) 年轮:在木本植物茎的木质部或木材的横切面上常可见许多同心轮层,为生长轮(growth ring),每一个轮层都是由形成层在一年中所形成的木材,一年一轮地标志着树木的年龄,称为年轮(annual ring)。在一年中早材和晚材是逐渐转变的,没有明显的界限,但当年的晚材与第二年的早材界限分明,因此形成了年轮。年轮一般为一年一轮,但有的植物(如柑橘)一年可以形成三轮,这些轮都称为假年轮,假年轮常呈不完整的轮环,它的形成是该年气候变化特殊或受害虫严重危害而引起的。年轮的产生与环境条件有关,在终年气候变化不大的热带,树木就不形成年轮;但在有明显旱季和湿季之分的热带,树木也产生年轮。

3) 木材三切面:在木材横切面上,有许多由内向外呈辐射状的浅色条纹就是射线,其位置与年轮垂直,或断或续地穿过数个年轮,髓心放射出来的为髓射线;位于维管束内的为维管射线,其中位于木质部为木射线,位于韧皮部为韧皮射线。

在木材横切面上靠近形成层的部分颜色较浅,质地较松软,称边材(sap wood)。边材具有输导作用。而中心部分颜色较深,质地较坚硬,称心材(heart wood)。心材中一些细胞常积累一些代谢产物,如单宁、树脂、树胶、色素等,有些射线细胞与轴向薄壁细胞通过导管和管胞上的纹孔侵入导管或管胞内,形成侵填体,使心材中导管和管胞被堵塞,失去输导能力。心材比较坚固,又不易腐烂,且常含有特殊的成分,如沉香、降香、檀香等中药材都是心材。

要充分地了解茎的次生结构及鉴定木类药材,需采用三种切面,即横切面、径向纵切面和切向纵切面,以进行比较观察(图3-23,图3-24)。

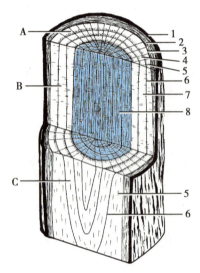

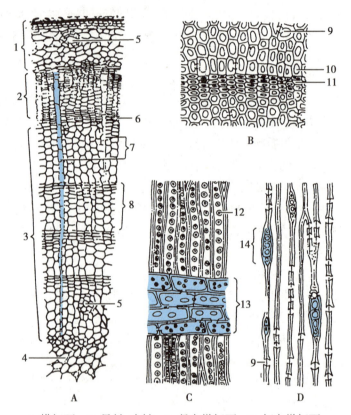

A. 横切面　B. 径向纵切面　C. 切向
纵切面
1. 落皮层(外树皮)　2. 次生韧皮部
(内树皮)　3. 形成层　4. 次生木质部
5. 射线　6. 年轮　7. 边材　8. 心材

图 3-23　木材的三切面示意图

A. 横切面　B. 早材、晚材　C. 径向纵切面　D. 切向纵切面
1. 木栓及皮层　2. 韧皮部　3. 木质部　4. 髓　5. 树脂道
6. 形成层　7. 髓射线　8. 年轮　9. 具缘纹孔切面(管胞)
10. 早材　11. 晚材　12. 具缘纹孔表面观　13. 髓射线纵切
14. 髓射线横切

图 3-24　松茎三切面详图

横切面(transverse section):是与茎的纵轴垂直所作的切面。在横切面上,年轮为同心环状,木射线与木材生长轮垂直,呈辐射状排列,可见射线的长度和宽度。两射线间的导管、管胞、木纤维和木薄壁细胞等都呈大小不一、细胞壁薄厚不同的类圆形或多角形。

径向纵切面(radial section):是通过茎的中心所作的纵切面,也称径切面。年轮呈垂直平行的带状,射线呈不同高度的丝带状或片状排列,与年轮呈直角,可见射线的高度和长度,可见导管、管胞、木纤维和木薄壁细胞等纵切面的长度、宽度、纹孔和细胞两端的形状。

切向纵切面(tangential section):是不经过茎的中心而垂直于茎的半径所作的切面,也称弦切面。在切向纵切面上,年轮呈 U 形的波纹;射线呈短竖线状或纺锤形,作不连续地排列。可见射线的宽度和高度及细胞列数。见到的导管、管胞、木纤维和木薄壁细胞等与径向纵切面相似。

0307

动画:木材
的三切面

在木材三切面中,射线的形状如何,可作为判断切面类型的重要依据,其宽窄、疏密、射线组织类型等特征也是识别木材的重要依据。

(4)木栓形成层及其活动:多数植物的茎可由表皮内侧皮层薄壁组织细胞恢复分生能力,形成木栓形成层,进而产生周皮,以代替表皮行使保护作用。一般木栓形成层的活动只不过数月,多数树木又可依次在其内方产生新的木栓形成层,形成新的周皮。老周皮内方的组织被新周皮隔离后,由于水分和营养供应的终止,相继全部死亡,这些周皮及其被隔离的颓废组织的综合体,因常剥落,故称为落皮层(rhytidome),如白桦树、悬铃木等。但不少植物的周皮并不脱落,如杜仲、川黄檗等。

落皮层也被称为树皮(亦称外树皮)。但广义的"树皮"是指维管形成层以外的所有组织,包括次生韧皮部(亦称内树皮)。多数皮类药材,如杜仲、厚朴、黄柏、金鸡纳树皮、肉桂等茎皮类药材即为广义的树皮。

2. 双子叶植物草质茎的构造　双子叶植物草质茎生长期短,次生构造不发达,与木质茎相比较,没有或只有极少数的木质化组织,质地较柔软。其主要构造特点如下。

(1)最外层为表皮,表皮上常有气孔、毛茸、角质层、蜡被等附属物。少数植物表皮下方有木栓形成层的分化,向外分生1~2列木栓细胞,向内产生少量栓内层,但表皮仍存在。

(2)由于草质茎生长时间较短,组织中次生构造不发达,大部分或完全是初生构造。其维管柱中维管束的数量占较小的比例。有些双子叶草本植物的茎,仅有束中形成层而不具有束间形成层,次生构造的量也比较少(如葫芦科的部分植物)。还有些双子叶草本植物的茎,不仅没有束间形成层,连束中形成层也不发达,因而次生构造的量很少,甚至不存在(如毛茛科植物的茎)。

(3)髓部发达,髓射线一般较宽,有的髓部中央破裂呈空洞状(图3-25)。

3. 双子叶植物根状茎的次生构造　双子叶草本植物根状茎的构造与地上茎类似,其特点为:根状茎的表面通常具木栓组织,少数有表皮或鳞叶;皮层中常有根迹维管束和叶迹维管束;皮层内侧有的有厚壁组织,维管束为外韧型,排列呈环状,中央髓部明显,有的呈空洞状,髓射线宽窄不一。机械组织一般不发达,贮藏薄壁细胞较发达,其中常有较多的贮藏物质(图3-26)。

4. 双子叶植物茎和根状茎的异常构造　有些植物的茎和根状茎除了形成一般的正常构造外,常有部分薄壁细胞,能恢复分生能力,转化成新的形成层,产生多数异型维管束,形成异常构造。有下列

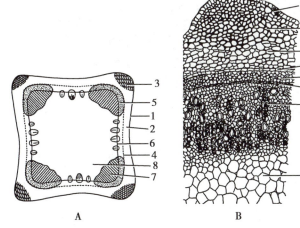

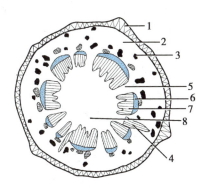

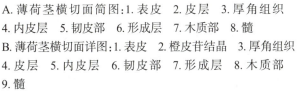

A. 薄荷茎横切面简图:1. 表皮　2. 皮层　3. 厚角组织　4. 内皮层　5. 韧皮部　6. 形成层　7. 木质部　8. 髓
B. 薄荷茎横切面详图:1. 表皮　2. 橙皮苷结晶　3. 厚角组织　4. 皮层　5. 内皮层　6. 韧皮部　7. 形成层　8. 木质部　9. 髓

图3-25　双子叶植物草质茎的构造(薄荷茎横切面)

黄连根状茎横切面:1. 木栓层　2. 皮层　3. 石细胞群　4. 根迹　5. 射线　6. 韧皮部　7. 木质部　8. 髓

图3-26　双子叶植物根状茎的横切面简图

几种情况：

（1）髓维管束：指位于双子叶植物茎和根状茎的髓中维管束。如胡椒科风藤茎的髓部异型维管束；大黄根状茎髓部的呈点状异型维管束，外方为木质部，形成层环状，内方为韧皮部，射线深棕色，作星芒状射出（图3-27）。

（2）同心环状维管束：在正常次生生长发育至一定阶段后，次生维管束的外围又形成多层呈同心环状排列的异型维管束，称为同心环维管束。如密花豆（鸡血藤）的老茎。

（3）木间木栓：薄壁组织中的细胞恢复分生能力后，形成了新的木栓形成层，并一个个的环包围一部分韧皮部和木质部，将维管束分隔成数束。如甘松的根状茎（图3-28）。

（四）单子叶植物茎的构造

单子叶植物茎通常终生只有初生构造而没有次生构造，其主要特征为：

1. 最外层是由一列表皮细胞所构成的表皮，通常不产生周皮。禾本科植物茎秆的表皮下方，往往有数层厚壁细胞分布，以增强支持作用。

2. 表皮以内为基本薄壁组织和散布在其中的多数维管束。维管束为有限外韧型，有的植物茎中央部分萎缩破裂，形成中空的茎秆（如小麦、水稻、竹类等）（图3-29）。

（五）单子叶植物根状茎的构造

1. 外方少有周皮，表面仍为表皮或木栓化皮层细胞。禾本科植物根状茎的表皮细胞通常平行排列，每纵行多为1个长细胞和2个短细胞纵向相间排列。

2. 皮层常占较大体积，常分布叶迹维管束，维管束多为有限外韧型，但也有周木型的，如香附子等；有的兼有外韧型和周木型两种，如石菖蒲（图3-30）。

3. 内皮层大多明显，具凯氏带，如姜、石菖蒲。也有的内皮层不明显，如知母。

4. 有些植物根状茎在皮层靠近表皮部位的细胞形成木栓组织，如生姜；有的皮层细胞转化为木栓细胞，而形成所谓的"后生皮层"，以代替表皮行使保护作用。

（六）裸子植物茎的构造特点

裸子植物茎均为木质，因此它的构造与木本双子叶植物茎相似，不同点为：

1. 次生木质部一般无导管（少数如麻黄属、买麻藤属的裸子植物，木质部具有导管），主要由管胞、木薄壁细胞和射线所组成。管胞兼有输送水分和支持的双重作用。

2. 次生韧皮部是由筛胞（sieve cell）、韧皮薄壁细胞组成，无筛管、伴胞和韧皮纤维。

3. 有些裸子植物茎的皮层、韧皮部、木质部、髓和髓射线中，常分布有树脂道，如松柏类植物（图3-31）。

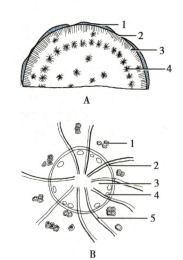

A. 大黄根状茎横切面：1. 韧皮部　2. 形成层　3. 木质部射线　4. 星点　B. 大黄根状茎星点横切面：1. 导管　2. 形成层　3. 韧皮部　4. 黏液腔　5. 射线

图 3-27　双子叶植物根状茎的异常构造横切面简图

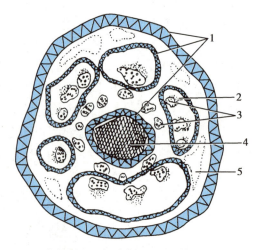

1. 木栓层　2. 韧皮部　3. 木质部　4. 髓　5. 裂隙

图 3-28　甘松根状茎横切面简图

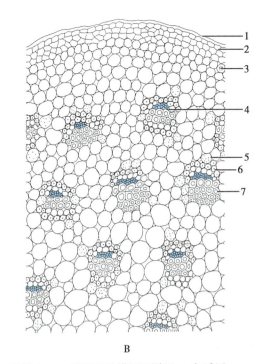

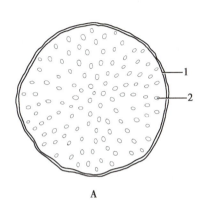

A

A. 石斛茎的横切面简图:1. 表皮　2. 维管束　B. 石斛茎的横切面详图:1. 角质层
2. 表皮　3. 基本组织　4. 韧皮部　5. 薄壁细胞　6. 纤维束　7. 木质部

图 3-29　单子叶植物茎的构造

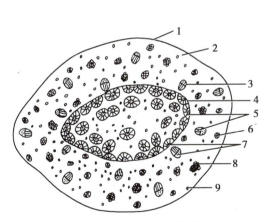

1. 表皮　2. 薄壁组织　3. 叶迹维管束　4. 内皮层
5. 木质部　6. 纤维束　7. 韧皮部　8. 草酸钙结晶
9. 油细胞

图 3-30　石菖蒲根状茎横切面简图

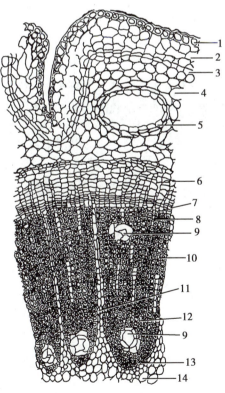

1. 表皮　2. 木栓层　3. 木栓形成层　4. 皮层
5. 上皮细胞　6. 韧皮部　7. 形成层　8. 木射线
9. 树脂道　10. 次生木质部　11. 髓射线　12. 后生
木质部　13. 原生木质部　14. 髓

图 3-31　裸子植物茎的横切面详图(一年生松茎)

五、茎的生理功能

茎上接枝叶,下连根部,主要功能是输送水分和营养物质,并起支持作用,此外,尚有贮藏和繁殖的功能。

(一)输导作用

茎是植物体内物质运输的主要通道。根部从土壤中吸收的水分和无机盐以及在根中合成或贮藏的营养物质,要通过茎和枝输送到地上各部;叶进行光合作用所制造的有机养料,也要通过茎和枝输送到植物体内各部被利用或贮藏。

(二)支持作用

大多数植物的主茎直立于地面生长,其和根系一道共同承受枝、叶、花及果的重量,并支持它们合理伸展和有规律地分布,以充分接受阳光和空气,进行光合作用以及有利于开花、传粉和果实、种子的传播。

(三)贮藏作用

茎除有输导和支持作用外,还有贮藏的功能,尤其是在地下变态茎中,如根状茎、球茎、块茎等的贮藏物更为丰富,可作为食品和工业原料。许多植物的茎可作为药材,如黄精、天麻、半夏、百合、麻黄、桂枝、杜仲、何首乌等。

(四)繁殖作用

有些植物能产生不定根和不定芽,可作营养繁殖。农、林和园艺工作中用扦插、压条来繁殖苗木,便是利用茎的这种习性。

知识拓展

扦 插 繁 殖

扦插繁殖是植物营养繁殖的一种重要方式,依据植物细胞的全能性,在适宜环境条件下,具有潜在形成相同植株的能力。将带芽枝条的一段(插穗)插在排水良好的基质或土壤中,生出不定根和不定芽,从而长成新植株,具有生长快、繁殖数量大,能保持母本的优良性状的特点。不同物种生育特性不同,扦插成活率不同,侧柏、杨、柳、菊花、丁香、南天竹等插枝较易生根成活。

内容小结

茎是由胚芽发育而来,连接叶和根的轴状结构。有芽,具节和节间。木本植物的茎枝上还分布有叶痕、托叶痕、芽鳞痕和皮孔等。芽根据生长位置、发育性质、芽鳞有无、活动能力分不同种类,并产生不同的分枝方式。茎根据质地、生长习性分不同种类。还有一些地上和地下的变态茎。木质茎和草质茎以及单子叶植物和双子叶植物的茎、根状茎具有不同的组织构造。双子叶植物木质茎具有发达的次生木质部,双子叶植物茎和根状茎还有异常构造。多数裸子植物茎的次生木质部一般无导管。茎有输导、支持、贮藏和繁殖功能。

第三节   叶

一、叶的组成

叶的形态虽然变化多样,但其组成基本是一致的,通常由叶片(blade)、叶柄(petiole)和托叶(stipule)

三部分组成。三者俱全的叶称完全叶(complete leaf)，如桃、柳、月季的叶。缺少任一部分的叶称不完全叶(incomplete leaf)。如丁香、茶、白菜等是不具托叶的叶;石楠、玉兰等植物随着叶片的长大，托叶很快就脱落，仅留下托叶痕，称为托叶早落;百合、景天三七等植物的叶不具叶柄;石竹、龙胆等植物的叶同时缺少托叶和叶柄(图3-32);缺少叶片的植物极少见。

(一) 叶片

叶片是叶的主要部分，一般为绿色薄的扁平体，有上表面(腹面)和下表面(背面)之分。叶片的全形称叶形，顶端称叶端或叶尖(leaf apex)，基部称叶基(leaf base)，周边称叶缘(leaf margin)，叶片内分布有叶脉(vein)。

(二) 叶柄

叶柄是叶片和茎枝相连接的部分，一般呈类圆柱形、半圆柱形或稍扁平。随植物种类的不同和环境适应变化有各种形态，如水葫芦、菱等水生植物的叶

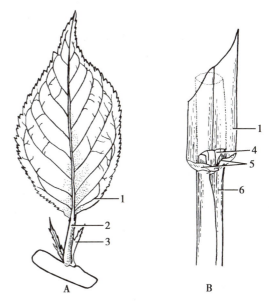

A. 完全叶　B. 禾本科植物的叶　1. 叶片　2. 叶柄　3. 托叶　4. 叶舌　5. 叶耳　6. 叶鞘

图 3-32　叶的组成部分

柄上具膨胀的气囊(air sac)，以支持叶片浮于水面。含羞草叶柄基部有膨大的关节，称叶枕(pulvinus)，能调节叶片的位置和休眠运动。旱金莲的叶柄能围绕各种物体螺旋状扭曲，起攀缘作用。台湾相思的叶片退化，而叶柄变态成叶片状以代替叶片的功能。有些植物的叶柄基部或叶柄全部扩大成鞘状，称叶鞘(leaf sheath)，如当归、白芷等伞形科植物叶的叶鞘是由叶柄基部扩大形成的，而淡竹叶、芦苇、小麦等禾本科植物叶的叶鞘是由相当于叶柄的部位扩大形成的，并且在叶鞘与叶片相接处还具有一些特殊结构，在其相接处的腹面的膜状突起物称叶舌(ligulate)，在叶舌两旁有一对从叶片基部边缘延伸出来的突起物称叶耳(auricle)。叶耳、叶舌的有无、大小及形状常可作为鉴别禾本科植物种的依据之一(图3-33)。此外，有些无柄叶的叶片基部包围在茎上，称抱茎叶(amplexicaul leaf)，如苦荬菜;有的无柄叶的叶片基部彼此愈合，并被茎所贯穿，称贯穿叶或穿茎叶(perfoliate leaf)，如元宝草。

(三) 托叶

托叶是叶柄基部的附属物，常成对着生于叶柄基部两侧。托叶的形状多种多样，有的小而呈线状，

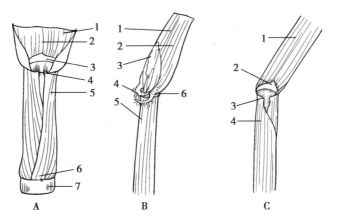

A. 甘蔗叶:1. 叶片　2. 中脉　3. 叶舌　4. 叶耳　5. 叶鞘　6. 叶鞘基部　7. 节间　B. 水稻叶:1. 叶片　2. 中脉　3. 叶舌　4. 叶耳　5. 叶鞘　6. 叶环　C. 小麦叶:1. 叶片　2. 叶舌　3. 叶耳　4. 叶鞘

图 3-33　禾本科植物叶片与叶柄交界处的形态

如梨、桑;有的与叶柄愈合成翅状,如月季、蔷薇、金樱子;有的变成卷须,如菝葜;有的呈刺状,如刺槐;有的大而呈叶状,如豌豆、贴梗海棠;有的其形状和大小和叶片几乎一样,只是托叶的腋内无腋芽,如茜草;有的两片托叶边缘愈合成鞘状,包围茎节的基部,称托叶鞘(ocrea),蓼科植物如何首乌、虎杖等具有托叶鞘,且为该科的主要鉴别特征。

二、叶的各部形态

(一) 叶片的全形

叶片的形状和大小随植物种类而异,甚至在同一植株上也不一样。但一般同一种植物叶的形状是比较固定的。叶片的形状主要根据叶片的长度和宽度的比例以及最宽处的位置来确定。叶片长宽之比大于 5 为线形(linear)、剑形(ensiform)等。若最宽处在叶片中部,长宽比接近 1 或略大,则呈圆形(orbicular);若长宽比为 1.5~2,则为阔椭圆形(wide elliptical);若长宽比为 3~4,则为长椭圆形(long elliptical);若最宽处偏在叶片的基部,则以上比值相应地呈阔卵形(wide ovate)、卵形(ovate)及披针形(lanceolate);若最宽处偏在叶片顶端,则以上比值相应地呈倒阔卵形(wide obovate)、倒卵形(obovate)及倒披针形(oblanceolate)(图 3-34)。

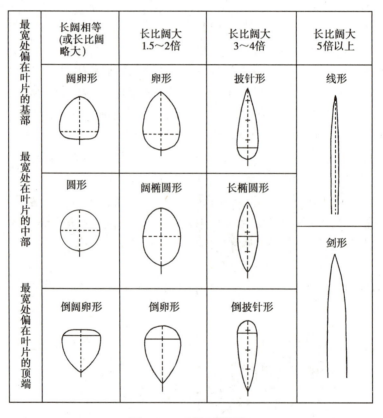

图 3-34 叶片形状图解

以上是叶片的基本形状,其他常见的或较特殊的叶片形状还有:松树叶为针形,海葱、文殊兰叶为带形,银杏叶为扇形,紫荆、细辛叶为心形,积雪草、连钱草叶为肾形,蝙蝠葛、莲叶为盾形,慈姑叶为箭形,菠菜、旋花叶为戟形,车前叶为匙形,菱叶为菱形,蓝桉的老叶为镰形,白英叶为提琴形,杠板归叶为三角形,侧柏叶为鳞形,葱叶为管形,秋海棠叶为偏斜形等。此外,还有一些植物的叶并不属于上述的其中一种类型,而是两种形状的综合,如卵状椭圆形、椭圆状披针形等(图 3-35)。

(二) 叶端形状

常见的叶端形状有:圆形(rounded)、钝形(obtuse)、截形(truncate)、急尖(acute)、渐尖(acuminate)、

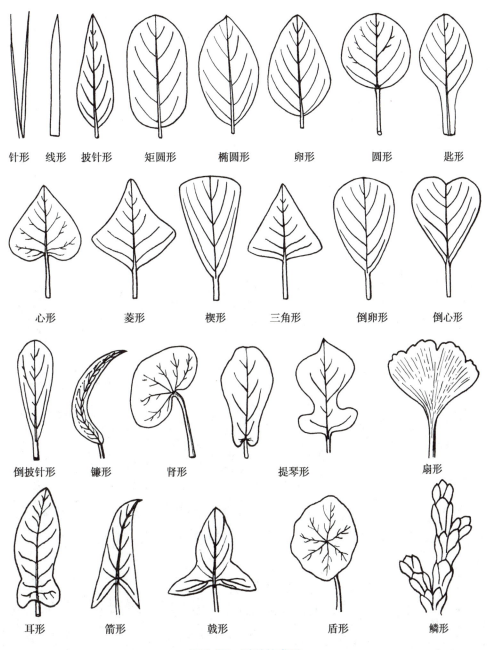

针形　线形　披针形　　矩圆形　　椭圆形　　卵形　　　圆形　　　匙形

心形　　　菱形　　　楔形　　三角形　　　倒卵形　　倒心形

倒披针形　镰形　　肾形　　　提琴形　　　　扇形

耳形　　　箭形　　　戟形　　　　盾形　　　　鳞形

图 3-35　叶片的全形

渐狭(attenuate)、尾状(caudate)、芒尖(aristate)、短尖(macronate)、微凹(retuse)、微缺(emarginate)、倒心形(obcordate)等(图 3-36)。

(三) 叶基形状

常见的叶基形状有:楔形(cuneate)、钝形(obtuse)、圆形(rounded)、心形(cordate)、耳形(auriculate)、箭形(sagittate)、戟形(hastate)、截形(truncate)、渐狭(attenuate)、偏斜(oblique)、盾形(peltate)、穿茎(perfoliate)、抱茎(amplexicaul)等(图 3-37)。

(四) 叶缘形状

常见的叶缘形状有:全缘(entire)、波状(undulate)、锯齿状(serrate)、重锯齿状(double serrate)、牙齿状(dentate)、圆齿状(crenate)、缺刻状(erose)等(图 3-38)。

(五) 叶片的分裂

一般植物的叶片常是完整的或近叶缘具齿或细小缺刻,但有些植物的叶片叶缘缺刻深而大,形

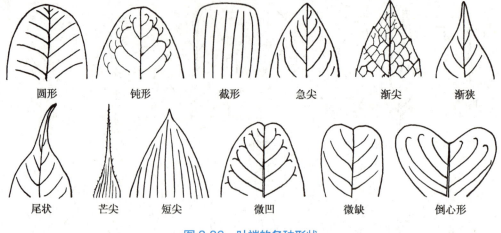

图 3-36   叶端的各种形状

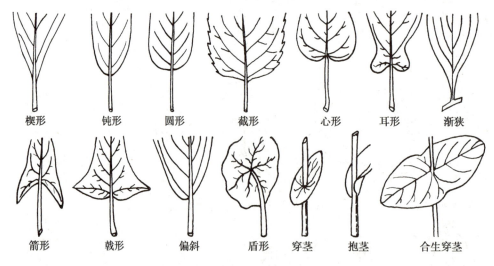

图 3-37   叶基的各种形状

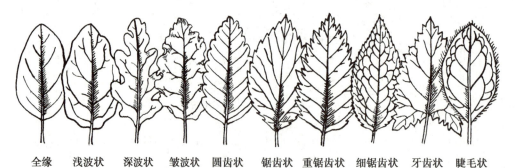

图 3-38   叶缘的各种形状

成分裂状态,常见的叶片分裂有羽状分裂、掌状分裂和三出分裂 3 种。依据叶片裂隙的深浅不同,又可分为浅裂(lobate)、深裂(parted)和全裂(divided)。浅裂为叶裂深度不超过或接近叶片宽度的四分之一;深裂为叶裂深度超过叶片宽度的四分之一;全裂为叶裂深度几达主脉或叶柄顶部(图 3-39,图 3-40)。

(六) 叶脉及脉序

叶脉(vein)是贯穿在叶肉内的维管束,是叶内的输导和支持结构。其中最粗大的叶脉称主脉,主脉的分枝称侧脉,其余较小的称细脉。叶脉在叶片上有规律地分布,其分布形式称脉序(venation)。

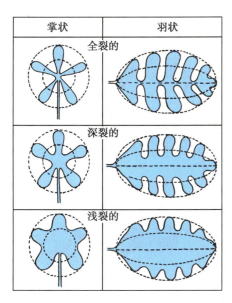

图 3-39　叶片的分裂图解

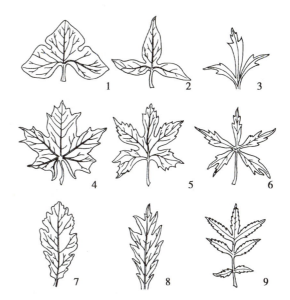

1.三出浅裂　2.三出深裂　3.三出全裂　4.掌状
浅裂　5.掌状深裂　6.掌状全裂　7.羽状浅裂
8.羽状深裂　9.羽状全裂

图 3-40　叶片的分裂类型

脉序主要有以下三种类型。

1. 网状脉序（netted venation）　主脉明显粗大,由主脉分出许多侧脉,侧脉再分细脉,彼此连接成网状,是双子叶植物叶脉的特征。网状脉序又因主脉分出侧脉的不同而有两种形式:

（1）羽状网脉（pinnate venation）:叶具有一条明显的主脉,两侧分出许多大小几乎相等并作羽状排列的侧脉,侧脉再分出细脉交织成网状,如桂花、茶、枇杷。

（2）掌状网脉（palmate venation）:叶的主脉数条,由叶基辐射状发出伸向叶缘,并由侧脉及细脉交织成网状,如南瓜、蓖麻。

2. 平行脉序（parallel venation）　叶脉平行或近于平行排列,是多数单子叶植物叶脉的特征。常见的平行脉可分为四种形式:

（1）直出平行脉（straight parallel venation）:各叶脉从叶基互相平行发出,直达叶端,如淡竹叶、麦冬。

（2）横出平行脉（pinnately parallel venation）:中央主脉明显,侧脉垂直于主脉,彼此平行,直达叶缘,如芭蕉、美人蕉。

（3）辐射脉（radiate venation）:各叶脉均从基部辐射状伸出,如棕榈、蒲葵。

（4）弧形脉（arc venation）:叶脉从叶基伸向叶端,中部弯曲形成弧形,如玉簪、铃兰。

3. 二叉脉序（dichotomous venation）　每条叶脉均呈多级二叉状分枝,是比较原始的脉序,常见于蕨类植物,裸子植物中的银杏亦具有这种脉序(图 3-41)。

（七）叶片的质地

1. 膜质（membranaceous）　叶片薄而半透明,如半夏叶。

2. 干膜质（scarious）　质极薄而干脆,不呈绿色,如麻黄的鳞片叶。

3. 纸质（chartaceous）　质地较薄而柔韧,似纸张样,如糙苏叶。

4. 草质（herbaceous）　叶片薄而柔软,如薄荷、藿香叶。

5. 革质（coriaceous）　质地坚韧而较厚,略似皮革,如山茶叶。

6. 肉质（succulent）　叶片肥厚多汁,如芦荟、景天、马齿苋叶。

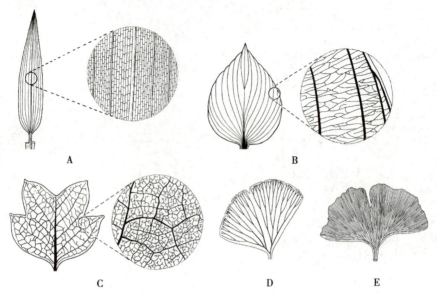

A.淡竹叶,示平行脉序　B.玉簪属一种,示弧形脉序　C.北美鹅掌楸,示网状脉序
D.铁线莲属一种,示叉状脉序　E.银杏的叉状脉序　A～C 的放大部分,示细脉的分
布(注意脉序的区别)

图 3-41　脉序的类型

(八) 叶片的表面性质

叶和其他器官一样,表面常有附属物而呈各种表面形态特征,常见有光滑、粗糙、被粉、被毛等。如冬青、枸骨叶面光滑,无毛茸或凸起,具有较厚的角质层;芸香叶表面有一层白粉霜;紫草、蜡梅叶表面具极小突起,手触摸有粗糙感;薄荷、毛地黄等叶表面具各种毛茸。

(九) 异形叶性

通常每一种植物具有其特定形状的叶,但也有一些植物在同一植株上具有不同形状的叶,这种现象称为异形叶性(heterophylly)。异形叶性的发生有两种情况,一种是由于植株发育年龄的不同,所形成的叶形各异,如小檗幼苗期的叶为椭圆形,但在以后的生长过程中再长出的叶逐渐转变为刺状;又如蓝桉幼枝上的叶是对生无柄的椭圆形叶,而老枝上的叶则是互生有柄的镰形叶;另一种是由于外界环境的影响,引起叶的形态变化,如慈姑在水中的叶是线形,而浮在水面的叶是肾形,露出水面的叶则呈箭形(图 3-42,图 3-43)。

三、单叶与复叶

(一) 单叶

在一个叶柄上只着生一片叶片,称单叶(simple leaf),如厚朴、女贞、枇杷。

(二) 复叶

一个叶柄上生有两个以上叶片的叶,称复叶(compound leaf)。从来源上看,复叶是由单叶的叶片分裂而成的,即当叶裂片深达主脉或叶基并具有小叶柄时,便形成了复叶。复叶的叶柄称总叶柄(common petiole),总叶柄上着生叶片的轴状部分称叶轴(rachis),复叶上的每片叶称小叶(leaflet),小叶的柄称小叶柄(petiolule)。根据小叶的数目和在叶轴上排列的方式不同,复叶又分为以下几种(图 3-44)。

1. **三出复叶(ternately compound leaf)**　叶轴上着生有三片小叶的复叶。若顶生小叶具有柄的,称羽状三出复叶,如大豆、胡枝子叶等。若顶生小叶无柄的称掌状三出复叶,如半夏、酢浆草。

2. **掌状复叶(palmately compound leaf)**　叶轴短缩,在其顶端着生三片以上的呈掌状展开

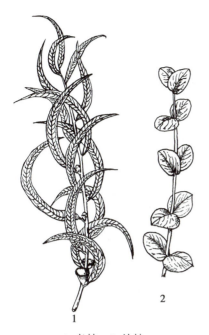

1. 老枝　2. 幼枝

图 3-42　蓝桉的异形叶

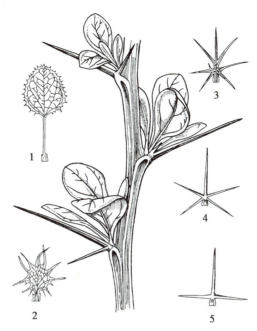

1~5. 表示叶在个体发育过程中逐渐转变为刺形

图 3-43　小檗的异形叶（刺）

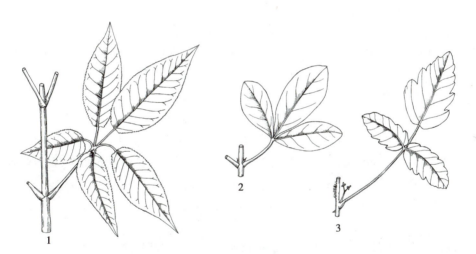

1. 掌状复叶　2. 掌状三出复叶　3. 羽状三出复叶

图 3-44　复叶的主要类型

的小叶，如五加、人参、五叶木通。

3. 羽状复叶（pinnately compound leaf）　叶轴长，小叶片在叶轴两侧成羽状排列。羽状复叶又分为以下几种（图 3-45）。

（1）奇（单）数羽状复叶（odd-pinnately compound leaf）：羽状复叶的叶轴顶端只具一片小叶，如苦参、槐树。

（2）偶（双）数羽状复叶（even-pinnately compound leaf）：羽状复叶的叶轴顶端具有两片小叶，如决明、蚕豆。

（3）二回羽状复叶（bipinnate leaf）：羽状复叶的叶轴作一次羽状分枝，在每一分枝上又形成羽状复叶，如合欢、云实。

（4）三回羽状复叶（tripinnate leaf）：羽状复叶的叶轴作二次羽状分枝，最后一次分枝上又形成羽状

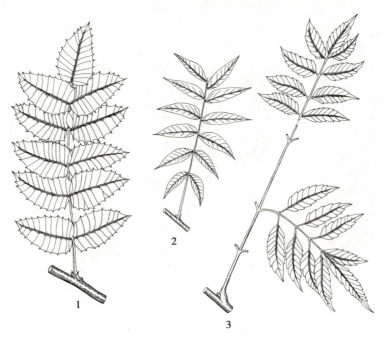

1. 奇数羽状复叶　2. 偶数羽状复叶　3. 二回羽状复叶,示羽片

图 3-45　羽状复叶的主要类型

复叶,如南天竹、苦楝等。

4. 单身复叶(unifoliate compound leaf)　是一种特殊形态的复叶,叶轴的顶端具有一片发达的小叶,两侧的小叶退化成翼状,其顶生小叶与叶轴连接处有一明显的关节,如柑橘、柚。

具单叶的小枝条和羽状复叶之间有时易混淆,识别时首先要弄清叶轴和小枝的区别:第一,羽状复叶的叶轴先端无顶芽,而单叶小枝的先端具顶芽;第二,羽状复叶的小叶叶腋无腋芽,仅在总叶柄腋内有腋芽,而小枝上单叶的叶腋具腋芽;第三,羽状复叶的小叶与叶轴常成一平面,而小枝上单叶与小枝常成一定角度;第四,落叶时羽状复叶是整个脱落或小叶先落,然后叶轴连同总叶柄一起脱落,而小枝一般不落,只有单叶脱落。

四、叶序

叶在茎枝上排列的次序或方式称叶序(phyllotaxy)。常见的叶序有以下几种。

(一) 互生叶序

互生叶序(alternate phyllotaxy)为在茎枝的每一节上只生一片叶,各叶交互而生,沿茎枝螺旋状排列,如桃、柳、桑。

(二) 对生叶序

对生叶序(opposite phyllotaxy)为在茎枝的每一节上相对着生两片叶,有的与相邻两叶成十字形排列为交互对生,如薄荷、龙胆等;有的对生叶排列于茎的两侧成二列状对生,如女贞、水杉。

(三) 轮生叶序

轮生叶序(verticillate phyllotaxy)为在茎枝的每一节上轮生三片或三片以上的叶,如夹竹桃、轮叶沙参。

(四) 簇生叶序

簇生叶序(fascicled phyllotaxy)为两片或两片以上的叶着生在节间极度缩短的侧生短枝上,密集成簇,如银杏、枸杞、落叶松等。此外,有些植物的茎极为短缩,节间不明显,其叶如从根上生出而成莲座状,称基生叶(basal leaf),如蒲公英、车前(图 3-46)。

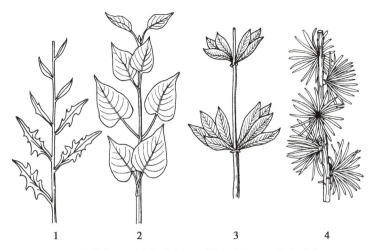

1.互生叶序 2.对生叶序 3.轮生叶序 4.簇生叶序

图3-46 各种叶序

叶在茎枝上的排列无论是哪一种方式,相邻两节的叶都不重叠,彼此成相当的角度镶嵌着生,称叶镶嵌(leaf mosaic)。叶镶嵌使叶片不至于相互遮盖,有利于充分接受阳光进行光合作用;另外,叶的均匀排列也使茎的各侧受力均衡。叶镶嵌现象比较明显的有常春藤、爬山虎、烟草(图3-47)。

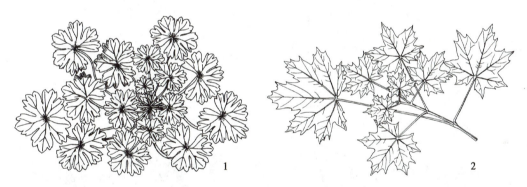

1.莲座叶丛(植株的叶镶嵌) 2.枝条的叶镶嵌

图3-47 叶镶嵌

五、叶的变态

叶也和根、茎一样,受环境条件的影响和生理功能的改变而有各种变态,常见的变态类型有以下几种。

组图:叶的变态

(一)苞片

生于花或花序下面的变态叶称苞片(bract)。其中生在花序外围或下面的苞片称总苞片(involucre);花序中每朵小花花柄上或花萼下的苞片称小苞片(bractlet)。苞片的形状多与普通叶不同,常较小,绿色,亦有形大或呈其他颜色的。如向日葵等菊科植物花序下的总苞是由多枚绿色的总苞片组成;鱼腥草花序下的总苞是由4片白色的花瓣状总苞片组成;半夏、马蹄莲等天南星科植物的花序外面常有一片较大的总苞片称佛焰苞(spathe)。

(二)鳞叶

叶特化或退化成鳞片状称鳞叶(scale leaf)。鳞叶有肉质和膜质两类。肉质鳞叶肥厚,能贮藏营养物质,如百合、贝母、洋葱鳞茎上的肥厚鳞叶;膜质鳞叶菲薄,常干脆而不呈绿色,如麻黄的叶、洋葱鳞茎外层包被以及慈姑、荸荠球茎上的鳞叶;此外,木本植物的冬芽(鳞芽)外亦具褐色膜质鳞片叶,起保护作用。

(三) 叶刺

叶刺(leaf thorn)是指叶片或托叶变态成刺状,起保护作用或适应干旱环境,如小檗、仙人掌类植物的刺是叶退化而成;刺槐、酸枣的刺是由托叶变态而成;红花、枸骨上的刺是由叶尖、叶缘变成的。根据刺的来源和生长位置的不同,可区别叶刺和茎刺。至于月季、玫瑰茎上的许多刺,则是由茎的表皮向外突起所形成,其位置不固定,常易剥落,称为皮刺(aculeus)。

(四) 叶卷须

叶卷须(leaf tendril)是指叶全部或部分变成卷须,借以攀缘他物。如豌豆的卷须是由羽状复叶上部的小叶变成;菝葜的卷须是由托叶变成。根据卷须的来源和生长位置也可与茎卷须区别。

(五) 捕虫叶

捕虫植物的叶常变态成盘状、瓶状或囊状以利捕食昆虫,称捕虫叶(insect-catching leaf)。其叶的结构有许多能分泌消化液的腺毛或腺体,并有感应性,当昆虫触及时能立即自动闭合,将昆虫捕获而被消化液所消化,如茅膏菜、猪笼草(图 3-48)。

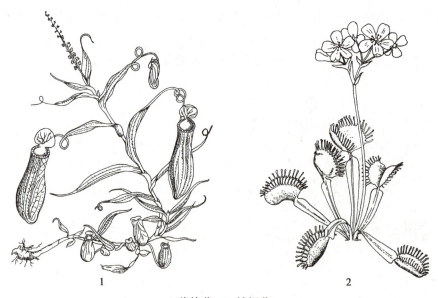

1. 猪笼草   2. 捕蝇草

图 3-48   叶的变态——捕虫叶

六、叶的组织构造

叶由茎尖生长锥后方的叶原基发育而成,叶片通过叶柄与茎直接相连。

(一) 双子叶植物叶的构造

1. 叶柄的构造   叶柄的构造和茎的构造大致相似,是由表皮、皮层和维管组织三部分组成。一般叶柄的横切面常呈半月形、圆形、三角形等。

叶柄的最外层是表皮,表皮以内为皮层,皮层的外围部分有多层厚角组织,有时也有一些厚壁组织。皮层中有若干大小不等的维管束,维管束的结构和幼茎中的维管束相似。木质部位于上方(腹面),韧皮部位于下方(背面)。双子叶植物的叶柄中,木质部与韧皮部之间往往有一层形成层,但只有短时期的活动。在叶柄中,由于维管束的分离或联合,使维管束的数目和排列变化极大,造成它的结构复杂化(图 3-49)。

植物种类不同,叶柄的显微构造特征也往往不同,因此,有时可作为叶类、全草类药

组图:叶的
显微构造

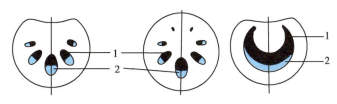

1. 木质部　2. 韧皮部

图 3-49　三种类型叶柄横切面简图

材的鉴别特征之一。

2. 叶片的构造　多数双子叶植物叶片的上面(腹面)为深绿色,下面(背面)为淡绿色,这是由于叶片在枝上的着生位置是横向的,即叶片近于和枝的长轴相垂直,使叶片两面受光的情况不同,因而两面的内部结构也有较大的分化,这种上下两面在外部形态和内部构造上有明显区别的叶称为两面叶或异面叶(bifacial leaf 或 dorsi-ventral leaf)。有些植物的叶在枝上着生时,近于和枝的长轴平行,或与地面相垂直,叶片两面的受光情况差异不大,因而两面的外部形态和内部结构也就相似,即上下两面均有气孔和栅栏组织等,这种叶称为等面叶(isobilateral leaf),如桉叶、番泻叶。无论是两面叶还是等面叶,其叶片均有表皮、叶肉和叶脉三种基本构造。

(1) 表皮(epidermis):表皮覆盖在整个叶片的最外层,覆盖在叶片腹面的称上表皮,覆盖于背面的称下表皮。表皮通常由一层生活细胞组成,但也有少数植物,叶片表皮是由多层细胞组成,称为复表皮(multiple epidermis),如夹竹桃具有 2~3 层细胞组成的复表皮,印度橡胶树叶具有 3~4 层细胞组成的复表皮。

表皮细胞中一般不具有叶绿体。双子叶植物叶的表皮细胞顶面观,一般呈不规则形,侧壁(径向壁)往往呈波浪状,细胞间彼此互相嵌合,除气孔外没有间隙。横切面观,表皮细胞呈方形或长方形,外壁较厚,角质化并具角质层。多数植物叶的角质层外,常还有一层不同厚度的蜡质层。角质层的存在,起着保护作用,可以控制水分蒸腾,加固机械性能,防止病菌侵入,对养分与药液的吸收也有着不同程度的影响。

叶片表皮上具有许多气孔,一般下表皮的气孔较上表皮为多。气孔的数目、形态结构和分布因植物种类而异,可作为叶类生药的鉴别特征。

在叶片的表面常常可以发育出各种各样的毛(非腺毛、腺毛、鳞片等)。毛是表皮细胞的突出物,毛的有无和毛的类型因植物的种类而异。桑科、爵床科等某些植物叶的表皮细胞中,可见到碳酸钙结晶。这些结构,在植物分类学上及叶类生药显微鉴定时,常常是有价值的鉴别特征。

(2) 叶肉(mesophyll):位于叶上下表皮之间,由含有叶绿体的薄壁细胞组成,是绿色植物进行光合作用的主要场所。叶肉通常分为栅栏组织和海绵组织两部分。

1) 栅栏组织(palisade tissue):位于上表皮之下,细胞呈圆柱形,排列整齐紧密,其细胞的长轴与上表皮垂直,形如栅栏。细胞内含有大量叶绿体,光合作用效能较强,所以叶片上面的颜色较深,栅栏组织在叶片内通常排成一层,也有排列成两层或两层以上的,如冬青叶、枇杷叶。各种植物叶肉的栅栏组织排列的层数不一样,有时可作为叶类药材鉴别的特征之一。

2) 海绵组织(spongy tissue):位于栅栏组织下方,与下表皮相接,由一些近圆形或不规则形的薄壁细胞构成,细胞间隙大,排列疏松如海绵;细胞中所含的叶绿体一般较栅栏组织少,所以叶下面的颜色常较浅。

叶肉组织在上表皮和下表皮的气孔处有较大的空隙,叫做孔下室。这些空隙与栅栏组织和海绵组织的胞间隙相通,有利于内外气体的交换。

在叶肉中,有些植物含有分泌腔,如桉叶;有的含有各种单个分布的石细胞,如茶叶;还有的在薄壁细胞中常含有结晶体,如曼陀罗叶肉中含有砂晶、方晶和簇晶。

(3) 叶脉(vein):叶脉为叶片中的维管束,具有输导和支持叶片的作用。叶脉分主脉和各级侧脉,它们的构造不完全相同。

主脉和大的侧脉由维管束和机械组织组成。维管束的构造和茎的维管束大致相同,由木质部和韧皮部组成。木质部位于向茎面,由导管、管胞组成。韧皮部位于背茎面,由筛管、伴胞组成。在木质部和韧皮部之间还常有少量的次生组织。在维管束的上下方,常有厚壁或厚角组织包围;在表皮下常有厚角组织,起着支持作用,这些机械组织在叶的背面最为发达,因此主脉和大的侧脉在叶片背面常形成显著的突起。侧脉越分越细,构造也越趋简化,最初消失的是形成层和机械组织,其次是韧皮部组成分子,木质部的构造也逐渐简单,组成它们的分子数目也减少。到了叶脉的末端,木质部中只留下 1~2 个短的螺纹管胞,韧皮部中则只有短而狭的筛管分子和增大的伴胞。

叶片主脉部位的上下表皮内方,一般为厚角组织和薄壁组织,无叶肉组织。但有些植物在主脉的上方有一层或几层栅栏组织,与叶肉中的栅栏组织相连接,如番泻叶、石楠叶,是叶类药材的鉴别特征(图 3-50)。

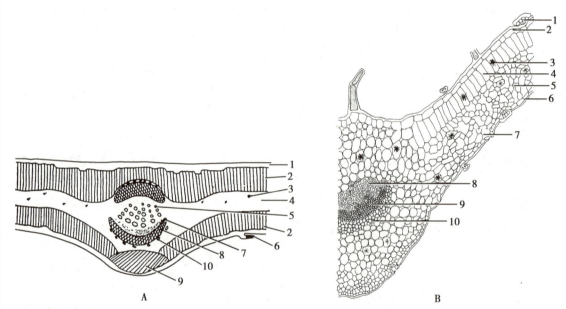

A. 番泻叶的横切面简图:1. 表皮　2. 栅栏组织　3. 草酸钙簇晶　4. 海绵组织　5. 导管　6. 非腺毛　7. 韧皮部　8. 厚壁组织　9. 厚角组织　10. 草酸钙棱晶　B. 薄荷叶的横切面详图:1. 腺毛　2. 上表皮　3. 橙皮苷结晶　4. 栅栏组织　5. 海绵组织　6. 下表皮　7. 气孔　8. 木质部　9. 韧皮部　10. 厚角组织

图 3-50　双子叶植物叶横切面构造

(二) 单子叶植物叶的构造

单子叶植物叶的形态多样,有条形、管形、剑形、卵形、披针形等。叶可以有叶柄和叶片,但大多数分化为叶片和叶鞘,叶片较窄,脉序一般为平行脉。

在结构上,其叶片同样是由表皮、叶肉和叶脉三部分组成,以禾本科植物的叶为例加以说明。

1. 表皮　表皮细胞的形状比较规则,常为长方形和方形,长方形细胞排列成行,长径沿叶的纵轴方向排列,因而易于纵裂。细胞外壁不仅角质化,并含有硅质,在表皮上常有乳头状突起、刺或毛茸,因此叶片表面比较粗糙。在上表皮中有一些特殊大型的薄壁细胞,叫泡状细胞(bulliform cell),这类细胞具有大型液泡,在横切面上排列略呈扇形,干旱时由于这些细胞失水收缩,使叶卷曲成筒,可减少水分蒸发,这种细胞与叶片的卷曲和张开有关,因此也叫做运动细胞(motor cell)。表皮上下两面都分布有气孔器,气孔器的保卫细胞呈哑铃形,每个保卫细胞的外侧具一个略呈三角形的副卫细胞。

2. 叶肉　禾本科植物的叶片多呈直立状态,叶片两面受光近似,因此,叶肉没有栅栏组织和海绵组织的明显分化,属于等面叶类型。也有个别植物叶肉分化为栅栏组织和海绵组织。如淡竹叶。

3. 叶脉　叶脉内的维管束近平行排列,维管束为有限外韧型维管束,在维管束与上下表皮之间有发达的厚壁组织。在维管束外围常有一、两层或多层细胞包围,这些细胞是薄壁组织或厚壁组织,这一结构称维管束鞘(vascular bundle sheath),禾本科植物叶的维管束鞘可以作为该类群植物分类上的特征(图 3-51)。

(三) 裸子植物叶的构造

裸子植物多为常绿植物,叶多为针叶。以裸子植物中松属植物马尾松的针叶为例,其叶小,横切面呈半圆形,表皮细胞壁较厚,角质层发达,表皮下有多层厚壁细胞,称为下皮层(hypodermis),气孔内陷,呈旱生植物的特征。叶肉细胞的细胞壁向内凹陷,有无数的褶襞,叶绿体沿褶襞分布,这使细胞扩大了光合作用的面积。叶肉细胞实际上就是绿色折叠的薄壁细胞。叶内具树脂道,在叶肉上方具明显的内皮层,2 个维管束居叶的中央(图 3-52)。

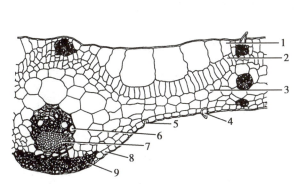

1. 上表皮(运动细胞)　2. 栅栏组织　3. 海绵组织
4. 非腺毛　5. 气孔　6. 木质部　7. 韧皮部　8. 下表皮
9. 厚角组织

图 3-51　淡竹叶片的横切面详图

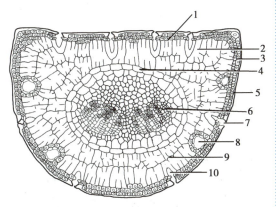

1. 下皮层　2. 叶肉细胞　3. 表皮　4. 内皮层
5. 角质层　6. 维管束　7. 下陷的气孔　8. 树脂道
9. 薄壁细胞　10. 孔下室

图 3-52　松针叶的横切面构造

知识拓展

气孔指数、栅表比和脉岛数

气孔指数(stomatal index):一种植物叶的单位面积上气孔数与表皮细胞数的比例。

栅表比(palisade ratio):是指一个表皮细胞下的平均栅栏细胞数目。

脉岛数(vein islet number):每平方毫米面积中的脉岛个数称脉岛数。叶肉中最微细的叶脉所包围的叶肉组织为一个脉岛。同种植物的叶的气孔指数、栅表比和脉岛数通常较为恒定,可供叶类生药鉴定参考。

七、叶的生理功能

叶的主要生理功能是光合作用、呼吸作用和蒸腾作用,它们在植物的生活中有着重要的意义。此外,叶尚有吐水、吸收、贮藏、繁殖的功能。

(一) 光合作用

绿色植物通过叶片中叶绿体所含叶绿素和有关酶的活动,利用太阳光能,把二氧化碳和水合成有机物(主要是葡萄糖),同时释放出氧气的过程,称为光合作用。光合作用所产生的葡萄糖是植物生长、发育所必需的有机物质,也是植物进一步合成淀粉、脂肪、蛋白质、纤维素及其他有机物质的重要材料。动物和人类的食物及某些工业原料都是光合作用直接或间接的产物。在农业生产上和药用植物的栽培上,欲获得高产,关键就是要给植物创造一切条件,充分利用光能,提高光合作用强度。

(二) 呼吸作用

呼吸作用与光合作用相反,它是指植物细胞吸收氧气,使体内的有机物质氧化分解,排出二氧化碳,并释放能量供植物生理活动需要的过程。呼吸作用主要在叶中进行,它和光合作用一样,有较复杂的气体交换,其气体交换的主要通道即通过叶表面的气孔来完成。此外,除叶外,呼吸作用也在植物的其他生活细胞中发生。

(三) 蒸腾作用

水分以气体状态从植物体表散发到大气中的过程,称为蒸腾作用。蒸腾作用主要在叶上进行,叶表的气孔是蒸腾作用的主要通道。蒸腾作用对植物的生命活动有重大意义,一方面由于水分蒸发可以降低叶片的表面温度而使叶片在强烈的日光下不至于被灼伤,另一方面由于蒸腾作用的发生而形成的拉力是根系吸收水分和无机盐的动力之一,并可促进水分和无机盐在植物体内的运转。

(四) 吐水作用

叶的吐水作用又称溢泌作用,它是植物在夜间或清晨空气湿度高,而蒸腾作用微弱时,水分以液体状态从叶片边缘或叶先端的水孔排出的现象。吐水作用亦为植物水分代谢中水分排出的形式之一,它与蒸腾作用的不同之处是所排出的水是液体而非气体,排出的通道是特殊的水孔而非气孔。水孔仅存在于某些植物种属的叶片中,并以禾本科植物较为多见。

(五) 吸收作用

叶也有吸收的功能,如根外施肥或喷洒农药,即向叶面喷洒一定浓度的肥料或杀虫剂等时,这些物质从叶片表面就能吸收进入植物体内。

(六) 贮藏作用

有些植物的叶有贮藏作用,尤其是有的变态叶,如洋葱、百合、贝母等的肉质鳞叶内含有大量的贮藏物质。

(七) 繁殖作用

有少数植物的叶尚具有繁殖的能力,如落地生根,在叶片边缘上生有许多不定芽或小植株,脱落后掉在土壤上即可长成一新个体;另外,如秋海棠的叶,插入土中亦可长成一新的植株。

内容小结

叶通常生长于茎上,一般由叶片、叶柄和托叶三部分组成,有完全叶和不完全叶之分。叶可分为单叶和复叶。叶片具有不同的形状、叶端、叶基及叶缘。常见的叶片分裂方式有羽状分裂、掌状分裂和三出分裂。叶还具有不同的脉序、质地及叶序。叶片的组织构造分为表皮、叶肉和叶脉三种基本结构。叶的主要生理功能是光合、呼吸和蒸腾作用。

第四节　花

花(flower)为种子植物特有的繁殖器官,通过开花、传粉、受精过程形成果实和种子,有繁衍后代、延续种族的作用,所以种子植物又称显花植物(flowering plant)。种子植物包括裸子植物和被子植物,裸子植物的花构造简单原始,被子植物的花高度进化,结构复杂,通常形态美丽,色彩鲜艳,气味芬芳,通常所述的花,即指被子植物的花。花的形态结构具有相对保守性和稳定性,对研究植物分类、药材的原植物鉴别及花类药材的鉴定等均有重要意义。

一、花的组成与形态

花由花芽发育而成,是节间极度缩短、适应生殖的一种变态短枝。典型的被子植物完全花一般由花梗、花托、花萼、花冠、雄蕊群和雌蕊群等部分组成。其中雄蕊群和雌蕊群是花中最重要的部分,执行生殖功能;花萼和花冠合称花被(perianth),具有保护和引诱昆虫传粉的作用;花梗及花托主要起支持作用(图 3-53)。

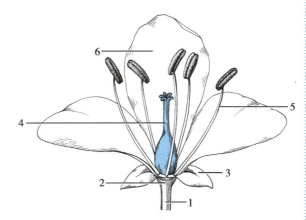

1. 花梗　2. 花托　3. 花萼　4. 雌蕊　5. 雄蕊　6. 花冠

图 3-53　花的组成

(一) 花梗

花梗(pedicel)又称花柄,是花与茎相连接的部分。花梗通常为绿色柱状,其粗细长短随植物种类而异,有的很长,如莲、垂丝海棠,有的则很短,如贴梗海棠,有的甚至无花梗,如地肤、车前。

(二) 花托

花托(receptacle)是花梗顶端稍膨大的部分,花各部均以一定方式着生其上。花托一般呈平坦或稍凸起的圆顶状,但也有呈其他形状的,如木兰、厚朴的花托呈圆柱状;草莓的花托膨大成圆锥状,桃花的花托呈杯状,金樱子的花托呈瓶状;莲的花托膨大成倒圆锥状(莲蓬)。有的植物花托顶部成扁平状或垫状结构,可分泌蜜汁,称花盘(disc),如柑橘、卫矛、枣。

组图:花的构造

(三) 花被

花被(perianth)是花萼和花瓣的总称。百合、黄精等的花萼和花冠形态相似而不易区分也统称花被。

1. 花萼(calyx)　位于花的最外层,由绿色叶片状的萼片(sepal)组成。一朵花中萼片的数目随植物科属的不同而异,但以 3~5 片者多见。萼片相互分离的称离(生)萼,如毛茛、油菜;萼片全部或部分合生的称合(生)萼,如地黄、丁香,其中下部连合部分称萼筒,上部分离部分称萼齿或萼裂片。有的萼筒一侧还向外延长成管状或囊状突起称距(spur),如凤仙花、旱金莲、还亮草等。花萼通常在花开放后脱落,但有些植物花开过后萼片不脱落,并随果实长大而增大称宿存萼,如番茄、柿、茄;另有一些植物的花萼在开花前就脱落称早落萼,如白屈菜、虞美人等。有的植物在花萼之外还有一轮萼状物称副萼,如棉花、木槿。若花萼大而鲜艳似花冠状称瓣状萼,如乌头、飞燕草。菊科植物的花萼变态呈毛状称冠毛(pappus)。另外还有的变成干膜质,如青葙、牛膝。

2. 花冠(corolla)　位于花萼的内侧,由颜色鲜艳的花瓣(petal)组成。花瓣常成一轮排列,其数目一般与同一花的萼片数相等,若花瓣成二至数轮排列则称重瓣花(double flower)。花瓣彼此分离的称离瓣花(choripetalous flower),如桃、油菜;花瓣全部或部分合生的称合瓣花(synpetalous flower),如牵牛、益母草。合瓣花下部连合部分称花冠筒,上部不连合部分称花冠裂片,花冠筒与宽展部分的交界处称喉。有些植物在花冠上或花冠与雄蕊之间生有瓣状附属物,称副花冠(corona),如萝藦、水仙。还有的花瓣基部延长成管状或囊状也称距,如紫花地丁、延胡索。

花冠除花瓣彼此分离或合生外,花瓣的形状和大小也有变化而使整个花冠呈现特定的形状,这些花冠形状往往成为不同类别植物所独有的特征。其中常见的有以下几种类型。

(1) 十字形花冠(cruciferous corolla):花瓣 4 片分离,上部外展呈十字形,如油菜、菘蓝、萝卜等十字花科植物。

（2）蝶形花冠（papilionaceous corolla）：花瓣 5 片分离，排成蝶形，上端一片最大且位于最外侧，称旗瓣，两侧的较小称翼瓣，最下面两片形小、位于最内方，且上部相邻处稍联合并向上弯曲呈龙骨状，称龙骨瓣。如大豆、甘草、黄芪等蝶形花亚科植物。若旗瓣最小，位于翼瓣内侧，龙骨瓣位于下侧的最外方，则称为假蝶形花冠，如云实亚科植物。

（3）唇形花冠（labiate corolla）：花冠合生呈二唇形，下部筒状，通常上唇 2 裂，下唇 3 裂，如丹参、益母草等唇形科植物。

（4）管状花冠（tubular corolla）：又称筒状花冠，花冠大部分合生呈细管状，如红花、小蓟等菊科植物。

（5）舌状花冠（ligulate corolla）：花冠基部合生呈短筒状，上部向一侧延伸呈扁平舌状，如蒲公英、向日葵等菊科植物头状花序中的边缘花。

（6）漏斗状花冠（funnel-shaped corolla）：花冠筒较长，自基部向上逐渐扩大呈漏斗状，如牵牛、甘薯等旋花科植物和曼陀罗等部分茄科植物。

（7）钟状花冠（campanulate corolla）：花冠筒较短而宽，上部扩大呈钟状，如桔梗、党参等桔梗科植物。

（8）坛（壶）状花冠（urceolate corolla）：花冠合生，靠下部膨大成圆形或椭圆形，上部收缩成一短颈，顶部裂片向外展，如君迁子、石楠。

（9）高脚碟状花冠（salver-shaped corolla）：花冠下部合生呈细长管状，上部水平展开呈碟状，如栀子、迎春花、长春花、水仙花。

（10）辐（轮）状花冠（rotate corolla）：花冠筒很短，裂片呈水平状展开，形似车轮，如枸杞、龙葵等茄科植物（图 3-54）。

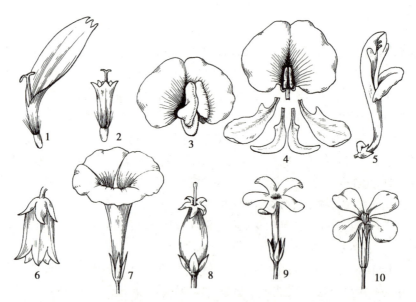

1. 舌状花　2. 管状花　3. 蝶形花　4. 蝶形花解剖　5. 唇形花　6. 钟状花
7. 漏斗状花　8. 坛状花　9. 高脚碟状花　10. 十字形花

图 3-54　花冠的类型

3. 花被卷叠式（aestivation）　花被各片之间的排列形式及关系称花被卷叠式，其在花蕾即将绽开时比较明显，不同的植物种类具有不一样的花被卷叠式，常见的有：

（1）镊合状（valvate）：花被各片边缘彼此接触而不覆盖，如桔梗。若镊合状花被的边缘微向内弯称内向镊合,如沙参;若各片边缘微向外弯称外向镊合,如蜀葵。

(2) 旋转状(contorted):花被各片边缘依次相互压覆呈回旋状,如夹竹桃、栀子。

(3) 覆瓦状(imbricate):花被各片边缘彼此覆盖,但有一片完全在外,一片完全在内,如三色堇、山茶。

(4) 重覆瓦状(quincuncial):和覆瓦状相似,但有两片完全在外,两片完全在内,如桃、杏(图 3-55)。

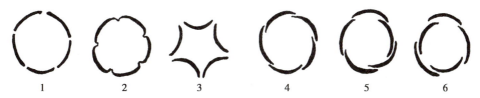

1. 镊合状　2. 内向镊合状　3. 外向镊合状　4. 旋转状　5. 覆瓦状　6. 重覆瓦状

图 3-55　花被卷叠式

(四) 雄蕊群

雄蕊群(androecium)是一朵花中所有雄蕊(stamen)的总称。雄蕊位于花被内侧,常生于花托上,也有基部着生于花冠或花被上的。雄蕊的数目一般与花瓣同数或为其倍数,有时较多(十枚以上)称雄蕊多数,最少可到一朵花仅一枚雄蕊,如京大戟、白及、姜等。

1. 雄蕊的组成　典型的雄蕊由花丝和花药两部分组成。

(1) 花丝(filament):通常细长,下部着生于花托或花被上,上部支持花药。

(2) 花药(anther):为花丝顶端膨大的囊状物,是雄蕊的主要部分。花药通常由四个或两个花粉囊(pollen sac)组成,分成左右两半,中间由药隔相连。花粉囊中产生花粉(pollen),花粉成熟后,花粉囊自行开裂,花粉粒由裂口处散出。花粉囊开裂的方式各不相同,常见的有:纵裂,花粉囊沿纵轴开裂,如水稻、百合;横裂,花粉囊沿中部横向裂开,如木槿、蜀葵;瓣裂,花粉囊侧壁上裂成几个小瓣,花粉由瓣下的小孔散出,如樟、淫羊藿;孔裂,花粉囊顶部开一小孔,花粉由小孔散出,如杜鹃、茄。

此外,花药在花丝上的着生方式也有几种不同情况:

1) 全着药(adnate anther):花药全部附着在花丝上,如厚朴、紫玉兰。

2) 基着药(basifixed anther):花药基部着生于花丝顶端,如樟、茄。

3) 背着药(dorsifixed anther):花药背部着生于花丝上,如杜鹃。

4) 丁字药(versatile anther):花药横向着生于花丝顶端而与花丝呈丁字状,如百合、小麦。

5) 个字药(divergent anther):花药上部连合,着生在花丝上,下部分离,略呈个字形,如地黄、泡桐。

6) 广歧药(divaricate anther):花药左右两半完全分离平展,与花丝呈垂直状着生,如薄荷、益母草(图 3-56)。

2. 雄蕊的类型　雄蕊的数目、长短、排列及离合情况随植物种类的不同而异,常见的有以下几种类型(图 3-57):

(1) 离生雄蕊(distinct stamen):雄蕊彼此分离,长度相似,是大多数植物所具有的雄蕊类型。

(2) 二强雄蕊(didynamous stamen):雄蕊 4 枚,分离,2 长 2 短,如益母草、地黄等唇形科和玄参科植物。

(3) 四强雄蕊(tetradynamous stamen):雄蕊 6 枚,分离,4 长 2 短,如油菜、萝卜等十字花科植物。

(4) 单体雄蕊(monadelphous stamen):花药完全分离而花丝连合成一束呈圆筒状,如蜀葵、木槿等锦葵科植物以及苦楝、远志、山茶。

(5) 二体雄蕊(diadelphous stamen):雄蕊的花丝连合成两束,如扁豆、甘草等豆科植物的雄蕊共有10 枚,其中 9 枚联合,1 枚分离;而紫堇、延胡索等植物雄蕊有 6 枚,每 3 枚联合,成两束。

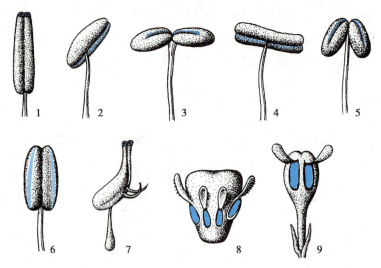

1、6.基着药   2.背着药   3.广歧药   4.丁字药   5.个字药   6.纵裂
7、1.孔裂   8、9.瓣裂

图3-56   花药的着生和开裂方式

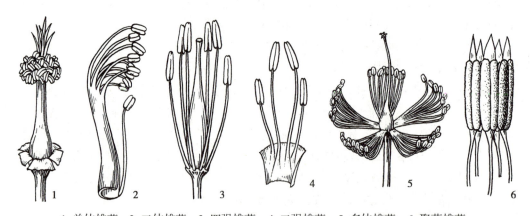

1.单体雄蕊   2.二体雄蕊   3.四强雄蕊   4.二强雄蕊   5.多体雄蕊   6.聚药雄蕊

图3-57   雄蕊的类型

（6）多体雄蕊（polyadelphous stamen）：雄蕊多数，花丝连合成多束，如金丝桃、元宝草、酸橙。

（7）聚药雄蕊（syngenesious stamen）：雄蕊的花药连合呈筒状，而花丝分离，如红花、向日葵等菊科植物。

还有少数植物的雄蕊发生变态而呈花瓣状，如姜、美人蕉。有的部分雄蕊不具花药，或仅留痕迹，称不育雄蕊或退化雄蕊，如鸭跖草。

（五）雌蕊群

雌蕊群（gynoecium）位于花的中央，是一朵花中所有雌蕊（pistil）的总称。

1. 雌蕊的组成   雌蕊由子房（ovary）、花柱（style）和柱头（stigma）三部分组成。子房是雌蕊基部膨大的部分，内含胚珠；花柱是位于子房与柱头之间的细长部分，也是花粉进入子房的通道，花柱的粗细长短随不同植物而异；柱头是雌蕊的顶端部分，为接受花粉处，通常膨大或扩展成各种形状，其表面多不平滑，常分泌黏液，有利于花粉的固着及萌发。

2. 雌蕊的类型   雌蕊由叶变态而成，可称这种变态叶为心皮（carpel），亦即心皮是构成雌蕊的变态叶。当心皮卷合成雌蕊时，其边缘的合缝线称腹缝线，心皮的背部相当于叶的中脉部分称背缝线，一般胚珠着生在腹缝线上。根据构成雌蕊的心皮数目不同，雌蕊可分为两大类型：

（1）单雌蕊（simple pistil）：由一个心皮构成的雌蕊。有的植物在一朵花内仅具一个单雌蕊，又称单生单雌蕊，如扁豆、甘草、桃、杏等。也有的植物在一朵花内生有多数离生的单雌蕊，又称离生单雌蕊或离生心皮雌蕊（apocarpous pistil），如八角茴香、五味子、草莓。

（2）复雌蕊（compound pistil）：由两个以上的心皮彼此连合构成的雌蕊，又称合生心皮雌蕊，如柑橘、百合、苹果、黄瓜等。组成复雌蕊的心皮数往往可由花柱或柱头的分裂数目、子房上的主脉（背缝线）数、子房的腹缝线数以及子房室数来确定（图 3-58）。

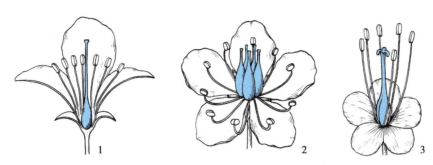

1. 单生单雌蕊　2. 离生单雌蕊　3. 复雌蕊

图 3-58　雌蕊的类型

3. 子房着生的位置　子房着生在花托上的位置以及与花各部分的关系往往在不同的植物种类中有所不同。一般常见的有下列几种：

（1）上位子房（superior ovary）：子房仅底部与花托相连。若花托凸起或平坦，花萼、花冠和雄蕊均着生于子房下方的花托上，这种上位子房的花称为下位花（hypogynous flower），如毛茛、百合等。若花托下陷不与子房愈合，花的其他部分着生于花托上端边缘，这种上位子房的花称周位花（perigynous flower），如桃、杏。

（2）下位子房（inferior ovary）：子房全部与凹下的花托愈合，花的其他部分着生于子房的上方，这种下位子房的花则称上位花（epigynous flower），如栀子、黄瓜、梨。

（3）半下位子房（half-inferior ovary）：子房仅下半部与凹陷的花托愈合，而花的其他部分着生于子房四周的花托边缘，具有这种半下位子房的花也称周位花，如桔梗、马齿苋（图 3-59）。

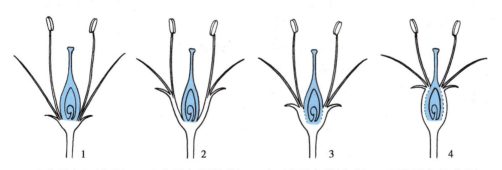

1. 上位子房（下位花）　2. 上位子房（周位花）　3. 半下位子房（周位花）　4. 下位子房（上位花）

图 3-59　子房与花被的相关位置

4. 胎座的类型　胚珠在子房内着生的部位称胎座（placenta）。常见的胎座有以下几种类型：

（1）边缘胎座（marginal placenta）：单心皮雌蕊，子房一室，胚珠沿腹缝线排列成纵行，如大豆、甘草。

（2）侧膜胎座（parietal placenta）：合生心皮雌蕊，子房一室，胚珠着生于相邻两心皮的腹缝线上，如黄瓜、罂粟、紫花地丁。

（3）中轴胎座（axile placenta）：合生心皮雌蕊，子房多室，胚珠着生于心皮边缘向子房中央愈合的中轴上，如百合、柑橘、桔梗。

（4）特立中央胎座（free-central placenta）：合生心皮雌蕊，子房一室，子房室底部伸起一游离柱状突起，胚珠着生于柱状突起上（由中轴胎座衍生而来），如石竹、马齿苋、报春花。

（5）基生胎座（basal placenta）：单心皮或合生心皮雌蕊，子房一室，胚珠一枚着生于子房室底部，如向日葵、大黄。

（6）顶生胎座（apical placenta）：单心皮或合生心皮雌蕊，子房一室，胚珠一枚着生于子房室顶部，如桑、杜仲（图 3-60）。

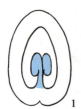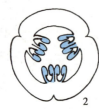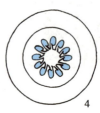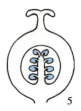

1. 边缘胎座   2. 侧膜胎座   3. 中轴胎座   4. 特立中央胎座（横切）   5. 特立中央胎座（纵切）

图 3-60   胎座的类型

5. 胚珠的构造及类型   胚珠（ovule）是种子的前身，着生于子房的胎座上，其数目随植物种类不同而异。胚珠由珠心（nucellus）、珠被（integument）、珠孔（micropyle）、珠柄（funicle）组成。珠心是发生在胎座上的一团胚性细胞，其中央发育形成胚囊（embryo sac），成熟胚囊有 8 个细胞（靠近珠孔有 3 个，中间一个较大的为卵细胞，两侧为 2 个助细胞，与珠孔相反的一端有 3 个反足细胞，胚囊的中央为 2 个极核细胞）。珠心外面由珠被包围，珠被在包围珠心时在顶端留有一孔称珠孔，胚珠基部连接胚珠和胎座的短柄称珠柄。珠被、珠心基部和珠柄汇合处称合点（chalaza）。胚珠在发生时由于各部分的生长速度不同使珠孔、合点与珠柄的位置有所变化而形成胚珠的不同类型：

（1）直生胚珠（orthotropous ovule）：胚珠各部生长均匀，胚珠直立，珠孔、珠心、合点与珠柄在一条直线上，如大黄、胡椒、核桃。

（2）横生胚珠（hemitropous ovule）：胚珠一侧生长快，另一侧生长慢，整个胚珠横列，珠孔、珠心、合点成一直线与珠柄垂直，如锦葵。

（3）弯生胚珠（campylotropous ovule）：珠被、珠心生长不均匀，胚珠弯曲呈肾状，珠孔、珠心、合点与珠柄不在一条直线上，如大豆、石竹、曼陀罗。

组图：花的
类型

（4）倒生胚珠（anatropous ovule）：胚珠一侧生长迅速，另一侧生长缓慢，胚珠向生长慢的一侧弯转而使胚珠倒置，珠孔靠近珠柄，珠柄很长与珠被愈合，并在珠柄外面形成一条长而明显的纵行隆起称珠脊，珠孔、珠心、合点几乎在一条直线上，如落花生、蓖麻、杏、百合等大多数被子植物（图 3-61）。

二、花的类型

被子植物的花在长期的演化过程中，花的各部发生不同程度的变化，使花多姿多彩，形态多样，归纳起来，可划分为以下几种主要的类型：

（一）完全花和不完全花

凡是花萼、花冠、雄蕊、雌蕊四部分俱全的称完全花（complete flower），如桃、桔梗等。若缺少其中一部分或几部分的花，称不完全花（incomplete flower），如南瓜、桑、柳。

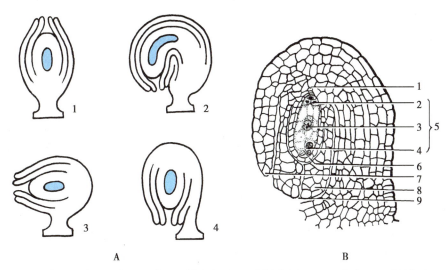

A. 1. 直生胚珠　2. 弯生胚珠　3. 横生胚珠　4. 倒生胚珠　B. 1. 合点　2. 反足细胞
3. 极核　4. 卵　5. 胚囊　6. 珠心　7. 外珠被　8. 内珠被　9. 珠孔

图 3-61　胚珠的类型（A）和构造（B）

（二）重被花、单被花和无被花

一朵花具有花萼和花冠的称重被花（double perianth flower），如桃、杏、萝卜等。若只具花萼而无花冠，或花萼与花冠不分化的称单被花（simple flower），单被花的花萼应称花被，这种花被常具鲜艳的颜色而呈花瓣状，如百合、玉兰、白头翁。不具花被的花称无被花（naked flower），这种花常具苞片，如杨、柳、杜仲（图 3-62）。

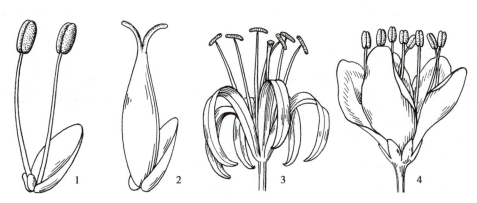

1、2. 无被花（单性花）　3. 单被花（两性花）　4. 重被花（两性花）

图 3-62　花的类型

（三）两性花、单性花和无性花

一朵花中雄蕊与雌蕊都有的称两性花（bisexual flower），如桃、桔梗、牡丹。若仅具雄蕊或雌蕊的称单性花（unisexual flower），其中只有雄蕊的称雄花（staminate flower），只有雌蕊的称雌花（pistillate flower）；若雄花和雌花在同一株植物上称单性同株或雌雄同株（monoecism），如南瓜、蓖麻；若雄花和雌花分别生于不同植株上称单性异株或雌雄异株（dioecism），如桑、柳、银杏、杜仲；若同一株植物既有单性花又有两性花称杂性同株，如厚朴；若单性花和两性花分别生于同种异株上称杂性异株，如臭椿、葡萄。一朵花中若雄蕊和雌蕊均退化或发育不全的称无性花（asexual flower），如八仙花花序周围的花、小麦小穗顶端的花。

（四）辐射对称花、两侧对称花和不对称花

通过花的中心可作两个以上对称面的花称辐射对称花（actinomorphic flower）或整齐花（regular flower），如桃、桔梗、牡丹。若通过花的中心只能作一个对称面的称两侧对称花（zygomorphic flower）或不整齐花（irregular flower），如扁豆、益母草。无对称面的花称不对称花，如败酱、缬草、美人蕉。

（五）风媒花、虫媒花、鸟媒花和水媒花

借风传粉的花称风媒花（anemophilous flower），风媒花常具有花小、单性、无被或单被、素色、花粉量多、花粉粒细小、柱头面大和有黏质等特征，如杨、玉米、大麻、稻。借昆虫传粉的花称虫媒花（entomophilous flower），虫媒花的特征为：两性花，雌蕊和雄蕊不同期成熟，具有美丽鲜艳的花被及蜜腺和芳香气味，花粉量少，花粉粒较大，表面多具突起并有黏性，花的形态常和传粉昆虫的特点形成相适应的结构，如丹参、益母草、桃、南瓜。风媒花和虫媒花是植物长期自然选择的结果，也是自然界最普遍的适应传粉的花的类型。另外，还有少数植物借助小鸟传粉称鸟媒花（ornithophilous flower），如凌霄属植物，或借助水流传粉称水媒花（hydrophilous flower），如金鱼藻、黑藻等一些水生植物。

三、花程式与花图式

为了简化对花的文字描述或叙述，一般利用一些符号、数字或标记等，以方程式或图解的形式来记载和表示出各类或某种花的构造和特征，这就是通常采用的花程式及花图式。

（一）花程式

花程式（flower formula）是用字母、数字和符号来表示花各部分的组成、排列、位置和彼此关系的公式。

1. 以字母代表花的各部　一般用花各部拉丁词的第一个字母大写表示，P 表示花被（perianthium），K 表示化萼（kelch，德义），C 表示花冠（corolla），A 表示雄蕊群（androecium），G 表示雌蕊群（gynoecium）。

2. 以数字表示花各部的数目　数字写在代表字母的右下方（下标），若超过 10 个或数目不定用"∞"表示，如某部分缺少或退化以 0 表示，雌蕊群右下角有三个数字，分别表示心皮数、子房室数、每室胚珠数，数字间用"："相连。

3. 以符号表示花的情况　"*"表示辐射对称花，"↑"表示两侧对称花；"☿""♂"和"♀"分别表示两性花、雄花和雌花；"（ ）"表示合生，"+"表示花部排列的轮数关系，或分成的组数；"−"表示子房的位置，$\underline{G}$、$\overline{G}$ 和 $\overline{\underline{G}}$ 分别表示子房上位、子房下位和子房半下位。

例：桃花 $☿ * K_5 C_5 A_\infty \underline{G}_{1:1:1}$

扁豆花 $☿ ↑ K_{(5)} C_5 A_{(9)+1} \underline{G}_{1:1:\infty}$

桑花 $♂ * P_4 A_4 ; ♀ * P_4 \underline{G}_{(2:1:1)}$

党参花 $☿ * K_{(5)} C_{(5)} A_5 \overline{G}_{(3:3:\infty)}$

百合花 $☿ * P_{3+3} A_{3+3} \underline{G}_{(3:3:\infty)}$

（二）花图式

花图式（flower diagram）是以花的横切面为依据所绘出的图解式。它可以直观表明花各部的形状、数目、排列方式和相互位置等情况。

花图式的绘制规则：先在上方绘一小圆圈表示花序轴的位置（如为单生花或顶生花可不绘出），在轴的下面自外向内按苞片、花萼、花冠、雄蕊、雌蕊的顺序依次绘出各部的图解，通常以外侧带棱的新月形符号表示苞片，由斜线组成带棱的新月形符号表示萼片或花被（花萼、花瓣无分化时），空白的新月形符号表示花瓣，雄蕊和雌蕊分别用花药和子房的横切面轮廓表示。

花程式和花图式虽均能较简明地反映出花的形态、结构等特征，但亦均有不足之处，如花图式不能表明子房与花被的相关位置，花程式不能表明各轮花部的相互关系及花被卷叠情况等，所以两者结合使用才能较全面地反映花的特征（图 3-63）。

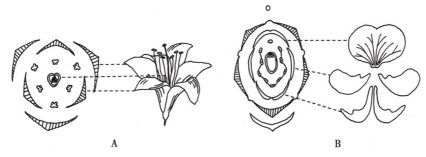

A. 百合花的花图式　B. 蚕豆的花图式

图 3-63　花图式

四、花序

被子植物的花,有的是单独一朵着生在茎枝顶端或叶腋部位,称单生花,如玉兰、牡丹、木槿等。但大多数植物的花,按一定方式有规律地着生在花轴上形成花序(inflorescence)。花序下部的梗称花序梗(总花梗)(peduncle),总花梗向上延伸成为花序轴(rachis),花序轴可以不分枝或再分枝。花序上的花称小花,小花的梗称小花梗。小花梗及总花梗下面常有小型的变态叶分别为小苞片和总苞片。无叶的总花梗称花葶(scape)。

根据花在花序轴上排列的方式和开放的顺序,花序一般分为无限花序和有限花序两大类:

(一) 无限花序(总状花序类)

花序轴在开花期内可继续伸长,产生新的花蕾,花的开放顺序是由花序轴下部依次向上开放,或花序轴缩短,花由边缘向中心开放,这种花序称无限花序(indefinite inflorescence)。根据花序轴有无分枝,无限花序又分为两类,花序轴不分枝的为单花序,花序轴有分枝的为复花序。

1. 单花序(simple inflorescence)

(1) 总状花序(raceme):花序轴细长,其上着生许多花柄近等长的小花,如油菜、荠菜、地黄。

(2) 穗状花序(spike):似总状花序,但小花具极短的柄或无柄,如车前、牛膝、知母。

(3) 柔荑[róu tí]花序(catkin):花序轴柔软下垂,其上着生许多无柄、无被或单被的单性小花,花后整个花序脱落,如杨、柳、胡桃。

(4) 肉穗花序(spadix):与穗状花序相似,但花序轴肉质粗大呈棒状,其上密生多数无柄的小花,花序外常具有一个大型苞片称佛焰苞(spathe),故又称佛焰花序,如天南星、半夏等天南星科植物。

(5) 伞房花序(corymb):略似总状花序,但小花梗不等长,下部长,向上逐渐缩短,上部近平顶状,如山楂、绣线菊。

(6) 伞形花序(umbel):花序轴缩短,在总花梗顶端着生许多放射状排列、花柄近等长的小花,全形如张开的伞,如人参、刺五加、葱。

(7) 头状花序(capitulum):花序轴极度短缩成头状或盘状的花序托,其上密生许多无柄的小花,外围的苞片密集成总苞,如向日葵、红花、菊花、蒲公英。

2. 复花序(compound inflorescence)

(1) 复总状花序(compound raceme):又称圆锥花序(panicle)。花序轴上具分枝,每一分枝为一总状花序,下部分枝较长,上部分枝较短,使整体呈圆锥状,如南天竹、女贞。

(2) 复穗状花序(compound spike):花序轴每一分枝为一穗状花序,如小麦、香附子。

(3) 复伞形花序(compound umbel):在总花梗的顶端有若干呈伞形排列的小伞形花序,如柴胡、当归、小茴香等伞形科植物。

（4）复伞房花序（compound corymb）：花序轴上的分枝呈伞房状排列，而每一分枝又为伞房花序，如花楸。

（5）复头状花序（compound capitulum）：由许多小头状花序组成的头状花序，如蓝刺头。

（二）有限花序（聚伞花序类）

有限花序（definite inflorescence）与无限花序相反，花序轴顶端由于顶花先开放，而限制了花序轴的继续生长，开花的顺序是从上向下或从内向外开放。通常根据花序轴上端的分枝情况又分为以下几种类型：

1. 单歧聚伞花序（monochasium）　花序轴顶端生一花，然后在顶花下面一侧形成一侧枝，同样在枝端生花，侧枝上又可分枝着生花朵，如此连续分枝则为单歧聚伞花序。若花序轴下分枝均向同一侧生出而呈螺旋状弯转，称螺旋状聚伞花序（bostrix），如紫草、附地菜。若分枝成左右交替生出，则称蝎尾状聚伞花序（scorpioid cyme），如射干、唐菖蒲。

2. 二歧聚伞花序（dichasium）　花序轴顶花先开，后在其下两侧同时产生两个等长的分枝，每分枝以同样方式继续开花和分枝，如石竹、冬青、卫矛。

3. 多歧聚伞花序（pleiochasium）　花序轴顶花先开，其下同时发出数个侧轴，侧轴多比主轴长，各侧轴又形成小的聚伞花序，称多歧聚伞花序。若花序轴下面生有杯状总苞，则称杯状聚伞花序（大戟花序）（cyathium），如京大戟、甘遂、泽漆等大戟科大戟属植物。

4. 轮伞花序（verticillaster）　聚伞花序生于对生叶的叶腋呈轮状排列称轮伞花序，如薄荷、益母草等唇形科植物。

5. 隐头花序（hypanthodium）　花序轴肉质膨大而下陷呈囊状，仅留一小孔与外界相通，方便传粉昆虫进出，其内壁着生多数无柄单性小花。如无花果、薜荔。

此外，有的植物的花序既有无限花序又有有限花序的特征，称混合花序。如丁香、七叶树的花序轴呈无限式，但生出的每一侧枝为有限的聚伞花序，特称聚伞圆锥花序（thyrse）（图3-64）。

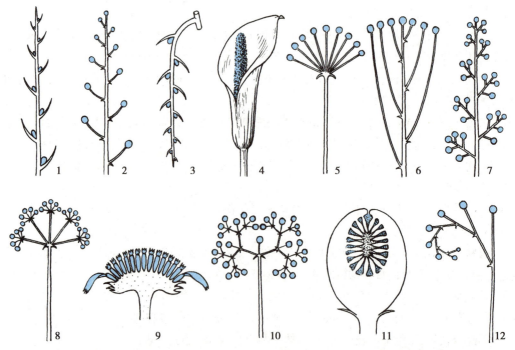

1. 穗状花序　2. 总状花序　3. 柔荑花序　4. 肉穗花序　5. 伞形花序　6. 伞房花序　7. 圆锥花序
8. 复伞形花序　9. 头状花序　10. 二歧聚伞花序　11. 隐头花序　12. 螺旋状聚伞花序

图3-64　花序的种类

知识拓展

隐头花序属于有限花序的证据

　　我国植物学家王文采在资料考证和研究的基础上,提出隐头花序是由聚伞花序演化而来,它应属于有限花序类,而不属于无限花序。德国植物学家 A. W. Eichler,Strasburger 等和英国植物分类学家 Rendle 早在 19 世纪下半叶和 20 世纪初就指出无花果是由聚伞花序演化而来,以后德国的几位植物学家 K. Goebel,Bernbeck,Weberling 和美国植物学家 Berg 对桑科的花序进行了研究,进一步揭示了榕属和道顿草属以及荨麻科楼梯草属的花序为有限头状花序,即应属于有限花序类。

五、花的组织构造及花粉粒的形态

　　花是适应生殖作用的变态枝,因此花的各组成部分均可看成是叶和枝的变态。尽管萼片、花瓣、雌蕊的功能与叶不同,但组织构造与叶相似,由表皮层、基本薄壁组织(相当于叶肉,但比其结构简单)、稍分枝的维管系统(相当于叶脉)组成,并可能含有晶体、分泌组织等。花梗、花托、雄蕊的花丝和花序轴的结构与茎相似,由表皮、皮层和维管柱组成,维管柱中央一般为薄壁组织。

　　花的构造中,花粉的类别、形态、大小、萌发孔(沟)的数目及外壁雕纹等基本保持稳定,这些形态特征常被用于植物分类鉴定和系统发育研究。

(一)种子植物花粉粒的发育和形态构造

　　1. 花粉的发育　雄蕊在花芽中最初出现是一个微小的突起——雄蕊原基,并进一步发育形成花药原始体,并渐呈四棱状,在每棱的表皮下出现体积较大的孢原细胞(archesporial cell)。孢原细胞先进行平周分裂,形成周缘细胞(parietal cell)和造孢细胞(sporogenous cell)。周缘细胞分裂最终形成花粉囊壁。造孢细胞分裂形成大量花粉母细胞(小孢子母细胞)。随后花粉母细胞进行减数分裂,每个母细胞形成 4 个花粉粒,即小孢子(microspore)。最初形成的花粉粒具有 1 个单倍体的细胞核(图 3-65)。

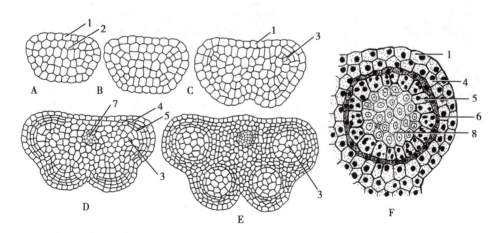

A~E. 表示发育的顺序　　F. 为一个花粉囊的放大

1. 表皮　2. 造孢细胞　3. 孢原细胞　4. 纤维层　5. 绒毡层　6. 中间层　7. 药隔中的维管束
8. 花粉母细胞

图 3-65　花粉的发育

　　2. 花粉粒的形态构造　花粉粒的形状、大小、外壁雕纹以及萌发孔(沟)的数目、形态、结构及位置等,常成为植物科、属甚至是种的鉴别特征。因此了解花粉的形态及结构,对于鉴定植物具有重要的意义。

一般花粉粒的直径为 15~20μm,大的花粉,如南瓜花粉粒直径可达 150~200μm。花粉的形态有球形、椭圆形、三角形、四角形以及其他形状(图 3-66)。成熟的花粉有两层壁。内壁薄,主要是由果胶质和纤维素组成。外壁厚,含有脂类和色素。花粉的外壁有各种形态,有的是光滑的,有的具有各种式样的花纹,如刺状、颗粒状、瘤状、网状等。外壁上具有萌发孔(germinal aperture)或萌发沟(germinal furrow)。萌发孔或沟可分布于极面、赤道面或散布。有孔沟的地方没有外壁,花粉萌发时花粉管由这里长出(图 3-67)。

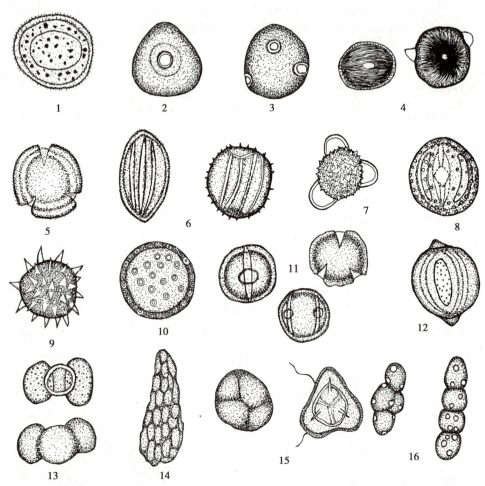

1. 刺状雕纹(番红花) 2. 单孔(水烛) 3. 三孔(大麻) 4. 三孔沟(曼陀罗) 5. 三沟(莲) 6. 螺旋孔(谷精草) 7. 三孔,齿状雕纹(红花) 8. 三孔沟(钩吻) 9. 散孔,刺状雕纹(木槿) 10. 散孔(芫花) 11. 三孔沟(密蒙花) 12. 三沟(乌头) 13. 具气囊(油松) 14. 花粉块(绿花阔叶兰) 15. 四合花粉,每粒花粉具三孔沟(羊踯躅) 16. 四合花粉(杠柳)

图 3-66　花粉粒的各种形态

(二) 花粉粒的药用价值及分类学意义

1. 花粉的药用价值　成熟花粉含有丰富的蛋白质、人体必需氨基酸、多种维生素、酶、脂肪油、核酸、生长素、胡萝卜素、黄酮类、抗生素、有机酸及多种微量元素等,对人体有良好的营养保健作用,并对某些疾病有一定的辅助治疗作用。如水烛香蒲的花粉(蒲黄)能止血、止痢、通淋,油松的花粉(松花粉)能燥湿、收敛、止血。但也有些植物的花粉有毒,如钩吻、雷公藤、博落回、乌头、羊踯躅、藜芦等。一些花粉还易引起人体的变态反应,如气喘、花粉症等。

2. 花粉粒的分类学意义　花粉的形态特征反映了植物体某一部分的特征和植物类群间的演变

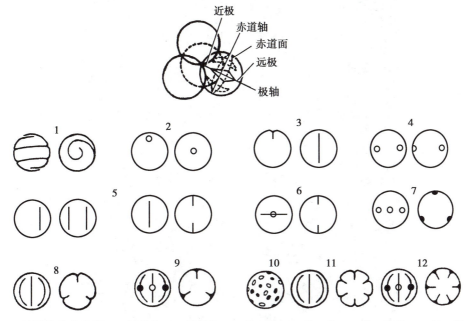

1.具螺旋状萌发孔　2.具单孔　3.具单沟　4.具二孔　5.具二沟　6.具二孔沟　7.具三孔
8.具三沟　9.具三孔沟　10.具散孔　11.具多沟　12.具多孔沟

图 3-67　被子植物花粉粒类型图解

规律,如对植物科级以及属、种级的分类可提供有价值的参考。扫描电子显微镜具有立体感强、分辨率高、放大倍数大等优点,可用于花粉粒表面形态(萌发孔形状及大小、表面纹饰等)的观察分析(图3-68)。

六、花的生理功能

花是植物的繁殖器官,其主要的功能是进行生殖。在花完成生殖的过程中,要经过开花、传粉和受精等阶段。

(一) 开花

当花的各部分发育到一定阶段,雄蕊的花粉和雌蕊的胚囊已经成熟,或其中之一已达成熟程度,花被展开,雄蕊和雌蕊露出,这种现象称为开花(anthesis)。开花是被子植物生活史上的一个重要阶段,除少数闭花受精植物外,是大多数开花植物性成熟的标志。

不同植物的开花习性不尽相同,其开花年龄、开花季节和花期长短很不一致。一、二年生植物,生长数月后就可开花,一生中只开花一次;多年生植物在达到开花年龄后,就能每年到时候开花,延续多年,只有少数植物如竹子,虽为多年生植物,但一生只开花一次,花后即死亡。植物的开花季节主要与气候有关,但大多数植物多在早春季节开放,也有一些植物是在冬季开花的。至于花期的长短,不同植物差异较大。有的仅几天,如桃、李、杏等,有的持续一两个月或更长,如蜡梅;有的一次盛开后全部凋落,有的持久陆续开放,如棉花、番茄等,一些热带植物几乎终年开花,如可可、桉树等。植物的开花习性是植物在长期的演化过程中所形成的遗传特性,是植物适应不同环境条件的结果。

(二) 传粉

成熟花粉自花粉囊散出,并通过各种途径传送到雌蕊柱头上的过程,称为传粉(pollination)。传粉是有性生殖不可缺少的环节,没有传粉,也就不可能完成受精作用。传粉一般可分为自花传粉(self-pollination)和异花传粉(cross pollination)两种方式。

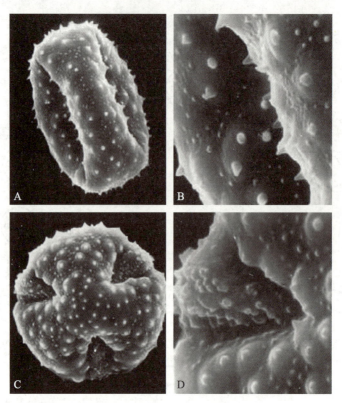

A. 缬草花粉粒（赤道面）×1 500   B. 缬草花粉粒（赤道面）×5 000
C. 缬草花粉粒（极面）×1 500   D. 缬草花粉粒（极面）×5 000

图 3-68   花粉粒在扫描电镜下的形态

自花传粉是花粉从花粉囊散出后，落到同一花的柱头上的传粉现象，如棉花、大豆、番茄等。自花传粉的花的特点是：两性花，雄蕊紧靠雌蕊且花药内向，雌、雄蕊常排列等高和同时成熟。有些植物的雌、雄蕊早熟，在花尚未开放或根本不开放就已完成传粉和受精过程，这种现象称为闭花传粉或闭花受精，如落花生、豌豆等。

异花传粉是一朵花的花粉传送到同一植株或不同植株另一朵花的柱头上的传粉方式，异花传粉是植物界普遍存在的一种传粉方式，与自花传粉相比，是更为进化的方式。异花传粉的花往往在结构和生理上产生一些与异花传粉相适应的特性：花单性且雌雄异株，若为两性花则雌雄蕊异熟或雌雄蕊异长，自花不孕等。异花传粉的花在传粉过程中，其花粉需要借助外力的作用才能被传送到其他花的柱头上，一般传送花粉的媒介有风媒、虫媒、鸟媒和水媒等，其中最普遍的是风媒和虫媒，各种媒介传粉的花往往产生一些特殊的适应性结构，使传粉得到保证。

(三) 受精

雌雄配子即卵子和精子的融合过程称为受精作用（fertilization）。在被子植物中，产生卵细胞的雌配子体（胚囊）深藏于雌蕊子房的胚珠内，含有精细胞的花粉粒（雄配子体）必须经过萌发，形成花粉管，并通过花粉管将精细胞送入胚囊，才能使两性细胞相遇而结合，完成受精全过程。

传粉作用完成后，落在柱头上的花粉粒被柱头分泌的黏液所黏住，然后花粉内壁在萌发孔处向外突出，并继续伸长，形成花粉管，这一过程即为花粉粒的萌发。花粉管形成后能继续向下延伸，先穿过柱头，然后经花柱而达子房，同时，花粉粒细胞的内含物全部注入花粉管中，并向花粉管顶端集中，此前，花粉粒的发育由单核细胞分裂形成 2 个细胞，一个是营养细胞，另一个是生殖细胞，生殖细胞在移入花粉管后再分裂形成 2 个精子，也有少数植物的生殖细胞在进入花粉管前就已分裂成 2 个精子。花粉管进入子房后，一般通过珠孔进入胚囊（也有经过合点进入胚囊的），此时花粉管先端破裂，两个精子进入胚囊(这时营养细胞大多已解体消失),其中一个精子与卵细胞结合成合子,将来发育成种子的胚,另一个精子与极核结合而发育成种子的胚乳。卵细胞和极核同时和两个精子分别完成融合的过程,是被子植物特有的有性生殖现象,称为双受精(double fertilization),它融合了双亲遗传特性,对增强后代的生活力和适应性方面具有重要的意义,是植物界有性生殖过程中最进化、最高级的形式。此外,在受精过程中,助细胞和反足细胞均破坏消失。花经过传粉受精后,胚珠发育成种子,子房发育成果实。

动画:被子植物的双受精

知识拓展

榕小蜂与隐头花序

　　无花果等桑科榕属植物依靠榕小蜂传粉,并存在一对一的密切共生关系。隐头花序(也称榕果)的口部为螺旋状排列的鳞片状总苞片,花序内花成熟时,榕小蜂由此进入。榕果内壁上着生雄花和雌花,雌花分结实花(长花柱花)和瘿[yǐng]花(短花柱花)两种,后者尽管也有子房,但不能结实,而是为榕小蜂提供栖身场所、产卵及发育所需的一切营养。榕属植物的花粉依赖于在其果内发育的传粉榕小蜂的雌成虫进行传播,雌蜂在花序中爬行,在寻找瘿花的过程中把花粉留给长花柱花,相应地,雄花成熟与榕小蜂成虫羽化成熟保持相当同步;此外,传粉榕小蜂与榕属具有高度协同进化的结构特征,如触角第三节的末端演化出一倒钩,有利于定位并撬开苞片进入花序内部,利用前足基节上的一对花粉刷把花粉收集在位于胸部腹面的两个花粉筐里,携带到雌花期的榕果里,又用花粉刷把花粉从花粉筐里取出,并散布在雌花柱头上,这些花粉即可萌发、受精并发育成果实。

内容小结

　　花是种子植物特有的繁殖器官,由花芽发育而成,是节间极度缩短、适应生殖的一种变态短枝。通过开花、传粉、受精过程形成果实和种子,有繁衍后代,延续种族的作用。被子植物的花一般由花梗、花托、花萼、花冠、雄蕊群和雌蕊群组成,花萼和花冠合称花被,雄蕊群和雌蕊群是花中执行生殖功能的部分。花萼、花冠、雄蕊群和雌蕊群有多种形态和类型,子房和胎座也具有不同的类型。花按一定方式着生在花枝上形成花序,分为无限花序和有限花序。

第五节　果　实

　　果实(fruit)是被子植物特有的繁殖器官,由受精后雌蕊的子房或子房连同花的其他部分共同发育形成的特殊结构。内含种子,外具果皮。果实具有保护和散布种子的作用。

一、果实的形成和特征

　　花经过传粉受精后,花的各部分变化显著,花柄发育成果柄,花萼、花冠一般脱落,雄蕊及雌蕊的柱头、花柱往往先后枯萎,胚珠发育形成种子,子房逐渐膨大而发育成果实。但是有些种类的花萼不脱落,保留在果实上,如山楂;有的花萼随着果实一起明显长大,如柿、枸杞、酸浆等。

　　单纯由子房发育形成的果实,称真果(true fruit),如桃、杏、柑橘等。有些植物除子房外尚有花的其他部分如花托、花萼及花序轴等也参与果实的形成,这种果实称假果(false fruit),如苹果、梨、栝楼、无花果、凤梨等。

　　一般而言,果实的形成需要经过传粉和受精作用,但有些植物只经传粉而未经受精作用也能发育成果实,称单性结实,其所形成的果实因无籽而称无籽果实。自发形成的单性结实称自发单性结实,如香蕉、柑橘、柿、瓜类及葡萄的某些品种等。有的是通过某种诱导作用而引起的称诱导单性结实,例如用马铃薯的花粉刺激番茄的柱头而形成无籽番茄,也可用同类植物或亲缘相近的植物的花粉浸出液喷洒到柱头上而形成无籽果实,或用化学处理方法,如用某些生长素涂抹或喷洒在雌蕊柱头上也能得到无籽果实。无籽果实不一定都是由单性结实形成,也可能是植物受精后胚珠发育受阻而成为无籽果实。还有些无籽果实是由于四倍体和二倍体植物进行杂交而产生的不孕性三倍体植株形成的,如无籽西瓜。

二、果实的类型

果实的类型很多,一般根据果实的来源、结构和果皮性质的不同可分为单果、聚合果和聚花果三大类:

组图:单果

(一) 单果

一朵花中只有一个雌蕊(单雌蕊或复雌蕊),以后形成一个果实的称为单果(simple fruit),根据果皮质地不同,单果又分为肉果和干果两类。

1. 肉果(fleshy fruit) 果皮肉质多汁,成熟时不开裂。有以下 5 个类型(图 3-69):

(1) 浆果(berry):由单心皮或合生心皮雌蕊发育而成,外果皮薄,中果皮和内果皮不易区分,肉质多汁,内含一至多粒种子,如葡萄、番茄、枸杞、茄等。

(2) 核果(drupe):多由单心皮雌蕊发育而成,外果皮薄,中果皮肉质肥厚,内果皮由木质化的石细胞形成坚硬的果核,每核内含一粒种子。如桃、李、梅、杏等。核果有时也泛指具有坚硬果核的果实,如人参、三七、胡桃、苦楝等。

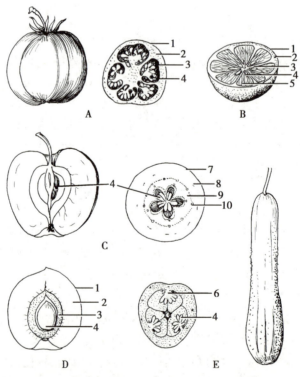

1. 外果皮　2. 中果皮　3. 内果皮　4. 种子　5. 毛囊　6. 胎座
7. 表皮层　8. 花筒部分　9. 果皮　10. 花瓣维管束
A. 浆果　B. 柑果　C. 梨果　D. 核果　E. 瓠果

图 3-69　肉果的类型与结构

（3）梨果（pome）：由5心皮合生的下位子房连同花托和萼筒发育而成的一类肉质假果，其肉质可食部分主要来自花托和萼筒，外果皮和中果皮肉质，界线不清，内果皮坚韧、革质或木质，常分隔成5室，每室含2粒种子，如苹果、梨、山楂、枇杷等。

（4）柑果（hesperidium）：由多心皮合生雌蕊具中轴胎座的上位子房发育而成，外果皮较厚，柔韧如革，内含油室；中果皮疏松呈海绵状，具多分枝的维管束（橘络），与外果皮结合，界线不清；内果皮膜质，分隔成多室，内壁生有许多肉质多汁的囊状毛。柑果为芸香科柑橘类植物所特有的果实，如橙、柚、橘、柑等。

（5）瓠果（pepo）：由3心皮合生雌蕊具侧膜胎座的下位子房连同花托发育而成的假果，外果皮坚韧，中果皮和内果皮及胎座肉质，为葫芦科植物所特有的果实，如南瓜、冬瓜、西瓜、栝楼等。

2. 干果（dry fruit）　果实成熟时果皮干燥，根据果皮开裂与否又分为裂果和闭果（不裂果）两类。

（1）裂果（dehiscent fruit）：果实成熟后自行开裂，根据心皮组成及开裂方式不同又分为：

1）蓇葖果（follicle）：由单心皮或离生心皮雌蕊发育而成的果实，成熟后沿腹缝线或背缝线一侧开裂，如厚朴、八角茴香、芍药、淫羊藿、杠柳等。

2）荚果（legume）：由单心皮发育形成的果实，成熟时沿腹缝线和背缝线同时裂开成两片，为豆科植物所特有的果实，如扁豆、绿豆、豌豆等。但荚果也有成熟时不开裂的，如紫荆、落花生；有的荚果肉质在种子间缢缩呈念珠状，亦不裂，如槐；还有的荚果成熟时在种子间呈节节断裂，每节含1种子，不开裂，如含羞草、山蚂蝗等。

3）角果：分为长角果（silique）和短角果（silicle），由两心皮合生具侧膜胎座的上位子房发育而成的果实，中间有由心皮边缘合生的地方生出的假隔膜将子房隔成两室，种子着生在假隔膜两边，成熟时沿两侧腹缝线自下而上开裂成两片，假隔膜仍留在果柄上。角果为十字花科植物所特有的果实，长角果细长，如油菜、萝卜等，短角果宽短，如荠菜、菘蓝、独行菜等。

4）蒴果（capsule）：由合生心皮的复雌蕊发育而成，子房一至多室，每室含多粒种子，是裂果中最普遍的一类果实。蒴果成熟时开裂方式较多，常见的有：①瓣裂（纵裂），果实开裂时沿心皮纵轴方向裂成数个果瓣，其中，沿腹缝线开裂的称室间开裂，如马兜铃、蓖麻等；沿背缝线开裂的称室背开裂，如百合、射干、鸢尾等；沿背、腹两缝线同时开裂，但子房间壁仍与中轴相连的称室轴开裂，如曼陀罗、牵牛等。②孔裂，果实顶端呈小孔状开裂，种子由小孔散出，如罂粟、桔梗等。③盖裂，果实中上部环状横裂呈盖状脱落，如马齿苋、车前、莨菪等。④齿裂，果实顶端呈齿状开裂，如石竹、麦蓝菜、瞿麦等。

（2）闭果（indehiscent fruit）：果实成熟后，果皮不开裂或分离成几部分，种子仍包被在果皮中。常见的闭果有以下几种：

1）瘦果（achene）：果皮较薄而坚韧，内含一粒种子，成熟时果皮与种皮易分离，为闭果中最普通的一种，如向日葵、白头翁、荞麦等。

2）颖果（caryopsis）：果实内含一粒种子，果实成熟时果皮薄与种皮愈合，不易分离，如稻、麦、玉米、薏苡等，为禾本科植物所特有的果实。农业生产上常把颖果称为种子。

3）坚果（nut）：果皮坚硬，内含一粒种子，成熟时果皮与种皮分离，如板栗、榛子等壳斗科植物的果实，这类果实常有总苞（壳斗）包围。也有的坚果很小，无壳斗包围称小坚果（nutlet），如益母草、薄荷、紫草等。

4）翅果（samara）：果实内含一粒种子，果皮一端或周边向外延伸呈翅状，如杜仲、榆、槭、白蜡树等。

5）胞果（utricle）：亦称囊果，果皮薄而膨胀，疏松地包围种子，而与种子极易分离，如青葙、藜、地肤等。

6）分果（schizocarp）：由两个或两个以上心皮组成的复雌蕊的子房发育而成，形成两室或数室，果实成熟时，子房室分离，按心皮数分离成若干各含一粒种子的分果瓣。当归、白芷、小茴香等伞形科植物的分果由两个心皮的下位子房发育而成,成熟时分离成两个分果瓣,分悬于中央果柄的上端,特称双悬果(cremocarp),为伞形科植物的主要特征之一;苘麻、锦葵的果实由多个心皮组成,成熟时则分为多个分果瓣(图3-70)。

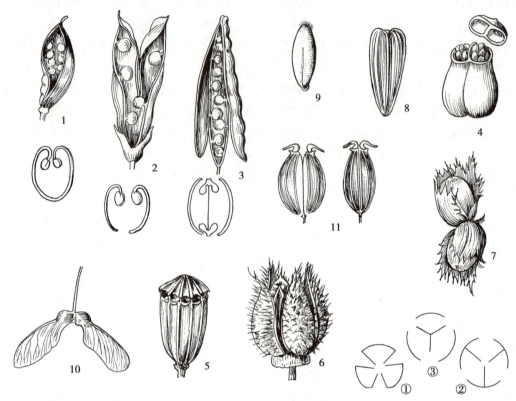

1. 蒴葵果 2. 荚果 3. 长角果 4. 蒴果(盖裂) 5. 蒴果(孔裂) 6. 蒴果(纵裂) ①室间开裂
②室背开裂 ③室轴开裂 7. 坚果 8. 瘦果 9. 颖果 10. 翅果 11. 双悬果

图3-70 干果的类型及开裂方式

(二) 聚合果

由一朵花中的许多离生单雌蕊聚集生长在花托上,并与花托共同发育而成的果实称聚合果(aggregate fruit)。每一离生雌蕊各为一单果(小果),根据单果的种类不同可分为:聚合蓇葖果(八角茴香、芍药)、聚合瘦果(草莓、毛茛)、聚合核果(悬钩子)、聚合浆果(五味子)、聚合坚果(莲)等(图3-71)。

(三) 复果(聚花果)

复果(multiple fruit)又称聚花果(collective fruit),是由整个花序发育而成的果实。其中每朵花发育成1个小果,聚生在花序轴上,成熟后从花轴基部整体脱落。如桑椹由雌花序发育而成,每朵花的子房各发育成1个小瘦果,包藏于肥厚多汁的肉质花被内;凤梨(菠萝)是由多数不孕的花着生在肥大肉质的花序轴上所形成的果实;无花果由隐头花序形成,其花序轴肉质化并内陷成囊状,囊的内壁上着生许多小瘦果(图3-72)。

三、果实的组织构造

果实由果皮和种子构成,果实的构造一般指果皮的构造,果皮通常可分为三层,从外向内分别为外果皮(exocarp)、中果皮(mesocarp)和内果皮(endocarp)。有的果实可明显观察到3层果皮,如桃、橘;有的果实的果皮分层不明显,如落花生、向日葵等。果实的构造包括果皮各层和种子,在果实类药

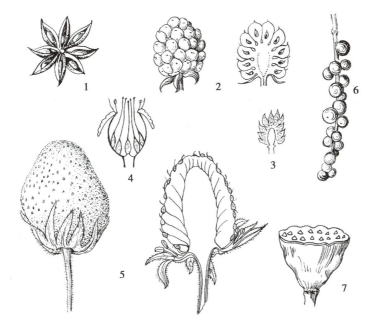

1. 聚合蓇葖果　2. 聚合核果　3~5. 聚合瘦果　6. 聚合浆果　7. 聚合坚果

图 3-71　各种聚合果

1. 凤梨　2. 桑椹　3. 无花果

图 3-72　各种复果

材的鉴别上具有重要的意义。

1. 外果皮　为果实的最外层,通常较薄而坚韧,常由一列表皮细胞或表皮与某些相邻组织构成,细胞由薄壁细胞(仅外壁角质增厚)、厚壁组织或厚角组织组成。外被角质层、蜡被、毛茸、刺、瘤突、翅等附属物,有的在表皮细胞间嵌有油细胞,如北五味子;有的具油室,如柑果。

2. 中果皮　是果皮的中层,变化较大,肉质果实多肥厚,干果多为干燥膜质;不同类型的果实中所占比例不一样,多由薄壁组织组成,也有的为厚角组织或厚壁组织,有的散有石细胞或纤维,双悬果的中果皮内有油管分布。

3. 内果皮　是果皮的最内层,一般为膜质或木质,多由薄壁组织组成,有的为厚角组织或厚壁组织,如核果内果皮由石细胞组成,如杏、桃、梅等。少数植物的内果皮能生出充满汁液的肉质囊状毛,如柑橘。

严格地说,果皮是指成熟的子房壁,若果实的组成部分除心皮外,还有花的其他部分如花托、花被等,果皮的含义就扩大到非子房壁的附属结构或组织部分。由此可见,果实的发育是一个十分复杂的过程,果皮的三层常不能和子房壁的三层组织完全对应起来。此外有的果皮可明显地观察到外、中、内三层结构,如桃、杏;有的果皮三层界限不明显,如落花生、向日葵、柑橘等。由于果实类型不同,其果皮的分化程度亦不一致。

四、果实的生理功能

果实的生理功能主要体现为保护种子和对种子传播媒介的适应。适应于动物和人类传播种子的果实,往往为肉质可食的肉质果,如桃、梨、柑橘等,这些果实被食后,由于种子有种皮或木质的内果皮保护不能被消化而随粪便排出或被抛弃到各处;还有的果实具有特殊的钩刺突起或有黏液分泌,能挂在或黏附于动物的毛、羽或人的衣服上而散布到各地,如苍耳、鬼针草、蒺藜、猪殃殃等。适应于风力传播的种子果实多质轻细小,并常具有毛状、翅状等特殊结构,如蒲公英、榆、槭等。适应于水媒传播的种子果实常质地疏松而有一定的浮力,可随水流到各处,如莲蓬、椰子等。还有一些植物的果实成熟时多干燥开裂并能对种子产生一定的弹力,靠自身的机械力量使种子散布,如大豆、油菜、凤仙花等。

> **知识拓展**
>
> ### 果实的演化
>
> 果实是植物界进化到一定阶段才出现的。当中生代裸子植物在地球上占优势时,其种子尚无果皮包被。到了新生代,被子植物大量出现,它们的种子包藏在果皮内,果皮对种子有保护和帮助传播作用。这也是被子植物能在地球上占绝对优势的重要原因之一。
>
> 果实演化的一般趋势是:螺旋状排列的聚合果→轮状排列的聚合果;聚合果→单果;具边缘胎座的果→具侧膜胎座的果;边缘胎座的果→中轴胎座的果→特立中央胎座的果→基底胎座或顶生胎座的果;多种子裂果→分果或单种子的闭果;真果→假果;干果→肉质果。

> **内容小结**
>
> 果实是被子植物所特有的繁殖器官,由受精后雌蕊的子房或子房连同花的其他部分共同发育形成的特殊结构,由果皮和种子构成。果皮从外向内分别为外果皮、中果皮和内果皮三层。根据果实的来源、结构和果皮性质的不同可分为单果、聚合果和复果三类。依据果皮质地的不同又可将单果分为肉果和干果两类,肉果分为浆果、核果、梨果、柑果和瓠果五类,干果分为裂果和闭果两类。果实的类型是被子植物科属鉴定的重要依据。果实的生理功能主要体现为保护种子和对种子传播媒介的适应。

第六节   种   子

组图:种子

种子(seed)是所有种子植物特有的器官,是花经过传粉、受精后,由胚珠发育形成的,其主要功能是繁殖。

一、种子的形态结构

种子的形状、大小、色泽、表面纹理等随着植物种类不同而异。种子的形状多样,有球形、类圆形、椭圆形、肾形、卵形、圆锥形、多角形等。大小差异悬殊,较大的如椰子、银杏、槟榔等;较小的如菟丝子、葶苈子等;极小的呈粉末状,如白及、天麻等的种子。种子的颜色亦多样,如:绿豆为绿色;赤小豆为红紫色;白扁豆为白色;藜属植物的种子多为黑色;相思子一端为红色,另一端为黑色;蓖麻种子的表面由一种或几种颜色交织组成各种花纹和斑点。种子表面的特征也不相同,通常平滑具光泽,如红蓼、北五味子;有的粗糙,如长春花、天南星;有的具皱褶,如乌头、车前;有的密生瘤刺状突起,如太子参;有的具翅,如木蝴蝶;有的顶端具毛茸,称种缨,如白前、萝藦、络石等。

种子的结构由种皮、胚和胚乳三部分组成。

(一) 种皮

种皮(seed coat)由珠被发育而来,常分为外种皮和内种皮两层,外种皮较坚韧,内种皮一般较薄,在种皮上常可见下列构造:

1. **种脐(hilum)**　为种子成熟后从种柄或胎座上脱落后留下的疤痕,通常为圆形或椭圆形。

2. **种孔(micropyle)**　来源于珠孔,为种子萌发时吸收水分和胚根伸出的部位。

3. **合点(chalaza)**　亦即原来胚珠的合点,为种皮上维管束的会合点。

4. **种脊(raphe)**　来源于珠脊,是种脐到合点之间的隆起线。倒生胚珠的种脊较长,横生胚珠和弯生胚珠的种脊较短,而直生胚珠无种脊。

5. **种阜(caruncle)**　有些植物的种皮在珠孔处一个由珠被扩展成的海绵状突起物,有吸水帮助种子萌发的作用,如蓖麻、巴豆等。

此外,有些植物的种子在种皮外尚有假种皮(aril),是由珠柄或胎座处的组织延伸而形成的,假种皮有的为肉质,如荔枝、龙眼、苦瓜、卫矛等,也有的呈菲薄的膜质,如豆蔻、砂仁等。

(二) 胚

胚(embryo)由卵细胞和一个精子受精后发育而成,是种子中尚没有发育的幼小植物体。胚由胚根(radicle)、胚轴(embryonal axis)(又称胚茎)、胚芽(plumule)和子叶(cotyledon)四部分组成。胚根正对着种孔,将来发育成主根;胚轴向上伸长,成为根与茎的连接部分;胚芽为茎顶端未发育的地上枝,在种子萌发后发育成植物的主茎;子叶为胚吸收养料或贮藏养料的器官,占胚的较大部分,在种子萌发后可变绿进行光合作用,但通常在真叶长出后枯萎,单子叶植物具一枚子叶,双子叶植物具两枚子叶,裸子植物具多枚子叶。

(三) 胚乳

胚乳(endosperm)是极核细胞和一个精子受精后发育来的,位于胚的周围,呈白色,含淀粉、蛋白质或脂肪等营养物质,供胚发育时所需要的养料。

大多数植物的种子,当胚发育或胚乳形成时,胚囊外面的珠心细胞被胚乳吸收而消失,但也有少数植物种子的珠心,在种子发育过程中未被完全吸收而形成营养组织包围在胚乳和胚的外部,称外胚乳(perisperm),如肉豆蔻、槟榔、姜、胡椒、石竹等。

二、种子的类型

根据种子中胚乳的有无,一般将种子分为两种类型:

(一) 有胚乳种子

种子中具有发达的胚乳,胚乳的养料经贮存后到种子萌发时才为胚所利用的种子称有胚乳种子(albuminous seed)。有胚乳种子胚相对较小,子叶很薄,如蓖麻、大黄、稻、麦等(图 3-73)。

(二) 无胚乳种子

种子中不存在胚乳或仅残留一薄层,胚乳的养料在胚发育过程中被胚所吸收并贮藏于子叶中的种子

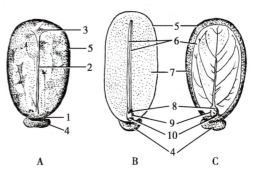

A.外形　B.与子叶垂直纵切面　C.与子叶平行纵切面

1.种脐　2.种脊　3.合点　4.种阜　5.种皮
6.子叶　7.胚乳　8.胚芽　9.胚轴　10.胚根

图 3-73　有胚乳种子(蓖麻)

称无胚乳种子(exalbuminous seed)。这类种子一般子叶肥厚,如大豆、泽泻、杏、南瓜等(图3-74)。

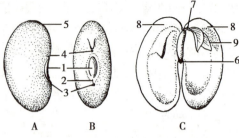

A、B. 外形　C.菜豆的组成部分(纵剖面)
1. 种脐　2. 种脊　3. 合点　4. 种孔　5. 种皮
6. 胚根　7. 胚轴　8. 子叶　9. 胚芽

图 3-74　无胚乳种子(菜豆)

三、种子的组织构造

种子的组织构造中,以种皮的构造变异最大,常因植物种类而异,很难概括出某种典型的模式,而种皮的显微特征在种子类药材鉴定上特别重要,胚乳和胚常少具或不具鉴别价值。

(一) 种皮

通常只有1层,如大豆、南瓜等,也有的种子为2层种皮,如蓖麻、芥菜、油菜等。种皮可以是干性的,如豆类,也可以是肉质的,如石榴。种皮常具以下1种或几种结构:

1. **表皮**　位于种皮的最外层,常由1层薄壁细胞组成。有的表皮细胞壁含黏液质,遇水膨胀黏液化,如亚麻子、车前子。有的表皮细胞中单独或成群分布石细胞,如杏、桃。有的表皮全由石细胞组成,如大风子、北五味子。有的表皮细胞部分分化出单细胞腺毛,如牵牛、苘麻。有的表皮全部分化为单细胞非腺毛,细胞壁木化,如马钱子。有的种皮表皮细胞呈栅状,如扁豆、决明。有的种皮栅状表皮细胞含有草酸钙球状结晶体,如黑芝麻。有的种皮表皮细胞呈不规则波状凸起,细胞壁有透明状纹理,如天仙子。

2. **栅状细胞层**　有的种子表皮内侧有栅栏细胞层,由1列或2~3列狭长的细胞组成。有的其细胞的内壁和侧壁增厚,如白芥子。有的在栅状细胞的外缘处,可见1条折光率较强的光辉带,光辉带又称亮纹或亮线,是栅栏细胞层中最不能渗透的区域,如牵牛、菟丝子。

3. **油细胞层**　有的种子表皮层下方,由数列含挥发油的油细胞组成,有时常与色素细胞相间排列在一起,如白豆蔻、红豆蔻、砂仁和益智等。

4. **色素层**　有的种皮表皮层细胞或其下数层细胞含色素物质,使种子具不同颜色,如蓖麻、川楝和枳椇等。

5. **厚壁细胞层**　有些植物种子的种皮内层几乎全为石细胞组成,如栝楼、中华栝楼、王瓜等;或内种皮为石细胞层,如白豆蔻、阳春砂、草果等。

(二) 胚乳

由薄壁细胞或厚壁细胞组成,细胞呈等径的多面体,壁上具有明显的微细纹孔,新鲜时可见到胞间连丝。胚乳细胞常含有大量的淀粉粒、糊粉粒、脂肪油等营养物质。

(三) 胚

胚中子叶细胞为类圆形、类方形或多面体,常具细胞间隙,外层表皮细胞具一极薄的角质层,常无气孔分布。有的植物在子叶的组织中还含有分泌腔和草酸钙簇晶,如牵牛。

四、种子的生理功能与寿命

种子的主要功能是繁殖。种子成熟后,在适宜的外界条件下即可发芽(萌发)而形成幼苗,但大多数植物的种子在萌发前往往需要一定的休眠期才能萌发。此外,种子的萌发还与种子的寿命有关。

(一) 种子的萌发

种子的胚从相对静止状态转入生理活跃状态,开始生长,并形成自养生活的幼苗,这一过程即为种子的萌发(seed germination)。种子萌发的主要外界条件是充足的水分、适宜的温度和足够的氧气,少数植物的种子萌发还受光照有无的调节。萌发过程从种子吸水膨胀开始,然后种皮变软,透气性增强,呼吸加快,这时如果温度适宜,种子内部各种酶开始活动,经过一系列生理生化变化,将种子本身贮藏的淀粉、蛋白质、脂肪等分解成可溶性的小分子物质,供给胚的生长发育。种子萌发时吸收水分的多少和植物种类有关,一般含蛋白质较多的种子吸水多,含淀粉或脂肪多的种子吸水少。萌发的适宜温度多在 20~25℃,种子萌发的最适温度随植物种属不同而异,通常北方的种类种子萌发所需温度相对较南方的种类为低,而对高温的耐受性则较差。

(二) 种子的休眠

凡是成熟后的种子,在环境适宜的条件下不能立即进入萌发阶段,而必须经过一定的时间才能萌发的现象称为休眠(dormancy)。种子休眠是植物个体发育过程中的一个暂停现象,是植物经过长期演化而获得的一种对环境条件及季节性变化的生物学适应性。种子休眠的原因主要有:①种子内胚尚未成熟:有些植物的种子虽已脱离母体进入土中,但实际上种子内的胚还未发育完全,如人参、银杏等,或是种子体内一些重要生理过程并未完成,如苹果、梨、桃等,必须经过一定时期的后熟过程;②有些植物种子由于种皮过厚不易透气透水而限制了种子的萌发:由于种皮太坚厚而阻碍了种子对水分和空气的吸收,使胚不能突破种皮向外伸展;③某些生长抑制剂的存在阻碍了种子的萌发:种子内部产生有机酸、生物碱、某种激素等生长抑制剂,使种子萌发受阻,需通过休眠、后熟,使种皮透性增大,呼吸作用及酶的活性加强,内源激素水平发生变化,促进萌发的物质含量提高,抑制萌发的物质含量减少,才能使种子正常萌发。

(三) 种子的寿命

种子的寿命是指种子所能保持发芽能力的年限,通常以达到 60% 以上的发芽率的贮藏时间为种子寿命的依据。种子寿命的长短,主要与植物种类有关,如白芷、珊瑚菜的种子在普通贮藏条件下,一年后就失去发芽能力,而青葙、牛膝的种子在同样贮藏条件下,可保持两至三年以上;许多植物的种子埋藏在土壤中,多年后仍能萌发,如繁缕和车前的种子在土壤中能存活 10 年左右,马齿苋的种子寿命可长达 20~40 年,莲的种子可生存 150 年以上,甚至可达上千年。此外,种子的寿命亦与贮藏条件有关,一般来说,低温、低湿、黑暗以及降低空气中的含氧量是种子贮藏的理想条件。

知识拓展

种子的习称与多样性

在中药中一些称为"某某子"的药材,不一定是植物的种子,如五味子、女贞子、苏子、茺蔚子等,分别是相应植物的果实。禾本科植物的颖果由于果皮和种皮不易分离,在播种时,通常连果实一起播撒,因此在农业生产上,禾本科的颖果通常被称为"种子"。

各种不同的植物的种子在形态上表现为丰富的多样性,产于中南美洲的象牙椰子被称为是最硬的种子,种子的胚乳到了后期变得极硬,为象牙质,可供制纽扣和桌球。斑叶兰种子为最小的种子,1 亿粒种子重仅 50g。最大的种子要数产于印度洋塞舌尔群岛的复椰子,一颗种子重可达 15kg。

内容小结

种子是种子植物特有的器官,是花经过传粉、受精后,由胚珠发育形成的。种子的形状、大小、色泽、表面纹理等随着植物种类不同而异。种子由种皮、胚和胚乳三部分组成,种皮由珠被发育而来,常分为外种皮和内种皮两层,种皮上有种脐、种孔、合点、种脊、种阜等构造,有些植物的种子在种皮外尚有假种皮。胚由卵细胞和一个精子受精后发育而成,是种子中尚没有发育的幼小植物体,胚乳是极核细胞和一个精子受精后发育来的,供胚发育时所需要的养料。无胚乳种子则不存在胚乳或仅残留一薄层。种子的形态和结构可作为种子植物分类鉴定的辅助依据。种子的主要功能是繁殖,种子成熟后,在适宜的外界条件下即可发芽(萌发)而形成幼苗。

（李　明　葛　菲　王戌梅　薛　焱）

第三章
目标测试

第四章

植物的分类与命名

学习要求

掌握: 植物分类的等级和基本单位;种的定义;植物拉丁学名双名法的命名方法及书写要求;植物分类检索表的编制与使用方法。

熟悉: 植物界的分门;种下等级的学名表示法;植物分类学研究方法。

了解: 植物分类意义、植物分类简史和分类系统。

第四章
教学课件

第一节 植物分类概述

一、植物分类学的意义

自然界的植物种类繁多,分布广泛。全世界已知植物种类约有 50 万种,我国约有 5 万种,此外,尚有一些未被命名的植物,人们面对如此数目浩大,形态、习性各异的植物,如不加以准确分类和统一命名,将难以对它们进行研究、开发与利用。

植物分类学(plant taxonomy)是一门对植物进行准确描述、命名、分群归类,并探索各类群之间亲缘关系远近和趋向的基础学科。

药学工作者学习植物分类学的意义,主要有以下几个方面:

1. 准确鉴定药材原植物种类,保证药材生产、研究的科学性和用药的安全性 众所周知,我国是世界上药用植物种类最多,使用历史最悠久的国家,至今有药用记载的植物已达 12 800 种左右。由于药材来源种类繁多,植物分布有地区性、生长有季节性,某些种类形态有相似性,各地名称具有多样性,各地用药历史和习惯具有差异性,因而造成药材和原植物存在着同物异名或同名异物的混乱现象,如无专门的植物分类学理论和实践知识,就很容易发生药材来源(原植物及其药用部分)鉴定错误。掌握一定的植物分类知识和原植物、药材的鉴定方法,就会大大减少或避免这种现象,保证药材生产、研究的科学性和用药的安全、有效。

2. 利用植物之间的亲缘关系,探寻新的药用植物资源和紧缺药材的代用品 同科同属等亲缘关系相近的植物,不仅在植物形态上具有一定的相似性,更由于遗传进化上的联系,其生理生化特性也往往相似,所含的活性成分也比较相似。如 20 世纪 50 年代,我国植物学家和药学家在云南、广西和海南找到了完全取代印度产的蛇根木 *Rauvolfia serpentine* (L.) Bentham ex Kurz 的降血压植物资源萝芙木 *Rauvolfia verticillata* (Lour.) Baill. 及其同属多种植物。再如人参属(*Panax*)植物均含有人参皂苷,小檗属(*Berberis*)植物均含有小檗碱(黄连素,berberine),夹竹桃科植物往往含有强心和降血压的成分等。利用植物分类学所揭示的这些规律,能帮助我们较快地寻找到新的药用植物资源或某种植物药的代用品。又如某种植物有毒,就可推想与它近缘的种类亦可能有毒,在研究和使用时就应引起注意。

3. 开展药用植物资源的调查,为其开发利用、保护和栽培提供依据 学好植物分类学有利于药用植物资源调查,编写出某地区药用植物资源的名录,弄清楚药用植物的种类、生长习性、分布、生境、蕴藏量、濒危程度以及种类变更的动态等,为进一步合理开发、保护药用植物资源,以及人工引种栽培等提供科学依据。《中国药典》和许多中草药参考书的编写、查阅,均离不开植物分类学知识。

4. 有助于国际学术交流　通过学习植物分类学知识,了解植物的命名方法,记住一些重要科属种的拉丁学名,对国内外学术交流和植物化学成分的命名会很有帮助。因每一种植物,均有一个国际上统一的拉丁学名(scientific name),这对国际植物研究资料的交流带来方便。植物化学成分的外文名称,大多数由植物学名演化而来,如小檗碱的外文名称"berberine"是从小檗属的属名"*Berberis*"变化而来;乌头碱的外文名称"aconitine"与乌头属的属名"*Aconitum*"有密切的关系。记住一些植物的拉丁学名,对植物化学研究和查阅有关植物的文献资料等均有不少益处。

二、植物分类简史

对植物进行分类与人类认识和利用植物的历史一样悠久。在不同历史时期,由于认识水平的不同,对植物分类的出发点和方法也不同,出现了不同的分类系统。

植物分类学大致经历了两个大的发展时期:林奈以前时期(约公元前 300 年至 1753 年)和林奈以后时期(从 1753 年至今)。

林奈以前时期人们仅根据植物的形态、习性、用途进行分类,未考察各植物类群在演化上的亲缘关系,更没有反映自然界的自然发生和发展规律,这种分类方法,称为人为分类系统(artificial system)。如在公元前 300 年,古希腊植物学家提奥弗拉斯(Theophrastus)(公元前 370~ 公元前 285)记载植物 480 种,并将植物分为乔木、灌木、亚灌木和草本。此后,德、法、英、意大利、瑞典等国家的植物学家亦有许多论著发表,最著名的是瑞典植物学家林奈(Carl Linnaeus)(1707—1778)的三部著作《自然系统》(*Systema Naturea*,1735)、《植物属志》(*Genera Plantarum*,1737)、《植物种志》(*Species Plantarum*,1753),记述了很多植物种的主要特征。但林奈仅根据雄蕊的数目、长短、连合与否、着生位置、雌雄同株或雌雄异株等情况将植物分为 24 纲,其中 1~23 纲为显花植物,第 24 纲为隐花植物,在纲以下再根据雌蕊的构造而分类,常会使亲缘关系疏远的种类放在同一纲中。林奈虽对植物分类作出了巨大的贡献,但没有探讨植物种群间的亲缘和演化关系,所以他的分类系统被认为是人为分类系统。我国明代李时珍(1518—1593)所编的《本草纲目》,将千余种植物分为草、谷、菜、果、木 5 部,草部又分为山草、芳草、毒草、湿草、青草、蔓草、水草等 11 类,木部又分为乔木、灌木、香木等 6 类;清代吴其浚(1789—1847)的《植物名实图考》中,将植物分为谷、蔬、山草、湿草、石草、水草、蔓草、芳草、毒草、群芳、果和木 12 类,这些分类系统也未考察植物之间的亲缘关系和演化关系,也属于人为分类系统。

林奈以后时期,1859 年英国生物学家达尔文(C. R. Darwin)的《物种起源》(Origin of Species)发表以后,根据达尔文的物种进化理论,依据最能反映亲缘关系和系统演化的形态学、解剖学、孢粉学和细胞学等植物学科的主要性状进行分类,力图建立较为科学的植物自然分类系统(natural system)。至今,已提出的植物分类系统至少有 20 余个,其中影响较大、使用较广的有恩格勒(A. Engler)、哈钦松(J. Hutchinson)、塔赫他间(A. Takhtajin)和克朗奎斯特(A. Cronquist)为代表的被子植物分类系统等。

近几十年来,随着近代科学与技术的飞速发展和实验条件的改善,特别是植物化学、分子生物学和分子遗传学的发展,植物分类学出现了许多新的分支,如数量分类学(numerical taxonomy)、细胞分类学(cytotaxonomy)、实验分类学(experimental taxonomy)、化学分类学(chemotaxonomy)、超微结构分类学(ultrastructural taxonomy)、系统分类学(molecular systematics)等。植物分类学工作者研究的重点也从以发表新种研究为主转向研究植物系统进化、资源植物开发利用和生物多样性保护等方面,并取得了不少新成就。

自中华人民共和国成立后,植物分类学和植物系统进化研究得到了飞速发展,中国科学院和主要地区都成立了植物研究所或研究机构。研究单位和高等学校培养了大批植物分类学人才,取得了不少国际先进水平的成果,并出版了大量植物分类工具书,如《中国植物志》(共 125 卷册)、《中国高等植物图鉴》、《中国高等植物》和许多地方植物志以及《植物分类学报》等期刊;药用植物工作者编写了《中药大辞典》《中国本草图录》《中华本草》等重要中草药工具书。这些著作的出版为药用植物的研究和资源开发利用提供了重要的基础资料。

三、植物分类的等级

植物分类等级又称植物的分类单位、分类群。分类等级的高低通常是依据植物之间形态的类似性和构造的简繁程度划分的。植物分类学上依据植物之间形态的类似性和构造的简繁程度设立各种等级,从而建立分类系统。植物之间的分类等级的异同程度体现了各类植物之间的相似程度和亲缘关系远近。

植物分类等级,按照大小从属关系的顺序设为:界、门、纲、目、科、属、种,种是最基本的分类单元,近缘的种归合为属,近缘的属归合为科。门是植物界最大的分类单位。

在各等级之间,有时因范围过大常增设亚级单位,如亚门、亚纲、亚目、亚科、亚属。有的在科内还分族和亚族。各分类等级的英文名及拉丁词尾见表 4-1。

表 4-1　植物分类等级

分类等级			植物分类举例		
中文名	拉丁名	英文名	中文名	拉丁名	拉丁词词尾
界	Regnum	Kingdom	植物界	Regnum vegetabile	
门	Divisio	Division(Phylum)	被子植物门	Angiospermae	-phyta
亚门	Subdivisio	Subphylum			
纲	Classis	Class	双子叶植物纲	Dicotyledoneae	-opsida
亚纲	Subclassis	Subclass	离瓣花亚纲	Archichlamydeae	
目	Ordo	Order	伞形目	Umbellales	-ales
亚目	Subordo	Suborder			
科	Familia	Family	五加科	Araliaceae	-aceae
亚科	Subfamilia	Subfamily			
族	Tribus	Tribe	人参族	Panaceae	-eae
亚族	Subtribus	Subtribe			
属	Genus	Genus	人参属	*Panax*	
亚属	Sungenus	Subgenus			
种	Species	Species	人参	*Panax ginseng* C.A.Mey.	

此外,一般植物分类单位用拉丁词来表示,其词尾国际上均有统一规定,如门的词尾一般加 -phyta;纲的词尾加 -opsida;目的词尾加 -ales;科的词尾加 -aceae。但也有一些分类等级的词尾因习用已久,仍可保留其习用名和词尾,如双子叶植物纲(Dicotyledoneae)和单子叶植物纲(Monocotyledoneae)。另有 8 个科的学名可保留其习用名(-ae 为后缀),分别是十字花科(Brassicaceae/Cruciferae)、豆科(Fabaceae/Leguminosae)、藤黄科(Hypercaceae/Guttiferae)、伞形科(Apiaceae/Umbelliferae)、唇形科(Lamiaceae/Labiatae)、菊科(Asteraceae/Compositae)、棕榈科(Arecaceae/Palmae)、禾本科(Poaceae /Gramineae)。

1.“种”的概念　种是具有一定的形态、生理学特征和具有一定自然分布区,并具有相当稳定的性质的种群(居群)。种是植物界长期历史进化的产物,也是自然界生物与环境的相互作用中,表现出的高度多样性的生命有机体的集群。《国际植物命名法规》定义"种"是专业生物学家根据所有获得信息而定义的便于利用的分类单位。种具有双重含义：其一，种是一个自然发生群体的集合，是进化过程中的基本单位；其二，在命名法规所支配的分类等级系统中，种是分类的一个基本单位。野生种有一定的自然分布区；同一种的不同个体彼此可以交配受精，并产生正常的能育后代，不同种的个体之间通常难以杂交或杂交不育。

2. **种下分类等级**　由于环境因子和遗传基因的变化，种内各居群会产生较大的变异。常见的种下分类单位有亚种、变种、变型。

亚种（subspecies，缩写为 subsp.）：在不同分布区的同一种植物，形态上有稳定的变异，并在地理分布上、生态上或生长季节上有隔离的种内变异类群。

变种（varietas，缩写为 var.）：具有相同分布区的同一种植物，种内有一定的变异，变异较稳定，但分布范围比亚种小得多的类群。

变型（forma，缩写为 f.）：无一定分布区，形态上具有细小变异的种内类群，如花、果的颜色，有无毛茸等。有时将栽培植物中的品种也视为变型。

品种（cultivar，缩写为 cv.）：专指人工栽培植物的种内变异类群。通常是基于在形态上或经济价值上的差异，如色、香、味、形状、大小等，有时称其为栽培变种或栽培变型。但在日常生活中广泛提到的"品种"如药材品种，有仅指栽培的中药品种，也包括分类学上的种。

四、植物界的基本类群及分类原则

对自然界的生物群划分，18 世纪瑞典博物学家林奈（Carolus Linnaeus）将生物界划分为动物界和植物界，即两界系统；到后来霍格（Hogg）、海克尔（Haeckel）将单核细胞原始生物划出来，称原生生物界，建立三界系统；随着电子显微镜的应用，美国植物学家魏泰克（Whittaker）将缺少真正细胞核的原核生物蓝藻、细菌等单独划分出来，称原核生物界，成为四界系统。其后，酵母菌、霉菌等真菌被划为真菌界，成为五界系统。六界系统则将没有细胞结构的病毒和类病毒列为非胞生物界等。在二界系统中，植物的范围最广，包括的种类也最多，通常将植物界分为 16 门（图 4-1）。

裸子植物和被子植物均以种子进行繁殖，因此有学者又将它们合并为种子植物门（Spermatophyta），将整个植物界分为 15 门。另有人将蕨类、裸子、被子植物三个门合称为维管植物门（Tracheophyta），

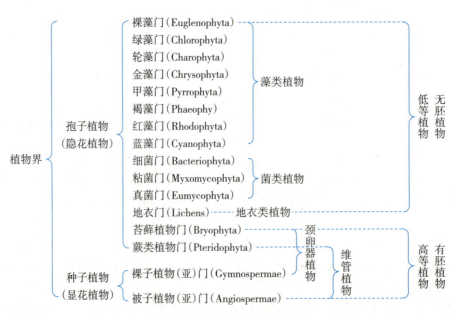

图 4-1　植物界的分门

因它们均有维管组织,这就把植物界分成14门。此外,恩格勒系统经Hans Melchior(1964)修订,又曾把植物界分为17门。

此外,人们又把具有某些共同特征的门归成更大的类群。裸藻门到蓝藻门的8个门统称藻类(Algae);将不具光合作用色素,营寄生或腐生生活的细菌门、黏菌门和真菌门合称为菌类植物(Fungi)。

藻类、菌类、地衣类、苔藓、蕨类植物用孢子进行繁殖,统称为孢子植物(spore plant)。因为孢子植物不开花结果,故又名隐花植物(cryptogam)。而裸子植物和被子植物在有性繁殖中开花、形成种子,并以种子进行繁殖,因此称为种子植物(seed plant)或显花植物(phanerogam)。

藻类、菌类、地衣植物合称为低等植物(lower plant),其主要特征是:植物体构造简单,为单细胞、多细胞群体及多细胞个体,无根、茎、叶的分化,构造上无组织分化,生殖器官为单细胞,合子不形成胚。因此,低等植物又称为无胚植物(nonembryophyte)。

苔藓、蕨类和种子植物合称为高等植物(higher plant),其主要特征是:形态上有了根、茎、叶分化,内部构造上有了组织的分化,生殖细胞为多细胞构成,合子在体内发育成胚。因此,高等植物又称为有胚植物(embryophyte)。

苔藓植物、蕨类植物和裸子植物在有性生殖过程中,在配子体上产生精子器和颈卵器的结构,故合称为颈卵器植物(archegoniatae)。

蕨类植物、裸子植物和被子植物体内具有维管系统,故合称为维管植物(vascular plant)。

被子植物又称为有花植物(flowering plant),是目前植物界中最先进、种类最多、分布最广、变化复杂的一个植物类群。现知的被子植物约1万多属,20多万种,占植物界一半以上。被子植物在药用植物中占有重要地位。

植物在演化过程中,植物各部分器官的变化程度,反映了该类群植物的进化地位。植物器官的演化过程通常是由简单到复杂,由低级到高级,尤其是花、果实的形态特征。判断某一植物类群的进化地位,不能单用某一器官的进化规律,需要综合考察植物体各部的演化情况。由于植物解剖学、细胞学、分子生物学和植物化学等学科近代科学技术的迅速发展,为某些植物类群的亲缘关系和某些在系统分类位置有争议的类群,提供了新的证据或佐证。被子植物形态构造的一般演化规律如表4-2所示。

表4-2 被子植物演化的一般规律

	初生的、原始的性状	次生的、进化的性状
根	直根系	须根系
茎	木本	草本
	无导管、有管胞	有导管
叶	常绿	落叶
	单叶全缘	复叶
	互生或螺旋排列	对生或轮生
花	单生	花序
	两性花	单性花
	雌雄同株	雌雄异株
	辐射对称	两侧对称或不对称
	虫媒花	风媒花
	重被花	单被花或无被花
	花各部离生	花各部合生
	花各部螺旋排列	花各部轮状排列

续表

	初生的、原始的性状	次生的、进化的性状
	花的各部多数而不固定	花的各部数目不多,有定数
	子房上位	子房下位
	雄蕊多数,离生	雄蕊少数,合生
	边缘胎座、中轴胎座	侧膜胎座、特例中央胎座
	心皮离生,多数	心皮合生,少数
	胚珠多数	胚珠少数
	花粉粒具单沟	花粉粒具 3 沟或多孔
果实	单果、聚合果	复果
	真果	假果
	胚小,有发达胚乳	胚大,无胚乳
	子叶 2 枚	子叶 1 枚
生活型	多年生	一年生
	绿色自养植物	寄生、腐生植物

五、被子植物的主要分类系统

(一) 两大学说

关于最古老被子植物的形态特征,原始类群和进化类群各自具有的特征等问题,是植物分类学家研究的中心、争论的焦点。花从何发展而来? 目前存在两种不同观点,即假花学说(pseudoanthium theory)和真花学说(euanthium theory)。

1. 假花学说　恩格勒学派建立了假花学说。该学说认为被子植物的花是由裸子植物的单性孢子叶球穗演变而来的。设想小孢子叶球(雄花)的苞片演变为花被,小苞片消失后顶端具数个小孢子囊(花粉囊);大孢子叶球(雌花)的苞片演变为心皮,小苞片消失后顶端仅剩下胚珠,着生心皮的基部(即子房的基部)。由于裸子植物,尤其是麻黄和买麻藤等都以单性花为主,因而设想原始被子植物具单性花。据此认为单性、无被花、木本、风媒花为原始特征,而两性、有花瓣、草本、虫媒花为进化特征。把柔荑花序类作为原始的类群,把木兰目、毛茛目植物被看成是比较进化的类型,列于无被花、单被花之后。

2. 真花学说　柏施及哈钦松学派建立了真花学说。认为被子植物起源于原始的已灭绝的裸子植物,这种裸子植物具有两性的孢子叶球,特别是拟苏铁 *Cycadeoidea dacotensis* 及其相近种。其孢子叶球上的苞片演化为花被,小孢子叶演化为雄蕊,大孢子叶演化为雌蕊,其孢子叶球轴则缩短为花轴或花托;据此认为被子植物的多心皮类,尤其是木兰目植物被认为是被子植物较原始类群,单性花由两性花演变而来。

(二) 主要分类系统

19 世纪后半期以来,有许多植物分类工作者,根据各自的系统发育理论提出了许多不同的被子植物分类系统。但由于有关被子植物起源、演化的知识和证据不足,到目前为止,还没有一个比较完善而公认的分类系统。当前较为流行的主要有以下分类系统。

1. 恩格勒系统　德国植物学家恩格勒(A. Engler)和柏兰特(K. Prantl)于 1897 年在其《植物自然分科志》(*Die Natürlichen P flanzen familien*)一书中发表了该系统。此系统是植物分类史上第一个比较完整的系统。它把植物界分为 13 门,而第 13 门为种子植物门,被子植物是种子植物门中的一个亚门,并把被子植物亚门分为单子叶植物纲和双子叶植物纲,计 45 目,280 科。恩格勒系统几经修订,在 1964 年出版的《植物分科志要》(第 12 版)中,已把被子植物分立为门,列为第 17 门。在此版中把原来的分类系统中置于双子叶植物前的单子叶植物移到双子叶植物之后。双子叶植物纲仍分为原始花被亚纲(离瓣花亚纲)及后生花被亚纲(合瓣花亚纲)。被子植物共有 62 目,344 科。

恩格勒系统以假花学说为理论基础,把具有柔荑花序类植物当作被子植物中最原始的类型,将其排列在系统的前面,而把木兰目、毛茛目等看作是较进化的类型。

恩格勒系统所依据的假花学说目前已不被多数人接受,但该系统科的数目适中,包括了全世界植物的纲、目、科、属,而且各国沿用历史已久,为许多植物学家所熟悉,故在世界许多地区仍较广泛使用。《中国植物志》及我国部分地区植物志仍基本按该系统编排。本教材采用恩格勒系统,部分内容适当变动。

2. 哈钦松系统　英国植物学家哈钦松(J. Hutchinson)于 1926 年和 1934 年在其《有花植物科志》(*The Families of Flowering Plants*)中发表了该系统。1973 年修订的第 3 版中,共有 111 目,411 科。

哈钦松系统以真花学说为理论基础,认为多心皮的木兰目、毛茛目是被子植物的原始类型,单子叶植物比双子叶植物进化,起源于双子叶植物的毛茛目;双子叶植物以木兰目和毛茛目为起点,由木兰目演化出木本植物一支,毛茛目演化出草本植物一支。

哈钦松系统过分强调了木本和草本两个来源,使某些亲缘关系很近的科会分得很远。例如将草本的伞形科同木本的五加科、山茱萸科分开;草本的唇形科同木本的马鞭草科分开等。因此很难被许多学者所接受。但这个系统为多心皮学派奠定了基础。塔赫他间系统和克朗奎斯特系统等即在此系统上发展起来的。我国华南、西南、华中的一些植物研究所和大学的出版物及标本馆多采用该系统。

3. 塔赫他间系统　苏联植物学家塔赫他间(A. L. Takhtajan)于 1954 年在《被子植物的起源》(*Origins of the Angiospermous Plants*)中公布了该系统。该系统亦主张真花学说,认为木兰目是最原始的被子植物类群,首次打破了把双子叶植物分为离瓣花亚纲和合瓣花亚纲的传统分类方法,并在分类等级上设立"超目"这一分类单元。塔赫他间系统经过数次修订(1968、1980、1987、1997),在 1997 年出版的《有花植物多样性和分类》(*Diversity and Classification of Flowering Plants*)中,他把被子植物分为两个纲:木兰纲(即双子叶植物)和百合纲(即单子叶植物纲)。其中木兰纲包括 11 个亚纲;百合纲包括 6 个亚纲。它们又被分为 71 超目,232 目,591 科。

4. 克朗奎斯特系统　美国植物学家克朗奎斯特(A. Cronquist)于 1968 年在其《有花植物的分类和演化》(*The Evolution and Classification of Flowering Plants*)一书中发表了该系统。克朗奎斯特系统接近于塔赫他间系统,把被子植物称为木兰植物门,分成木兰纲和百合纲,但取消了"超目"这一级分类单元,减少了科的数目。经多次修订后的系统包括双子叶植物(木兰纲)6 个亚纲,64 目,318 科;单子叶(百合纲)5 亚纲,19 目,65 科,总计 83 目,383 科。

克朗奎斯特系统在各级分类系统安排上似乎比前几个系统更为合理,科的数目及范围较适中,其分类方法已逐渐被人们所采用,我国有的教科书及植物园已采用此系统。

此外还有丹麦植物学家 Rolf Dahlgren 的 Dahlgren 系统,美国分类学家 Robert F. Thorne 的 Thorne 系统,被子植物系统发育研究组(APG)的被子植物分类系统。我国植物学家吴征镒、张宏达也发表过新的被子植物分类系统。其中 APG Ⅱ 分类系统主要基于来自形态学、解剖学、胚胎学、植物化学以及更多依赖于分子系统学研究等信息的综合,将被子植物分为 45 个目,457 个科。

以上分类系统依据的特征不同,对不同类群的分合处理差异很大。目前我国主要的标本馆、《中国植物志》主要采取恩格勒系统。

本教材考虑到学习药用植物种类的方便和延续性,基本按照恩格勒系统(1964)科的顺序排列。但木兰科未分为木兰科、五味子科和八角科,木通科未分为木通科和大血藤科。芍药属仍置于毛茛科下,未独立为芍药科。

第二节　植物的命名

每种植物都有自己的名称。同一种植物,在不同的国家或不同地区,由于各国的文字、语言和生活习惯的不同,往往有各自不同的名称。如马铃薯的英、俄、日、德名分别为 Potato、Клубней картофеля、ジャガイモ、Kartoffel,在我国不同的地区又有土豆、洋芋、山药豆、洋山芋、地蛋等名称。同名异物或同物异名等造成名称上的混乱现象,给植物的分类、开发利用和国内外交流造成很大的困难。命名是对一种植物或一个分类群给出正确名称的过程。植物命名必须遵循国际植物学会议颁布的《国际植物命名法规》[第 19 届国际植物学会上已更名为《国际藻类、菌物和植物命名法规》(深圳法规)]和国际园艺学会颁布的《国际栽培植物命名法规》。学名(scientific name)就是指用拉丁文书写的符合国际植物命名法规各项原则的科学名称。每一种植物只有一个唯一的学名。植物学名的科学准确也是植物分类鉴定与应用的基本要求。

一、学名的组成

《国际植物命名法规》规定植物学名用拉丁文或其他文字拉丁化来书写。植物种的命名采用了瑞典植物学家林奈(Linnaeus)倡导的"双名法"(Binominal nomenclature)。即每种植物的学名主要由两个拉丁词组成,第一个词是该种植物所隶属的属名,第二个词是种加词,起着标志该植物"种"的作用。后面需附上命名人的姓名缩写。其格式为:属名 + 种加词 + 命名人。属名和种加词需斜体,命名人需正体。

例如:何首乌的学名 *Fallopia multiflora*(Thunb.)Harald.,属名 *Fallopia*(何首乌属),种加词 *multiflorum*(多花的),Thunb. 和 Harald. 分别为命名人 Carl Peter Thunberg 和 Haraldson 的缩写形式。植物的属名和种加词,都有其含义和来源,词法上也有些具体规定。

(一)属名

植物属名(nomen generarum)是学名的主体,一般用拉丁名词的单数主格,首字母必须大写。属名常依据植物的某些特征,如形状、颜色、成分、地方名、生活习性、用途或地方俗名、神话传说等命名。如人参属的拉丁语 *Panax* 有能治百病的含义,表示其用途;芍药属 *Paeonia* 源自希腊神话的医生名 Paeon。

(二)种加词

种加词(epitheton specificum)多为形容词,有时用主格名词或属格名词。种加词全部字母小写。

1. 用形容词作种加词时,常表示植物的形态特征、习性、用途、产地等,在拉丁文语法上要求其性、数、格要与它所形容的属名一致。如掌叶大黄 *Rheum palmatum* L.,种加词 *palmatum*(表示该植物叶掌状分裂的),与属名均为中性、单数、主格。

2. 用主格名词时,要求与属名的数、格一致,而性别不必一致。如樟 *Cinnamomum camphora*(L.)Presl.,种加词为名词,和属名同为单数主格,但 *camphora* 为阴性,而 *Cinnamomum* 为中性。

3. 用属格名词作种加词,种加词用名词属格,大多用人名姓氏。用名词属格作种加词不必与属名性别一致。如掌叶覆盆子 *Rubus chingii* Hu,种加词是命名人胡先骕先生用于纪念蕨类植物专家秦仁昌的,姓氏末尾是辅音,一般加 -ii 而成 *chingii*。又如三尖杉 *Cephalotaxus fortunei* Hooker,种加词是纪念英国植物采集家 Robert Fortune 的,姓氏末尾是元音,加 -i 而成 *fortunei*。

(三)命名人

植物学名最后附加命名人,命名人的引证一般只用其姓,但遇同姓人研究同一门类植物,为区分而加注各人名字的缩写词。引证的命名人的姓名,要用拉丁字母拼写,并且每个词的首字母必须大写。我国的人名姓氏,除过去已按威氏或其他外来拼写法拼写的外,应统一用汉语拼音拼写。命名者的姓氏较长者,可用缩写,缩写词之后加缩略点"."。如:Thunberg → Thunb.,Maximowicz → Maxim.。著名学者用其习惯缩写,如 Linnaeus → L.,De Candolle → DC.。我国学者的姓多为单音节,一般不缩写,名字只写第一个字母,如 W. C. Wang(王文采)。两个人共同命名的植物,则用 et 连接不同作者,如紫草 *Lithospermum erythrorhizon* Sieb. et Zucc. 的命名人是 P. F. von Siebold 和 J. G. Zuccarini 两人姓氏缩写。有时两命名人中间用 ex 相连,如牛皮消 *Cynanchum auriculatum* Royle ex Wight,表示本种植物由 Royle 定了学名,但尚未正式发表,以后 Wight 同意此名称并正式加以发表。注意命名人不用斜体。

有时在植物学名的种加词之后有一括号,括号内为人名或人名的缩写,此表示这一学名重新组合而成。如射干 *Belamcanda chinensis*(L.)DC.,开始 Linnaeus 将射干命名为 *Iris chinensis* L.,属于鸢尾属 *Iris*,后 De Candolle 经研究将其归入射干属 *Belamcanda*,经过重新组合而成现在的学名。重新组合包括属名的变更,由变种升为种等。重新组合时,应保留原来的种加词和原命名人,原命名人则加括号以示区别。

关于常见国外植物学家姓名的缩写及全称以及中国植物学家的拉丁文姓名可参见《中国种子植物科属辞典》《中国植物学文献目录》和相关的植物分类学专著和刊物。

二、种以下等级的命名

植物种下的等级有亚种(subspecies,缩写为 subsp. 或 ssp.)、变种(varietas,缩写为 var.)或变型(forma,缩写为 f.)。这些种下等级的学名是在原种学名的后面加上各种下等级符号缩写,种下等级的缩写符合正体、全部小写;其后再加上亚种、变种或变型的加词,种下等级的加词斜体、全部小写;最后赋以该种下等级命名人的姓名缩写,每个词的首字母必须大写。例如:鹿蹄草 *Pyrola rotundifolia* L. subsp. *chinensis* H. Andres. 是圆叶鹿蹄草 *Pyrola rotundifolia* L. 的亚种。山里红 *Crataegus pinnatifida* Bge. var. *major* N. E. Br. 是山楂 *Crataegus pinnatifida* Bge. 的变种;重齿毛当归 *Angelica pubescens* Maxim. f. *biserrata* Shan et Yuan 是毛当归 *Angelica pubescens* Maxim. 的变型。

此外,还有从化学分类角度命名的化学变种(chemovar.)、化学变型(chemotype 或 chemoforma)等,其学名是在原种学名的后面加上化学变种或化学变型的缩写 chvar.、chf. 以及该等级的缩写附加词。

栽培植物的命名遵从《国际栽培植物命名法规》(*International Code of Nomenclature for Cultivated Plants*,ICNCP)的规定。品种(cultivar 或 cv.)是栽培植物的基本分类单位,栽培品种学名是在种加词后加栽培品种的加词,品种加词需首字母大写、正体和外加单引号,其后无须引证该栽培品种的命名人。如菊花 *Dendranthema morifolium*(Ramat.)Tzvel. 有亳菊 *Dendranthema morifolium* ‘Boju’、贡菊 *Dendranthema morifolium* ‘Gongju’、小黄菊 *Dendranthema morifolium* ‘Xiaohuangju’ 等不同品种。

知识拓展

《国际栽培植物命名法规》

《国际栽培植物命名法规》由国际园艺学会(International Society for Horticultural Science,ISHS)组织编撰,主要用以规范因人类选择、引种、培育和生产的栽培植物的名称。1953 年出版了第 1 部,至今已先后颁布了 8 个版本,是植物栽培品种命名的权威性技术文件。

三、国际植物命名法规

《国际植物命名法规》(*International Code of Botanical Nomenclature*,ICBN)是由国际植物学会(International Botanical Congress,IBC)制定关于全世界野生藻类、真菌和植物命名的权威性技术文件。

1867 年 8 月在法国巴黎举行的第 1 次国际植物学会议上,通过了世界上最早的植物命名法规,称为巴黎法规,该法规共 7 节 68 条。1910 年在比利时布鲁塞尔召开的第 3 次国际植物学会议,奠定了现行通用的国际植物命名法规的基础。2011 年在澳大利亚墨尔本召开的第 18 届国际植物学大会上，将该法规更名为《国际藻类、真菌和植物命名法规》(*International Code of Nomenclature for algae*，*fungi and plants*，ICN)。最新法规是 2017 年 7 月第 19 届国际植物学会(在中国深圳举办)通过的《国际藻类、菌物和植物命名法规》(深圳法规)。

《国际植物命名法规(ICBN)》主要内容除前节的命名规则外，要点还包括，每种植物只能有一个合法的拉丁学名。学名必须合格发表，最终版论文为合格发表的最终依据。一种植物如已见两个或两个以上的拉丁学名，应以最早发表的并且是按"法规"正确命名的名称为合法名称，其他名称作为异名或废弃名。一个属中的某一个种确应转移到另一个属时，可采用新属的属名，而种加词不变，原来的名称称为基本异名(basionym)。对于科或科以下各级新类群的发表，必须指明其命名模式，才算有效。因而模式标本对于鉴别植物具有重要价值。

第三节　植物分类检索表

植物分类检索表是鉴定植物的工具。检索表的编制是采用法国人拉马克(Lamarck)的二歧分类原则。在充分了解要编制检索表中容纳的所有植物形态特征的基础上，选用一对或以上显著不同的特征，分成两支，并赋予相对应的相同序号；然后再从每支中找出相互对立的特征又分为相对应的两分支，赋予下一级的序号；如此类推，直到所需要的分类单位(如科、属、种等)出现。

应用植物检索表鉴定植物时，首先要有完整的检索表的资料；其次熟悉所要鉴定的植物形态或其他的鉴别特征，根据要鉴定的植物特征(尤其是繁殖器官的构造特征)进行逐项查证。如两者特征相符合，则查找下面的一项；如不相符合，则应查找与该项相对应的一项，直至查出该植物的种名。常将检索出来的种类用《中国植物志》《中国高等植物图鉴》，以及分类手册等工具书进行进一步核对，以达到正确鉴定的目的。

常见的植物分类检索表，有定距式、平行式和连续平行式检索表 3 种式样，现以植物界几个大类群的分类检索表为例。

一、定距式检索表

将每个相对应项的两个分支标以相同的项号，分开间隔排列在一定距离处，每下一项后缩一字排列，逐级类推，直至达到所要鉴别的分类单元(科、属、种等)。如植物界 6 大类群检索表(定距式)。

1. 植物体构造简单，无根、茎、叶的分化，没有胚胎(低等植物)。
 2. 植物体不为藻类和菌类所组成的共生体。
  3. 植物体内含叶绿素或其他光合色素，为自养生活……………………藻类植物
  3. 植物体内无叶绿素或其他光合色素，为异养生活……………………菌类植物
 2. 植物体为藻类和菌类所组成的共生体……………………………………地衣类植物
1. 植物体有根、茎、叶的分化，有多细胞构成的胚胎(高等植物)。
 4. 植物体有茎、叶，而无真根……………………………………………………苔藓植物
 4. 植物体有茎、叶和真根。
  5. 不产生种子，以孢子繁殖……………………………………………………蕨类植物
  5. 产生种子，用种子繁殖……………………………………………………种子植物

二、平行式检索表

将每一个相对应项的两个分支紧紧连续排列，并给予同一项号，每一分支后还表明下一步查阅的项号或分类号。如高等植物分门检索表(平行式)。

　　1. 植物体有茎、叶，无真根···苔藓植物门
　　1. 植物体有茎、叶和真根···2
　　2. 植物体以孢子繁殖···蕨类植物门
　　2. 植物体以种子繁殖···3
　　3. 胚珠裸露，不为心皮包被···裸子植物门
　　3. 胚珠被心皮构成的子房包被···被子植物门

三、连续平行式检索表

将每个相对应项的两个分支各用两个不同的号码表示，后一个号码加括号来表示相对应的分支项。如特征符合时，就向下查；如不符合时，就查括号内标的项。如高等植物分门检索表（连续平行式）。

　　1.（2）植物体有茎、叶，无真根···苔藓植物门
　　2.（1）植物体有茎、叶和真根。
　　3.（4）植物体以孢子繁殖···蕨类植物门
　　4.（3）植物体以种子繁殖。
　　5.（6）胚珠裸露，不为心皮包被···裸子植物门
　　6.（5）胚珠被心皮构成的子房包被···被子植物门

第四节　现代植物分类学

　　经典的分类学是应用形态学的方法对植物进行分类的传统方法，此方法主要根据植物的外部形态特征尤其是繁殖器官的形态特征进行分类，随着科学技术进步及各学科相互渗透和新技术的应用，植物分类学得到了迅速发展，出现了许多新的研究方法和新的边缘学科，从形态分类学到实验分类学、细胞分类学、数值分类学、化学分类学、分子系统学等。以上这些边缘学科的发展使植物分类学不再仅是一门描述性学科，而是向着客观的实验科学发展，研究领域也已将宏观与微观，外部形态、内部构造和内在物质相结合。现代植物分类学已变成一门高度综合的学科——系统植物学（systematic botany）。同时，它又始终是从事植物学、中药及天然药物研究工作者必须重视的一门基础学科。

一、细胞分类学

　　细胞分类学（cytotaxonomy）是利用细胞染色体资料来探讨植物分类学问题的学科。染色体是遗传信息的携带者，在进化研究上具有相当的重要性，染色体数目的比较研究对植物的亲缘关系的判断及类群的划分具有参考意义。如芍药属（*Paeonia*）一直以来都将它放在毛茛科中，但这个属又具有很多独特特征，如具花盘，心皮大而肉质，柱头厚而镰状，二唇状，雄蕊离心发育，种子有假种皮等。根据这些特征将芍药属从毛茛科分出独立成芍药科。细胞学研究资料表明芍药属染色体大，基数 X=5，明显区别于毛茛科的大多数，为芍药科提供了细胞学证据。现在芍药科已得到普遍承认，一些新系统还建立了芍药目（Paeoniales），并认为和五桠果目（Dilleniales）接近。

二、数值分类学

　　数值分类学（numerical taxonomy）也称数量分类学，是应用数学方法、统计学原理和电子计算机来整理数据、研究解决植物中的分类问题。数值分类学旨在确定分类群间的表征关系。表征关系就是基于被研究对象的一组表型性状的相似性。通过选取操作单元（种群、种、属等），也称运算分类单位（operational taxonomic unit，OTU），并选取 OTU 的性状，对观察记录的性状信息进行编码、标准化后，用各种统计公式计算操作单元之间的相似性（和／或距离）。并对相似性信息进行比较，构建图表

或模型,以更好地理解分类群间的相互关系。

数值分类学使分类过程标准化,借助于数学方法和计算机处理,提高了工作效率,增强了研究的客观性。并且可以综合各方面的信息,如形态学、生理学、植物化学、胚胎学、解剖学、孢粉学、染色体学、微形态学等不同方面的特征,通过数值化和标准化,综合在一起比较。数值分类学的主要方法包括主成分分析、聚类分析、分支分类学等,具体运算方法大都可通过软件实现。数量分类方法解决分类问题的一个代表性的工作是 Young 和 Watson(1970)的研究,他们应用了 83 个性状,分析了 543 个典型属,以此为基础,将双子叶植物分为厚珠心类和薄珠心类。

三、化学分类学

化学分类学(chemotaxonomy)是利用植物体的化学成分及其合成途径的信息特征,结合经典植物分类学理论,来研究植物类群之间的关系和植物界演化规律的学科。其主要任务是探索各分类等级所含化学成分(初生和次生)的特征和合成途径,探索和研究各化学成分在植物系统中的分布规律,分析他们在分类学和系统学上的意义,在经典分类学的基础上,根据化学成分的特征,探讨物种形成、种下变异、亲缘关系和植物界的系统演化,有助于解决从种下等级到目级水平的分类问题。

植物化学成分包括大分子和小分子。尤其是信息载体大分子 DNA、RNA 和蛋白质的研究推动了分子系统学的产生和发展。狭义的化学分类学方法其对象主要是植物次生代谢产物,如生物碱、皂苷、香豆素、黄酮和萜烯类等小分子化合物。有些种类在植物类群中呈局限性分布,在研究植物分类和系统演化方面,成为有价值的分类性状。如毛茛科植物中最具有特征性的成分是毛茛苷(ranunculin),它易酶解成原白头翁素(protoanemonin),并进一步聚合成白头翁素(anemonin),这些成分尚没有在毛茛科以外的植物发现。芍药属特有的芍药苷(paeoniflorin)在该属普遍存在,加上其他明显不同于毛茛科的特征,在一些系统中已成立芍药科。

化学分类方法不仅能为经典分类学提供化学方面的佐证,以弥补植物形态分类的不足,揭示植物系统发育在分子水平上所反映出来的规律。而且在发掘药用植物新资源及生源等方面,均有重要的理论意义和应用价值。随着现代科学技术的发展,基于化学信息的色谱、光谱、免疫学等技术已经应用于植物化学分类研究中。

四、分子系统学

分子系统学(molecular systematics)利用生物大分子数据,借助统计学方法进行生物体间以及基因间进化关系的系统研究的学科。主要研究对象是蛋白质和基因组,目前常用的方法有 DNA 分子标记法和蛋白质标记技术等。

分子系统学通过检测生物大分子包含的遗传信息,定量描述、分析这些信息在分类、系统发育和进化上的意义,从而在分子水平上解释生物的多样性、系统发育及进化规律的一门学科。它以分子生物学、系统发育学、遗传学、分类学和进化论为理论基础,以分子生物学、生物化学和仪器分析技术的最新发展为研究手段,使得系统发育和进化的研究进入到在分子水平上对演化机制的本质进行探讨的阶段。

(一) 同工酶分析方法

同工酶是指具有相同的催化功能而结构及理化性质不同的一类酶,其结构差异是由基因表达的差异所造成的,同工酶的差异直接反映植物本身遗传基础的差异。因此,同工酶可以用于植物种下、种间的分类学研究。提取植物体内的酶后,在一定介质(淀粉凝胶或聚丙烯酰胺凝胶)下进行电泳,再经酶的特异性染色产生一个酶谱。在一定条件下某些同工酶谱代表了它们的遗传特征,成为有价值的分类学证据,尤其是在研究自然居群遗传变异以及进化上是有效的手段。如对柑橘属(*Citrus*)及其 5 个近缘属的过氧化物酶等 8 种同工酶的分析研究,比较了属间、种间的酶谱差异,结果表明,6 个属之间的同工酶谱差异明显,各属都有独特的谱带,支持了 6 个属的分类处理,并提出将柑橘属分为

3 个亚属的观点。

（二）血清学与蛋白质分析法

抗原或抗体用放射性分子或酶标记,则发展为放射免疫测定(RIA)及酶联免疫吸附测定(ELISA),可以进行痕量测定。Jensen 等对被子植物 92 科 206 种植物进行的血清学研究表明,木兰亚纲、金缕梅亚纲及山茱萸超目之间有相近的亲缘关系,木兰亚纲和金缕梅亚纲不可能独立起源。Jensen 还发现桦木科及壳斗科血清学不同,这与以往将它们放在同一目中的观点不一致。

除了血清学方法外,还有直接用蛋白质做电泳分析来比较植物种类之间蛋白质异同的蛋白质分析法,即根据分子大小和分子电荷大小的不同,蛋白质有不同的移动距离,从而形成一幅蛋白质的区带谱。

（三）DNA 分子标记法

DNA 分子标记是 DNA 水平上遗传多态性的直接反映,是研究 DNA 分子由于缺失、插入、易位、倒位或由于存在长短与排列不一的重复序列等机制而产生的多态性的技术。DNA 分子标记法(亦称 DNA 指纹图谱法),即通过分析遗传物质的多态性来揭示生物内在基因排列规律及其外在性状表现规律的方法。随着分子标记的新技术不断涌现,目前在中药分子鉴定或植物分子系统学中已经开展研究的 DNA 分子标记技术主要有以下几种。

1. 限制性片段长度多态性(restriction fragment length polymorphism,RFLP)标记技术 RFLP 标记技术是发展最早的 DNA 标记技术,是一项利用放射性同位素(通常用 ^{32}P)或非放射性物质(如地高辛等)标记探针,与转移于支持膜上的总基因组 DNA(经限制性内切酶消化)杂交,通过显示限制性酶切片段的大小检测不同遗传位点等位变异(多态性)的一种技术。RFLP 属于第一代的分子标记。RFLP 标记技术的研究方法可归纳为标准 RFLP 标记技术和 PCR-RFLP 标记技术。RFLP 标记技术的应用主要体现在品种及种质资源的鉴定、药用植物的亲缘和系统发育与演化。

2. 随机扩增多态性 DNA(random amplified polymorphism DNA,RAPD)标记技术 随机引物 PCR 扩增是用随机设计的引物在较低的退火温度下,退火到基因 DNA 模板上,扩增出引物间的片段,从而产生一系列长度不同的产物。通过引物在不同模板上结合位点的不同,从而产生不同的条带,达到鉴定的目的。根据引物长度的不同,随机引物 PCR 扩增可以分为随机扩增多态性 DNA(RAPD)、随机引物 PCR(arbitrarily primed PCR,AP-PCR)以及 DNA 扩增指纹(DNA amplification fingerprinting,DAF)。RAPD 标记技术出现最早且更为常用,其引物的长度常为 10 个核苷酸,所有的 PCR 循环都是在不严格条件下进行的。RAPD 标记技术可以进行广泛的遗传多态性分析,可以在对物种没有任何分子生物学研究背景的情况下进行,适用于近缘属、种间以及种下等级的分类学研究。

3. 扩增的片段长度多态性(amplified fragment length polymorphism,AFLP)标记技术 AFLP 标记技术建立在 PCR 和 RFLP 标记技术基础上,利用 PCR 技术选择性扩增基因组 DNA 的限制性酶切片段,并通过聚丙烯酰胺凝胶电泳检测扩增产物。AFLP 标记技术适用于种间、居群、品种的分类学研究。

4. 简单重复序列多态性(simple sequence repeat polymorphism,SSRP)多态性标记 又称微卫星(microsatellite),是由 2~6 个核苷酸为基本单元组成的串联重复序列,不同物种其重复序列及重复单位数都不同,形成 SSR 的多态性。SSR 标记的基本原理是:每个 SSR 两侧通常是相对保守的单拷贝序列,可根据两侧序列设计一对特异引物扩增 SSR 序列,由于不同物种其重复序列及重复单位数都不同,扩增产物经聚丙烯酰胺凝胶电泳检测,即可显示 SSR 位点在不同个体间的多态性。SSR 适用于植物居群水平的研究。在此基础上又发展了简单重复序列区间标记技术(inter-simple sequence repeat,ISSR),其引物设计比 SSR 简单,不需要知道 SSR 两端的碱基序列,因而多态性高,重复性好,能够提供更多的基因组信息。

5. 序列特异性扩增区(sequence characterized amplified region,SCAR)标记技术 SCAR 标记技术是 1993 年在 RAPD 标记技术的基础上发展而来的。通过将 RAPD 多态性目标片段进行回收克隆并对末端测序,根据碱基序列设计一对特异引物,对基因组 DNA 进行 PCR 扩增。SCAR 标记表现为扩增片段的有无或长度的多态性。SCAR 标记技术方便、快捷、可靠,可以快速检测大量个体,稳定性好,重现性高。

此外还有相关序列扩增多态性(sequence-related amplified polymorphism,SRAP)标记,基于 DNA 序列分析的单核苷酸多态性(single nucleotide polymorphism,SNP)标记等技术。

(四) DNA 序列测定法

DNA 序列测定法是通过 DNA 克隆、聚合酶链式反应(PCR)扩增或将 RNA 反转录成 cDNA 等方法得到目的 DNA 片段,然后用化学方法或酶法测定 DNA 片段中各种核苷酸的精确次序(一级结构),并用于比较同源相关性。由于 DNA 序列能够最直接的反映遗传特征,且信息最全、最多,重现性好,既可用于亲缘关系很近的类群如种内与种间的研究,亦可用于亲缘关系较远甚至很远如低等植物与高等植物之间的研究,是分子系统学研究的重要手段。其主要局限是技术要求和成本高,对样品也有较高要求。随着 DNA 片段扩增和测序的日益简化,较新的测序方法如杂交法、质谱法和流动式单分子荧光检测法等亦已应用,DNA 测序法的应用范围将会越来越广。

目前常用于 DNA 测序的基因主要有叶绿体基因组的 *rbc* L(编码 1,5- 二磷酸核酮糖羧化酶大亚基)、*mat* K(一种叶绿体基因组蛋白编码基因)、核基因组的 rRNA 基因(编码核糖体 DNA)、18S-26S 核糖体 DNA(nrDNA)的内转录间隔区(ITS1,ITS2)等。

(五) DNA 条形码技术

DNA 条形码技术由加拿大分类学家 Hebert 于 2003 年首次提出。DNA 条形码是指利用基因组中一段公认标准的、相对较短的 DNA 片段,作为物种标记而建立的一种新的方法。该方法通过筛选确定通用条形码,建立条形码数据库和鉴定平台,通过生物信息学分析方法分析对比 DNA 数据,进而对物种进行鉴定。目前已成为物种鉴定和分类的热点。如将 IST2 作为药用植物标准 DNA 条形码,*psbA-trnH* 作为 IST2 的补充序列的植物类药材 DNA 条形码鉴定体系。以 *COI* 序列为核心、IST2 为辅助序列则可建立动物类药材的 DNA 条形码鉴定体系。利用该技术鉴别已知物种、发现新种及其演化关系,对植物保护生物学和生物多样性研究具有重大意义。

内容小结

植物分类学是一门对植物进行准确描述、命名、分群归类,并探索各类群之间亲缘关系远近和趋向的一门科学。植物分类的等级由大到小为:界、门、纲、目、科、属、种,种是最基本的分类单元。在二界系统中,植物界分为 16 个门。目前被子植物的主要分类系统有:恩格勒系统、哈钦松系统、塔赫他间系统和克朗奎斯特系统。植物命名必须遵守《国际植物命名法规》[2017 年更名为《国际藻类、菌物和植物命名法规》(深圳法规)]和《国际栽培植物命名法规》。植物种的学名采用双名法。常见的植物分类检索表有定距式、平行式和连续平行式。现代植物分类学从形态分类学到实验分类学、细胞分类学、数值分类学、化学分类学、分子系统学发展迅速。

(孙立彦　王旭红)

第四章
目标测试

第五章

藻类植物 Algae

学习要求

掌握:藻类植物的主要特征和分门依据。
熟悉:藻类植物常见药用植物。
了解:藻类植物繁殖方式、分布和应用。

第五章
教学课件

第一节 藻类植物概述

藻类植物是一群古老的自养植物,与菌类植物、地衣植物同属于低等植物或无胚植物。

一、藻类植物的特征

藻类植物(Algae)是植物界中一类最原始的低等植物。其植物体构造简单,没有真正的根、茎、叶分化,被称为原植体(thallus),与具有根茎叶分化的茎叶体相对应。藻类植物体有的是单细胞体,如小球藻、衣藻等;有的呈多细胞丝状,如水绵、刚毛藻等;有的呈多细胞叶状,如海带、昆布等;有的呈多细胞树枝状,如海蒿子、石花菜、马尾藻等。藻体形状和类型多样,大小差异很大,小的只有几微米,必须在显微镜下才能看到,大的可达数十米,如巨藻。藻类植物通常含有能进行光合作用的叶绿素等光合作用色素和其他色素,能独立生活,因此藻类植物被称为自养原植体植物(autotrophic thallophyte)。不同藻类体内所含的光合作用色素种类和比例不同,呈现出不同的颜色。色素通常分布于载色体(chromatophore,如含叶绿素 a 和 b,则称为叶绿体,不含叶绿素 b 者一般称为载色体)上,载色体有盘状、杯状、网状、星状、带状等形状。

二、藻类植物的繁殖方式

藻类植物的繁殖方式有营养繁殖、无性生殖和有性生殖三种。营养繁殖是指藻体的一部分由母体分离出去而长成一个新的藻体,如从多细胞藻体上脱落下来的营养体可发育成一个新个体。通过产生孢子囊、孢子,由孢子发育成新个体的属于无性生殖。通过产生配子囊、配子,雌雄配子结合形成合子,由合子直接萌发形成新个体的属于有性生殖。由于藻类植物的合子不发育成多细胞的胚,故称为无胚植物。孢子或合子发育成一个新植物体,这个新植物体再产生生殖细胞,形成一个有规律的循环即生活史。孢子体是无性世代的植物体,配子体是有性世代的植物体,在生活史中有性世代和无性世代交替出现的现象称为世代交替。

三、藻类植物的生境与分布

已知现存的藻类植物大约有 3 万种,广布世界各地。我国已知的药用藻类植物约有 115 种。多数生长在淡水或海水中,但在潮湿的土壤、岩石、树皮上,也有它们的分布。某些藻类适应力极强,能在营养贫乏,光照微弱的环境中生长。在地震、火山爆发、洪水泛滥后新形成的新基质上,常首先见到它们的踪迹,因此被称为先锋植物。有些海藻可在 100m 深的海底生活,有的在南北极的冰雪中以及

85℃的温泉中也能生长。有的藻类能与真菌共生形成共生复合体(如地衣)。

四、藻类植物的用途与经济价值

藻类植物是一类重要的资源植物。许多蓝藻是鱼的饵料,但大量繁殖又能使水中氧气耗竭而使水生动物窒息死亡;有的种类有固氮作用,如念珠藻属(*Nostoc*),可作生物肥料。绿藻对水体自净方面起很大作用,在宇宙航行中可利用它们释放氧气。褐藻中含有大量的碘,是提取碘的工业原料。从海带中提取的甘露醇可作为组织脱水剂,用于治疗脑水肿,其衍生物甘露醇烟酸酯可降血脂,扩张血管,临床上用于治疗高血脂、高血压、冠心病、脑血栓等疾病。

从藻类植物提取的胶类物质,如从石花菜属(*Gelidium*)、江篱属(*Gracilaria*)等红藻门植物中可提制琼脂(agar),从角叉菜属(*Chondrus*)、麒麟菜属(*Eucheuma*)等红藻门植物可提制卡拉胶(carrageenan),从巨藻、海带等褐藻植物中可提取褐藻酸(alginate)等,在低浓度即可形成凝胶,可用于食品的加工(如啤酒澄清、冰淇淋增稠、果冻凝固等),以及化妆品、皮革、造纸和纺织品的生产。卡拉胶还能抑制病毒的附着、进入细胞以及复制,褐藻酸经化学修饰而制成的藻酸双酯钠具有抗凝血、降低血黏度和降血脂等活性。

随着科学研究的不断深入,海洋藻类将是人类开发海洋,向海洋索取食品、药品、精细化工产品和其他工业原料的重要资源。

第二节   藻类植物的分类及常见药用植物

根据藻类植物体形态,细胞结构,细胞壁成分,所含色素种类,贮存物质类别,鞭毛的有无、数目、着生位置和类型,以及生殖方式和生活史类型等,可将藻类植物分为蓝藻门、裸藻门、绿藻门、轮藻门、金藻门、甲藻门、红藻门和褐藻门。现将药用价值较大的门及其主要药用种类简介如下。

一、蓝藻门 Cyanophyta

蓝藻门是一类最简单而最原始的自养植物类群。植物体为单细胞、多细胞的丝状体或多细胞非丝状体,其细胞壁内的原生质体不分化成细胞质和细胞核,而分化为周质(periplasm)和中央质(centroplasm),没有真正的细胞核,属于原核生物(procaryote)。周质中没有载色体,但有光合层片(photosynthetic lamella),含叶绿素 a(chlorophyll a)、藻蓝素(phycocyanin),使藻体呈蓝绿色,故又名蓝绿藻(blue-green algae),但也有些种类的细胞壁外层的胶质鞘中含红、紫、棕等非光合色素,使藻体呈显不同颜色。蓝藻细胞壁的主要成分是黏肽(peptidoglycan)、果胶酸和黏多糖。蓝藻贮藏的营养物质主要是蓝藻淀粉、蛋白质等。有些丝状蓝藻可形成异形胞(heterocyst),其中缺乏光合系统,富含固氮酶,细胞壁增厚可隔绝氧气,有利于其固氮作用。

繁殖方式主要是营养繁殖,包括细胞的无丝分裂、藻丝断裂而形成藻殖段(hormogon,可发育成一个新个体)等多种形式,极少数种类能产生孢子,进行无性生殖。

蓝藻约有 150 属,1 500 种以上,多数种类生于淡水中,但在海水、土壤表层、岩石、树皮或温泉中也有生存。有的可与其他植物共生,如鱼腥藻(*anabaena* spp.)具有固氮和吸收重金属的作用,与水生蕨类植物满江红(*Azolla* spp.)共生,可用于生产绿肥和饲料,或用于污水治理;某些种类可与真菌共生形成地衣。

【重要药用植物】

葛仙米 *Nostoc commune* Vauch.   念珠藻科念珠藻属。藻体细胞圆球形,连成弯曲不分支的念珠状丝状体,外被胶质鞘,许多丝状体再集合成群,被总胶质鞘所包围。总胶质群体呈球状,状似木耳,蓝绿色或橄榄绿色。多生于湿地或雨后的草地中。藻体(地木耳)能清热收敛,益气明目,也可供食用（图 5-1）。同属植物**发菜** *Nostoc flagelliforme* Born. et Flah.，因干燥植物体呈黑色丝状而得名，多生于干旱草地。可补血，利尿降压，化痰止咳，也可食用。

螺旋藻 *Spirulina platensis*（Nordst.）Geitl. 颤藻科螺旋藻属。藻体丝状，螺旋状弯曲，单生或集群聚生。原产北非，淡水和海水均可生长，我国现有人工养殖。藻体富含蛋白质、维生素等多种营养物质，制成保健食品，能防治营养不良症，增强免疫力。

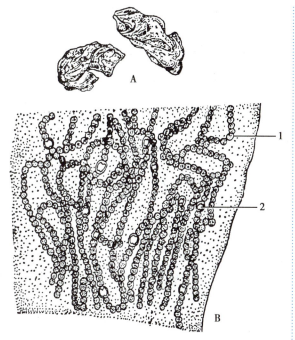

A. 植物群体外形　B. 群体一部分放大　1. 藻体细胞　2. 异形细胞

图 5-1　葛仙米

二、绿藻门 Chlorophyta

绿藻门植物有单细胞体、球状群体、多细胞丝状体和片状体等类型，部分单细胞和群体类型能借鞭毛游动。细胞内有细胞核和叶绿体，叶绿体中含有叶绿素 a、叶绿素 b、类胡萝卜素和叶黄素等光合色素。绿藻细胞壁分两层，内层主要成分为纤维素，外层主要是果胶质，常黏液化。绿藻贮藏的营养物质主要有淀粉、蛋白质和油类。

繁殖方式有营养繁殖、无性生殖和有性生殖。单细胞种类是靠细胞分裂；多细胞的丝状体类型常通过断裂形成小段再发育成新个体；无性生殖产生的孢子，有的属于游动孢子，有的属于不动孢子（又称静孢子），孢子在适宜条件下萌发为新个体；有性生殖方式多样，如同配生殖（如衣藻）、异配生殖（如盘藻）和卵配生殖（如团藻），极少为接合生殖（如水绵）。

绿藻门是藻类植物中种类最多的一个类群，约有 350 属 6 000~8 000 种，多数分布于淡水中，江、河、湖泊、湿地，潮湿的墙壁、崖石、树干、花盆四周及冰雪上均可发现绿藻的存在，部分种类分布于海洋。也有营寄生的，能引起植物病害，有的与真菌共生形成地衣。

【重要药用植物】

蛋白核小球藻 *Chlorella pyrenoidosa* Chick　小球藻科小球藻属。为生于淡水中的单细胞绿藻，呈圆球形或椭圆形。细胞内有细胞核、一个杯状的载色体和一个蛋白核。只行孢子生殖。我国分布很广，有机质丰富的小河、池塘及潮湿的土壤上均有分布。藻体含丰富的蛋白质、维生素 C、维生素 B 和抗生素（小球藻素）。医疗上可用作营养剂，防治贫血、肝炎等（图 5-2A）。

石莼 *Ulva lactuca* L.　石莼科石莼属。为膜状绿藻，藻体淡黄色，高 10~40cm，膜状体基部有固着器。固着器是多年生的，每年春季长出新的藻体。石莼在我国各海湾均有分布，以南方较多。生于中、低潮带的岩石或石沼中。藻体（海白菜，海青菜）能软坚散结，清热利水，可供食用。同属的**孔石莼** *Ulva pertusa* Kjellman 与石莼分布和作用相近（图 5-2B）。

三、红藻门 Rhodophyta

红藻门植物体大多数是多细胞的丝状、枝状或叶状体，少数为单细胞。藻体一般较小，少数种类可达 1m 以上。载色体除含叶绿素 a、胡萝卜素和叶黄素外，还含藻红素和藻蓝素，少数种类还含有叶绿素 d。因藻红素含量较多，故藻体多呈红色。细胞壁分两层，外层为果胶质层，由红藻所特有的果胶类成分（如琼胶、海藻胶等）组成；内层坚韧，由纤维素组成。贮藏营养物质为红藻淀粉（floridean

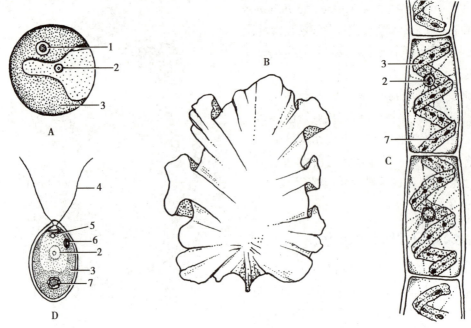

A. 小球藻　B. 石莼　C. 水绵　D. 衣藻
1. 淀粉核　2. 细胞核　3. 载色体　4. 鞭毛　5. 伸缩泡　6. 眼点　7. 蛋白核

图 5-2　常见绿藻的种类及构造

starch)或红藻糖(floridose),前者是一种肝糖类多糖,在细胞内呈颗粒状。

红藻生活史中不产生游动孢子,无性生殖以无鞭毛的不动孢子进行。红藻一般为雌雄异株,有性生殖的雄性生殖器官为精子囊,雌性生殖器官称为果孢,属于卵式生殖。

红藻门有约560属近4 000种。绝大多数分布于海洋中,且多数是固着生活,能在深水中生长,仅有少数种类生长在淡水中。

【重要药用植物】

琼枝 *Eucheuma gelatinae*(Esp.)J. Ag.　红翎菜科琼枝藻属。藻体平卧,表面紫红色或黄绿色,软骨质,具不规则叉状分枝,一面常有锥状突起(图 5-3A)。生于大干潮线(大潮时,海水退至的最低点)附近的碎珊瑚上或石缝中。产于我国南部沿海。全藻含琼胶、多糖及黏液质。琼胶(琼脂)有缓泻和降血脂作用,可作微生物培养基,也可食用。同属多种植物的功用相似。

石花菜 *Gelidium amansii*(Lamx.)Lamx.　石花菜科石花菜属。藻体淡紫红色,直立丛生,四至五次羽状分枝 (图 5-3B),同属的还有**大石花菜** *Gelidium pacificum* Okam.,分布于我国东部和东南部沿海。用途同琼枝。

甘紫菜 *Porphyra tenera* Kjellm.　红毛菜科紫菜属。藻体深紫红色,薄叶片状,广披针形,卵形或椭圆形(图 5-3C)。生于海湾中潮带岩石上,分布于渤海至东海,有大量栽培,主要供食用,能软坚散结,化痰利尿,并有降血脂作用。同属植物**坛紫菜** *Porphyra haitanensis* T. J. Chang et B. F. Zheng、**条斑紫菜** *Porphyra yezoensis* Ueda 的功用相似。

此外,**鹧鸪菜(美舌藻)** *Caloglossa leprieurii*(Mont.)J. Ag.(图 5-3D)、**海人草** *Digenea simplex*(Wulf.)C. Ag.(图 5-3E)等红藻能驱虫,化痰和消食。

四、褐藻门 Phaeophyta

褐藻门是藻类植物中形态构造分化程度最高的一个类群。植物体均是多细胞,体形大小差异很大,小的仅由几个细胞组成,大的如巨藻 *Macrocystis pyrifera*(L.)Ag. 可长达100m。藻体呈丝状、叶

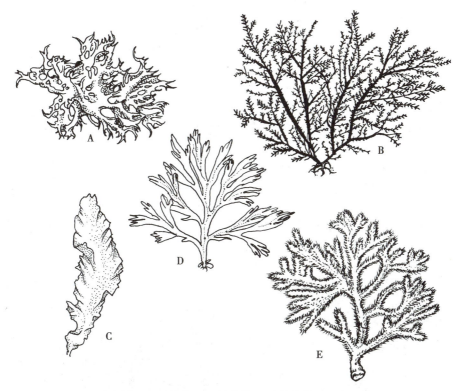

A. 琼枝　B. 石花菜　C. 甘紫菜　D. 鹧鸪菜　E. 海人草

图 5-3　常见药用红藻种类

状或枝状,分化程度高的种类还有类似根、茎、叶的固着器(holdfast)、柄和叶状带片(blade),内部有类似"表皮""皮层"和"髓"的分化。细胞壁分两层,内层坚固,由纤维素构成;外层由褐藻所特有的果胶类化合物褐藻胶构成,能使藻体保持润滑,可减少海水流动造成的摩擦。载色体中含有叶绿素 a、叶绿素 c、β- 胡萝卜素和多种叶黄素。由于胡萝卜素和叶黄素(主要是墨角藻黄素)的含量较高,掩盖了叶绿素的颜色,常使藻体呈绿褐色至深褐色。所含贮藏营养物质主要是褐藻淀粉、甘露醇和少量还原酶与油类。

褐藻营养繁殖可以藻体断裂方式进行。无性生殖产生游动孢子或不动孢子。有性生殖在配子体上形成一个多室的配子囊,配子结合有同配、异配和卵式生殖 3 种方式。在褐藻的生活史中,多数种类具有世代交替,且在异形世代交替的种类中,多数是孢子体大,配子体小,如海带。

褐藻门约有 250 属 1 500 种,绝大多数分布于温寒带海域,从潮间带一直分布到低潮线下约 30m 处,是构成海底"森林"的主要类群。

【重要药用植物】

海带 *Laminaria japonica* Aresch　海带科海带属多年生大型褐藻,长可达 6m。藻体包括根状固着器、柄和叶状带片三部分。固着器具分枝,附着于岩石或其他牢固物上,柄部连接着带片,带片深橄榄绿色,干后呈黑褐色,革质。

海带的生活史有明显的世代交替。当海带(孢子体)成熟时,带片两面"表皮"上,有些细胞发育成为棒状的游动孢子囊,夹在隔丝中,在带片表面形成斑块状的孢子囊群区。孢子囊中产生许多游动孢子(单倍体),鞭毛侧生,不等长。游动孢子萌发成极小的丝状体——雌配子体和雄配子体;雄配子体细长多分枝,枝端产生精子囊,其中仅一个精子,精子有两条侧生不等长鞭毛;雌配子体仅由一至数个较大的细胞组成,在枝端形成卵囊,内含一个卵,与精子结合后形成受精卵,经数日后萌发为新的幼孢子体(图 5-4)。

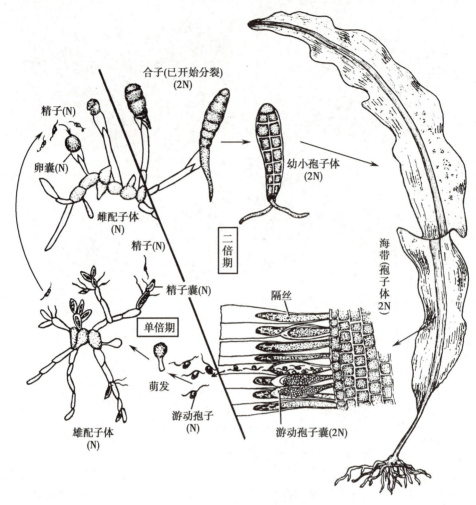

图 5-4   海带的生活史

我国辽东和山东半岛沿海有自然生长的海带,自北向南大部分沿海地区现均有养殖,产量居世界首位。除供食用外,海带作昆布入药,能消痰,软坚散结,利水消肿,常被用于防治缺碘性甲状腺肿大,又是提取碘和褐藻胶的重要原料。

昆布(鹅掌菜) Ecklonia kurome Okam.   翅藻科昆布属。藻体深褐色,革质,固着器分枝状,柄部圆柱形,上部叶状带片扁平,不规则羽状分裂,表面略有皱褶。分布于浙江、福建等较肥沃海区的低潮线至 7~8m 深处的岩礁上(图 5-5A)。该科常见的还有**裙带菜** Undaria pinnatifida(Harvey)Suringar(图

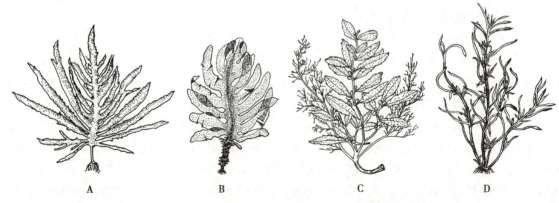

A.昆布   B.裙带菜   C.海蒿子   D.羊栖菜

图 5-5   四种药用褐藻

5-5B),二者均可食用和作为昆布入药。

海蒿子 *Sargassum pallidum*（Turn.）C. Ag.　马尾藻科马尾藻属。藻体深褐色,高 20~80cm。固着器盘状,主干分支呈树枝状,小枝上的叶状片形态变异很大。初生叶状片为披针形、倒披针形,不久即脱落,次生叶状片线形或再次羽状分裂成线形。生殖枝上生有气囊和囊状生殖托,托上着生圆柱状而细小的孢子囊,雌雄异株(图 5-5C)。分布于我国黄海、渤海沿岸。干燥藻体(大叶海藻)能消痰,软坚散结,利水消肿。同属植物**羊栖菜** *Sargassum fusiforme*（Harv.）Setch. 主"枝"圆柱形,叶状片突起多呈棍棒形(图 5-5D),全藻(小叶海藻)亦作海藻药用。羊栖菜多糖有增强免疫和抗癌作用。

内容小结

藻类植物是一类能独立生活的自养型低等植物。结构简单,没有根、茎、叶分化,多为单细胞、群体或多细胞叶状体,绝大多数生活在水中;载色体中含有光合色素,能进行光合作用;采用营养繁殖、无性和有性生殖。根据光合色素、光合产物、鞭毛特点以及细胞壁成分等将其分为 8 个门,常见药用植物主要在蓝藻门、绿藻门、红藻门及褐藻门,如葛仙米、石莼、甘紫菜、海带、海蒿子等。

（温学森）

第五章
目标测试

第六章

菌类植物 Fungi

第六章
教学课件

第一节　菌类植物概述

菌类植物(Fungi)是一群异养型的原植体植物,由于其细胞或其孢子具有细胞壁,故在两界生物分类系统中被列入植物界。菌类植物包括细菌门(Bacteriophyta)、黏菌门(Myxomycophyta)、真菌门(Eumycophyta)三个门。

细菌是微小的单细胞有机体,有明显的细胞壁,没有细胞核,与蓝藻相似,均属于原核生物。绝大多数细菌不含叶绿素,营寄生或腐生生活。

黏菌属于真核生物,其在生长期或营养期为无细胞壁多核的原生质团,称为变形体(plasmodium),但在繁殖期产生具纤维素细胞壁的孢子。大多数黏菌为腐生菌,如肉灵芝或称太岁,即是一种大型黏菌复合体。

真菌是一类典型的真核异养植物,有细胞壁、细胞核,但不含叶绿素,也没有质体。异养方式有寄生(从活的动物、植物吸取养分)、腐生(从动物、植物尸体或无生命的有机物质吸取养料),也有以寄生为主兼腐生的。

由于真菌的药用种类较多,以下主要介绍真菌门的特征、分类及其重要的药用菌类植物。

第二节　真菌门植物简介

1. 真菌的特征　真菌除少数种类是单细胞(如酵母)外,绝大多数真菌由纤细管状的多细胞菌丝(hypha)构成。组成一个菌体的全部菌丝称菌丝体(mycelium)。菌丝分无隔菌丝(non-septate hypha)和有隔菌丝(septate hypha)两种。无隔菌丝是一个长管形细胞,无隔膜,分枝或不分枝,大多数是多核的;有隔菌丝由许多隔膜把菌丝分隔成许多细胞,每个细胞内有 1~2 个核。真菌的细胞壁主要由纤维素和几丁质(chitin)组成。真菌细胞壁成分可随其生长年龄和环境条件不同而变化,使菌体呈现褐色、黑色、红色、黄色或黄白色等多种颜色。真菌贮存的营养物质主要有糖原、蛋白质、油脂以及微量的维生素,不含淀粉。

真菌的菌丝在通常情况下十分疏松,散布于基质中,但在繁殖期或环境条件不良时,菌丝相互紧密地交织在一起,形成各种形态的菌丝组织体。常见的菌丝组织体有:

(1) 根状菌索(rhizomorph):菌丝互相密结,呈绳索状,整体外形似根,如蜜环菌的菌索。

(2) 菌核(sclerotium):菌丝密结成颜色深、质地硬的核状物,大小不等,外层为拟薄壁组织,内部为疏丝组织,如茯苓的菌核。

（3）子实体（sporophore）：某些高等真菌在繁殖时期形成一定形态与结构的菌丝组织体，能产生孢子，如灵芝、蘑菇的子实体为伞形，马勃子实体为球形。

（4）子座（stroma）：子囊菌类在营养生长向繁殖阶段过渡时，由菌丝密结形成的容纳子实体的菌丝褥座，如冬虫夏草菌的子座呈棒状。子座形成后，即在其上面产生许多子囊壳（子实体），子囊壳中产生许多子囊（孢子囊），子囊中含有多条子囊孢子。

2. 真菌的繁殖方式　真菌的繁殖方式有营养繁殖、无性生殖和有性生殖三种。营养繁殖通过细胞分裂而产生子细胞。大部分真菌的营养菌丝以芽生孢子、厚壁孢子、节孢子等方式增殖。无性生殖以产生如游动孢子、孢囊孢子、分生孢子等各种类型的孢子来繁殖；有性生殖的方式复杂多样，低等真菌有同配生殖、异配生殖、接合生殖和卵式生殖。高等真菌可以形成卵囊和精囊，通过卵式生殖。子囊菌和担子菌分别形成子囊孢子和担孢子。

3. 真菌的分布与生境　真菌在自然界中的分布十分广泛，从大气到水中、陆地，甚至人体，几乎地球上所有的地方均有真菌的踪迹。有些真菌与藻类形成共生复合体（地衣），菌根则是真菌与高等植物的根形成的共生体。

4. 真菌的用途与经济价值　真菌与人类关系密切，不少真菌能分解枯枝、落叶和动物尸体，从而能增强土壤肥力和完成自然界的物质循环，维护生态平衡。酵母和曲霉菌大量用于食品工业和酿造工业。许多大型真菌可供食用，如蘑菇、香菇、猴头菌、木耳、羊肚菌等。

已知可供药用的真菌近300种，其中许多种类有增强免疫功能、抗癌、抗菌、抗消化道溃疡等作用。但也有一些真菌，如鹅膏菌属（*Amanita*）真菌，含有剧毒成分，如鹅膏毒肽、鬼笔毒肽、毒伞肽、毒蝇碱、异噁唑衍生物等，导致多种类型的毒性，如肝肾损伤、神经精神损伤、呼吸循环衰竭、溶血、光过敏性皮炎等。还有的真菌，如黄曲霉菌（*Aspergillus flavus*），能产生具致癌作用的黄曲霉毒素（aflatoxin）。另外，近年来发现植物内生真菌参与植物的次生代谢，如短叶红豆杉的内生真菌产生紫杉醇、桃儿七的内生真菌产生鬼臼毒素类似物等。

第三节　真菌门植物的分类及常见药用植物

真菌门是植物界很大的一个类群，通常认为有12万~15万种，也有人认为可达40万种。我国真菌约有4万种，已知名称的有近万种。

过去常将真菌门分为藻状菌纲、子囊菌纲、担子菌纲和半知菌纲4个纲。新的真菌分类系统将真菌门分为5个亚门，即鞭毛菌亚门（Mastigomycotina）、接合菌亚门（Zygomycotina）、子囊菌亚门（Ascomycotina）、担子菌亚门（Basidiomycotina）和半知菌亚门（Deuteromycotina）。

药用真菌大多属子囊菌亚门和担子菌亚门。

一、子囊菌亚门 Ascomycotina

子囊菌亚门为真菌门中种类最多的一个亚门，其最主要的特征是有性生殖过程中产生子囊（ascus）和子囊孢子（ascospore）。子囊是子囊菌有性生殖过程的孢子囊，由一个细胞发育而来，其细胞核首先进行一次减数分裂，然后再进行一次有丝分裂，一般产生8个子囊孢子。形成子囊的子实体称为子囊果（ascocarp）。除单细胞的酵母菌（Saccharomyces）外，绝大多数为具有多细胞的有横隔的菌丝体。子囊菌的无性生殖特别发达，可裂殖、芽殖或形成各种孢子，如分生孢子、节孢子、厚壁孢子等，故繁殖迅速。

【重要药用植物】

啤酒酵母菌 *Saccharomyces cerevisiae* Han.　酵母菌科酵母属。菌体为单细胞，卵形，细胞核较小。通常以出芽方式进行繁殖（芽殖，图6-1）。酵母菌种类多，不仅可用来酿酒，发面食，生产甘油、甘露醇、有机酸,还因酵母菌富含 B 族维生素、蛋白质、酶、多种氨基酸,在医药上常用作滋补剂和助消化剂,亦可用来提取核酸衍生物、辅酶 A、细胞色素 C 和多种氨基酸等。

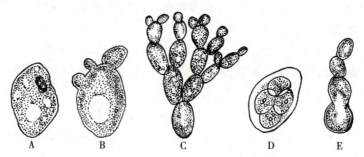

A. 单个细胞　B. 出芽　C. 芽生后成串　D. 子囊孢子的形成　E. 子囊孢子萌芽,产生新个体

图 6-1　啤酒酵母菌

麦角菌 *Claviceps purpurea* (Fr.) Tul.　麦角菌科麦角菌属。菌体常寄生于禾本科、莎草科、灯心草科、石竹科等植物的子房内。菌核成熟时伸出子房外,质坚而呈角状,因多生于麦类上,故称"麦角"。通过子囊孢子和分生孢子进行繁殖,孢子借助风力进行传播(图 6-2)。我国已发现有 5 种麦角菌及其寄主 79 种。主要分布在东北、西北、华北等地区。麦角菌也可进行人工发酵培养。麦角含十多种生物碱,主要活性成分为麦角新碱、麦角胺、麦角生碱、麦角毒碱等。麦角胺、麦角毒碱可治偏头痛。麦角制剂可用作子宫收缩及内脏器官出血的止血剂。

冬虫夏草菌 *Cordyceps sinensis* (Berk.) Sacc.　麦角菌科虫草属。是一种寄生于鳞翅类,蝙蝠蛾科

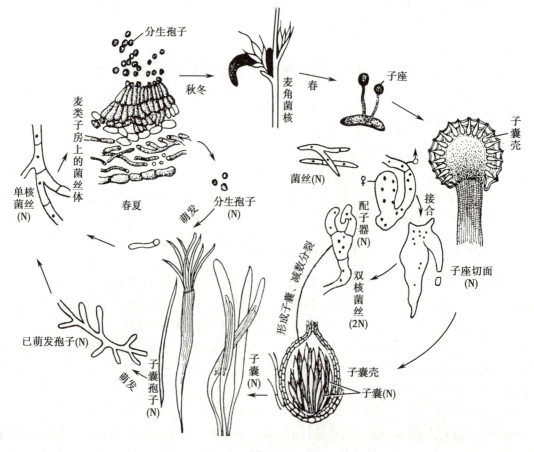

图 6-2　麦角菌的生活史

昆虫幼虫上的子囊菌。夏秋季节,本菌的子囊孢子从子囊中放射出来以后,即断裂成许多节段,然后产生芽管(或从分生孢子产生芽管),侵入寄主幼虫体内。染菌幼虫钻入土中越冬,冬虫夏草菌在虫体内生长,耗尽其营养而变成僵虫,此时虫体内的菌丝体已变成坚硬菌核,翌年春末夏初自虫体头部长出笔形的子座,并伸出土层外。子座上部膨大,在表层埋有一层子囊壳,壳内生出许多长形的子囊,每个子囊具 2~8 个细长而有许多横隔的子囊孢子。子囊孢子从子囊壳孔口散出后又继续侵染新的蝙蝠蛾幼虫。带子座的僵虫即为名贵药材冬虫夏草(图 6-3,彩图 1)。

冬虫夏草能补肾益肺、止血化痰。含虫草酸和丰富的蛋白质。主要分布于我国甘肃、青海、四川、云南、西藏等地,多生长在海拔 3 000m 以上的高山山坡树下、烂叶层和草丛中。现已能人工培养,或通过深层发酵工艺大量繁殖其菌丝体。**蛹草(北虫草)**Cordyceps militaris (L.) Link. 的子实体及虫体也可作虫草入药。类似的还有**蝉花**,即蝉的若虫被**蝉棒束孢菌** Isaria cicadae Miquel 或**大蝉草** Cordyceps cicadae Shing 感染所致,能疏散风热,透疹,息风止痉,明目退翳。

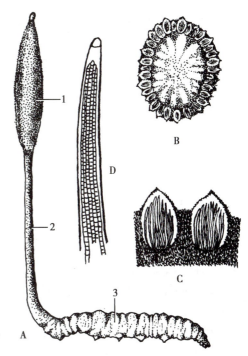

A. 冬虫夏草菌体全形:1. 子座上部(子实体)
2. 子座柄　3. 已死的幼虫(内部为菌核)
B. 子座横切面　C. 子囊壳(子实体)放大
D. 子囊及子囊孢子

图 6-3　冬虫夏草

二、担子菌亚门 Basidiomycotina

担子菌最主要的特征是其双核菌丝(dikaryon)和有性生殖过程中形成担子(basidium)和担孢子(basidiospore)。担子是担子菌有性生殖过程的孢子囊,其孢子称为担孢子。与子囊孢子生于子囊内不同,担孢子不是生于担子内部而是突出于担子外部,即孢子外生。担孢子萌发形成单核菌丝,后经单核菌丝的质配结合(细胞质结合而核不结合)形成双核菌丝,双核菌丝是担子菌生活史中的主要菌丝,其通过特殊的细胞分裂方式——锁状联合(clamp connections)进行生长,形成具横隔且分枝的菌丝体。担子菌繁殖时形成子实体,其中担子内的两个细胞核融合形成二倍体的单核,然后再进行减数分裂形成四个单倍体核,其顶端或侧面生出 4 个小梗,每个小梗中移入 1 个单倍体核,形成 4 个担孢子。

担子菌的子实体称为担子果(basidiocarp),其形状随种类不同而异,有伞状、分枝状、片状、猴头状、球状等。其中最常见的一类是伞菌类,如蘑菇、香菇即属此类。伞菌的担子果上部呈帽状或伞状的部分称菌盖(pileus),菌盖下部的柄称菌柄(stipe)。菌盖下面有片状的菌褶(gills,lamella),自中央向边缘呈辐射状排列。菌褶上有棒状担子,顶端有 4 个小梗各生 1 个担孢子;夹在担子之间的一些不长孢子的菌丝称为侧丝。担子和侧丝构成子实层(hymenium)。有些伞菌在菌褶之间还有少数横列的大型细胞叫隔孢(囊状体),隔孢长大后能将菌褶撑开有利于散布担孢子。某些伞菌在子实体幼嫩时,外面有一层膜包被,这层膜称外菌幕(universal veil),后来因菌柄伸长而破裂,残留在菌柄基部的部分称菌托(volva)。还有些种有内菌幕(partial veil),是幼嫩子实体菌盖边缘与菌柄相连的一层遮住菌褶的薄膜。当菌盖张开时,内菌幕破裂残留在菌柄上,称菌环(annulus)。菌托、菌环是伞菌分类的重要依据之一(图 6-4)。

【重要药用植物】

银耳(白木耳) Tremella fuciformis Berk.　银耳科银耳属。腐生菌,子实体乳白色或带淡黄色,半

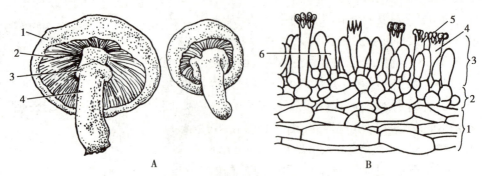

A. 伞菌(蘑菇):1. 菌盖 2. 菌褶 3. 菌环 4. 菌柄 B. 菌褶纵切面:1. 菌髓 2. 子实层基
3. 子实层 4. 担子柄 5. 担孢子 6. 侧丝细胞

图 6-4 伞菌的外形和菌褶的构造

透明,由许多薄而皱褶的菌片组成,呈菊花状。野生银耳主要产于长江以南山区,多生长在阴湿山区
栎属(*Quercus*)或其他阔叶树的腐木上。现商品药材主要为人工栽培品。银耳是一种滋补性食用菌,
能补肾强精,滋阴养胃,润肺止咳。

猴头菌(猴菇菌)*Hericium erinaceus*(Bull.)Pers. 齿菌科猴头菌属。
子实体鲜白色,肉质,中部和下表面密集下垂的圆柱状菌针(子实层托),
整体形似猴头而得名(图6-5)。子实层生于菌针的表面。担孢子近球形,
无色,光滑。主要产于东北、华北至西南等地区,多腐生于栎树、核桃楸等
阔叶乔木受伤处或腐木上。现有大规模人工栽培。猴头菌为著名滋补品,
能利五脏,助消化,用于神经衰弱、胃炎、胃溃疡和癌症的辅助治疗。

灵芝(赤芝)*Ganoderma lucidum*(Curtis)P. Karst. 多孔菌科灵芝属。
腐生菌,子实体木栓质,菌盖半圆形或肾形,幼嫩时淡黄色,渐变为红褐
色,有光泽,具环纹和辐射状皱纹,菌盖下面密布细孔(菌管孔),内生担子
及担孢子;菌柄侧生,紫褐色,有漆样光泽。担孢子褐色,卵形,顶端平截。

图 6-5 猴头菌(猴菇菌)

全国大部分地区有分布,多生于栎树及其他阔叶树的腐木上。商品药材
主要为人工栽培品。子实体含多糖、麦角甾醇、三萜类成分等,能补气安神,止咳平喘。灵芝孢子粉亦
可药用(商品多为破壁孢子粉)。同属植物**紫芝** *Ganoderma sinense* Zhao,Xu et Zhang(彩图2)的菌盖
和菌柄呈黑色。主要产于长江以南地区。

猪苓 *Polyporus umbellatus*(Pers.)Fr. 多孔菌科树花属。菌核呈不规则瘤块状或球状,表面棕黑
色至灰黑色,内面白色或淡黄色。子实体从菌核上长出,伸出地面,多数丛生,上部呈分枝状。菌盖肉
质,圆形,白色至浅褐色,表面有细小鳞片,中部凹陷,无菌环。担孢子卵圆形(图6-6)。主要产于陕西、

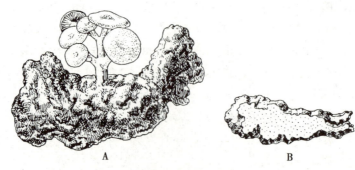

A. 菌核与子实体 B. 药材

图 6-6 猪苓

河南、山西、云南、河北等地，常寄生于桦、柳、椴及壳斗科树木的根际。菌核含多糖、麦角甾醇、生物素、粗蛋白等，能利尿渗湿。猪苓多糖有抗癌作用。

云芝 *Coriolus versicolor* (Fr.) Quel.　多孔菌科云芝属。子实体无柄，菌盖革质，半圆形至贝壳状，表面有同心环带呈云彩状（图6-7）。全国各地山区有分布。云芝多糖有增强人体免疫力及抗癌作用。

茯苓 *Poria cocos* (Schw.) Wolf.　多孔菌科茯苓属。菌核埋于土中，略近球形或长圆形，小者如拳，大的可达数十千克。表面粗糙，具皱纹或瘤状皱缩，灰黄色或黑褐色；内部白色或稍带粉红色。子实体无柄平伏，伞形，生于菌核表面成一薄层（图6-8）。全国大部分地区有分布，多寄生于松属（*Pinus*）植物根部，现多人工栽培。菌核含三萜类化合物和茯苓多糖（pachyman）、氨基酸等，能利水渗湿，健脾，宁心。提制的羧甲基茯苓多糖（钠）可用于治疗癌症、肝炎。

图6-7　云芝

图6-8　茯苓（菌核）外形

脱皮马勃 *Lasiosphaera fenzlii* Reich.　灰包科脱皮马勃属。腐生菌，子实体近球形或略扁，幼时白色，成熟时变为浅褐色至暗褐色，直径15~25cm，包被薄，成熟时呈碎片状剥落，柔软如棉球，轻触即有粉尘状的担孢子飞扬而出。担孢子褐色，球形，有小刺。全国大部分省区有分布，多生于山区腐殖质丰富的草地中。能清肺利咽、止血。**紫色马勃** *Calvatia lilacina* (Mont. et Berk.) Lloyd.、**大马勃** *Calvatia gigantea* (Batsch ex Pers.) Lloyd. 功用同马勃（图6-9）。

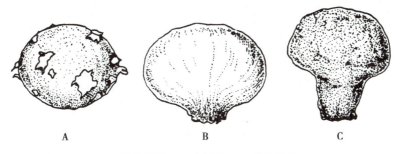

A　　　　　B　　　　　C

A. 脱皮马勃　B. 大马勃　C. 紫色马勃

图6-9　三种马勃

香菇 *Lentinula edodes* (Berk.) Sing.　伞菌科木菇属。食用菌，又名香蕈、冬菇。菌盖初期呈半球形，后变为平展形，褐色至深褐色，上表面具辐射状排列的小鳞片，或呈菊花状龟裂，露出白色菌肉。主要产于长江以南地区，现已大规模人工栽培。含丰富的蛋白质、脂肪和B族维生素，且有香味。香菇多糖有抗癌作用。

其他药用植物还有**雷丸** *Omphalia lapidescens* Schroet.（白蘑科脐蘑属），菌核能杀虫消积。**蜜环菌**

Armillariella mellea（Vahl）P. Kumm.（白蘑科蜜环菌属）能明目，利肺，益胃。蜜环菌还是天麻的共生菌，可用于人工培育天麻。**木耳（黑木耳）** *Auricularia auricula*（L. ex Hook.）Underw.（木耳科木耳属）（彩图3），食用菌，能补气益血，润肺止血。

内容小结

　　菌类植物是一类异养的低等植物，包括细菌、黏菌和真菌。真菌有细胞壁、细胞核，不含叶绿素，也没有质体。多数真菌由多细胞菌丝构成，繁殖或遇到不良环境常形成一定结构的菌丝组织体如子实体，子座、菌核等。常见的药用真菌有灵芝、云芝和马勃（子实体入药）、麦角、茯苓和猪苓（菌核入药）、冬虫夏草、蝉花等。

（温学森）

第六章
目标测试

第七章

地衣植物门 Lichens

学习要求

掌握：地衣植物的主要特征。
熟悉：常见药用地衣。
了解：地衣植物的分布特点。

第七章
教学课件

第一节　地衣植物概述

地衣是植物界一个特殊的类群，它们是由真菌和藻类植物结合的共生复合体。组成地衣的真菌绝大多数为子囊菌，少数为担子菌和半知菌；与其共生的藻类大多为绿藻，少数是蓝藻。地衣体中的菌丝缠绕藻类细胞，藻类光合作用为真菌提供有机养分，菌类则吸收水分和无机盐，为藻类生存提供保障。地衣体的形态几乎完全由真菌决定。

地衣的耐旱性和耐寒性很强。干旱时休眠，雨后即恢复生长。它们分布广泛，可以生长在岩石峭壁、荒漠、高山、树皮上，在南极、北极和高山冻土带，其他植物难以生存，但可见一望无际的地衣群落。地衣对空气污染比较敏感，在人口稠密，污染严重的地方，往往见不到地衣，因此，它们是可鉴别环境污染程度的指示植物。地衣对岩石的分化和土壤形成起一定的作用，为后续高等植物的分布创造条件，因此也是自然界的先锋植物之一。

地衣含有地衣淀粉、地衣酸（lichenic acid）及其他多种独特的化学成分，有的可以食用或作饲料，有的可供药用或作试剂、香精的原料。

第二节　地衣的分类及常见药用植物

已知全世界有地衣植物 500 余属 26 000 余种。已知可作药用的地衣植物约 56 种。根据地衣的外部形态，可将地衣分为三大类：壳状地衣、叶状地衣和枝状地衣。

1. **壳状地衣**（crustose lichens）　植物体为有一定颜色或花纹的壳状物，菌丝与基质（岩石、树干等）紧密相连，有的还生假根伸入基质中，很难剥离。壳状地衣约占全部地衣的 80%。如生于岩石上的茶渍衣属（*Lecanora*）和生于树皮上的文字衣属（*Graphis*）（图 7-1A）。

2. **叶状地衣**（foliose lichens）　植物体扁平或呈叶状，有背腹性，片状体下有根状菌丝或脐附着于基质上，易与基质剥离。如生于草地上的地卷属（*Peltigera*）和生于岩石或树皮上的梅衣属（*Parmelia*）（图 7-1B）。

3. **枝状地衣**（fruticose lichens）　植物体呈树枝状，直立或悬垂，仅基部附着在基质上。如直立于地上的石蕊属（*Cladonia*）、树花属（*Ramalina*），悬垂生于树枝上的松萝属（*Usnea*）（图 7-1C）。

不同类型地衣的内部构造也不完全相同。叶状地衣的横切面通常可分为上皮层、藻胞层、髓层和下皮层。上、下皮层均是由紧密交织的菌丝构成，故称为"假组织"（假皮层）。藻细胞生于上皮层之下，成层排列，其下为髓层。髓层位于下皮层之上，由疏松排列的菌丝组成，这种结构称为"异层地衣"（图

119

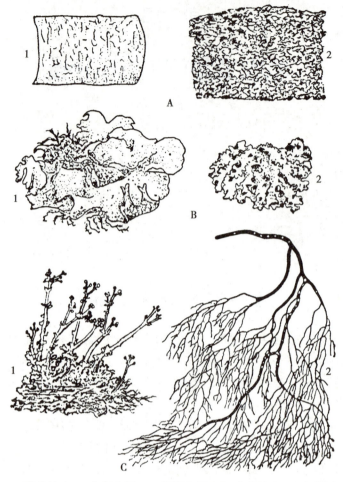

A.壳状地衣：1.文字衣属　2.茶渍衣属　B.叶状地衣：1.地卷属
2.梅衣属　C.枝状地衣：1.石蕊属　2.松萝属

图 7-1　地衣的形态

7-2）。根据藻细胞在地衣体中的分布情况，地衣通常分为异层地衣和同层地衣。在异层地衣中，藻胞层之下和下皮层之上有髓层；而在同层地衣中，藻细胞分散于髓层之间，无明显的藻胞层和髓层之分。典型的壳状地衣多缺乏皮层或只有上皮层。枝状地衣的内部构造呈辐射状，有致密的外皮层，薄的藻胞层及中轴型的髓（如松萝），或髓部中空（如鹿蕊）。

【重要药用植物】

环裂松萝（仙人头发）Usnea diffracta Vain.　松萝科松萝属。枝状地衣，分枝多而呈丝状，长 15～30cm，灰黄绿色。体表面有明显的环状裂沟，中央有韧性丝状轴，易与皮部剥离（图 7-3，彩图 4）。分布遍及全国，悬生于潮湿山林老树干或沟谷的岩壁上。含松萝酸、地衣酸及地衣多糖等。全草能祛风湿，通经络，清热解毒。同属

1.上皮层　2.藻胞层　3.髓层　4.下皮层
5.假根状突起

图 7-2　异层地衣的横切面构造（梅衣属）

植物**长松萝（老君须）**Usnea longissima Ach.，**松萝（花松萝）**Usnea florida（L.）Weber ex F. H. Wigg.，分布及功用同环裂松萝。

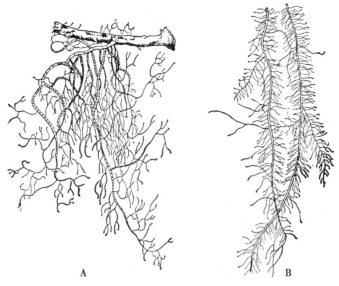

A. 环裂松萝　B. 长松萝

图 7-3　环裂松萝与长松萝

鹿蕊 *Cladina rangiferina* (L.) Nyl.　石蕊科石蕊属。枝状地衣,高 5~10cm,干燥者硬脆。生于干燥山地,分布于东北、西北、西南。全草入药,能祛风镇痛,凉血止血。

此外,**地茶(雪茶、太白茶)** *Thamnolia vermicularis* (Sw.) Ach. ex Schaer.、**美味石耳(石耳、脐衣)** *Umbilicaria esculenta* (Miyoshi) Minks、**金丝刷(金刷把、红雪茶)** *Lethariella cladonioides* (Nyl.) Krog、**网脊肺衣(老龙皮、石龙衣)** *Lobaria retigera* (Bory) Trev. 等也可入药。

> **内容小结**
>
> 　地衣是由真菌和藻类植物结合的共生复合体。藻类光合作用为真菌提供有机养分,菌类则吸收提供水分和无机盐。地衣体的形态几乎完全由真菌决定。根据地衣的外部形态,可将地衣分为三大类:壳状地衣、叶状地衣和枝状地衣。常见的药用植物有松萝、鹿蕊、地茶等。地衣是环境污染程度的指示植物,也是自然界的先锋植物之一。

(白云娥)

第七章
目标测试

第八章

苔藓植物门 Bryophyta

第八章
教学课件

学习要求

掌握:苔藓植物的主要特征。
熟悉:苔藓植物的分类及重要药用植物。
了解:苔藓植物的生活史。

第一节　苔藓植物概述

苔藓植物是绿色自养性的陆生植物,是高等植物中最原始的陆生类群。

1. 苔藓植物的特点　苔藓植物的植物体较小,常见的植物体有两类:叶状体和茎叶体。叶状体的分化程度较浅,保持叶状;茎叶体有假根和类似茎、叶的分化。

苔藓植物的假根是表皮突起的单细胞或一列细胞组成的丝状体。植物体内部构造简单,茎内组织分化水平不高,仅有皮部和中轴的分化,没有真正的维管束构造。叶多数由一层细胞组成,表面无角质层,内部有叶绿体,能进行光合作用,也能直接吸收水分和养料。

苔藓植物具有明显的世代交替。配子体发达,即平时所见的绿色植物体,在世代交替中占优势,能独立生活。孢子体则不能独立生活,必须寄生在配子体上,这是苔藓区别于其他陆生高等植物的显著特征之一。

2. 苔藓植物的生殖方式　苔藓植物的配子体在有性生殖时形成多细胞的生殖器官。雌性生殖器官为颈卵器(archegonium),呈长颈瓶状,腹部膨大,有一个大型的细胞,称卵细胞(egg cell)。雄性生殖器官为精子器(antheridium),一般呈棒状、卵状或球状,内具多数精子(图 8-1)。苔藓植物的受精必须借助于水。精子与卵子结合形成合子,合子不需经过休眠即开始分裂发育形成胚,因此苔藓植物被归为有胚植物或高等植物。胚在颈卵器内依靠配子体的营养,发育成孢子体。孢子体通常分为三部分,上端为孢蒴(capsule),其下有柄,称蒴柄(seta),蒴柄最下部为基足(foot),基足伸入配子体中吸收养料,供孢子体生长。孢蒴是孢子体最主要的部分,其内的孢原组织细胞经多次有丝分裂再经减数分裂,形成孢子,孢子散出后,在适宜环境中萌发成丝状或片状的原丝体(protonema),由原丝体发育生成新的配子体(植物体)。

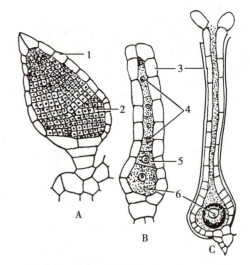

A. 精子器　B、C. 不同时期的颈卵器　1. 精子器壁　2. 产生精子的细胞　3. 颈卵器壁
4. 颈沟细胞　5. 腹沟细胞　6. 卵

图 8-1　钱苔属的精子器与颈卵器

在苔藓植物的生活史中,从孢子萌发到形成配子体,配子体产生雌、雄配子,这一阶段为有性世代,细胞核染色体数目为 n;从受精卵发育成胚,再由胚发育形成孢子体的阶段为无性世代,细胞核染色体数目均为 $2n$。有性世代(n)和无性世代($2n$)互相交替,形成了世代交替(图 8-2)。

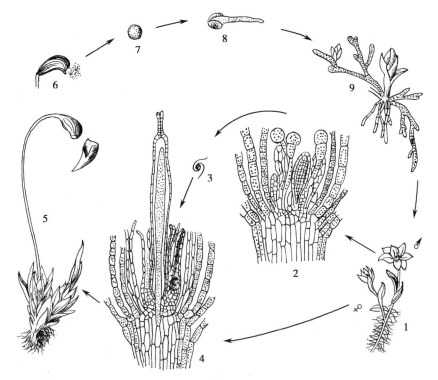

1. 配子体上的雌、雄生殖枝　2. 雄器苞的纵切面(精子器及隔丝)　3. 精子　4. 雌器苞的纵切面(颈卵器和正在发育的孢子体)　5. 仍着生于配子体上的成熟孢子体
6. 散发孢子　7. 孢子　8. 孢子萌发　9. 具芽及假根的原丝体

图 8-2　葫芦藓生活史

3. 苔藓植物的分布与生境　苔藓植物遍布世界各地,它是植物界由水生到陆生过渡的代表类型,虽然脱离了水生环境进入陆地生活,但大多数仍需生活在潮湿环境。多生活在阴湿的土壤、林中树皮、朽木上,尤以多云雾的山区林地内生长更为繁茂。苔藓植物可耐寒、耐贫瘠,能附生于裸岩、峭壁等其他植物尚不能生长的场所,也可分泌酸性物质,溶解岩面,是植物界拓荒的先锋之一。

知识拓展

指 示 植 物

　　苔藓植物和地衣植物具有独特的生理生态特征,对环境变化较其他植物更敏感,常作为生物监测的指示植物,用于大气污染和环境重金属污染的检测。如利用植物体内的某种元素或物质的积累量与环境污染物含量间的相关性,用于土壤及水源重金属污染检测;在 S 沉降严重的地方会出现"地衣荒漠"现象(指大气污染严重时,地衣几乎绝迹),提示大气 SO_2 污染情况。

4. 苔藓植物的用途与经济价值　苔藓植物具有很强的吸水和保湿特性,对防止水土流失、森林沼泽的发育演替具有重要意义。苔藓植物体构造简单,对 SO_2 等敏感,同时易于进行化学分析,因此常被用作大气污染的指示与监测植物。利用苔藓很强的吸水保水能力,在园艺上常用于包装运输新鲜苗木,或播种后覆盖避免水分过度蒸发。泥炭藓等形成的泥炭可作燃料及肥料。苔藓植物含有脂类、萜类和黄酮类等化合物,具有一定药用价值。

第二节　苔藓植物的分类及常见药用植物

苔藓植物约有 23 000 种,我国约有 2 800 种,已知药用的有 25 科 39 属 58 种。根据其营养体的形态结构,通常分为苔纲(Hepaticae)和藓纲(Musci)。也有人把苔藓植物分成苔纲、角苔纲(Anthocerotae)和藓纲。

一、苔纲 Hepaticae

植物体(配子体)有叶状体和茎叶体两种类型。假根由单细胞构成。茎通常没有中轴的分化,多由同形细胞构成。叶多数只有一层细胞,无中肋。孢子体的构造比藓类简单,蒴柄短且柔弱;孢蒴的发育在蒴柄延伸生长之前,无蒴齿,也多无蒴轴,除形成孢子外,还形成弹丝,以助孢子的散放,孢蒴成熟后在顶部多呈四瓣纵裂。原丝体不发达,不产生芽体,每一原丝体通常只产生一个新植物体(配子体)。多生于阴湿的土地、岩石和树干上,有的或漂浮于水面,或完全沉生于水中。苔类植物含有生物碱、黄酮、萜类、醌类、木脂素及酚性化合物等。

【重要药用植物】

地钱 *Marchantia polymorpha* L.　地钱科地钱属,植物体呈扁平的叶状体,阔带状,多回二歧分叉,贴地生长,有腹背之分。浅绿色或深绿色,边缘呈波曲状。雌雄异株,雌、雄生殖托有柄,着生于叶状体分叉处,雄生殖托圆盘状,7~8 波状浅裂,雌生殖托扁平,9~11 深裂成指状(彩图 5)。内部组织略有分化,分为表皮(背面或上面)、绿色组织和贮藏组织。表皮有气孔和气室,气孔是由一般细胞围成的烟囱状构造。腹面(下面)具有紫色鳞片及平滑或带花纹的两种假根,能保持水分。地钱的生活史如图 8-3 所示。

地钱的繁殖方式有两类:营养繁殖和有性生殖。

地钱的营养繁殖有两种方式:一种是在叶状体的背面(上面)产生胞芽杯(cupule),在胞芽杯中产生胞芽。胞芽成熟时,由柄处脱落,在土中萌发成新的叶状体;另一种是地钱的叶状体,在成长的过程中,前端凹陷处的顶端细胞不断分裂,使叶状体不断加长和分叉。而后面的部分,逐渐衰老、死亡并腐烂。当死亡部分到达分叉处时,一个植物体即变成两个新植物体。

地钱的有性生殖:地钱雄配子体上的雄生殖托,其上有许多小孔腔,孔内有一个精子囊,可产生螺旋状的精子。精子在有水的条件下,游入雌配子体的雌生殖托上倒悬着的颈卵器内,与卵结合形成受精卵,发育成胚。由此产生的孢子经萌发成原丝体,进而发育成叶状的配子体,即新植物体。

地钱分布于全国各地。多生于林内、阴湿的土坡及岩石上,也常见于井边、墙隅等阴湿处。全草能解毒,祛瘀,生肌;用于治疗黄疸性肝炎。

苔纲的药用植物尚有:**蛇苔(蛇地钱)** *Conocephalum conicum* (L.) Dumortier(蛇苔科蛇苔属),叶状体宽带状。全草能清热解毒,消肿,止痛。外用可治疗疔疮、蛇咬伤。

二、藓纲 Musci

植物体(配子体)有原始的茎、叶分化。假根由多细胞构成,呈分枝状将植物体固着在基质上,无吸收功能。有的种类的茎已有中轴分化,但无维管组织。叶在茎上的排列多为螺旋式,常具有中肋。孢子体的构造较苔类复杂,成熟时孢蒴的蒴柄伸出颈卵器外,孢蒴有蒴轴和蒴齿,无弹丝,成熟时多为盖裂,在蒴齿的协助下,可将孢子散布到周围环境中。原丝体发达,能产生多个芽体,每一芽体常形成多个植株(配子体)。分布于世界各地,在温带、寒带、高山冻原、森林、沼泽等地均有。藓类的化学成分较苔类简单,主要有脂肪酸、甾醇、三萜和黄酮类化合物。其中黄酮类化合物是最重要的次生代谢产物。

【重要药用植物】

金发藓(土马鬃)_Polytrichum commune_ L.　金发藓科金发藓属。小型草本,高 10~30cm,深绿色,常丛集成大片群落,老时呈黄褐色。有茎、叶分化。茎直立,下部有多数须根。叶丛生于茎的中上部,向下渐稀疏而小,鳞片状,长披针形,边缘有齿,中肋突出,叶基部鞘状。雌雄异株,颈卵器和精子器分别生于两种植物体(配子体)茎顶。蒴柄长,棕红色。蒴帽有棕红色毛,覆盖全蒴。孢蒴四棱柱形,蒴内形成大量孢子,孢子萌发成原丝体,原丝体上的芽长成配子体(植物体)(图 8-4,彩图 6)。全国均有分布。生于山野阴湿土坡、森林沼泽、酸性土壤上。全草入药,能清热解毒,凉血止血。

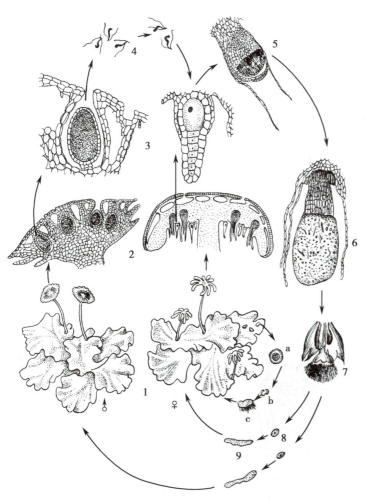

1. 雌雄配子体　2. 雌器托和雄器托　3. 颈卵器和精子器　4. 精子
5. 受精卵发育成胚　6. 孢子体　7. 孢子体成熟后散放孢子　8. 孢子
9. 原丝体　a. 胞芽杯内胞芽成熟　b. 胞芽脱离母体　c. 胞芽发育成新的植物体

图 8-3　地钱的生活史

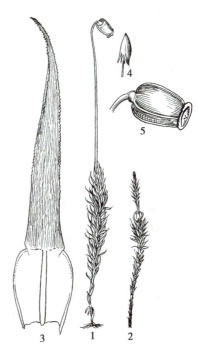

1. 雌株,其上具孢子体　2. 雄株,其上长有新枝　3. 叶腹面观　4. 具蒴帽的孢蒴　5. 孢蒴

图 8-4　金发藓

暖地大叶藓(回心草)_Rhodobryum giganteum_ (Sch.) Par.　真藓科大叶藓属。小型草本。根状茎横生,茎直立,茎顶叶丛生,呈伞状,绿色,茎下部叶小,鳞片状,紫色,贴茎。雌雄异株。蒴柄紫红色,孢蒴长筒形,褐色,下垂。孢子球形。分布于华南、西南。生于溪边岩石上或湿林地。全草能清心,明目,安神,对冠心病有一定疗效。

此外,药用藓纲植物还有**葫芦藓** _Funaria hygrometrica_ Hedw.,全草能除湿,止血。

苔纲与藓纲植物主要区别如表 8-1 所示:

表 8-1　苔纲与藓纲植物主要区别

区别点	苔纲	藓纲
配子体	多为有背腹之分的扁平叶状体， 有的种类则有原始的茎、叶分化。 假根由单细胞构成； 茎通常无中轴的分化； 叶多数只有一层细胞，无中肋	有原始的茎、叶分化。 假根由多细胞构成； 茎可有中轴分化，但无维管组织； 叶常具有中肋
孢子体	孢子体的蒴柄短且柔弱， 孢蒴无蒴齿，也多无蒴轴，有弹丝， 孢蒴成熟后在顶部多呈四瓣纵裂	孢子体成熟时蒴柄较长， 孢蒴有蒴齿和蒴轴，无弹丝， 成熟时多为盖裂
原丝体	原丝体不发达，不产生芽体， 每一原丝体通常产生一个植株（配子体）	原丝体发达，产生多个芽体， 每一芽体常形成多个植株（配子体）
生境	多生于阴湿的土地、岩石和树干上，有的漂浮于水面，或完全沉生于水中	较耐低温，在温带、寒带、高山冻原、森林、沼泽等常形成大片群落

内容小结

　　苔藓植物是绿色自养型比较原始的高等陆生植物，植物体较矮小，内部构造简单，没有真正的维管束构造。苔藓植物具有明显的世代交替，配子体发达，能独立生活。孢子体则不能独立生活，须寄生在配子体上。其雌性生殖器官为颈卵器，雄性生殖器官为精子器，精子与卵子结合形成合子，合子不需经过休眠即开始分裂发育形成胚，因此苔藓植物又称为有胚植物。苔藓植物分为苔纲和藓纲，常见的药用植物有地钱、金发藓、暖地大叶藓、葫芦藓等。

（白云娥）

第八章
目标测试

第九章

蕨类植物门 Pteridophyta

学习要求

掌握：蕨类植物的主要特征。
熟悉：蕨类植物的分类及重要药用植物。
了解：蕨类植物的生活史、化学成分。

第九章
教学课件

第一节　蕨类植物概述

蕨类植物又叫羊齿植物，是高等植物中具有维管组织，但比较低级的一类植物。在高等植物中除苔藓植物外，蕨类植物、裸子植物及被子植物的植物体内均具有维管系统（vascular system），所以这三类植物又被称为维管植物（vascular plants），有的分类系统把这三类植物合称维管植物门（Tracheophyta）。

蕨类植物和苔藓植物一样，也具有明显的世代交替现象。无性生殖产生孢子，有性生殖器官是精子器和颈卵器。蕨类植物的孢子体远比配子体发达，具有根、茎、叶的分化和较原始的输导系统，这些特征有别于苔藓植物。蕨类植物产生孢子，不产生种子，此特征有别于种子植物。在蕨类植物的生活史中，形成两个独立生活的植物体，即孢子体和配子体，这点和苔藓植物及种子植物均不相同。所以蕨类植物是介于苔藓植物和种子植物之间的一类植物，较苔藓植物进化，较种子植物原始，既是较高等的孢子植物，又是较原始的维管植物。

一、蕨类植物的组成与特征

（一）蕨类植物的孢子体

蕨类植物的孢子体发达，通常具有根、茎、叶的分化，多为多年生草本，稀可见一年生。陆生或附生。

1. 根　通常为不定根，着生在根状茎上，呈须根状。

2. 茎　通常为根状茎，少数具地上茎，直立呈乔木状，如桫椤。蕨类植物在进化过程中，茎上的具有保护作用的毛茸和鳞片发生特化，毛茸和鳞片的类型和结构也越来越复杂，毛茸有单细胞毛、腺毛、节状毛、星状毛等；鳞片膜质，形态多种多样，常有粗或细的筛孔（图9-1）。

3. 叶　多从根状茎上长出，幼时大多拳曲状。根据叶的起源及形态特征，分为小型叶（microphyll）和大型叶（macrophyll）两类。小型叶较原始，由茎的表皮细胞突出而成，无叶隙（leaf gap）和叶柄（stipe），只有一条不分支的叶脉，如石松科、卷柏科、木贼科等植物；大型叶具叶柄，有叶隙或无，叶脉多分支，如真蕨类植物。

蕨类植物的叶根据功能又分为孢子叶和营养叶。孢子叶（sporophyll）是能产生孢子囊和孢子的叶，又称能育叶（fertile frond）；营养叶（foliage leaf）只能进行光合作用，不能产生孢子，又称不育叶（sterile frond）。有些蕨类植物无孢子叶和营养叶之分，它们的叶既能进行光合作用，又能产生孢子囊和孢子，叶的形状也相同，称为同型叶（homomorphic leaf），如粗茎鳞毛蕨、石韦等；有的孢子叶和营养叶的形

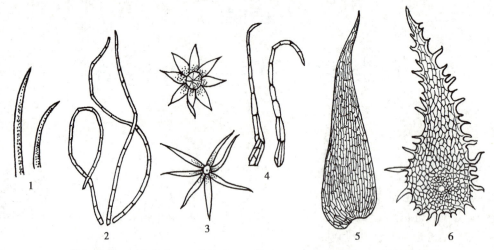

1. 单细胞毛 2. 节状毛 3. 星状毛 4. 鳞毛 5. 细筛孔鳞片 6. 粗筛孔鳞片

图 9-1 蕨类植物的毛和鳞片

状和功能完全不相同,称为异型叶(heteromorphic leaf),如槲蕨、荚果蕨、紫萁等。

4. 孢子囊、孢子囊群 在小型叶蕨类植物中,孢子囊单生于孢子叶的近轴面叶腋或叶基部,孢子叶通常集生于枝的顶端形成球状或穗状,故称孢子叶球(strobilus)或孢子叶穗(sporophyll spike),如石松和木贼等。而大型叶、较进化的真蕨类植物,其孢子囊常聚集成群,生于孢子叶的背面、边缘或集生在一特化的孢子叶上,称为孢子囊群(sorus)。孢子囊群有圆形、肾形、线形、长圆形等形状,原始的类型其孢子囊群裸露,进化的类型常有膜质的囊群盖(indusium)覆盖(图 9-2)。此外,水生蕨类的孢子囊群生于特化的孢子果内(又称孢子荚 spore pod)。

孢子囊的壁由单层或多层细胞构成,在细胞壁上有不均匀增厚形成的环带(annulus)。环带着生

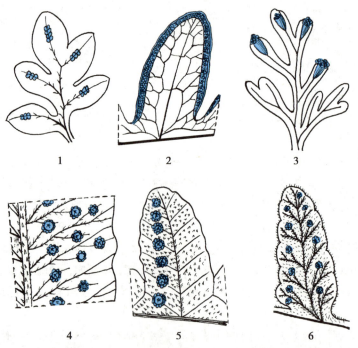

1. 无盖孢子囊群 2. 边生孢子囊群 3. 顶生孢子囊群 4. 有盖孢子囊群 5. 脉背生孢子囊群 6. 脉端生孢子囊群

图 9-2 蕨类植物孢子囊群的类型

的位置有多种形式,如顶生环带(海金沙属 *Lygodium*)、横行中部环带(芒萁属 *Dicranopteris*)、纵行环带(水龙骨属 *Polypodium*)等,这些环带对孢子的散布及蕨类的鉴别具有重要作用(图 9-3)。

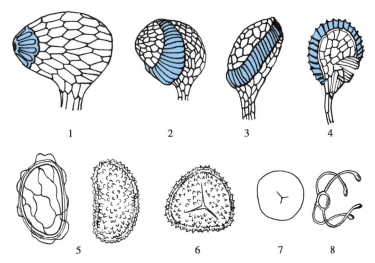

1. 顶生环带(海金沙属)　2. 横行中部环带(芒萁属)　3. 斜行环带(金毛狗脊属)　4. 纵行环带(水龙骨属)　5. 两面形孢子(鳞毛蕨属)　6. 四面形孢子(海金沙属)　7. 球状四面形孢子(瓶尔小草属)　8. 弹丝形孢子(木贼科)

图 9-3　孢子囊环带和孢子类型

5. 孢子　孢子的形态可分为两类:一类是肾状的两面型,另一类是三角锥状或近球状的四面型。孢子壁光滑或常具不同的突起或纹饰,或分化出四条弹丝(图 9-3)。大多数蕨类植物产生的孢子大小相同,称孢子同型(isospory)。卷柏和少数水生真蕨类植物的孢子有大、小之分,即大孢子(macrospore)和小孢子(microspore),称孢子异型(heterospory)。异型孢子是一种进化表现。产生大孢子的囊状结构称大孢子囊(megasporangium),大孢子萌发形成雌配子体;产生小孢子的囊状结构称小孢子囊(microsporangium),小孢子萌发形成雄配子体。

> **知识拓展**
>
> ### 弹　丝
>
> 　　蕨类植物中木贼属孢子上具有弹丝,弹丝既有助于孢子的散布,又因孢子间弹丝的相互钩连,造成以后雌雄配子体聚生一处,有利于有性生殖。弹丝有吸湿运动,干湿变化可使弹丝或伸或屈,在孢子囊壁破裂后帮助孢子散布。

6. 维管系统　蕨类植物的孢子体内分化形成了输导系统,维管组织及其周围细胞共同形成中柱(stele)。蕨类植物的中柱类型较为复杂,主要有原生中柱(protostele)、管状中柱(siphonostele)、网状中柱(dictyostele)和散状中柱(atactostele)等。其中原生中柱为原始类型,仅由木质部和韧皮部组成,无髓部,无叶隙(leaf gap),如松叶蕨亚门的松叶蕨、石松亚门。原生中柱包括单中柱、星状中柱、编织中柱。管状中柱包括外韧管状中柱、双韧管状中柱。网状中柱、真中柱和散状中柱,是较进化的类型,在种子植物中常见(图 9-4)。不同中柱类型的演化是由实心的原生中柱向散状中柱的趋向发展。中柱类型是鉴别蕨类植物及研究蕨类植物类群之间亲缘关系的重要依据之一。

　　蕨类植物大多以根状茎入药,其根状茎上常有叶柄残基,而叶柄中的维管束数目、类型及排列方式的不同,也是药材的鉴别依据之一。如粗茎鳞毛蕨叶柄的横切面中有 5~13 个周韧维管束(分体中

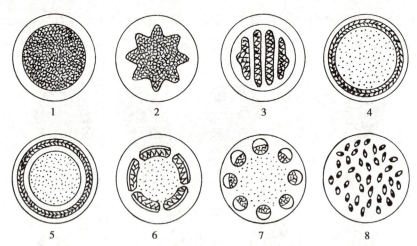

1. 单中柱　2. 星状中柱　3. 编织中柱　4. 外韧管状中柱　5. 双韧管状中柱
6. 网状中柱　7. 真中柱　8. 散状中柱

图 9-4　蕨类植物中柱类型横剖面图

柱),且排列成环状。紫萁的根状茎及叶柄基部也是周韧型维管束,但排列成 U 字形。

(二) 蕨类植物的配子体

蕨类植物的孢子成熟后,在适宜条件下萌发形成一片细小的、形状各异的绿色叶状体,称原叶体(prothallus),这就是蕨类植物的配子体。大多数配子体生于潮湿的地方,有背腹的分化,其结构简单,生活期短,能独立生活。球形的精子器和瓶状的颈卵器生于配子体的腹面。精子器内产生有多数鞭毛的精子,颈卵器内有一个卵细胞,精卵成熟后,精子由精子器逸出,以水为媒介进入颈卵器内与卵结合,受精卵发育成胚,胚发育成孢子体,即常见的蕨类植物。孢子体幼时暂时寄生在配子体上,配子体不久后死亡,孢子体即行独立生活。

二、蕨类植物的生境与生活史

蕨类植物分布广泛,通常生长在阴暗而潮湿的环境里。它们有的在地表匍匐或直立生长,有的附生在树干上,有的长在石头缝隙中,也有少数种类生长在海边、沼泽、水田等湿地。

在蕨类植物的生活史中有两个独立生活的植物体:孢子体和配子体。从受精卵萌发到孢子体上孢子囊内的孢子母细胞进行减数分裂之前,这一阶段称为孢子体世代(无性世代),其细胞染色体数目是双倍的(2n)。从单倍体的孢子开始,到配子体上形成精子与卵,这一阶段为配子体世代(有性世代),细胞染色体数目是单倍的(n)。蕨类植物有明显的世代交替,孢子体很发达,配子体弱小,是孢子体世代占很大优势的异型世代交替(图 9-5)。

三、蕨类植物的化学成分与用途

蕨类植物所含的化学成分渐趋复杂。主要有黄酮类、酚类、甾体类及含氮化合物。

1. **黄酮类**　黄酮类化合物在蕨类植物中分布广泛,具抗氧化、抗血管增生、消炎、抗病毒等多种生理活性。常见的有芹菜素(apigenin)、木犀草素(luteolin)、荛花素(genkwanin)和牡荆素(vitexin)等。在真蕨类植物中,常见黄酮醇类,如高良姜素(galangin)、山柰酚(kaempferol)、槲皮素(quercetin)等。小叶型蕨类多含有双黄酮类,如松叶蕨属(*Psilotum*)、卷柏属(*Selaginella*)含穗花杉双黄酮(amentoflavone)和扁柏双黄酮(hinokiflavone)等成分。

2. **生物碱类**　生物碱较广泛地存在于小叶蕨类植物中,如石松属(*Lycopodium*)中含有石松碱(lycopodine)、石松毒碱(clavatoxine)、石松洛宁(clavolonine)、垂石松碱(lycocernuine)等。卷柏属

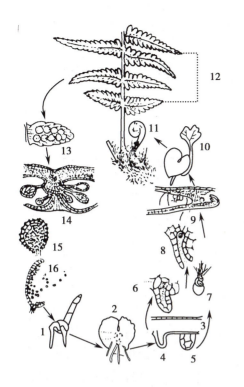
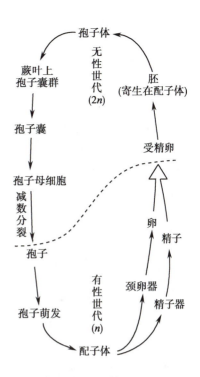

1. 孢子萌发　2. 配子体　3. 配子体切面　4. 颈卵器　5. 精子器　6. 雌配子体(卵)　7. 雄配子体(精子)　8. 受精作用　9. 合子发育成幼孢子体　10. 新孢子体　11. 孢子体　12. 蕨叶一部分　13. 蕨叶上的孢子囊群　14. 孢子囊群切面　15. 孢子囊　16. 孢子囊开裂及孢子散出

图 9-5　蕨类植物的生活史

（*Selaginella*）、木贼属（*Equisetum*）均含有生物碱。从石杉科植物中分离的石杉碱甲（huperzine A）能防治阿尔茨海默病和重症肌无力。近年发现,真蕨类植物的肿足蕨科也含多种生物碱。

3. 酚类化合物　二元酚类及其衍生物在大型叶真蕨中普遍存在,如咖啡酸（caffeic acid）、阿魏酸（ferulic acid）及绿原酸（chlorogenic acid）等,这些成分具有抗菌、止痢、止血和升高白细胞的作用。咖啡酸还有止咳、祛痰作用。多元酚类,特别是间苯三酚衍生物常存在于鳞毛蕨属（*Dryopteris*）植物中,如绵马酚（aspidinol）、绵马酸类（filicic acids）、东北贯众素（dryocrassin）等,这类化合物具较强的驱虫作用,但有毒性。

4. 萜类及甾体化合物　蕨类植物中普遍含有三萜类化合物,具有代表性的是何帕烷型（Isohopane type）和羊齿烷型（Fernane type）五环三萜。如石松属（*Lycopodium*）植物中含有的锯齿石松型（Sawtooth lycopse）五环三萜类化合物石松素（lycoclavanin）、石松醇（lycoclavanol）等。在紫萁、亚洲紫萁、多足蕨、乌毛蕨、欧洲蕨等植物中发现的甾体化合物主要有昆虫变态激素,如蜕皮激素（蜕皮甾酮 ecdysterone）,有促进蛋白质合成等活性。

此外,很多蕨类植物孢子中含大量脂肪油,如石松、海金沙等的孢子中含有大量脂肪油。某些植物的叶中含有香豆素,如金鸡脚蕨 *Phymatopsis hastata* 的叶。紫萁的叶含胡萝卜素类（carotenoids）。

第二节　蕨类植物的分类及常见药用植物

现存的蕨类植物约有 11 500 余种,广泛分布于世界各地,以热带和亚热带最为丰富。我国有蕨类植物 61 科 220 属约 2 000 种,分布于长江以南地区,尤以西南地区最多。其中药用蕨类植物 49 科 117 属约 450 种。

蕨类植物常依据以下几个主要特征进行分类：①茎叶的形态和构造；②孢子囊壁的细胞层数及孢子形状；③孢子囊环带的有无及着生位置；④孢子囊群的形状、着生位置及囊群盖的有无；⑤叶柄维管束的数量、排列及叶柄基部有无关节；⑥根状茎上的毛茸、鳞片等附属物的有无及形状。

过去通常将蕨类植物门下分为 5 个纲：松叶蕨纲、石松纲、水韭纲、楔叶纲（木贼纲）、真蕨纲。前 4 纲都是小型叶蕨类植物，是一些比较原始而古老的类群，现存的较少。而真蕨纲为大型叶蕨类植物，是最进化的蕨类植物，也是现今最为繁茂的蕨类植物，全世界有 1 万多种，广泛分布于温带、热带。1978 年我国蕨类植物学家秦仁昌教授把五个纲提升为五个亚门，即松叶蕨亚门、石松亚门、水韭亚门、楔叶亚门（木贼亚门）和真蕨亚门。5 个亚门的主要特征检索表如下：

  1. 植物体无真根，仅具假根，2~3 个孢子囊融合为聚囊⋯⋯⋯⋯⋯⋯⋯⋯⋯⋯⋯ 松叶蕨亚门 Psilophytina

  1. 植物体均具有真根，不形成聚囊，孢子囊单生，或聚集成孢子囊群。

    2. 植物体有明显的节和节间，叶退化成鳞片状，不能进行光合作用，孢子具弹丝⋯⋯⋯⋯⋯⋯⋯⋯⋯⋯⋯⋯⋯⋯⋯⋯⋯⋯⋯⋯⋯⋯⋯⋯⋯⋯⋯⋯ 楔叶亚门（木贼亚门）Sphenophytina

    2. 植物体非如上状，叶绿色，小型叶或大型叶，可进行光合作用，孢子均不具弹丝。

      3. 小型叶，幼叶无拳卷现象。

        4. 茎多为二叉分枝，叶小型、鳞片状，孢子叶在枝顶端聚集成孢子囊穗，孢子同型或异型，精子具 2 条鞭毛⋯⋯⋯⋯⋯⋯⋯⋯⋯⋯⋯⋯⋯⋯⋯⋯⋯⋯⋯⋯⋯⋯⋯⋯ 石松亚门 Lycophytina

        4. 茎粗壮似块茎，叶长条形似韭菜叶，不形成孢子囊穗，孢子异型，精子具有多条鞭毛⋯⋯⋯⋯⋯⋯⋯⋯⋯⋯⋯⋯⋯⋯⋯⋯⋯⋯⋯⋯⋯⋯⋯⋯⋯⋯⋯ 水韭亚门 Isoephytina

      3. 大型叶，幼叶有拳卷现象，孢子囊在孢子叶的背面或边缘聚集成孢子囊群，是现代最繁茂的一群蕨类植物⋯⋯⋯⋯⋯⋯⋯⋯⋯⋯⋯⋯⋯⋯⋯⋯⋯⋯⋯⋯⋯⋯⋯⋯⋯ 真蕨亚门 Filicophytina

其中药用植物较多的是石松亚门、楔叶亚门（木贼亚门）和真蕨亚门，现将这三个亚门中的主要科及其重要的药用植物介绍如下：

1. 石杉科 Huperziaceae

属石松亚门。常绿草本。附生或伴生于苔藓植物之中。主茎短，直立或上升，有规律地等位二歧分叉成等长分枝。叶小，仅具中脉，孢子叶和营养叶同型或稍异型，螺旋排列，呈龙骨状，含叶绿素。孢子囊横肾形，腋生或于枝端形成细长线形的孢子囊穗。原叶体地下生，呈圆柱状椭圆形或线形，单一或不分枝，有菌根，与真菌呈共生关系。

本科从原石松科中分出。共有 2 属，约 150 种，广泛分布于全球，以热带美洲最多。我国有 2 属，40 余种，已知药用的 2 属 17 种。

大多植物体内含有多种生物碱和三萜类化合物。

【重要药用植物】

蛇足石杉 *Huperzia serrata* (Thunb.) Trev.　石杉属多年生草本。茎直立或斜生，叶螺旋状排列，边缘平直不皱曲，有粗大或略小而不整齐的尖齿，中脉突出明显，薄革质。孢子叶与营养叶同形；孢子囊生于孢子叶的叶腋，两端露出，肾形，黄色（图 9-6）。全国除西北部分地区、华北地区外均有分布。全草入药，能清热解毒、生肌止血、散瘀消肿。全草含有石杉碱甲等生物碱，可用于治疗阿尔茨海默病。

同属植物国产约 25 种和变种，大多数可作药用。其中：**石杉（小杉兰）** *Huperzia selago* (L.) Bernh. ex Shrank et Mart. 植株高 12~20cm，二歧状分枝。叶线状披针形。孢子囊肾形，生于上部叶腋，黄褐色（图 9-7）。分布于东北及陕西、四川、新疆、云南等地。全草及孢子（小接筋草）能祛风除湿，止血，续筋，消肿止痛。全草亦含石杉碱甲等多种生物碱。

华南马尾杉 *Phlegmariurus austrosinicus* (Ching) L. B. Zhang　马尾杉属附生草本。茎短而簇生，叶平展或斜向上开展，椭圆形，长约 1.4cm；孢子囊生在孢子叶腋，肾形，2 瓣开裂，黄色。我国特有种，

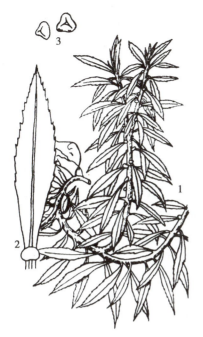

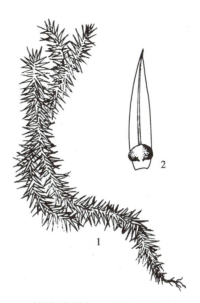

1. 植株　2. 叶片（腹面，放大）　3. 孢子（放大）

图 9-6　蛇足石杉

1. 植株（部分）　2. 孢子叶（放大）

图 9-7　石杉

产于江西、广东、香港、广西、四川、贵州、云南。同属植物国产 23 种，西南至华东、华南地区分布，已知 9 种可供药用。

2. 石松科 Lycopodiaceae

属石松亚门。陆生或附生。多年生草本。茎直立或匍匐，具根状茎及不定根，小枝密生。叶小，鳞片状或呈针状，有中脉，螺旋状或轮状排列。孢子叶穗集生于茎顶。孢子同型，扁状。染色体：X=11,13,17,23。

本科共 7 属，40 余种，分布甚广，大多产于热带、亚热带及温带地区。我国有 5 属，18 种，已知药用的 4 属，9 种。

本科植物常含多种生物碱（如石松碱等）及三萜类化合物。

【重要药用植物】

石松 *Lycopodium japonicum* Thunb. ex Murray　石松属多年生常绿草本。直立茎高 15~30cm，匍匐茎蔓生。二叉分枝。孢子枝生于直立茎的顶端。孢子叶穗常 2~6 个聚生于孢子枝的上部。孢子囊肾形，孢子同型，淡黄色（图 9-8，彩图 7）。分布于东北、内蒙古、河南和长江以南地区。生于疏林下或灌木丛酸性土中。全草（伸筋草）能祛风除湿，舒筋活络。孢子含油约 40%，有抗炎镇痛作用。同属植物玉柏 *Lycopodium obscurum* L.、垂穗石松 *Palhinhaea cernua* (L.) Vasc. et Franco、**高山扁枝石松** *Lycopodium alpinum* L. 等的全草也供药用。

3. 卷柏科 Selaginellaceae

属石松亚门。多年生小型草本。陆生。茎常腹背扁平，

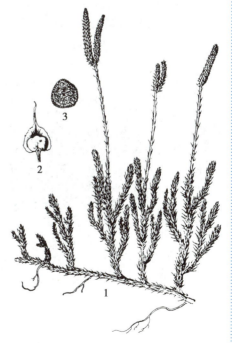

1. 植株（部分）　2. 孢子叶和孢子囊　3. 孢子（放大）

图 9-8　石松

横走。叶小型,鳞片状,有中脉,同型或异型、交互排列成四行,腹面基部有一叶舌。孢子叶较小,孢子叶穗呈四棱形或扁圆形,生于枝的顶端。孢子囊异型,单生于叶腋基部,大孢子囊内生 1~4 个大孢子,小孢子囊内生多数小孢子。孢子异型。染色体:X=7~10。

本科仅有 1 属,约有 700 种,分布于热带、亚热带。我国约有 50 种,药用 25 种。植物体内大多含有双黄酮类化合物。

【重要药用植物】

卷柏(还魂草、万年青) Selaginella tamariscina(Beauv.)Spring　卷柏属多年生常绿草本。主茎短,上部多分枝丛生,呈莲座状;枝扁平,干旱时向内缩卷成球状,遇雨舒展。叶鳞片状,常覆瓦状排成四行。孢子叶穗着生于枝顶,孢子叶卵状三角形,先端锐尖。孢子囊圆肾形。孢子异型(图 9-9)。广布于全国各地。生于干旱的岩石上及缝隙中。全株含多种双黄酮,能活血通经。卷柏炭能化瘀止血。

同属药用植物还有:**垫状卷柏** Selaginella pulvinata(Hook. et Grev.)Maxim.、**翠云草** Selaginella uncinata(Desv.)Spring、**深绿卷柏** Selaginella doederleinii Hieron.、**江南卷柏** Selaginella moellendorfii Hieron.、**兖州卷柏** Selaginella involvens(Sw.)Spring 等。

4. 木贼科 Equisetaceae

属楔叶亚门(木贼亚门)。多年生草本。孢子体发达,具根状茎及地上茎。根状茎棕色,长有不定根。地上茎有明显的节及节间,有纵棱,表面粗糙,表皮细胞壁常含硅质。叶小,退化成鳞片状,轮生于节部,基部连合成鞘状,边缘呈齿状。孢子囊生于特殊的孢子叶(孢囊柄,sporangiophore)上,即生于盾状的孢子叶下的孢囊柄端上,孢囊柄组成孢子叶球,并聚集于枝端成孢子叶穗。孢子同型或异型,周壁有弹丝。染色体:X=9。

本科在我国有 2 属,10 余种,其中 2 属 8 种药用。植物体内含有生物碱、黄酮、皂苷、酚酸等化合物。

【重要药用植物】

木贼 Equisetum hiemale L.　木贼属多年生草本。植株高可达 1m,茎直立,单一不分枝,中空,上有纵棱脊 20~30 条,在棱脊上有疣状突起 2 行,极粗糙。叶鞘基部和鞘齿呈黑色两圈。孢子叶球生于茎的顶端,椭圆形,具尖头。孢子同型(图 9-10)。分布于东北、西北、华北、四川等地。生于山坡湿地

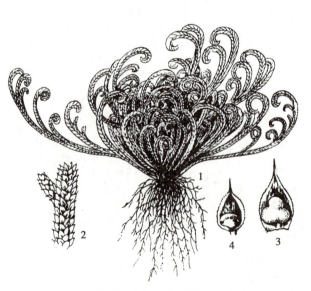

1. 植株　2. 分枝(部分,示中叶及侧叶)　3. 大孢子叶和大孢子囊　4. 小孢子叶和小孢子囊

图 9-9　卷柏

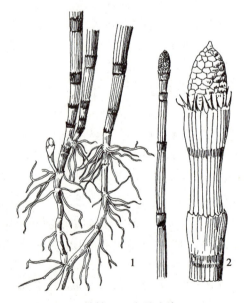

1. 植株　2. 孢子叶穗

图 9-10　木贼

或疏林下阴湿处。全草能疏散风热,明目退翳。

问荆 *Equisetum arvense* L.　多年生草本,具匍匐的根状茎。地上茎直立,二型。孢子茎早春先发,紫褐色,不分枝,肉质;叶膜质,基部连合成鞘状,具较粗大的鞘齿;孢子叶穗顶生,孢子叶六角形,盾状,螺旋排列,下生 6 个长形的孢子囊。孢子茎枯萎后,长出营养茎,高 15~60cm,表面具棱脊,多分枝,于节部轮生,中实;叶鞘状,下部联合,鞘齿披针形,黑色(图 9-11,彩图 8)。分布于东北、华北、西北、西南地区。生于田边、沟旁。全草能利尿,止血,清热,止咳。

同属药用植物还有:**节节草** *Equisetum ramosissimum* Desf. 广泛分布于全国各地。茎基部有分枝,中空。**笔管草** *Equisetum ramosissimum* subsp. *debile*(Roxb.ex Vauch.)Hauke 分布于华南和长江中上游地区,茎上有光滑小枝,仅叶鞘基部有黑色圈。两者功效与木贼相近。

5. 海金沙科 Lygodiaceae

属真蕨亚门。陆生多年生攀缘植物。根状茎横走,有毛,无鳞片。原生中柱。叶轴细长,叶近二型,羽片 1~2 回二叉状或羽状复叶,营养叶羽片常生于叶轴下部,孢子叶羽片生于上部。孢子囊生于孢子叶羽片边缘的小脉顶端,排成两行,呈穗状。孢子囊梨形,有纵向开裂的顶生环带。孢子四面形。染色体:X=7,8,15,29。

本科有 1 属 45 种。分布于热带,少数分布于亚热带及温带,我国 1 属,约 10 种,药用 5 种。

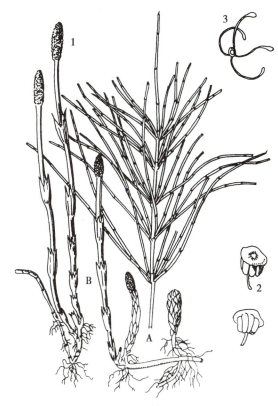

A.营养茎　B.孢子茎　1.孢子叶穗　2.孢子叶及孢子囊　3.孢子(示弹丝松展)

图 9-11　问荆

【重要药用植物】

海金沙 *Lygodium japonicum*(Thunb.)Sw.　海金沙属攀缘草质藤本。长可达 4m。根状茎横走,有黑褐色节毛。叶多数,纸质,对生于茎上的短枝两侧,二型,连同叶轴和羽轴均有疏短毛;营养叶尖三角形,羽片掌状或三裂,具浅钝齿;孢子叶卵状三角形。孢子囊穗生于孢子叶羽片的边缘,排列成流苏状,暗褐色。孢子表面有疣状突起(图 9-12,彩图 9)。分布于长江流域及南方各省区。生于山坡灌木丛、林边及草地。全草含黄酮类成分,能清热解毒,利水通淋。鲜叶捣烂调茶油可治火烫伤。孢子(海金沙)能清利湿热,通淋止痛。

同属植物还有:**海南海金沙** *Lygodium circinnatum*(N. L. Burman)Swartz 及**小叶海金沙** *Lygodium microphyllum*(Cavanilles)R. Brown 等也供药用。

6. 蚌壳蕨科 Dicksoniaceae

属真蕨亚门。大型蕨类。植株高大,小树状,主干粗大,直立或平卧,根状茎密被金黄色柔毛,无鳞片。叶片大,3~4 回羽状复叶,革质,叶脉分离;叶柄粗而长。孢子囊群生于叶背边缘,囊群盖两瓣开裂形似蚌壳,革质;孢子囊梨形,环带稍斜生,有柄。孢子四面形。染色体:X=13,17。

本科有 5 属 40 种,分布于热带及南半球,我国仅有 1 属 1 种。

【重要药用植物】

金毛狗脊 *Cibotium barometz*(L.)J. Sm.　金毛狗属多年生树状草本。高达 2~3m。根状茎粗大,

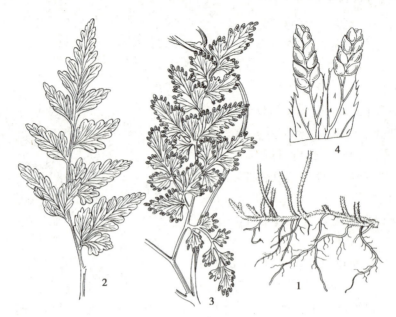

1. 地下茎　2. 营养叶(不育叶)　3. 地上茎及孢子叶　4. 孢子叶穗(放大)

图 9-12　海金沙

直立,木化,顶端连同叶柄基部,密被金黄色有光泽的长柔毛。叶簇生顶端,叶柄长,叶片阔卵状三角形,三回羽裂,末回小羽片狭披针形,镰状,革质;侧脉单一或在营养叶裂片上为二叉状。孢子囊群生于小脉顶端,每裂片 1~5 对,囊群盖两瓣,成熟时形似蚌壳(图 9-13,彩图 10)。分布于我国南方及西南地区。多生于山脚沟边及林下阴处酸性土上。根状茎(狗脊)能祛风湿,补肝肾,强腰膝。

7. 鳞毛蕨科 Dryopteridaceae

属真蕨亚门。陆生,多年生草本。根状茎多粗短,直立或斜生,密被鳞片。网状中柱。叶轴上面有纵沟;叶片一至多回羽状;叶柄多被鳞片或鳞毛。孢子囊群背生或顶生于小脉,囊群盖圆肾形或盾形,有时无盖。孢子囊扁圆形,具细长柄,环带垂直。孢子呈两面形,表面具疣状突起或有翅。染色体:X=41。

本科约 14 属,1 000 余种。主要分布于温带、亚热带。我国有 13 属,700 余种,其中药用 5 属 59 种。植物体常含有间苯三酚衍生物,能驱除肠道寄生虫。

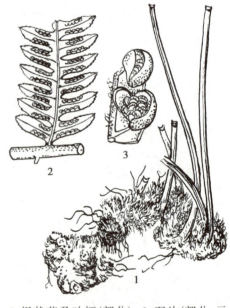

1. 根状茎及叶柄(部分)　2. 羽片(部分,示孢子囊着生位置)　3. 孢子囊群及囊盖

图 9-13　金毛狗脊

【重要药用植物】

粗茎鳞毛蕨 *Dryopteris crassirhizoma* Nakai　鳞毛蕨属多年生草本。高 50~100cm。根状茎粗壮,直立斜生,连同叶柄密生棕褐色、卵状披针形大鳞片。叶簇生于根状茎顶端,叶柄长 10~25cm;叶片倒披针形,草质,二回深羽裂或全裂,裂片紧密,近长方形;叶轴被黄褐色扭曲鳞片。孢子囊群分布于叶片中部以上的羽片背面,生于小脉中部以下,每裂片 1~4 对。囊群盖肾形或圆肾形,棕色(图 9-14)。分布于东北及河北东北部。生于林下湿地。根状茎连同叶柄残基入药,称"绵马贯众",有小毒。能清热解毒,驱虫。

贯众 *Cyrtomium fortunei* J. Sm.　贯众属多年生草本。根状茎短。叶柄基部密生阔卵状披针形黑褐色的大鳞片；叶片一回羽裂，羽片镰状披针形，基部上侧稍呈耳状突起，下部圆楔形，网状脉。孢子囊群分布于羽片下面，生于主脉两侧，囊群盖大，圆盾形（图9-15，彩图11）。分布于华北、西北及长江以南地区。生于石灰岩缝、路边及墙脚等阴湿处。根状茎入药，在南方作"贯众"用。此外，**紫萁** *Osmunda japonica* Thunb.（紫萁科紫萁属）（彩图12）的根状茎及叶柄残基作"紫萁贯众"入药，能清热解毒，止血，杀虫。

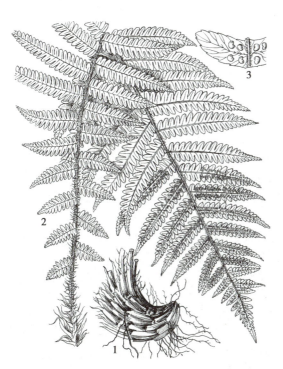

1. 根状茎　2. 叶　3. 羽片（部分示孢子囊群）

图 9-14　粗茎鳞毛蕨

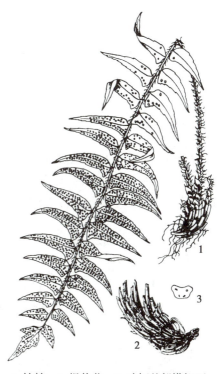

1. 植株　2. 根状茎　3. 叶柄基部横切面

图 9-15　贯众

知识拓展

"贯众"的药材来源

作为"贯众"使用的药材，品种多达30余种，分别来自于鳞毛蕨科、紫萁科、乌毛蕨科、蹄盖蕨科、球子蕨科等6个科。而《中国药典》收录的药材只有2种：绵马贯众（鳞毛蕨科植物粗茎鳞毛蕨 *Dryopteris crassirhizoma* Nakai 的干燥根状茎和叶柄残基）和紫萁贯众（紫萁科植物紫萁 *Osmunda japonica* Thunb. 的干燥根状茎和叶柄残基）。

8. 水龙骨科 Polypodiaceae

属真蕨亚门。附生或陆生。根状茎横走，被鳞片，常具粗筛孔。网状中柱。叶同型或二型，叶柄具关节；单叶，全缘或羽状分裂；网状脉。孢子囊群圆形、长圆形或线形，有时会布满叶背；无囊群盖。孢子囊梨形或球状梨形，浅褐色，囊柄比孢子囊长或等长。孢子两面形，平滑或具小突起。染色体：X=7，12，13，23，25，26，35，37。

本科有40属，约500种，主要分布于热带、亚热带。我国有27属，约250种，其中药用18属86种。

主要含有酚类、甾醇和三萜类化合物（如水龙骨属 *Polypodiodes*，石蕨属 *Saxiglossum* 等），少数含 C- 糖苷（如多足蕨 *Polypodium vulgare* L.）。

【重要药用植物】

　　石韦 *Pyrrosia lingua*（Thunb.）Farwell　石韦属多年生常绿草本。高 10~30cm。根状茎细长，横走，密被褐色披针形鳞片。叶远生，叶片披针形或长圆状披针形，基部楔形，革质，上面绿色，有凹点，下面密被灰棕色星状毛；营养叶与孢子叶同型或略短而阔；叶柄基部均有关节。孢子囊群在侧脉间排列紧密而整齐，初有星状毛包被，成熟时露出，无囊群盖（图 9-16）。分布于长江以南及台湾省。附生于树干或岩石上。全草能清热、利尿、通淋。

　　本科供药用的还有：**庐山石韦** *Pyrrosia sheareri*（Baker）Ching、**有柄石韦** *Pyrrosia petiolosa*（Christ）Ching、**毡毛石韦** *Pyrrosia drakeana*（Franch.）Ching、**西南石韦** *Pyrrosia gralla*（Gies.）Ching、**水龙骨（石蚕）** *Polypodium nipponicum* Mett. 等植物。

9. 槲蕨科 Drynariaceae

　　属真蕨亚门。陆生草本。根状茎横走，粗大，肉质，常密被大而狭长的褐色鳞片，基部盾状着生，边缘具睫毛状锯齿。具穿孔的网状中柱。叶二型，无柄或有短柄，叶片大，深羽裂或羽状；叶脉粗而隆起，形成四方形的网眼。孢子囊群或大或小，不具囊群盖。孢子两侧对称，椭圆形，单裂缝。染色体：X=36,37。

　　本科共 8 属。分布于亚洲热带、亚热带至澳大利亚。我国有 3 属，约 14 种，主要分布于长江以南地区。已知 2 属 7 种药用。

【重要药用植物】

　　槲蕨 *Drynaria roosii* Nakaike　槲蕨属附生植物。高 20~40cm。根状茎肉质，粗壮，长而横走，密生钻状披针形鳞片，边缘呈流苏状。叶二型，营养叶棕黄色，卵圆形，上部羽状浅裂，裂片三角形，似槲树叶，革质，无柄；孢子叶绿色，长圆形，羽状深裂，裂片 7~13 对，叶柄短，有狭翅。孢子囊群圆形，黄褐色，生于叶背，沿主脉两侧各成 2~4 行，每长方形网眼内 1 枚；无囊群盖（图 9-17，彩图 13）。分布于中南、西南地区及江西、福建、浙江、台湾等地。生于树干或山林石壁上。根状茎（骨碎补）能疗伤止痛，补肾

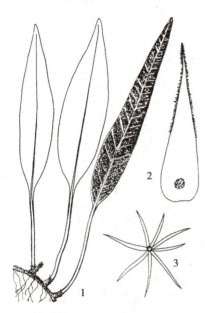

1. 植株　2. 鳞片　3. 星状毛

图 9-16　石韦

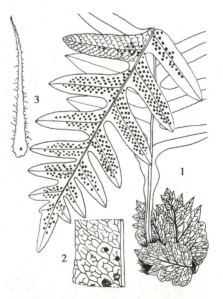

1. 植株　2. 叶片（部分，示叶脉及孢子囊群位置）　3. 地上茎的鳞片

图 9-17　槲蕨

强骨;外用消风祛斑。

同属植物**秦岭槲蕨** *Drynaria baronii* Diels 也供药用。主要特征为营养叶深羽裂,孢子囊群在孢子叶主脉两旁各成一行。

内容小结

　　蕨类植物多为陆生,有真正的根、茎、叶的分化,有维管组织系统,既是高等的孢子植物,又是低等的维管植物。配子体与孢子体都能独立生活,且孢子体占优势。配子体称原叶体,个体小,常见的蕨类植物都是孢子体。蕨类植物有明显的世代交替。配子体产生颈卵器和精子器,孢子体产生孢子囊。常见的蕨类植物有石松、藤石松、蛇足石杉和扁枝石松等。

（汪建平）

第九章
目标测试

第十章

裸子植物门 Gymnospermae

第十章
教学课件

第一节　裸子植物概述

裸子植物是介于蕨类植物和被子植物间的维管植物，裸子植物既保留着颈卵器，又可产生种子。

一、裸子植物的特征

1. 孢子体　裸子植物的孢子体发达，均为多年生的木本植物，常为单轴分枝的大型乔木，分枝常有长枝与短枝之分，具发达的主根。少数为亚灌木（如麻黄）或藤本（如买麻藤）。具真中柱，茎内维管束环状排列，具形成层和次生生长；木质部多为管胞，少有导管（如麻黄科、买麻藤科），韧皮部中只有筛胞而无伴胞。叶多为针形、条形或鳞形，极少为扁平的阔叶，叶在长枝上成螺旋状排列，在短枝顶部簇生。

孢子叶大多聚生，形成孢子叶球（strobilus），常为单性同株或异株；小孢子叶（相当于雄蕊）聚生成小孢子叶球（雄球花，male cone）；大孢子叶（相当于心皮）丛生或聚生成大孢子叶球（雌球花，female cone），大孢子叶的形状不同于营养叶，特化为珠鳞（松柏类）、珠领或珠座（银杏）、珠托（红豆杉）、套被（罗汉松）和羽叶状（苏铁）。

2. 配子体　雌配子体是由大孢子发育而成的成熟胚囊，在雌配子体近珠孔端会产生2~7个颈部暴露在胚囊外面的颈卵器（包括一个卵细胞与一个腹沟细胞）。雄配子体为小孢子发育而成的成熟花粉粒。裸子植物配子体无法离开孢子体而独立生活。大孢子叶腹面形成大孢子囊，相当于胚囊，其中的细胞经过减数分裂产生大孢子，大孢子不离开胚囊，直接萌发形成雌配子体，近珠孔端形成2至多个颈卵器。小孢子叶上产生小孢子囊，其中经过减数分裂产生小孢子，小孢子直接萌发，形成雄配子体（花粉），其结构高度简化，成熟后可随风飘散到雌球花的大孢子囊上，精子借水游动（苏铁纲和银杏纲，精子有鞭毛），或通过形成花粉管（松柏纲、红豆杉纲和买麻藤纲，精子无鞭毛），将两个精细胞送入大孢子囊中，其中一个与卵子受精后发育为受精卵，另一个退化消失。花粉管的产生，使植物受精作用摆脱了对水环境的依赖。

3. 种子　受精卵进一步发育形成胚，残存的雌配子体发育形成胚乳，大孢子囊壁发育形成种皮。从而裸子植物形成了种子。孢子体进一步发达，配子体进一步简化，种子的形成使得裸子植物能更好地适应在陆地的生活，这是植物系统发育上的一大转折。裸子植物胚珠与种子裸露，不包被于子房中，是裸子植物的重要特征。

知识拓展

裸子植物的种子

　　裸子植物的种子与被子植物的种子有本质的区别,即其胚乳为单倍体的雌配子体发育而成,属于有性世代的植物体,种皮属于上一代的孢子体世代,胚属于下一代的孢子体世代,胚乳属于雌配子体世代,因此常称裸子植物的种子为"三代同堂"。

　　4. 多胚现象　大多数裸子植物具有多胚现象(polyembryony),这是由于一个雌配子体上多个颈卵器的卵细胞同时受精,或是由一个受精卵,在发育过程中,胚原组织分裂为几个胚而形成。

二、裸子植物的化学成分及用途

　　裸子植物的化学成分类型较多,主要有:

　　(1) 黄酮类:裸子植物中富含黄酮类及双黄酮类化合物,双黄酮类为裸子植物和少数蕨类植物的特征性成分。如柏科植物含柏木双黄酮(cupressuflavone),苏铁科、杉科及柏科植物含扁柏双黄酮(hinokiflavone),银杏叶中含银杏双黄酮(ginkgetinflavone)等。这些黄酮类和双黄酮类化合物多具有扩张动脉血管作用。

　　(2) 生物碱类:生物碱是裸子植物的另一类主要成分,主要存在于三尖杉科、红豆杉科、罗汉松科、麻黄科及买麻藤科。三尖杉属植物含有的三尖杉酯碱(harringtonine)类具有抗癌活性。红豆杉科植物中含有的紫杉醇(taxol),对白血病、卵巢癌、黑色素瘤、肺癌等均有明显疗效。麻黄属植物中含有多种有机胺类生物碱,麻黄碱可舒缓平滑肌的紧张,用于治疗支气管哮喘等症,并有升高血压和兴奋作用。

　　(3) 萜类及挥发油:萜类及挥发油普遍存在于裸子植物中。红豆杉属中以紫杉烷二萜类化合物居多。挥发油中含有蒎烯、苧烯、小茴香酮、樟脑等,可作为工业、医药原料。松科植物含有 α- 蒎烯(α-pinene),可用于调节情绪和生理功能。

　　(4) 其他成分:树脂、有机酸、木脂素类成分,如马尾松含异落叶松脂素〔(−)-isolariciresinol〕等木脂素类。昆虫蜕皮激素等成分在裸子植物中也有存在。

第二节　裸子植物的分类及常见药用植物

　　裸子植物门是植物分类系统中一个大的自然类群,起源年代久远,现存的裸子植物通常分为 5 个纲,包括 9 目 12 科 71 属 800 余种。我国是裸子植物种类最多,资源最丰富的国家,有 5 纲 8 目 11 科 41 属 236 种;其中 1 科 7 属 51 种为引进栽培种。我国裸子植物中有不少是第三纪的子遗植物,如银杏,水杉、银杉等,被称为"活化石"。已知药用有 10 科 25 属 100 余种。分纲检索表如下:

　　1. 植物体呈棕榈状,叶为大型羽状复叶,聚生于茎的顶端。树干短,茎常不分枝…………苏铁纲 Cycadopsida
　　1. 植物体不呈棕榈状,叶为单叶,不聚生于茎的顶端。树干有分枝。
　　　　2. 叶扇形,先端二裂或为波状缺刻,具二叉分歧的叶脉,具长柄……………………银杏纲 Ginkgopsida
　　　　2. 叶不为扇形,全缘,不具叉状脉。
　　　　　　3. 高大乔木或灌木,叶为针形、条形或鳞片状。
　　　　　　　　4. 果为球果,大孢子叶为鳞片状(珠鳞)两侧对称。种子有翅或无,不具假种皮………
　　　　　　　　　………………………………………………………………………松柏纲 Coniferopsida
　　　　　　　　4. 果不为球果,大孢子叶特化成囊状、杯状、盘状或漏斗状。种子具假种皮…………
　　　　　　　　　………………………………………………………………红豆杉纲(紫杉纲)Taxopsida
　　　　　　3. 木质藤本或小灌木,稀乔木。花具假花被。茎次生木质部中具导管…………买麻藤纲 Gnetopsida

　　裸子植物中常见科和重要药用植物介绍如下：

1. 苏铁科 Cycadaceae

　　常绿木本植物，茎单一，粗壮，几乎不分枝。一回羽状复叶，革质，集生于树干顶部，呈棕榈状。雌雄异株。小孢子叶球(雄球花)为一木质化的长形球花，由无数小孢子叶(雄蕊)组成。小孢子叶鳞片状或盾状，下面生无数小孢子囊(花药)，小孢子(花粉粒)发育而产生精子。大孢子叶球(雌球花)由许多大孢子叶(雌蕊)组成，丛生于茎顶。大孢子叶中上部扁平羽状，中下部柄状，边缘生 2~8 个胚珠，或大孢子叶呈盾状而下面生一对向下的胚珠。种子核果状，有三层种皮：外层肉质，中层木质，内层纸质。种子胚乳丰富，胚具子叶 2 枚。染色体：X=11。

　　本科 10 属，约 110 余种，分布于热带及亚热带地区。我国有 1 属，8 种，药用 4 种，分布于西南、东南、华东等地区。

1. 植株　2. 小孢子叶　3. 花药　4. 大孢子叶
图 10-1　苏铁

【重要药用植物】

　　苏铁(铁树) Cycas revoluta Thunb. 苏铁属常绿棕榈状小乔木。树干圆柱形，基部密被宿存的鳞片状叶基和叶痕。羽状复叶螺旋状排列聚生于茎顶；小叶片 100 对左右，条形，厚革质。雌雄异株。雄球花圆柱形，雌球花扁球形，均密被淡黄色绒毛，丛生于茎顶。雌球花上部羽状分裂，下部两侧各生 1~5 枚近球形的裸露胚珠。种子核果状，成熟时橙红色(图 10-1，彩图 14)。产于台湾、福建、广东、广西、云南及四川等地，各地多作观赏树种栽培。种子能理气止痛，益肾固精；叶能收敛止血，止痢；根能祛风、活络、补肾。有小毒。

2. 银杏科 Ginkgoaceae

　　落叶大乔木，高可达 40m，树干端直，树皮灰褐色，不规则纵裂，具长枝及短枝。单叶，叶片扇形，顶端 2 浅裂或 3 深裂，有长柄；叶脉二叉状分歧；叶在长枝上螺旋状排列，短枝上 3~5 枚簇生。雌雄异株，球花单生于短枝上；雄球花柔荑花序状，雄蕊多数，花药 2 室；雌球花具长梗，顶端分二叉，大孢子叶特化成一环状突起，称珠领(collar)或珠座，珠领上生一对裸露的直立胚珠。种子核果状，具长梗，椭圆形或近球形，外种皮肉质，成熟时橙黄色，被白粉，味臭；中种皮木质，白色；内种皮膜质，淡红褐色。胚具子叶 2 枚。染色体：X=12。

　　本科仅 1 属 1 种和多个变种。我国特产，现普遍栽培。分布于四川、河南、湖北、山东、辽宁等地。

【重要药用植物】

　　银杏 Ginkgo biloba L. 银杏属乔木。又称公孙树、白果树，特产我国，系现存种子植物中最古老的孑遗植物，现世界各地均有栽培。其形态特征与科的特征相同(图 10-2，彩图 15)。银杏种子(白果)能敛肺定喘，止带缩尿。亦可食用，过量易中毒。肉质外种皮含白果酸，有抑菌作用，但皮肤接触可致皮炎。银杏叶有扩张动脉血管作用，用于治疗冠心病、脉管炎、高血压等。

3. 松科 Pinaceae

　　常绿或落叶乔木，稀灌木，多含树脂。枝不规则互生或轮生；叶针形或条形，在长枝上螺旋状散生,在短枝上簇生,基部有膜质叶鞘。花单性,雌雄同株;雄球花穗状,雄蕊多数,每雄蕊具2药室,花粉粒多数,两侧常有气囊;雌球花由多数螺旋状排列的珠鳞与苞鳞组成,在珠鳞腹(上)面基部着生两枚胚珠。受精后珠鳞增大发育成种鳞,球果直立或下垂,成熟时种鳞扁平,木质或革质,每个种鳞上有种子2粒。种子多具膜质长翅,稀无翅,有胚乳,胚具子叶2~16枚。染色体:X=12,稀为13。

松科为裸子植物中最大的一科,有10属230余种。广泛分布于世界各地,多产于北半球。我国有10属113种;药用8属48种。广布于全国各地,常组成大片森林,绝大多数为造林及用材树种。

松科植物的化学成分较复杂,其共同的特点是多含有树脂及挥发油。树脂贮存在树脂道内,与挥发油共存。树脂中含有多种有机酸(如松香中含有90%以上的树脂酸),还有树脂醇、树脂酯及大量的树脂烃类。挥发油含于针叶及树脂中,挥发油中含有多种烯类。

【重要药用植物】

马尾松 *Pinus massoniana* Lamb. 松属常绿乔木。高可达45m。树皮不规则纵裂。叶针状,多为2针1束,细柔,长12~20cm。球花单性,雌雄同株。雄球花淡红褐色,聚生于新枝下部;雌球花淡紫红色,常2个着生于新枝顶端。球果卵圆形或圆锥状卵形,种鳞顶端加厚膨大呈盾状。种子具单翅。子叶5~8枚。分布于长江流域地区。松花粉能收敛止血,燥湿敛疮;松香(树干的油树脂除去挥发油后留存的固体树脂)能燥湿祛风,生肌止痛;松叶能明目安神,解毒;松节(树干的瘤状节)能祛风除湿,活血止痛。树皮可提取栲胶。

油松 *Pinus tabulieformis* Carr. 松属常绿乔木。高达30m。大枝平展或向下斜伸,树冠近平顶状。针叶2针1束,较粗硬,长10~15cm,叶鞘宿存。球果卵圆形,熟时不脱落。鳞盾肥厚,鳞脐明显,有尖刺。种子具单翅,翅长为种子的2~3倍(图10-3)。油松为我国特有树种。分布于辽宁、内蒙古、河北、山东、河南、山西、陕西、甘肃、青海和四川北部等地。药用功效与马尾松相似。

我国有松属植物30余种和变种,大多可供药用。其中:**红松** *Pinus koraiensis* Sieb. et Zucc. 针叶5针1束。球果很大,种鳞先端反卷。种子(松子)可食用。分布于我国东北小兴安岭及长白山区。**云南松** *Pinus yunnanensis* Franch. 针叶3针1束,柔软下垂。分布于我国西南地区。**黑松** *Pinus thunbergii* Parl. 针叶2针1束,较粗硬。分布于辽东半岛和华东沿海地区。本科药用植物还有**金钱松** *Pseudolarix amabilis* (Nelson) Rehd.(金钱松属),根皮作"土荆皮"入药,外用能杀虫,疗癣,止痒。

1. 着生种子的枝 2. 具雌花的枝 3. 具雄花序枝 4. 雄蕊 5. 雄蕊正面 6. 雄蕊背面 7. 具冬芽的长枝 8. 胚珠生于珠座上

图10-2 银杏

1. 球果枝 2. 种鳞背面 3. 种鳞腹面

图10-3 油松

图片:松科——
华北落叶松

4. 柏科 Cupressaceae

常绿乔木或灌木。叶小,在枝上交互对生或3~4片轮生,鳞形或针形,或同一树上兼有两型叶。球花单性,雌雄同株或异株,单生于枝顶或叶腋;雄球花为3~8对交互对生的雄蕊组成,每一雄蕊有2~6花药;雌球花有3~16枚交互对生或3~4枚轮生的珠鳞。珠鳞与下面的苞鳞合生,每珠鳞有一至数枚胚珠。球果圆球形、卵圆形或长圆形,成熟时种鳞开展或有时合生成浆果状而不开展,木质或革质,每个发育种鳞内面基部有种子一至多粒。种子具窄翅或无翅。染色体:X=11,稀12。

本科全世界共有22属,约150种。我国有8属,29种7个变种,分布全国,已知药用6属,20种。本科植物多为优良用材及庭园观赏树种。

本科植物含有挥发油、树脂、双黄酮类(桧黄素(hinokiflavone)、榧黄素(kayaflavone)、西阿多黄素(sciadopitysin)和柏黄素(cupresuflavone)等)及黄酮类等成分。侧柏中富含槲皮苷(quercetin)、杨梅苷(myricitrin)、芦丁(rutin)和山柰酚(kaempferol)等黄酮类成分。

【重要药用植物】

侧柏 *Platycladus orientalis* (L.) Franco　侧柏属常绿乔木。树高可达20m。小枝扁平,直展呈一平面。叶鳞形,交互对生,贴伏于小枝上。球花单性,雌雄同株,均生于枝顶。雄球花黄绿色,雄蕊6对,交互对生;雌球花近球形,蓝绿色,有白粉,珠鳞4对,仅中间2对各生胚珠1~2枚。球果成熟时开裂;种鳞背部近顶端具反曲的钩状尖头。种子呈卵形,无翅或有极窄翅(图10-4,彩图16)。我国大部分地区有分布,为常见的园林、造林树种。枝叶(侧柏叶)能凉血止血,化痰止咳,生发乌发。种仁(柏子仁)能养心安神,润肠通便,止汗。

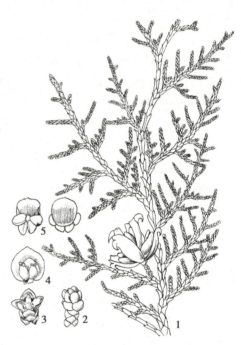

1. 着果的枝　2. 雄球花　3. 雌球花　4. 雄蕊的内面　5. 雄蕊的内面及外面

图10-4　侧柏

5. 三尖杉科(粗榧科)Cephalotaxaceae

常绿乔木或灌木。小枝对生,基部有宿存芽鳞。叶条形或披针形,在侧枝上呈螺旋状交互对生或近对生,排成2列,上面中脉隆起,背面中脉两侧各有一白色宽气孔带。球花单性,雌雄异株,少同株。雄球花6~11枚聚成头状,生于叶腋,每一雄球花基部有一卵圆形或三角形的苞片;雄蕊4~16,花丝短,花粉粒无气囊;雌球花有长柄,由数对交互对生的苞片组成,每苞片腋生胚珠2枚,仅1枚能育。种子核果状,全部包于由珠托发育而成的肉质假种皮中,成熟时紫色或紫红色。外种皮坚硬,内种皮膜质。染色体:X=12。

本科仅1属,9种。分布于亚洲东部与南部。我国产7种,3变种;其中5种为特有种。分布于秦岭及淮河以南地区,药用5种,3变种。

三尖杉科植物含双黄酮类及粗榧碱类和高刺桐类生物碱。包括尖杉酯碱(harringtonine)、异尖杉酯碱(isoharringtonine)、脱水三尖杉酯碱(anhydroxyharringtonine)、脱氧三尖杉酯碱(deoxyharringtonine)、新三尖杉酯碱(neoharringtonine)和高三尖杉酯碱(homoharringonine)等。其中尖杉酯碱和高三尖杉酯碱具有抗肿瘤作用,对人体慢性粒细胞性白血病和急性非淋巴细胞性白血病有较好疗效。

【重要药用植物】

三尖杉 *Cephalotaxus fortunei* Hooker　三尖杉属常绿乔木。树皮褐色或红褐色，片状开裂。叶线形，常弯曲，长 4~13cm，螺旋状着生，排成 2 行，上面中脉隆起，深绿色，背面中脉两侧各有一白色气孔带。种子核果状，椭圆状卵形，长 2~3cm。假种皮成熟时紫色或红紫色(图 10-5)。分布于长江流域及以南地区。种子可驱虫，润肺，止咳，消食。从枝叶提取的三尖杉酯碱与高三尖杉酯碱的混合物，可用于治疗白血病。

同属植物**海南粗榧** *Cephalotaxus hainanensis* Li、**粗榧** *Cephalotaxus sinensis*(Rehder et E. H. Wilson) H. L. Li(彩图 17)、**篦子三尖杉** *Cephalotaxus oliveri* Mast. 等也具有抗癌作用。

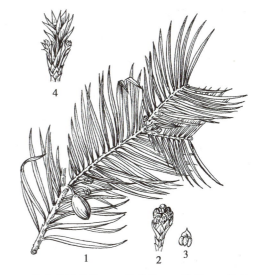

1. 着生种子的枝　2. 雄球花　3. 雄蕊　4. 幼枝及雌球花

图 10-5　三尖杉

6. 红豆杉科(紫杉科)Taxaceae

常绿乔木或灌木。叶线形或披针形，螺旋状排列或交互对生，上面中脉明显，背面沿中脉两侧各有一气孔带。球花单性，雌雄异株，稀同株；雄球花单生于叶腋或苞腋，或相互对生组成穗状花序生于枝顶，雄蕊多数，花药 3~9 个，花粉粒球形；雌球花单生或成对生于叶腋或苞腋，胚珠 1 枚，生于苞腋，基部具盘状或漏斗状珠托。种子核果状，无梗则全部为肉质假种皮所包，如具长梗则种子包于囊状肉质假种皮中，其顶端尖头露出；或种子坚果状，包于杯状肉质假种皮中，有短梗或近于无梗。染色体:X=11,12。

本科共有 5 属，23 种，主要分布于北半球。我国有 4 属，12 种，多个变种；药用 3 属，10 种。

本科植物多含有双黄酮类、紫杉碱(taxine)和具抗癌作用的紫杉醇(taxol)，以及蜕皮甾酮等。红豆杉属植物中多含有紫杉烷二萜及二萜生物碱。

【重要药用植物】

榧树 *Torreya grandis* Fort. et Lindl.　榧属常绿乔木。高达 25m，树皮灰褐色，纵裂。叶条形，先端突尖呈刺状短尖头，交互对生或近对生，排成 2 列，上面光绿色，无隆起的中脉，背面浅绿色，沿中脉两侧各有一条黄绿色的气孔带，与中脉带等宽。球花单性，雌雄异株，雄球花圆柱形，雄蕊多数，花药 4 室；雌球花两个成对生于叶腋。种子核果状，椭圆形或倒卵形，成熟时被珠托发育成的假种皮包被，淡紫褐色，有白粉(彩图 18)。分布于江苏、浙江、福建、江西、安徽、湖南等地。种子(榧子)可杀虫消积，润燥通便。

榧属植物全世界共有 6 种 2 变种；国产 3 种 2 变种。其中**香榧** *Torreya grandis* 'Merrilli' 为著名的干果，主产于浙江等地。

东北红豆杉 *Taxus cuspidata* Sieb. et Zucc.　红豆杉属乔木。高达 20m，树皮红褐色，具浅裂纹。一年生枝绿色，多年生枝呈红褐色。叶排成不规则的

1. 部分枝条　2. 叶　3. 种子及假种皮　4. 种子
5. 种子基部

图 10-6　东北红豆杉

2 列,常呈"V"字形开展,条形,通常直,背面有两条灰绿色气孔带。雄球花具雄蕊 9~14 枚,各具 5~8 个花药。种子卵圆形,紫红色,外覆有上部开口的假种皮,假种皮成熟时肉质,鲜红色(图 10-6,彩图 19)。分布于我国东北地区的小兴安岭南部和长白山区。种子可榨油;树皮、枝叶、根皮可提取紫杉醇(taxol),具抗癌作用。

红豆杉属植物全世界约有 11 种,分布于北半球。自 1971 年美国化学家瓦尼(Wani)等从短叶红豆杉 *Taxus brevifolia* Nutt. 树皮中得到紫杉醇(taxol),并证实其有抗癌作用后,该属植物受到广泛重视。我国有 4 种,1 变种:**西藏红豆杉** *Taxus wallichiana* Zucc.、**东北红豆杉** *Taxus cuspidata* Sieb. et Zucc.、**云南红豆杉** *Taxus yunnanensis* Cheng et L. K. Fu、**红豆杉** *Taxus wallichiana* var. *chinensis*(Pilger)Florin(彩图 20)、**南方红豆杉(美丽红豆杉)***Taxus wallichiana* var. *mairei*(Lemée & H. Léveillé)L. K. Fu & Nan Li 均可供用于提取紫杉醇。但该属植物生长缓慢,且野生资源日益减少,目前已大量人工栽培以扩大药源。

知识拓展

红豆杉资源的保护

红豆杉科植物因树皮及枝叶含有紫杉醇(含量约 0.01%),有很好的抗肿瘤作用,紫杉醇于 1991 年被美国食品药品管理局(FDA)批准上市,导致了红豆杉资源的开发热,从野生红豆杉树皮提取紫杉醇,对红豆杉资源造成严重破坏,尤其是我国的云南红豆杉。红豆杉属所有植物已被列为国家一级重点保护野生植物,部分物种被列入世界自然保护联盟(IUCN)濒危物种。

7. 麻黄科 Ephedraceae

多分枝的小灌木或亚灌木,有的呈草本状,植株矮小。小枝对生或轮生,绿色,具节,节间有细纵沟,茎内次生木质部具导管。鳞状叶 2~3 枚,于节部对生或轮生,常退化成膜质鞘。孢子叶球单性,雌雄异株,少同株。雄球花(小孢子叶球)由数对苞片组合而成,每苞腋生一雄花,雄蕊(小孢子囊)2~8 枚,花丝合成一束,雄花外包有膜质假花被,2~4 裂;雌球花(大孢子叶球)由多数苞片组成,仅顶端 1~3 枚苞片内腋生有雌花,雌花具囊状假花被,胚珠 1,具一层珠被,珠被上部延长成珠被(孔)管,自假花被管伸出。种子浆果状,成熟时,假花被发育成革质假种皮,外层苞片增厚呈肉质,红色,俗称"麻黄果"。染色体:X=7。

本科仅有 1 属,约 40 种。分布于亚洲、美洲、欧洲东南部及非洲北部等地。我国有 12 种,4 变种,除长江下游及珠江流域地区外,各地均有分布,喜生于干旱、荒漠地带。

本科植物含有麻黄碱等多种生物碱成分。麻黄属植物草质茎中富含 10 多种生物碱,其中包括左旋麻黄碱(L-ephedrine)、右旋麻黄碱(D-pseudoephedrine)、左旋甲基麻黄碱(L-methylephedrine)、右旋甲基伪麻黄碱(D-methylpseudoephedrine)、左旋去甲基伪麻黄碱(L-norephedrine)、右旋去甲基伪麻黄碱(D-norpseudoephedrine)、麻黄噁唑酮(ephedroxane)和苄甲胺(benzyl-methylamine)等。

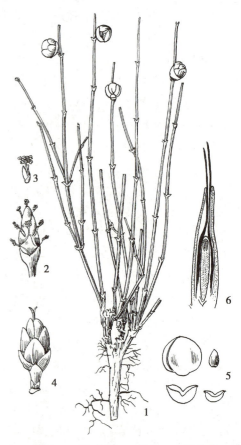

1. 雌株　2. 雄球花　3. 雄花　4. 雌球花
5. 种子及苞片　6. 胚珠纵切

图 10-7　草麻黄

【重要药用植物】

草麻黄 *Ephedra sinica* Stapf　麻黄属草本状矮小亚灌木。植株高 25~60cm。木质茎短,小枝绿色,对生或轮生,节间长 3~5cm。叶膜质鞘状,下部 1/3~2/3 合生,顶端 2 裂。雌雄异株,雄球花多呈复穗状,雄花黄色;雌球花单生于枝顶,苞片 4 对,雌花 2~3 个;雌球花成熟时苞片增厚成肉质,红色,内含种子 1~2 粒(图 10-7,彩图 21)。分布于河北、山西、河南、陕西、内蒙古、辽宁、吉林等地。多生于山坡、干燥荒地、草原等处。干燥草质茎入药能发汗散寒,宣肺平喘,利水消肿。根的作用相反,能固表止汗。同属**中麻黄** *Ephedra intermedia* Schrenk et C. A. Mey.(彩图 22)、**木贼麻黄** *Ephedra equisetina* Bge.(彩图 23)也作"麻黄"入药。

内容小结

裸子植物是一类既保留着颈卵器,又能产生种子,并具维管束的种子植物,是介于蕨类植物和被子植物之间的一类维管植物。它的主要特征为植物体(孢子体)发达,胚珠裸露,产生种子。配子体退化,微小,完全寄生于孢子体上,具多胚现象。化学成分富含黄酮类及双黄酮类、萜类及挥发油等成分。

现存裸子植物分属于 5 纲,苏铁纲 Cycadopsida、银杏纲 Ginkgopsida、松柏纲 Coniferopsida、红豆杉纲(紫杉纲)Taxopsida、买麻藤纲 Gnetopsida。共有 12 科,71 属,近 800 种。重要的药用植物有苏铁 *Cycas revoluta*、银杏 *Ginkgo biloba*、马尾松 *Pinus massoniana*、金钱松 *Pseudolarix amabilis*、侧柏 *Platycladus orientalis*、三尖杉 *Cephalotaxus fortunei*、红豆杉 *Taxus chinensis*、草麻黄 *Ephedra sinica*、木贼麻黄 *Ephedra equisetina*、中麻黄 *Ephedra intermedia* 等。

（许　亮）

第十章
目标测试

第十一章

被子植物门 Angiospermae

第十一章
教学课件

学习要求

掌握：被子植物的主要特征；蓼科、毛茛科、木兰科、罂粟科、十字花科、蔷薇科、豆科、芸香科、大戟科、五加科、伞形科、唇形科、茄科、玄参科、葫芦科、桔梗科、菊科、禾本科、天南星科、百合科、姜科、兰科的特征及其重要药用植物。

熟悉：桑科、马兜铃科、苋科、石竹科、小檗科、樟科、景天科、杜仲科、锦葵科、山茱萸科、木犀科、龙胆科、夹竹桃科、萝藦科、旋花科、马鞭草科、爵床科、茜草科、忍冬科、棕榈科、百部科、石蒜科、薯蓣科、鸢尾科的特征及其重要药用植物。

了解：三白草科、胡椒科、金粟兰科、桑寄生科、睡莲科、防己科、虎耳草科、楝科、漆树科、冬青科、卫矛科、无患子科、鼠李科、瑞香科、桃金娘科、杜鹃花科、报春花科、紫草科、车前科、败酱科、泽泻科、莎草科的特征及重要药用植物。

被子植物又称为有花植物(flowering plant)、雌蕊植物(gynoeciate)，具有各种生态习性和营养方式，早在中生代侏罗纪以前已开始出现，是目前植物界中最进化、种类最多、分布最广和最繁盛的一个类群，也是构成现在地球表面植被的主要类群。

全世界现知被子植物共有1万多属，24万多种，占植物界总数一半以上。我国被子植物有2 700多属，约3万种，其中已知药用种类约10 000种，是药用植物最多的类群。

第一节　被子植物的主要特征

被子植物种类繁多，结构复杂，尤其是完善的繁殖器官结构和生殖过程，使其成为适应地球各种自然环境进化程度最高、多样性最丰富的类群。与其他类群相比，被子植物具有以下主要特征：

1. **具有真正的花**　被子植物在长期的进化过程中，经自然选择产生出具有高度特殊化的、真正的花，以适应虫媒、鸟媒、风媒、水媒等传粉条件。被子植物的花通常由花被(花萼、花冠)、雄蕊群及雌蕊群组成。

2. **胚珠包藏在心皮形成的子房内**　被子植物的胚珠包藏在由心皮闭合而形成的子房内，使其得到良好的保护。子房在受精后发育成果实。果实有保护种子成熟，帮助种子传播的重要作用。

3. **具双受精现象**　双受精现象仅存在于被子植物。在受精过程中，一个精子与卵细胞结合形成合子(受精卵)，另一个精子与两个极核结合，发育成三倍体的胚乳。这种胚乳为幼胚发育提供营养，具有双亲的特性，能为新植株提供较强的生活力。

4. **孢子体高度发达**　被子植物的孢子体高度发达，配子体极度退化。被子植物具有多种习性和类型。如水生或陆生；自养或异养；木本或草本；直立或藤本；常绿或落叶；一年生、二年生及多年生等。被子植物孢子体的高度发达与其形态、组织分化精细，能适应各种生活条件是分不开的。如被子植物的木质部中出现了导管,韧皮部中出现了筛管及伴胞,这使水分和营养物质运输能力得到加强。

第二节　被子植物的分类及常见药用植物

本教材按恩格勒分类系统,将被子植物门分为双子叶植物纲和单子叶植物纲。两纲植物的主要区别特征如表 11-1(少数例外)。

表 11-1　双子叶植物和单子叶植物的主要区别特征

	双子叶植物纲	单子叶植物纲
根系	直根系	须根系
茎	维管束呈环状排列,具形成层	维管束呈散状排列,无形成层
叶	具网状叶脉	具平行或弧形叶脉
花	通常为 5 或 4 基数	3 基数
	花粉粒具 3 个萌发孔	花粉粒具单个萌发孔
子叶	2 枚	1 枚

一、双子叶植物纲 Dicotyledoneae

双子叶植物纲分为原始花被亚纲(离瓣花亚纲)和后生花被亚纲(合瓣花亚纲)。

(一)原始花被亚纲 Archichlamydeae

原始花被亚纲又称古生花被亚纲,或离瓣花亚纲(Choripetalae),是被子植物中比较原始的类群。花无被、单被或重被,花瓣通常分离,胚珠具一层珠被。

1. 三白草科 Saururaceae

$$\male\female * P_0 A_{3\sim8} \underline{G}_{3\sim4 : 1 : 2\sim4, (3\sim4 : 1 : \infty)}$$

<u>多年生草本</u>,茎常具明显的节。<u>单叶互生</u>,托叶与叶柄常合生或缺。花小,两性,密聚成穗状花序或总状花序;花序下常具白色总苞片;无花被;雄蕊 6~8,稀 3;雌蕊子房上位,心皮 3~4,分离或合生,每分离心皮有胚珠 2~4 颗,若为合生时,则子房 1 室,侧膜胎座,胚珠多数。<u>蒴果或浆果</u>。种子胚乳丰富。染色体:X=11,12,28。

本科 4 属,6 种,分布于东亚及北美。我国有 3 属,4 种,药用种类 4 种,主要分布于长江以南各地,多生长于水沟或湿地。

本科植物多含挥发油和黄酮类化合物。如鱼腥草含挥发油,油中主要成分为甲基正壬酮(methyl-*n*-nonylketone)、癸酰乙醛(decanoylacetaldehyde)、月桂醛(lauraldehyde)等。

【重要药用植物】

三白草 *Saururus chinensis* (Lour.) Baill.　三白草属多年生草本,根状茎较粗。叶互生,长卵形,茎顶端 2~3 片叶开花时常为白色,总状花序顶生;雄蕊 6,子房上位,3~4 心皮合生。果实近球形,分裂为 3~4 个分果瓣。分布于河北、山东、河南和长江流域及其以南地区。根状茎及全草能清热解毒,利尿消肿。

蕺[jí]菜(鱼腥草) *Houttuynia cordata* Thunb.　蕺菜属多年生草本,有鱼腥臭。叶互生,心形。穗状花序顶生,基部有 4 枚白色苞片。花小,两性,无花被;雄蕊 3;花丝下部与 3 心皮的子房下部合生。蒴果,顶端有宿存的花柱(图 11-1,彩图 24)。分布于长江以南地区。全草能清热解毒,消痈排脓,利尿通淋。嫩根状茎可作蔬菜食。

2. 胡椒科 Piperaceae

$$♂ P_0 A_{1\sim10}; ♀ P_0 \underline{G}_{(1\sim5:1:1)}; ♀♂ P_0 A_{1\sim10} \underline{G}_{(1\sim5:1:1)}$$

藤本或肉质草本,常具香气或辛辣气。茎内维管束常散生而与单子叶植物类似。叶互生,对生或轮生;叶片全缘,基部两侧常不对称;托叶与叶柄常合生或无托叶。花小,密集成穗状花序或肉穗状;两性或单性异株,间有杂性;无花被;雄蕊1~10;子房上位,心皮1~5,合生,1室,有1直生胚珠。浆果球形或卵形。种子1枚,具少量的内胚乳和丰富的外胚乳,胚小。染色体:X=12。

本科8或9属,近3 100种,分布于热带及亚热带地区。我国4属,约70种,其中药用种类约25种,产于西南至东南部。

本科植物常含挥发油及生物碱,如胡椒果实含挥发油及胡椒碱(piperine)。

【重要药用植物】

胡椒 *Piper nigrum* L. 胡椒属木质藤本,叶片卵状椭圆形,近革质。花单性异株,间或有杂性,穗状花序与叶对生,苞片匙状,长圆形。浆果熟时红色,未成熟果实干后果皮皱缩变黑,称为"黑胡椒";成熟后脱去果皮后成白色,称"白胡椒"(图11-2,彩图25)。原产东南亚,我国台湾、福建、广东、广西及云南等地有栽培。果实能温中散寒,下气,消痰。

同属植物国产近50种,其中风藤 *Piper kadsura* (Choisy)Ohwi 分布于我国南方地区,以广东、福建、台湾为多。干燥藤茎作"海风藤"入药。能祛风湿,通经络,止痹痛。荜茇[bì bá]*Piper longum* L. 多年生草质藤本。分布我国云南省东南至西南部,广东、广西和福建有栽培。成熟果穗药用,能温中散寒,下气止痛。

3. 金粟兰科 Chloranthaceae

$$♀ P_0 A_{(1\sim3)} \overline{G}_{1:1:1}$$

草本或灌木,节部常膨大,常具油细胞,有香气。单叶对生,叶柄基部多少合生成鞘;托叶小。花小;两性或单性;排成穗状花序、头状花序或圆锥花序顶生;无花被;雄蕊1~3,合生成一体,花丝附于子房上;子房下位,单心皮,1室,胚珠单生。核果。种子具丰富的胚乳。染色体:X=8,14,15。

本科约5属,70种,其中药用种类15种,分布于热带和亚热带地区。我国3属,约18种,主要分布于长江以南地区。

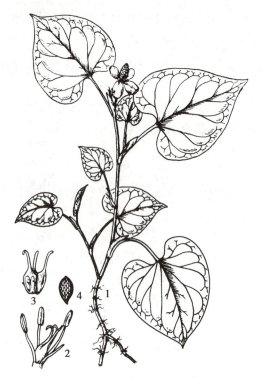

1. 植株　2. 花　3. 果实　4. 种子

图 11-1　蕺菜

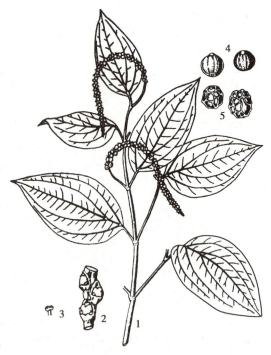

1. 果枝　2. 花序一部分　3. 雄蕊　4. 白胡椒(果实)外形　5. 黑胡椒(果实)外形

图 11-2　胡椒

本科植物常含挥发油、黄酮苷等化学成分。

【重要药用植物】

及己(四块瓦) *Chloranthus serratus* (Thunb.) Roem. et Schult.　金粟兰属常绿草本。叶对生,4~6 片,生于茎之上部(彩图 26)。分布于长江流域及南部地区。全草及根状茎入药,能清热解毒,舒筋活络,祛风止痛。有毒,内服慎用。金粟兰属植物国产 13 种,几乎全部入药。

草珊瑚(肿节风) *Sarcandra glabra* (Thunb.) Nakai　草珊瑚属常绿草本,茎节膨大。叶近革质,叶缘锯齿间有 1 个腺体,核果熟时红色(图 11-3,彩图 27)。分布于长江以南地区。全草能清热凉血,活血消斑,祛风通络。同属植物国产 2 种,全部入药。

4. 桑科 Moraceae

$$♂ P_{4-5} A_{4-5}; ♀ P_{4-5} G_{(2:1:1)}$$

1. 果枝　2. 果　3. 雄蕊　4. 花序 1 段　5. 根状茎和根

图 11-3　草珊瑚

木本,稀草本和藤本,常有乳汁。叶多互生;托叶细小,常早落。花小,单性,雌雄同株或异株;集成柔荑、穗状、头状、隐头等花序;单被,常 4~5 片,雄花之雄蕊与花被同数且对生;雌花花被有时呈肉质;子房上位,2 心皮,合生,通常 1 室 1 胚珠。果为小瘦果、小坚果,但在果期常与花被或花轴等形成肉质复果(聚花果)。叶中常含碳酸钙结晶(钟乳体)。染色体:X=7,8,10,13,14。

本科约 53 属,1 400 余种,分布于热带及亚热带。我国有 12 属,约 150 种,其中药用种类约 50 余种,全国各地均有分布,长江以南较多。

本科植物含多种特有成分及活性强烈成分。如桑色素(morin),氰桑酮及二氢桑色素等黄酮类为本科特有成分。见血封喉中含有剧毒的见血封喉苷(antiarins)等多种强心苷。大麻属植物中含有的大麻酚(cannabinol)、四氢大麻酚等酚类化合物,有致幻作用。桑叶中含牛膝甾酮(inokosterone)、羟基促脱皮甾酮等昆虫变态激素。其他尚有皂苷、生物碱等。

在哈钦松分类系统中将本科中植物体为草本、无乳汁的大麻属(*Cannabis*)和葎草属(*Humulus*)植物另立为大麻科(Cannabaceae)。

【重要药用植物】

桑 *Morus alba* L.　桑属落叶小乔木,具乳汁。叶卵形,有时分裂。雌雄异株,均为腋生的柔荑花序。瘦果包于肉质化的雌花被内,聚花果熟时紫红色、紫色或白色(图 11-4)。全国各地均有栽培。根皮(桑白皮)能泻肺行水,止咳平喘。小枝(桑枝)能祛风通络。桑叶能疏散风热,清肝明目。聚花果(桑椹)可滋阴补血,生津润燥。桑枝可祛风湿,利关节。同属植物国产 11 种,已知药用 6 种。

见血封喉(箭毒木) *Antiaris toxicaria* (Pers.) Lesch.　见血封喉属乔木,高达 30m;具乳白色树液,树皮灰色,具泡沫状凸起。叶互生,长椭圆形,基部圆或心形。分布于广东、广西、海南、云南南部。为国家三级保护植物,有剧毒,民间入药用于强心、催吐。

薜[bì]荔 *Ficus pumila* L.　榕属常绿攀缘灌木。具白色乳汁。隐头花序单生于生殖枝叶腋,呈梨形或倒卵形(图 11-5,彩图 28)。分布于华东、华南和西南。茎在某些地区作络石藤入药,能祛风除湿,活血通络。隐花果(鬼馒头)入药,能壮阳固精,活血下乳。榕属(*Ficus*)植物国产 98 种,3 亚种,43 变种 2 变型,药用种类约 30 种,其中:**无花果** *Ficus carica* L. 的隐花果能润肺止咳,清热润肠;**榕树(细叶榕)***Ficus microcarpa* L.,我国华南地区常见,其气生根、叶在民间也作药用。

1. 雌花枝   2. 雄花枝   3. 雄花   4. 雌花

图 11-4   桑

1. 果枝   2. 雄花   3. 雌花

图 11-5   薜荔

大麻 *Cannabis sativa* L.   大麻属一年生高大草本。皮层富含纤维,叶掌状全裂。花单性异株,雄花排成圆锥花序,黄绿色,雌花丛生叶腋,绿色瘦果扁卵形(彩图 29)。原产亚洲西部,我国各地均有栽培。种仁(火麻仁)能润肠通便。雌花能止咳定喘,解痉止痛。某些亚种的幼嫩果穗有致幻作用,为毒品原料。

组图:桑科 - 柘

本科药用植物还有:**构树** *Broussonetia papyrifera* (L.) Vent.(构属)(彩图 30),果实(楮实子)能补肾清肝,明目,利尿;根能利尿止泻。**柘**[zhè]*Cudrania tricuspidata* (Carr.) Bur. ex Lavallee(柘属),根皮入药,能止咳化痰。**啤酒花(忽布)***Humulus lupulus* L.(葎草属)(彩图 31),果穗可制啤酒,雌花能健胃消食、安神。**葎草** *Humulus scandens* (Lour.) Merr. 全草入药能清热解毒,凉血。

知识拓展

桑科植物的用途

桑科许多植物具有较高的经济价值。有些种类可以食用,如原产印度的波罗蜜 *Artocarpus heterophyllus* 和原产马来群岛的面包树 *Artocarpus communis*,以及原产地中海沿岸的无花果 *Ficus carica*。 多种桑 *Morus* ssp. 的桑椹果也是著名水果。有的种类可产胶,如印度榕 *Ficus elastica*,米扬噎 *Streblus tonkinensis*。桑属及构属的树皮可以造纸;大麻的茎皮纤维为重要纺织原料;桑属、柘属植物的嫩叶可以养蚕。啤酒花的花和果穗含忽布素,为酿造啤酒的原料(酒花);有些种类的木材可以作乐器、家具、农具等。

5. 桑寄生科 Loranthaceae

$$♀*P_{4-6}A_6\overline{G}_{(3-4:1:4-12)}$$

寄生或半寄生灌木,多寄生于木质茎上。叶对生或轮生,革质、全缘,无托叶。花两性或单性,整齐或稍不整齐;异被,或萼片退化而呈单被状;萼呈齿裂或不明显;花瓣常5~6,镊合状排列,分离或下部合生成管;雄蕊与花被片同数对生;子房下位,通常1室,胚珠4~12颗。果实浆果状或核果状;种子不具种皮,具胚乳,周围常有一层黏稠物质,使种子黏附在吃果实的鸟喙上,以利传播。染色体:X=8~12,14,15。

本科65属,约1 300种,主要分布于南半球的热带及亚热带。我国有11属,60余种,多数可药用,分布于南北各地,以南方为多。

本科植物常含有黄酮类、三萜类、鞣质等化学成分。如广寄生苷(avicularin)、高圣草素(homoeriodictyol)等。同时也吸收寄主所含的成分,如寄主有毒,该寄生植物也往往含有毒成分。

【重要药用植物】

广寄生(桑寄生) Taxillus chinensis(DC.)Danser 钝果寄生属常绿寄生小灌木。花1~3朵组成聚伞花序,常1~2朵生于叶腋;花冠狭管状,紫红色;雄蕊4枚;子房下位,1室1胚珠。常寄生在桑科、山茶科、山毛榉科等植物体上(图11-6)。分布于福建、台湾、广东、广西、云南、贵州、四川等地。带叶茎枝能祛风湿,补肝肾,强筋骨,安胎元。同属植物国产15种。

槲寄生 Viscum coloratum(Kom.)Nakai 槲寄生属常绿寄生小灌木。花小,单性异株;雄花序聚伞状,通常有3朵花;雌花1~3朵簇生。浆果,成熟时淡黄色或橙色,具黏液质。常寄生在槲、榆、柳、桦、梨、栗、枫杨、枫香等树上。分布于东北、华北、华东、华中地区。带叶茎枝能祛风湿,补肝肾,强筋骨,安胎元。同属植物国产11种。

1.带花果的枝 2.花剖开后示雄蕊 3.雄蕊

图11-6 广寄生

6. 马兜铃科 Aristolochiaceae

$$♀*,↑P_{(3)}A_{6-12}\overline{G}_{(4-6:6:∞)}$$

多年生草本或藤本。单叶互生;叶片多为心形或盾形,全缘,稀3~5裂;无托叶,花两性;单被,辐射对称或两侧对称,花被下部合生成管状,顶端3裂或向一侧扩大;雄蕊常6~12;雌蕊心皮4~6,合生;子房下位或半下位,4~6室,柱头4~6裂;中轴胎座,胚珠多数。蒴果,背缝开裂或腹缝开裂,少数不开裂。种子多数,有胚乳。染色体:X=4~7,12,13。

本科约8属,600余种,分布于热带和温带,南美尤盛。我国有4属,70余种,其中药用种类约65种,分布全国,以西南及东南较盛。

本科植物含有生物碱、挥发油及硝基菲类化合物(nitropenathrene)等。马兜铃酸(aristolochic acid)为一种硝基菲类化合物,是马兜铃科植物的特征性化学成分,近年发现该类成分具有肾脏毒性,在使用中应注意。

【重要药用植物】

辽细辛(北细辛) Asarum heterotropoides Fr. Schmidt var. mandshuricum(Maxim.)Kitag. 细辛属

多年生草本,根状茎横走,生有细长的根,根具浓烈香气。叶基生,具长柄,叶片肾状心形,全缘。花单生叶腋;花被紫棕色,顶端 3 裂,花被裂片向下反卷。雄蕊 12;子房下位,柱头 6。蒴果浆果状,半球形。种子椭圆状船形(图 11-7)。分布于东北地区。根与根状茎入药,能解表散寒,祛风止痛,通窍,温肺化饮。同属植物国产 30 余种。**细辛(华细辛)** *Asarum sieboldii* Miq.、**汉城细辛** *Asarum sieboldii* Miq. var. *seoulense* Nakai 也作"细辛"入药。

本科药用植物还有:**木香马兜铃** *Aristolochia moupinensis* Franch. 根、茎入药,清热利湿,行水下乳,排脓止痛;**绵毛马兜铃(寻骨风)** *Aristolochia mollissima* Hance 茎、叶入药,祛风通络,止痛;**杜衡** *Asarum forbesii* Maxim. 全草药用,散风逐寒,消痰行水,活血,平喘。

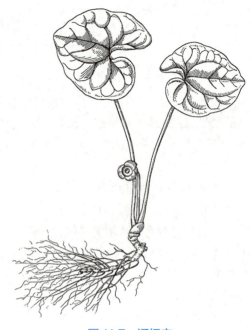

图 11-7 辽细辛

知识拓展

马兜铃及肾毒性

马兜铃 *Aristolochia debilis* Sieb. et Zucc. 马兜铃属多年生缠绕草本。叶三角状卵形,基部心形,两侧具圆形耳片。花左右对称,花被管喇叭状。分布于黄河以南地区。茎(天仙藤)能疏风活络;果实入药称"马兜铃",能清肺降气,止咳平喘。同属植物国产 68 种,其中:北马兜铃 *Aristolochia contorta* Bunge 叶三角状心形,蒴果倒卵形或倒卵状椭圆形。分布于东北、华北及西北等地,功效同上种。木通马兜铃 *Aristolochia manshuriensis* Kom. 分布于东北、陕西、甘肃、山西等地。茎入药称"关木通",能清热利尿,通经下乳。异叶马兜铃 *Aristolochia heterophylla* Hemsl. 分布于甘肃、陕西、四川、湖北等省。根入药称"汉中防己",能祛风,利湿,镇痛。由于马兜铃酸具有较强的肾毒性,可引发"马兜铃酸肾病"的发生,《中国药典》已不收载马兜铃、天仙藤、关木通。

7. 蓼科 Polygonaceae

$$\male \ast P_{3-6, (3-6)} A_{3-9} \underline{G}_{(2\sim3:1:1)}$$

多为草本,茎节常膨大。单叶互生;托叶包于茎节形成托叶鞘,多呈膜质。花两性或单性异株;常排成穗状、总状或圆锥花序;单被,花被 3~6,多宿存;雄蕊多 6~9,子房上位,心皮 2~3,合生成 1 室,1 胚珠,基生胎座。瘦果或小坚果,常包于宿存花被内,多有翅。种子胚乳丰富。植物细胞中常见有草酸钙簇晶。染色体:X=6~20。

本科约有 50 属,1 150 种,全球分布。我国 13 属,230 余种,其中药用 8 属,约 120 种,全国均有分布。

本科植物含有蒽醌类、黄酮类、鞣质及芪类化合物。蒽醌类较广泛分布于本科植物中,如大黄属(*Rheum*)植物中含有大黄酸(rhein)、大黄素(emodin)、大黄酚(chrysophanol)等。大黄酸的苷类是主要的泻下成分。

【**重要药用植物**】

药用大黄 *Rheum officinale* Baill. 大黄属多年生草本。根和根状茎肥厚,断面黄色。叶片近圆形,掌状浅裂。圆锥花序,花黄白色(图 11-8)。分布于陕西、四川、湖北、云南等地,野生或栽培。根状茎(大黄)能泻热通便;小剂量为收敛剂和健胃剂。同属植物**掌叶大黄** *Rheum palmatum* L.(彩图 32)多年生高大草本,高约 2m,茎中空。基生叶有肉质粗壮的长柄,茎生叶互生,较小,具浅褐色膜质托叶鞘,叶片掌状深裂。花紫红色。瘦果三棱状,具翅。分布于甘肃、青海、四川西部及西藏东部。也有栽培。**唐古特大黄(鸡爪大黄)***Rheum tanguticum* Maxim. ex Regel(彩图 33)叶片常二回羽状深裂。上述三种大黄属的植物为正品中药"大黄"的原植物。同属植物国产近 30 种,已知药用 15 种,较重要的尚有:**藏边大黄** *Rheum undulatum* L.、**华北大黄** *Rheum rhabarbarum* L.、**河套大黄** *Rheum hotaoense* C. Y. Cheng et Kao 等。

何首乌 *Fallopia multiflora* (Thunb.) Harald.　何首乌属多年生草质藤本,地下块根肥厚。叶互生,具长柄,叶卵状心形,全缘,表面光滑无毛;托叶鞘膜质。圆锥花序大而开展,顶生或腋生,花多数,细小,花被 5 深裂,白色。瘦果椭圆形,有 3 棱,包于宿存的翅形花被内(图 11-9)。分布几遍全国。块根入药,生用能通便,解疮毒。制首乌能补肝肾,乌须发,强筋骨;茎(夜交藤)能安神,通络。

虎杖 *Reynoutria japonica* Houtt.　虎杖属多年生粗壮草本,茎中空,具红色或紫红色斑点。雌雄异株。瘦果具 3 棱(彩图 34)。主产长江流域及以南地区。根状茎和根能清热利湿,收敛止血。

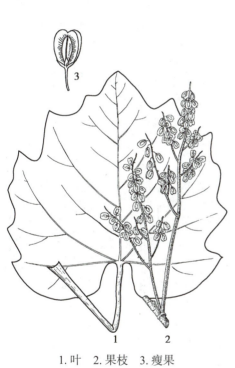

1. 叶　2. 果枝　3. 瘦果

图 11-8　药用大黄

1. 花枝　2. 花被展开(示雄蕊)　3. 花的侧面
4. 包被在花被内的果实　5. 果实

图 11-9　何首乌

知识拓展

何首乌及虎杖的分类归属

　　何首乌及虎杖的学名原置于蓼属之下,《中国植物志》与 *Flora of China* 已作修订,两者分别被列在何首乌属与虎杖属。国际上也有主张将何首乌列入虎杖属,并以 *Reynoutria multiflora* (Thunb.) Moldenke 作为学名。《中国药典》仍继续使用原学名 *Polygonum multiflorum* Thunb.(何首乌)、*Polygonum cuspidatum* Sieb. et Zucc.(虎杖)。本教材根据《中国植物志》的学名进行相应修订。

萹蓄 *Polygonum aviculare* L.　蓼属匍匐草本,全国均有分布。全草能清热,利尿。**红蓼** *Polygonum orientale* L. 一年生高大草本。果实(水红花子)能散血,消积。**蓼蓝** *Polygonum tinctorium* Ait. 叶作"蓼大青叶"入药,能清热解毒,凉血。**拳参** *Polygonum bistorta* L. 根状茎能消肿止血。**杠板归** *Polygonum perfoliatum* L. 的地上部分能清热解毒,利水消肿,止咳。蓼属植物国产约 120 种,已知药用种类约80 种。

组图:蓼科

　　本科药用植物还有:**羊蹄** *Rumex japonicus* Houtt.(酸模属),根能清热解毒、凉血止血。**巴天酸模** *Rumex patientia* L.根入药,功用同羊蹄。**野荞麦** *Fagopyum cymosum*(Trev.)Meisn.(荞麦属),根能清热解毒、清肺排脓。**金荞麦** *Fagopyrum dibotrys*(D. Don)Hara 的根状茎能清热解毒,排脓祛瘀。

8. 苋科 Amaranthaceae

$$\male\female * P_{3\sim5} A_{1\sim5} \underline{G}_{(2\sim3:1:1\sim\infty)}$$

　　多为草本。叶互生或对生;无托叶。花常两性;排成穗状花序、圆锥状或头状聚伞花序;单被,花被片 3~5,干膜质;每花下常有 1 干膜质苞片及 2 小苞片,雄蕊 1~5;子房上位,心皮 2~3,合生,1 室,胚珠 1 枚,稀多数。胞果,稀为浆果或坚果。种子有胚乳。染色体:X=6~13,16,11,18,24。

　　本科约 60 属,850 种,分布热带和温带。我国约 13 属,39 种,其中药用种类 28 种,分布全国。

　　本科植物常含甜菜黄素(betaxanthin)和甜菜碱(betaine)。有些植物含皂苷和昆虫变态激素,如牛膝中含有三萜皂苷、蜕皮甾酮(ecdysterone)、牛膝甾酮(inokosterone)等。

【重要药用植物】

　　牛膝 *Achyranthes bidentata* Bl.　牛膝属多年生草本,根长圆柱形。叶对生,椭圆形或阔披针形。茎四棱,节膨大。穗状花序顶生或腋生,花后总花梗伸长,花下折;每花有 1 苞片,花被片 5,绿色;雄蕊 5,花丝基部合生。胞果包于宿萼内(图 11-10)。除东北外,全国广布。河南栽培品称"怀牛膝"。根能逐瘀通经,补肝肾,强筋骨,利尿通淋,引血下行。同属植物国产 5 种,全部药用。其中:**土牛膝** *Achyranthes aspera* L. 叶倒卵形。分布于云南、四川、贵州、广西、广东、福建等地。根能清热,解毒,利尿。

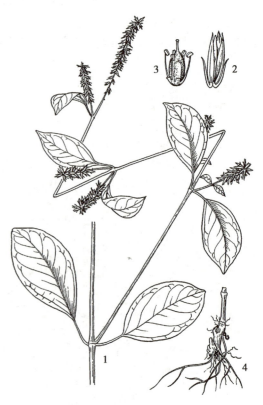

1. 花枝　2. 花　3. 去花被的花　4. 根

图 11-10　牛膝

　　川牛膝 *Cyathula officinalis* Kuan　杯苋属多年生草本。花序圆头状,花杂性。分布于云南、四川、贵州等地。根能祛风湿,破血通经。同属植物国产 4 种。

　　青葙 *Celosia argentea* L.　青葙属一年生草本。穗状花序排成圆柱状或塔状。苞片、小苞片及花被片均干膜质,淡红色(彩图 35)。全国均有野生或栽培。种子(青葙子)能清肝火,祛风热,明目降压。同属植物国产 3 种,其中:**鸡冠花** *Celosia cristata* L. 各地均有栽培,花序能凉血,止血。

9. 石竹科 Caryophyllaceae

$$\male\female * K_{4\sim5,\ (4\sim5)}C_{4\sim5}A_{8\sim10}\underline{G}_{(2\sim5:1:\infty)}$$

草本,茎节多膨大。单叶对生,全缘。花两性,辐射对称,排成聚伞花序或单生;萼片 4~5,分离或连合;花瓣 4~5,分离,常具爪;雄蕊为花瓣的倍数,8~10 枚;子房上位,心皮 2~5,合生,1 室,特立中央胎座,胚珠多数。蒴果,齿裂或瓣裂。种子多数,有胚乳。染色体:X=15,16,17。

本科 75 属,2 000 余种,广布世界。我国 30 属,388 种,其中药用种类 100 余种,广布全国。

本科植物普遍含有皂苷,如三萜皂苷类的石竹皂苷元(gypsogenin)、麦先翁毒苷(agrostemma-sapontoxin)、肥皂草苷(saporubin)等。另含黄酮类及花色苷(anthocyanin)。

【重要药用植物】

瞿麦 *Dianthus superbus* L.　石竹属多年生草本,叶对生,线形或披针形。花单生或成疏聚伞花序;花瓣粉紫色,花瓣 5,顶端成细条裂,喉部有须毛,基部具长爪(图 11-11)。全国分布。全草能利尿通淋,活血通经。同属植物国产 20 种,其中:**石竹** *Dianthus chinensis* L. 似上种,但花瓣顶端为不整齐的细齿。分布于东北、华北、西北及长江流域。功效同上种。

麦蓝菜(王不留行) *Vaccaria segetalis* (Neck.) Garcke　麦蓝菜属一年生草本。叶对生,萼筒呈壶状,花瓣淡红色(图 11-12)。主产华北、西北。种子球形,黑色,入药能行血调经,下乳消肿,利尿通淋。

本科药用植物还有**银柴胡** *Stellaria dichotoma* L. var. *lanceolata* Bge. 繁缕属草本,根能清虚热,除疳热;**孩儿参** *Pseudostellaria heterophylla* (Miq.) Pax(假繁缕属),多年生草本,块根纺锤形。叶对生,茎端 4 叶通常成十字排列。块根(太子参)能益气健脾,生津润肺。**金铁锁** *Psammosilene tunicoides* W. C. Wu et C. Y. Wu(金铁锁属)的根能祛风除湿,散瘀止痛,解毒消肿。

图 11-11　瞿麦

图 11-12　麦蓝菜

10. 睡莲科 Nymphaeaceae

$$\male\female * K_{3\sim\infty} C_{3\sim\infty} A_{\infty} \underline{G}_{3\sim\infty,(3\sim\infty)}; \overline{G}_{3\sim\infty,(3\sim\infty)}$$

多年生水生草本。根状茎常粗大肥厚。叶常漂浮水面,盾形、心形或戟形。花大,单生,两性,辐射对称;萼片 3 至多数;花瓣 3 至多数;雄蕊多数,雌蕊由 3 至多数离生或合生心皮组成,子房上位或下位,胚珠多数。坚果埋于膨大的海绵质花托内或为浆果状。染色体:X=8,12~29。

本科有 8 属,约 100 种,广布于世界各地。我国有 5 属,13 种,已知药用 8 种,全国各地均有分布。

本科植物多含生物碱,如莲心碱(liensinine)、荷叶碱(nuciferine)等。另含黄酮类化合物,如金丝桃苷(hyperin)、芦丁等。

【重要药用植物】

莲 *Nelumbo nucifera* Gaertn.   莲属多年生水生草本。根状茎(藕)肥大。叶圆形,全缘;花单生,花萼 4~5,早落;花瓣多数,红色、粉红色或白色。坚果嵌生于海绵质的花托(莲房)内(图 11-13)。我国各地均有栽培。根状茎的节部(藕节)能消瘀止血;叶(荷叶)能清热解暑;种子(莲子)能补脾止泻,止带,益肾涩精,养心安神。雄蕊(莲须)、胚(莲子心)也可药用。

芡(鸡头米)*Euryale ferox* Salisb.   芡属一年生水生草本,全株具刺。果实浆果状,海绵质,形如鸡头,密被硬刺。种子球形。全国大部分地区有分布,主产山东、江苏、安徽、湖南、湖北、四川等地。种仁(芡实)能补脾止泻,涩精止带。

1. 叶 2. 花 3. 莲蓬 4. 雄蕊 5. 果实 6. 种子

图 11-13 莲

11. 毛茛科 Ranunculaceae

$$\male\female *, \uparrow K_{3\sim\infty} C_{3\sim\infty,0} A_{\infty} \underline{G}_{1\sim\infty:1:1\sim\infty}$$

草本或藤本。单叶或复叶,多互生,少对生;叶片多缺刻或分裂,稀全缘;通常无托叶。花多两性;辐射对称或两侧对称;单生或排列成聚伞花序、总状花序和圆锥花序等;重被或单被;萼片 3 至多数,常呈花瓣状;花瓣 3 至多数或缺;雄蕊和心皮多数,分离,常螺旋状排列,稀定数。聚合瘦果或聚合蓇葖果,稀为浆果。种子具胚乳。染色体:X=5~10,13。

本科约 50 属,2 000 余种,广布世界各地,主产北半球温带及寒温带。我国有 42 属,约 720 种,已知药用 400 余种,分布全国。

本科植物化学成分较复杂。生物碱在本科植物中广泛地分布,如乌头属(*Aconitum*)含有乌头碱(aconitine),黄连属(*Coptis*)含有小檗碱(berberine),唐松草属(*Thalictrum*)含有唐松草碱(thalicrine)等。毛茛苷(ranunculin)是一种仅存于毛茛科植物中的特殊成分,它分布在毛茛属(*Ranunculus*)、银莲花属(*Anemone*)和铁线莲属(*Clematis*)中。此外,侧金盏花属(*Adonis*)和铁筷子属(*Helleborus*)含有强心苷,三萜皂苷类化合物在本科植物中也有较广泛的分布。

芍药属(*Paeonia*)植物普遍含有芍药苷(paeoniflorin)、牡丹酚(paeonol)、牡丹酚苷(paeonoside)及微量生物碱,但不含毛茛科的两种特有成分毛茛苷及木兰花碱(magnoflorine)。

【重要药用植物】

黄连 *Coptis chinensis* Franch.   黄连属多年生草本,高 15~35cm。根状茎黄色,味苦。叶基生,叶片坚纸质,卵状三角形,3 全裂,中央裂片有细柄,卵状菱形,羽状深裂,边缘有锐锯齿,侧生裂片不等 2 深裂。聚伞花序顶生;花 3~8,总苞片通常 3,披针形;小苞片圆形,稍小;萼片 5;花瓣黄绿色,线性或线状披针形;雄蕊多数;心皮 8~12,离生,有柄。蓇葖果 6~9(图 11-14,彩图 36)。分布于西南、华南、华中地区,多为栽培。根状茎能清热燥湿,泻火解毒。同属植物国产 6 种,其中:**三角叶黄连** *Coptis deltoidea* C. Y. Cheng et Hsiao 和**云南黄连** *Coptis teeta* Wall. 的根状茎亦作"黄连"用。同属植物还有**峨眉野连** *Coptis omeiensis*(Chen)C. Y. Cheng(彩图 37),用途同黄连,现已濒危。

　　乌头 *Aconitum carmichaelii* Debx.　乌头属多年生草本,高 60~120cm。块根倒圆锥状,有母根、子根之分,母根瘦长圆锥形,侧生子根短圆锥形。茎直立,下部光滑无毛,上部散生少数贴伏柔毛。叶互生,具柄;叶片卵圆形,掌状 3 深裂,两侧裂片再 2 裂,各裂片边缘具粗齿或缺刻。总状花序顶生,花蓝紫色,萼片 5,蓝紫色,上萼片盔帽状,花瓣 2,有长爪;雄蕊多数;心皮 3~5。聚合蓇葖果。种子多数(彩图 38)。分布于长江中下游,华北、西南亦产。根有大毒,一般经炮制后入药。母根(川乌)能祛风除湿,温经止痛。子根(附子)能回阳救逆,补火助阳,散寒止痛。同属植物国产 165 种,药用种类约 100 种,药用的尚有**北乌头(草乌)** *Aconitum kusnezoffii* Reichb.(图 11-15)、**黄花乌头(关白附)** *Aconitum coreaum* (Lévl.) Ravpaics、**短柄乌头(雪上一枝蒿)** *Aconitum brachypodium* Diels 等。

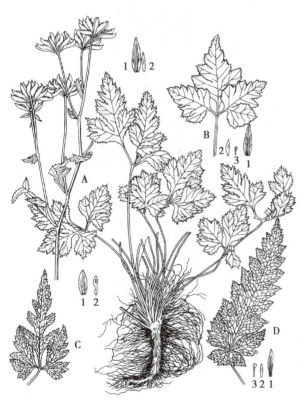

A. 黄连　B. 三角叶黄连　C. 云南黄连　D. 峨眉野连
1. 萼片　2. 花瓣　3. 雄蕊

图 11-14　黄连

1. 花果枝　2. 叶　3. 根

图 11-15　北乌头

　　芍药 *Paeonia lactiflora* Pall.　芍药属多年生草本。根粗壮,圆柱形。茎直立,上部略分枝。叶互生,茎下部叶为二回三出复叶,枝端为单叶;小叶狭卵形或椭圆形,先端渐尖或锐尖,基部楔形,全缘,叶缘具骨质细乳突。花大而艳丽,单生于枝端,萼片 3~4,叶状;花瓣 10 片或更多,白色、粉红色或紫红色;雄蕊多数;心皮 3~5,聚合蓇葖果,先端外弯成钩状(图 11-16,彩图 39)。分布于东北、华北地区及陕西、甘肃等地,各地有栽培。栽培种的根去栓皮干燥后作"白芍"入药,能养血敛阴,柔肝止痛。野生种的根不去栓皮者作"赤芍"入药,能散瘀活血,止痛,泻肝火。同属植物国产15种,其中:**牡丹** *Paeonia suffruticosa* Andr.(彩图40)落叶灌木,蓇葖果表面密被柔毛。各地广泛栽培。根皮能清热凉血,活血化瘀。**川芍药** *Paeonia veitchii* Lynch.、**草芍药** *Paeonia obovata* Maxim.(彩图41)的根也作"赤芍"用。

白头翁 *Pulsatilla chinensis*(Bunge)Regel　白头翁属多年生草本,全株密被白色绒毛。花被紫色。瘦果聚成头状,宿存花柱羽毛状(图11-17)。分布于东北、华北地区及江苏、安徽、湖北、陕西、四川等地。根能清热解毒,凉血止痢。同属植物国产近40种。

1. 花枝　2. 蓇葖果　3. 根

图 11-16　芍药

1. 植株　2. 聚合瘦果及宿存的羽毛状花柱

图 11-17　白头翁

威灵仙 *Clematis chinensis* Osbeck　铁线莲属藤本。羽状复叶对生。圆锥状聚伞花序。瘦果具羽毛状宿存花柱。分布于我国南北各地。其根能祛风湿,通经络。同属植物国产110种,其中:**棉团铁线莲** *Clematis hexapetala* Pall.、**辣蓼铁线莲(东北铁线莲)** *Clematis terniflora* var. *manshurica*(Rupr.)Ohwi 等的根也作"威灵仙"用。该属植物还有**小木通** *Clematis armandii* Franch.,藤茎作"川木通"入药。

本科较重要的药用植物还有:**绿升麻(升麻)** *Cimicifuga foetida* L.(升麻属),根状茎能发表透疹,清热解毒,升举阳气。**大三叶升麻** *Cimicifuga heracleifolia* Kom.、**兴安升麻** *Cimicifuga dahurica*(Turcz.)Maxim. 功用同升麻。**侧金盏花(福寿草)** *Adonis amurensis* Regel et Redde(侧金盏花属),全草入药,能强心利尿。**阿尔泰银莲花(九节菖蒲)** *Anemone altaica* Fisch.(银莲花属),根状茎药用,能化痰开窍、安神。**多被银莲花** *Anemone raddeana* Regel 根状茎作"两头尖"入药。**猫爪草(小毛茛)** *Ranunculus ternatus* Thunb.(毛茛属),块根能化瘀散结,解毒消肿。**毛茛** *Ranunculus japonicus* Thunb. 全草多外用,

能消肿止痛,截疟,治疮癣。**金莲花** *Trollius chinensis* Bunge(金莲花属),花入药,能清热解毒。**天葵** *Semiaquilegia adoxoides* (DC.) Makino(天葵属)(彩图42),块根能清热解毒。**腺毛黑种草** *Nigella glandulifera* Freyn et Sint.(黑种草属)的种子能补肾健脑,通经,通乳,利尿。

组图:毛茛科

知识拓展

芍药属的分类

芍药属在一系列外部形态和内部组成特征上与毛茛科其他植物有显著区别如染色体大,基数为5;维管束是周韧的,导管是梯纹的,纹孔为具缘纹孔;花大,雄蕊离心发育,花粉粒大,外壁有网状纹孔,花盘存在,并包住雌蕊;种子萌发是留土的;胚在发育初期似裸子植物的银杏,有一个游离核的阶段,明显区别于其他被子植物。芍药属的化学成分也有明显差异,芍药苷(paeoniflorin)在该属普遍存在且特有,因此一些学者主张芍药属应自毛茛科分出成为一独立的科(芍药科Paeoniaceae)。

---

12. 小檗[bò]科 Berberidaceae

$$♀ * K_{3+3} C_{3+3} A_{3\sim9} \underline{G}_{(1:1:1\sim\infty)}$$

草本或小灌木,草本植物常具根状茎或块茎。单叶或复叶,互生或基生,通常无托叶。花两性,辐射对称,单生或排成总状、穗状、聚伞或圆锥花序;萼片常花瓣状,2至3轮,每轮常3片;花瓣6,常具蜜腺;雄蕊常3~9,与花瓣对生;子房上位,常1心皮,1室,胚珠1至多数。浆果或蒴果。种子具胚乳。染色体:X=6,7,8,10,14。

本科17属,约650种,主要分布于北温带和亚热带高山地区。我国有11属,约320种,已知药用140余种,分布于全国各地。

本科植物多含异喹啉型生物碱、木脂素及黄酮类化合物。如小檗属(*Berberis*)、十大功劳属(*Mahonia*)、鲜黄连属(*Jeffersonia*)植物含有小檗碱(berberine);鬼臼属(*Dysosma*)、桃儿七属(*Sinopodophyllum*)植物含有鬼臼毒素(podophyllotoxin),具有抗肿瘤、抗病毒等活性;淫羊藿属(*Epimedium*)植物含有淫羊藿苷(icariin)、朝藿定A(epimedin A)等黄酮类成分。

【**重要药用植物**】

细叶小檗 *Berberis poiretii* Schneid. 小檗属落叶灌木。茎刺缺如或单一,有时三分叉;叶倒披针形至狭倒披针形。穗状总状花序具8~15朵花,常下垂;花黄色,花瓣倒卵形或椭圆形;浆果长圆形,熟时红色(图11-18)。主产于吉林、辽宁、内蒙古、青海、陕西、山西、河北等地。根(三颗针)能清热燥湿,泻火解毒。**假豪猪刺** *Berberis soulieana* Schneid.、**小黄连刺(金花小檗)** *Berberis wilsoniae* Hemsl.、**匙叶小檗** *Berberis vernae* Schneid. 的干燥根也作三颗针药用。同属植物我国约200种,大多含小檗碱,如**豪猪刺** *Berberis julianae* Schneid.、**黄芦木** *Berberis amurensis* Rupr. 等。

图 11-18　细叶小檗
1. 果枝　2. 花

　　箭叶淫羊藿(三枝九叶草)_Epimedium sagittatum_(Sieb. et Zucc.) Maxim.　淫羊藿属多年生草本。三出复叶,小叶革质,长卵圆形,两侧小叶基部呈不对称的箭状心形。总状花序或下部分枝成圆锥花序;花较小,白色,花瓣囊状,淡棕黄色。蒴果长约1cm(彩图43)。分布于浙江、安徽、福建、江西、湖北、湖南、广东、四川等地区。叶(淫羊藿)能补肾阳,强筋骨,祛风湿。同属植物**淫羊藿** _Epimedium brevicornu_ Maxim.、**柔毛淫羊藿** _Epimedium pubescens_ Maxim.、**东北淫羊藿(朝鲜淫羊藿)**_Epimedium koreanum_ Nakai 的干燥叶也作淫羊藿药用。同属植物我国 13 种,其中**巫山淫羊藿** _Epimedium wushanense_ T. S. Ying 的干燥叶也药用,功效同淫羊藿。

　　阔叶十大功劳 _Mahonia bealei_(Fort.) Carr.　十大功劳属常绿灌木。奇数羽状复叶,小叶片每边有 2~8 硬刺齿。总状花序直立;花黄色,花瓣倒卵状椭圆形。浆果熟时暗蓝色,被白粉(彩图44)。分布于浙江、安徽、江西、福建、湖北、陕西、河南、广西、四川等地区,常见栽培。茎(功劳木)能清热燥湿,泻火解毒。同属**细叶十大功劳(十大功劳)**_Mahonia fortunei_(Lindl.) Fedde 的干燥茎也作功劳木药用。同属植物我国约 80 种,其中**华南十大功劳** _Mahonia japonica_(Thunb.) DC. 的根、茎、叶也药用。

　　本科的药用植物还有鲜黄连属的**鲜黄连** _Plagiorhegma dubia_ Maxim.,南天竹属的**南天竹** _Nandina domestica_ Thunb.,桃儿七属的**小叶莲(桃儿七)**_Sinopodophyllum hexandrum_(Royle) Ying,鬼臼属的**八角莲** _Dysosma versipellis_(Hance) M. Cheng ex Ying、**六角莲** _Dysosma pleiantha_(Hance) Woodson(彩图45)等。

知识拓展

小檗碱(berberine)

　　亦称黄连素,是一种季铵型异喹啉类生物碱,为黄色针状结晶。主要存在于小檗科、毛茛科、防己科及芸香科四个科的多个属植物中。由于具有广泛的抗菌和增强白细胞吞噬作用,其制剂长期用于胃肠炎、细菌性痢疾等的治疗,临床上对小檗碱的需求量不断增大,为此我国曾对小檗碱的植物资源合理开发利用进行广泛而深入的研究,基本解决了资源问题。近年来,随着现代药理学的深入研究,发现小檗碱在调血脂、降血糖及抗肿瘤等方面具有许多新的活性和作用机制。因此小檗碱作为从植物中得到的重要天然药物,有着非常广泛的研究和应用价值。

---

13. 防己科 Menispermaceae
$$♂ * K_{3+3} C_{3+3} A_{3-6}; ♀ * K_{3+3} C_{3+3} \underline{G}_{3-6:1:1}$$

　　多年生草质或木质藤本。单叶互生,叶片有时盾状,无托叶。花小,单性异株,辐射对称,多排列成聚伞花序或圆锥花序;萼片、花瓣常各 6 枚,各 2 轮,每轮 3 片;雄蕊多为 6 枚,稀 3 或多数;子房上位,心皮 3~6,离生,1 室,2 胚珠,仅 1 枚发育。核果,核常呈马蹄形或肾形。染色体:X=11~13,19,25。

　　本科约 65 属,350 余种,分布于热带及亚热带地区。我国有 20 属,约 78 种,已知药用 70 余种,主要分布在长江流域及其以南地区。

　　本科植物多含异喹啉型生物碱,某些属含阿朴啡型、吗啡烷型和原小檗碱型生物碱,尚含萜类及黄酮类化合物。如千金藤属(_Stephania_)植物含汉防己甲素(d-tetrandrine)、汉防己素(fangchinoline)等生物碱;风龙属(_Sinomenium_)植物含青藤碱(sinomenine);蝙蝠葛属(_Menispermum_)植物含蝙蝠葛苏林碱(daurisoline)等异喹啉类生物碱,青牛胆属(_Tinospora_)植物含青牛胆苦素(columbin)等二萜类成分。

【重要药用植物】

蝙蝠葛 *Menispermum dauricum* DC. 蝙蝠葛属多年生缠绕性藤本。叶圆肾形,叶缘常 5~7 浅裂,叶基部心形至近截平。花单性异株,雄花雄蕊 10~20;雌花 3 心皮,离生。核果紫黑色(彩图 46)。分布于东北、华北及华东地区。其根状茎(北豆根)能清热解毒,祛风止痛。

粉防己 *Stephania tetrandra* S. Moore 千金藤属多年生缠绕性藤本。根圆柱形,多弯曲。茎纤细,有略扭曲的纵条纹。叶互生,阔三角状卵形,全缘,叶柄盾状着生。花单性异株,聚伞花序集成头状;雄花萼片和花瓣 4 或 5,花丝愈合成柱状;雌花萼片和花瓣与雄花的相似。核果红色(图 11-19)。分布于华南及华东地区。其根(防己)能祛风止痛,利水消肿。同属植物**千金藤** *Stephania japonica* (Thunb.) Miers 的块根也作药用。

青牛胆 *Tinospora sagittata* (Oliv.) Gagnep. 青牛胆属草质藤本。具连珠状块根。叶披针状箭形,基部弯缺常很深。花序腋生;花瓣肉质,常有爪。核果红色,近球形。分布于湖北、陕西、四川、江西及广东等地。块根(金果榄)能清热解毒,利咽,止痛。同属植物**金果榄** *Tinospora capillipes* Gagnep. 的块根也作"金果榄"药用。

风龙属的**青藤(风龙)** *Sinomenium acutum* (Thunb.) Rehd. et Wils.、**毛青藤** *Sinomenium acutum* (Thunb.) Rehd. et Wils. var. *cinereum* Rehd. et Wils. 的藤茎(青风藤)能祛风湿,通经络,利小便。天仙藤属的**黄藤(天仙藤)** *Fibraurea recisa* Pierre. 藤茎能清热解毒,泻火通便。

本科还有木防己属的**木防己** *Cocculus orbiculatus* (L.) DC. 根能清热解毒,祛风止痛,行水消肿;锡生藤属的**锡生藤** *Cissampelos pareira* L. 全草能消肿止痛。

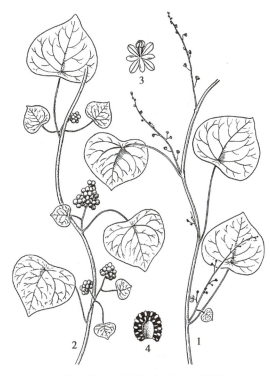

1. 雄花枝 2. 果枝 3. 花 4. 果核

图 11-19 粉防己

14. 木兰科 Magnoliaceae

$$\female * P_{6-12} \ A_\infty \ \underline{G}_{\infty:1:1-2}$$

木本,体内常具油腺体。单叶互生,通常全缘,托叶大而早落,托叶环(痕)明显。花大,单生,多两性,稀单性,辐射对称;花被通常花瓣状,3 基数,多为 6~12;雄蕊和心皮均多数,分离,螺旋排列在延长的花托上;子房上位。每心皮含胚珠 1~2,聚合蓇葖果或聚合浆果。种子具胚乳。染色体:X=19。

本科约 18 属,335 种,主要分布在亚洲和美洲的热带、亚热带地区。我国有 14 属,160 余种,已知药用 90 余种,主产于长江流域及以南地区。

本科植物含挥发油、生物碱、木脂素及倍半萜类成分。如木兰属(*Magnolia*)植物富含挥发油,并含木兰箭毒碱(magnocurarine)、木兰花碱(magnoflorine)等,五味子属(*Schisandra*)植物含木脂素类成分五味子素(schizandrin),八角属(*Illicium*)植物含倍半萜内酯类成分如莽草毒素(anisatine)等。

在某些植物分类系统中,将花托短、心皮数目少、排列成一轮的八角属(*Illicium*)另立为八角科(Illiciaceae);将植物为藤本,聚合浆果的五味子属(*Schisandra*)、南五味子属(*Kadsura*)另立为五味子科(Schisandraceae)。

【重要药用植物】

厚朴 *Magnolia officinalis* Rehd. et Wils.　木兰属落叶乔木。叶大，革质，倒卵形，顶端圆。花大白色，单生于枝顶端，花被片 9~12，厚肉质；雄蕊、雌蕊多数。聚合蓇葖果，具喙（图 11-20，彩图 47）。主要分布于陕西南部、河南东南部、湖北西部、湖南西南部、贵州东北部等地区。广西北部、江西及浙江有栽培。其树皮能燥湿消痰，下气除满；花蕾能芳香化湿，理气宽中。同属植物我国约有 30 种，已知药用 24 种。其中**凹叶厚朴** *Magnolia officinalis* Rehd. et Wils. var. *biloba* Rehd. et Wils. 与厚朴主要区别为叶顶端凹缺，成 2 钝圆的浅裂片（彩图 48）。其树干皮、根皮和枝皮也作"厚朴"药用；花蕾也作"厚朴花"药用。

望春花（望春玉兰） *Magnolia biondii* Pamp.　叶长圆状披针形。主产陕西、甘肃、河南、湖北，现各地均有栽培。其花蕾（辛夷）能散风寒、通鼻窍。同属**玉兰** *Magnolia denudata* Desr.、**武当玉兰** *Magnolia sprengeri* Pamp. 的花蕾也作"辛夷"药用。

五味子 *Schisandra chinensis*（Turcz.）Baill.　五味子属落叶木质藤本（图 11-21，彩图 49）。叶片广椭圆形或倒卵形，边缘有短小疏齿。花单性异株，单生或簇生于叶腋；花被片 6~9，粉白色，内侧略带淡红色。聚合浆果熟时红色。分布于东北、华北等地。其果实习称"北五味子"，能收敛固涩，益气生津，补肾宁心。同属植物我国约 19 种。其中**华中五味子** *Schisandra sphenanthera* Rehd. et Wils.（彩图 50）叶通常中部以上最宽，果肉较薄，种子较大。分布于华中、华东、西南等地区，果实习称"南五味子"，功效同五味子。

1. 花枝　2. 聚合蓇葖果

图 11-20　厚朴

1. 果枝　2. 雌花

图 11-21　五味子

八角茴香（八角） *Illicium verum* Hook. f.　八角属常绿乔木，花被片 7~12，内轮粉红至深红色。聚合果有 8~9 个蓇葖果，常呈八角状。分布于华南、西南等地区。其果实能温阳散寒，理气止痛。同属**地枫皮** *Illicium difengpi* K. I. B. et K. I. M.，产于广西。树皮能祛风除湿，行气止痛。本属植物**莽草** *Illicium lanceolatum* A. G. Smith（彩图 51）有毒。聚合蓇葖果一轮有 10~13 个，果先端有一小钩，与八角茴香的聚合蓇葖果区别明显。

本科药用植物还有南五味子属的**南五味子** *Kadsura longipedunculata* Finet. et Gagnep.，果实药用；同属植物**黑老虎** *Kadsura coccinea*（Lem.）A. C. Smith 根及根皮入药，能活血、散瘀、止痛；同属植物**内**

南五味子（异形南五味子）*Kadsura interior* A. C. Smith 的藤茎（滇鸡血藤）能活血补血,调经止痛,舒筋通络。

15. 樟科 Lauraceae

$$\male \female * P_{6\sim9} A_{3\sim12} \underline{G}_{(3:1:1)}$$

<u>木本</u>,仅无根藤属(*Cassytha*)为寄生性无叶藤本。<u>多具有油细胞,有香气</u>。单叶,常为互生,多革质,<u>全缘,无托叶</u>。花小,通常两性,多淡绿色,集成聚伞或总状花序;<u>花被 6,或 9 呈三轮排列</u>;雄蕊 3~12,第 1、2 轮雄蕊花药内向,第 3 轮外向,第 4 轮雄蕊常退化,花丝基部常具 2 腺体,花药瓣裂;<u>子房上位</u>,3 心皮合生,1 室 1 胚珠。<u>核果或浆果</u>,有时有宿存花被包围基部。染色体:X=7,12。

本科约 45 属,2 000 余种,分布于热带及亚热带地区。我国有 20 属,400 余种,已知药用 120 余种,主要分布于长江以南地区。

本科植物主要含挥发油、生物碱类等成分。如樟属(*Cinnamomum*)植物富含挥发油,其中主要成分为樟脑(camphor)、桂皮醛(cinnamyl aldehyde)、桉叶素(cineole)等,均有重要药用价值。木姜子属(*Litsea*)植物含有阿朴啡生物碱,也含有少量的黄酮、木脂素类成分。

【重要药用植物】

肉桂 *Cinnamomum cassia* Presl　樟属常绿乔木,全株有香气。树皮灰褐色,幼枝略呈四棱形。叶较大,革质,互生或近对生,离基三出脉。圆锥花序腋生或近顶生,花小,黄绿色;花被片 6,内外两面密被绒毛;能育雄蕊 9,3 轮,花丝被柔毛。浆果状核果,紫黑色(图 11-22)。分布于华南、西南地区,多栽培。其茎皮能补火助阳,引火归元,散寒止痛,温通经脉;小枝(桂枝)能发汗解肌,温通经脉,助阳化气,平冲降气。同属植物我国 46 种,其中**樟** *Cinnamomum camphora* (L.) Presl 枝叶均具樟脑味。叶有离基三出脉,脉腋有腺体。分布于长江以南及西南地区,广为栽培。全株均可药用,能祛风止痛,和中理气。提取的挥发油主要含樟脑,能开窍辟浊,杀虫,止痛,可用作中枢兴奋剂。

1. 花枝　2. 花　3. 果序

图 11-22　肉桂

乌药 *Lindera aggregata* (Sims) Kosterm.　山胡椒属常绿灌木。块根膨大呈结节状。叶背面灰白色,离基三出脉。雌雄异株,花小,成伞形花序,腋生。核果球形。块根能行气止痛,温肾散寒。同属植物我国 54 种,其中**山胡椒** *Lindera glauca* (Sieb. et Zucc.) Bl. 全草含挥发油,能祛风活络,消肿止痛。

山鸡椒 *Litsea cubeba* (Lour.) Pers.　木姜子属落叶灌木或小乔木;叶披针形。雌雄异株;伞形花序。产于长江以南各地。果实(荜澄茄)能祛风散寒,理气止痛。该属植物国产 64 种。

16. 罂粟科 Papaveraceae

$$\male \female *, \uparrow K_2 C_{4\sim6} A_{\infty,4\sim6} \underline{G}_{(2\sim\infty:1:\infty)}$$

<u>草本</u>,常含白色或黄色乳液。叶基生或互生,无托叶。花两性,辐射对称或两侧对称,单生或排成总状、聚伞等花序;<u>萼片 2</u>,多离生,早落;花瓣 4~6,覆瓦状排列;雄蕊多数,离生,或 4 枚分离,或 6 枚合生成二束;<u>子房上位</u>,心皮 2 至多数,合生,<u>1 室</u>,侧膜胎座,<u>胚珠多数</u>。蒴果,孔裂或瓣裂。种子细小。染色体:X=6~8,稀 5,8~11,16,19。

本科 38 属,700 多种,主要分布于北温带。我国有 18 属,362 种,已知药用 130 余种,南北均有分布。

本科植物多含生物碱类成分,以苄基异喹啉类生物碱为主。如罂粟属(*Papaver*)植物中的吗啡(morphine)能镇痛,可待因(codeine)能止咳,罂粟碱(papaverine)能解痉,但多有成瘾性副作用;紫堇属(*Corydalis*)植物中的延胡索乙素(tetrahydropalmatine)具有镇痛、镇静作用。

有分类学者将本科植物中花为左右对称的一些属,另立为紫堇科或荷包牡丹科(Fumariaceae)。

【重要药用植物】

罂粟 *Papaver somniferum* L. 罂粟属二年生高大草本,全株被白粉,植物体内含白色乳汁。萼片早落,花瓣 4,有白、红、淡紫等色,柱头有 8~12 辐射状分枝,蒴果近球形,孔裂(图 11-23,彩图 52)。原产印度、伊朗等国。其干燥成熟果壳(罂粟壳)能敛肺,涩肠,止痛;从未成熟果实中割取的乳液,干燥品称鸦片,能镇痛,解痉,止咳,止泻。主要含吗啡生物碱,有成瘾性副作用。

延胡索 *Corydalis yanhusuo* W. T. Wang 紫堇属多年生草本,块茎扁球形。二回三出复叶,二回裂片近无柄或具短柄,常 2~3 深裂。总状花序顶生或与叶对生;苞片阔披针形;花两侧对称,萼片 2,早落;花瓣 4,紫红色,上部花瓣基部有长距,雄蕊 6,花丝联合成两束,子房上位。蒴果条形(图 11-24,彩图 53)。主产于浙江、江苏等地,多系栽培。块茎(元胡)能活血、行气、止痛。同属植物我国 200 余种,其中**东北延胡索** *Corydalis ambigua* Cham. et Schlecht var. *amurensis* Maxim.、**齿瓣延胡索** *Corydalis remota* Fisch. ex Maxim. 的块茎在部分地区也作"延胡索"药用。**伏生紫堇** *Corydalis decumbens* (Thunb.) Pers. 分布于湖南、江西等地,其块茎(夏天无)能活血止痛,舒筋活络,祛风除湿。**地丁草(紫堇)** *Corydalis bungeana* Turcz. 的全草(苦地丁)能清热解毒,散结消肿。

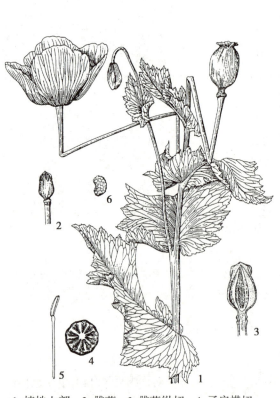

1.植株上部　2.雌蕊　3.雌蕊纵切　4.子房横切
5.雄蕊　6.种子

图 11-23　罂粟

1.总状花序　2.块茎

图 11-24　延胡索

白屈菜 *Chelidonium majus* L.　白屈菜属多年生草本。植物体具黄色乳汁。叶羽状全裂,被白粉。花瓣4,黄色;雄蕊多数。分布于东北、华北地区及新疆、四川等地。全草能解痉止痛,止咳平喘。

17. 十字花科 Cruciferae (Brassicaceae)

$$☿ * K_{2+2} C_4 A_{2+4} \underline{G}_{(2:2:1\sim\infty)}$$

草本,常具有一种特殊的辛辣气味。单叶互生,无托叶。花两性,辐射对称,多排成总状花序;萼片4,分离,2轮;花瓣4,分离,十字形排列;雄蕊6,呈2短4长的四强雄蕊。子房上位,心皮2,合生,由假隔膜分为2室,侧膜胎座,胚珠1至多数。长角果或短角果,多2瓣开裂。种子无胚乳。染色体:X=4~15。

本科植物约375属,3 200种,广布世界各地,主要分布于北温带。我国有96属,约430种。已知药用75余种,全国各地分布。

本科多数植物含有硫苷类化合物,种子多含丰富的脂肪油,具有很好的经济价值。如萝卜属(*Raphanus*)、白芥属(*Sinapis*)植物中含有芥子苷(sinigrin),使植物产生特殊的辛辣气味;本科有些植物尚含有吲哚苷和强心苷类成分。

【重要药用植物】

菘蓝 *Isatis indigotica* Fort.　菘蓝属越年生草本,主根圆柱状。叶互生,基生叶有柄,长圆状椭圆形;茎生叶长圆状披针形,基部垂耳圆形,半抱茎。圆锥花序;花小,黄色。短角果长圆形,边缘有翅,紫色,不开裂,1室。种子1枚(图11-25,彩图54)。各地均有栽培。根(板蓝根)能清热解毒,凉血利咽;叶称"大青叶",能清热解毒,凉血消斑;叶或茎叶经加工制得的干燥粉末称"青黛",能清热解毒,凉血消斑,泻火定惊。同属植物我国4种。

白芥 *Sinapis alba* L.　白芥属一年生草本,叶羽状分裂或全裂。花常大;萼片长圆形,近相等,基部不成囊状;花瓣黄色,倒卵形,具爪;长角果近圆柱形。原产欧亚大陆,我国有栽培。种子(白芥子)能利气祛痰,散寒消肿,止痛。**芥菜** *Brassica juncea* (L.) Czern. et Coss. 芸苔属一年生草本,有辛辣味。基生叶宽卵形至倒卵形,多大头羽裂。茎生叶较小,边缘有缺刻或全缘。总状花序顶生,花后延长;萼片淡黄色,花瓣黄色。长角果线形。种子亦作"白芥子"药用。该属我国有14栽培种、11变种及1变型。

独行菜 *Lepidium apetalum* Willd.　独行菜属一年或二年生草本。茎多分枝,有腺毛。总状花序顶生,花小,白色;雄蕊2~4。短角果近圆形,顶端微凹,近顶端两侧具窄翅。分布于东北、华北、西北及西南地区,多生于田野、路旁。种子称"北葶苈子",能泻肺平喘,行水消肿。本科播娘蒿属的**播娘蒿** *Descurainia sophia* (L.) Webb. ex Prantl. 种子称"南葶苈子",药用功效同"北葶苈子"。

萝卜(莱菔) *Raphanus sativus* L.　萝卜属二年或一年生草本。各地普遍栽培。根肉质。基生叶大头状羽裂,茎生叶长圆形至披针形。总状花序顶生,花淡紫红色或白色,长角果肉质。其种子(莱菔子)能消食除胀,降气化痰。同属植物我国4种。

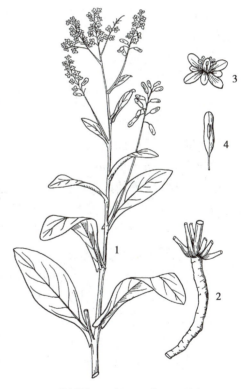

1. 花果枝　2. 根　3. 花　4. 果实

图 11-25　菘蓝

本科单花荠属的**无茎芥（单花荠）**Pegaeophyton scapiflorum（Hook. f. et Thoms.）Marq. et Shaw 根和根状茎（高山辣根菜）能清热解毒，清肺止咳，止血，消肿；遏〔è〕蓝菜属的**菥蓂（遏蓝菜）**Thlaspi arvense L. 全草能清湿热、消肿排脓；荠属的**荠菜**Capsella bursapastoris（L.）Medic. 全草能活血散瘀，凉血止血；蔊菜属的**蔊菜**Rorippa indica（L.）Hiern 全草药用，能清热利尿，镇咳化痰。

18. 景天科 Crassulaceae

$$♀ * K_{4\sim5} C_{4\sim5} A_{4\sim5,8\sim10} \underline{G}_{4\sim5:1:\infty}$$

多年生肉质草本或亚灌木。多单叶，互生或对生，有时轮生；无托叶。花多两性，辐射对称，多排成聚伞花序，有时总状花序或单生；萼片和花瓣同数，为 4~5，多离生；雄蕊与花瓣同数或为其倍数，离生；子房上位，心皮 4~5，离生或仅基部合生，每心皮基部具 1 小鳞片，胚珠多数。蓇葖果，种子小。染色体：X=4~12,14~16,17。

本科约 35 属，1 600 余种，广布全球，多为耐旱植物。我国有 10 属，近 250 种，已知药用 70 种，全国各地有分布，主产于西南部。

本科植物主要含有多种苷类化合物，如红景天属（Rhodiola）植物含有红景天苷（salidroside）、垂盆草苷（sarmentosin）。本科植物尚含黄酮类、香豆素类、有机酸类成分。

【重要药用植物】

垂盆草Sedum sarmentosum Bunge　景天属肉质匍匐草本。三叶轮生，叶肉质，倒披针形，全缘。花瓣顶端有较长的尖头。我国大部分地区有分布。全草能利湿退黄，清热解毒，并能降低谷丙转氨酶。该属植物我国 124 种，其中**佛甲草**Sedum lineare Thunb. 叶轮生，叶线形，肉质。花瓣顶端钝。全草功效与垂盆草近似；**景天三七（费菜）**Sedum aizoon L. 肉质草本，茎直立。叶长披针形至倒披针形。聚伞花序，花黄色（图 11-26）。分布于东北、西北、华北及长江流域。全草能散瘀，止血。

红景天属植物**大花红景天**Rhodiola crenulata（Hook f. et Thoms）H. Ohba（彩图 55）的根及根状茎（红景天）能益气活血，通脉平喘。本属植物**红景天**Rhodiola rosea L.、**高山红景天（库页红景天）**Rhodiola sachalinensis A. Bor、**狭叶红景天**Rhodiola kirilowii（Reg）Maxim. 的根及根状茎有扶正固本或具"适应原"（adaptogen）作用。

瓦松属植物**瓦松**Orostachys fimbriata（Turcz.）Berg. 的地上部分能凉血止血，解毒，敛疮。

1. 植株下部　2. 花

图 11-26　景天三七

19. 虎耳草科 Saxifragaceae

$$♀ *,↑ K_{4\sim5} C_{4\sim5} A_{4\sim5,8\sim10} \underline{G}_{(2\sim5:1\sim5:\infty)} \overline{G}_{(2\sim5:1:\infty)}$$

草本、灌木或小乔木。多单叶，互生或对生；常无托叶。花常两性，辐射对称或略不整齐，排成聚伞、圆锥等花序；花萼、花瓣均为 4~5，稀无瓣；雄蕊与花瓣同数或为其倍数；子房上位、半下位或下位，心皮 2~5，多少合生；中轴胎座或侧膜胎座，稀顶生胎座，胚珠多数。蒴果、浆果或蓇葖果。种子具丰富胚乳。染色体：X=6~18,21。

本科约 80 属，1 200 余种，全球分布，主要分布于温带。我国有 28 属，约 500 种，已知药用 150 余种。分布南北各地，主产于西南地区。

本科植物主要含有黄酮类、香豆素、生物碱、内酯类化学成分。如岩白菜属（*Bergenia*）植物含有岩白菜素（bergenin），具有镇静止咳，祛痰消炎的作用；常山属（*Dichroa*）植物含有常山碱（dichroine）甲、乙、丙，具有抗恶性疟作用。

【重要药用植物】

虎耳草 *Saxifraga stolonifera* (L.) Meerb.　虎耳草属多年生草本。叶基生，肾圆形，两面有长伏毛。圆锥花序，稀疏。花两侧对称，萼片5，不等大；花瓣5，白色，下面两片大于其他3片；雄蕊10；心皮2，合生。蒴果卵圆形（图11-27，彩图56）。分布于西南、华南地区及台湾、陕西、河南等地的山地阴湿处。全草药用，能清热解毒。同属植物我国200余种。

常山 *Dichroa febrifuga* Lour.　常山属落叶小灌木。叶对生，常椭圆形或矩圆形。聚伞圆锥花序。分布于华中、华南、西南地区及福建、陕西、甘肃等地。其根（常山）能涌吐痰涎，截疟。同属植物我国4种。

落新妇 *Astilbe chinensis* (Maxim.) Franch. et Sav. 落新妇属多年生草本。基生叶为二回三出复叶。圆锥花序；花瓣紫红色；心皮2，离生。蓇葖果。分布于东北地区、宁夏、山东和长江中下游地区。全草或根状茎能散瘀止痛，祛风湿，止咳。同属植物我国15种。

本科岩白菜属植物还有**岩白菜** *Bergenia purpurascens* (Hook. f. et Thoms) Engl.（彩图57），其根状茎能收敛止泻，止血止咳，舒筋活络。

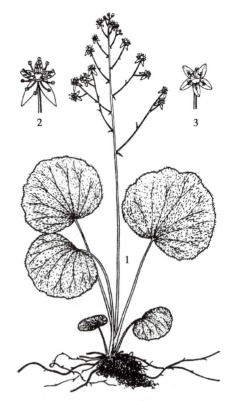

1. 植株　2. 花　3. 雌蕊及花萼

图 11-27　虎耳草

20. 杜仲科 Eucommiaceae

$$♂ P_0 A_{4\sim10} ♀ P_0 \underline{G}_{(2:1:2)}$$

落叶乔木，枝、叶折断时有银白色胶丝。叶互生，无托叶。花单性异株，无花被，先叶或与叶同时开放；雄花密集成头状花序状，雄蕊4~10，常为8，花药条形，花丝极短；雌花单生，具短梗。子房上位，心皮2，合生，1室，胚珠2。翅果扁平，长椭圆形，含种子1粒。染色体：X=17。

本科仅1属，1种。我国特产，分布于华中、华西及西南地区，各地已广泛栽培。

本科植物含杜仲胶（gutta-percha），为一种硬质橡胶类成分；另含有松脂素双糖苷（pinoresinol diglycoside）、桃叶珊瑚苷（aucubin）、杜仲醇苷（euco-mmioside）等苷类化合物，具有免疫调节、降血压等作用。

杜仲 *Eucommia ulmoides* Oliv.　杜仲属多年生木本（图11-28，彩图58）。树皮（杜仲）能补肝肾，强

1. 果枝　2. 雄花及苞片

图 11-28　杜仲

筋骨,安胎;杜仲叶能补肝肾,强筋骨。

21. 蔷薇科 Rosaceae

$$♀ * K_5 C_5 A_{4\sim\infty} \underline{G}_{1\sim\infty:1:1\sim\infty}, \overline{G}_{(2\sim5:2\sim5:1\sim\infty)}$$

草本、灌木或乔木,常具刺。单叶或复叶,多互生,常具托叶。花两性,辐射对称,单生或排成伞房或圆锥花序;花托凸起、平展或凹陷,并与花被、花丝的基部愈合形成碟状、杯状、钟状或坛状的结构(也称被丝托 Hypanthium);萼片和花瓣同数,常为 4~5;雄蕊常多数,多为 5 的倍数,多离生;子房上位或下位,心皮一至多数,离生或合生,每室有 1 至数个胚珠。蓇葖果、瘦果、核果及梨果。通常具宿萼。种子无胚乳。染色体:X=7~9,17。

本科植物 124 属,3 300 余种,分布于全球,主要以北温带为多。我国约 52 属,1 000 余种,已知药用约 360 种,全国各地均有分布。

本科植物主要含有氰苷类、黄酮类、皂苷类和有机酸类化合物。如枇杷属(*Eriobotrya*)、梅属(*Prunus*)植物的种子含具有祛痰止咳作用的苦杏仁苷(amygdalin);龙芽草属(*Agrimonia*)植物含具有驱绦虫作用的仙鹤草酚(agrimophol);山楂属(*Crataegus*)植物含有槲皮素(quercetin)、金丝桃苷(hyperoside)等黄酮类成分;此外,山楂属还含有熊果酸(ursolic acid)、齐墩果酸(oleanolic acid)等有机酸类成分。

蔷薇科根据花、果实的结构,可分为四个亚科:绣线菊亚科 Spiraeoideae、蔷薇亚科 Rosoideae、苹果亚科(梨亚科)Maloideae 和李亚科(梅亚科)Prunoideae。各亚科主要区别见下列四亚科检索表和图 11-29。

蔷薇科四亚科检索表

1. 果实开裂,蓇葖果,稀蒴果;多不具托叶··绣线菊亚科
1. 果实不开裂;具托叶。
  2. 子房上位。
    3. 心皮常多数;聚合瘦果或小核果;多为复叶·······································蔷薇亚科
    3. 心皮常 1 个;核果;多为单叶···李亚科
  2. 子房下位或半下位;梨果···苹果亚科

蔷薇亚科 Rosoideae

组图:蔷薇科

草本或灌木。多为复叶,托叶发达。子房上位,周位花,心皮多数,离生;聚合瘦果、核果或蔷薇果。

【重要药用植物】

金樱子 *Rosa laevigata* Michx.　蔷薇属常绿攀缘灌木。三出羽状复叶,叶片近革质。茎、叶柄和叶轴均具皮刺。蔷薇果密生直刺(图 11-30,彩图 59)。分布于华东、中南、西南地区及陕西省等地。果实能固精缩尿,固崩止带,涩肠止泻。

同属植物我国约 80 种,已知药用约 43 种,其中**月季** *Rosa chinensis* Jacq. 的花能活血调经,疏肝解郁。**玫瑰** *Rosa rugosa* Thunb. 的花蕾能行气解郁,和血,止痛。

华东覆盆子(掌叶覆盆子) *Rubus chingii* Hu　悬钩子属落叶灌木。叶掌状深裂,托叶条形。聚合小核果。分布于江西、安徽、江苏、浙江、福建等地。其果实(覆盆子)药用,能益肾固精缩尿,养肝明目;根能止咳,活血消肿。同属植物我国 280 种,已知药用 62 种,其中**悬钩子** *Rubus palmatus* Thunb. 和**插田泡** *Rubus coreanus* Miq. 的聚合果在某些地区作"覆盆子"药用。

龙芽草(仙鹤草) *Agrimonia pilosa* Ledeb.　龙芽草属多年生草本,全株密被柔毛。奇数羽状复叶,小叶大小不等相间。全国大部分地区有分布。其地上部分(仙鹤草)能收敛止血,截疟,止痢,解毒,补虚;根芽能驱绦虫。同属植物我国 4 种。

地榆 *Sanguisorba officinalis* L.　地榆属多年生草本,根粗壮。羽状复叶。萼片 4,无花瓣,雄蕊 4

	花纵剖面	花图式	果实纵剖面
绣线菊亚科			
蔷薇亚科			
苹果亚科			
李亚科			

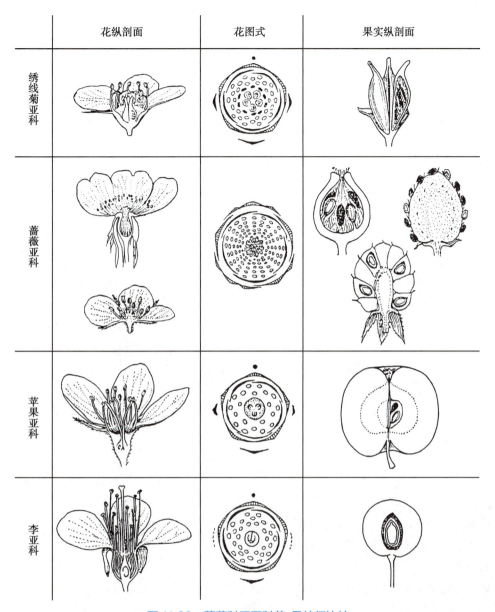

图 11-29　蔷薇科四亚科花、果特征比较

（图 11-31）。全国大部分地区有分布。其根能凉血止血,解毒敛疮;外用治烫伤。同属植物**长叶地榆** *Sanguisorba officinalis* L. var. *longifolia*（Bert.）Yu et Li 的根亦作地榆药用。

本亚科其他常用药用植物还有路边青属植物**路边青（水杨梅）***Geum aleppicum* Jacq. 与**柔毛路边青** *Geum japonicum* Thunb. var. *chinense* Bolle,全草（蓝布正）能益气健脾,补血养阴,润肺化痰。委陵菜属植物**委陵菜** *Potentilla chinensis* Ser.,全草能清热解毒,凉血止痢;**翻白草** *Potentilla discolor* Bge. 的全草能清热解毒,止痢,止血。

绣线菊亚科 Spiraeoideae

灌木。<u>多无托叶</u>。被丝托（萼筒）微凹成碟状,心皮通常 5 个,分离,子房上位,周位花。<u>蓇葖果</u>,稀蒴果。

【重要药用植物】

绣线菊（柳叶绣线菊）*Spiraea salicifolia* L.　绣线菊属灌木。叶互生,长圆状披针形至披针形,边缘有锯齿。圆锥花序,花粉红色。蓇葖果<u>直立</u>,常具反折萼片。分布于东北、华北。全株能痛经活血,通便利水。

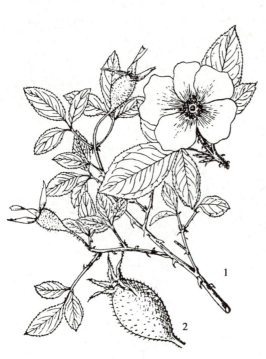

1. 花、果枝　2. 果（蔷薇果）

图 11-30　金樱子

1. 植株一部分　2. 根　3. 花枝　4. 花

图 11-31　地榆

李亚科（梅亚科）Prunoideae

木本。<u>单叶</u>，具托叶，叶基常有腺体。<u>子房上位</u>，周位花，心皮常 1 个，1 室，胚珠 2，<u>核果肉质</u>。萼片常脱落。

【重要药用植物】

杏 *Prunus armeniaca* L.　杏属小乔木，叶卵圆形，叶柄近顶端有 2 腺体，花先叶开放，白色或带红色，核果黄色或橘黄色（图 11-32，彩图 60）。产于我国北部，多系栽培。种子（苦杏仁）能降气止咳平喘，润肠通便。同属植物我国 7 种，许多是栽培品种。其中**山杏** *Prunus vulgaris* L. var. *ansu* Maxim.、**西伯利亚杏** *Prunus sibirica* L. 和**东北杏** *Prunus mandshurica* (Maxim.) Koehne 的种子亦作"苦杏仁"药用。

梅 *Prunus mume* Sieb.　小乔木。小枝绿色。叶卵形，先端长，尾尖。核果密生短绒毛。其花蕾能疏肝和中，化痰散结；近成熟果实加工品（乌梅）能敛肺，能涩肠，生津，安蛔。

桃 *Prunus persica* L.　桃属落叶乔木，叶披针形，侧芽 3，果核具粗凹纹。各地均有栽培。种子（桃仁）能活血祛瘀，润肠通便，止咳平喘。花、树胶、叶在民间亦作药用。同属的**山桃** *Prunus davidiana* (Carr.)

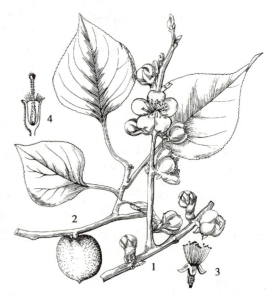

1. 花枝　2. 果实　3. 花　4. 花部纵切（示被丝托）

图 11-32　杏

Franch. 的种子亦作"桃仁"药用。同属**长梗扁桃** *Prunus pedunculata* Maxim. 的种仁可作郁李仁药用，能润燥滑肠，下气利水，习称"大李仁"。**郁李** *Prunus japonica* Thunb.（彩图 61）、**欧李** *Prunus humilis*

Bge. 的成熟种子也作郁李仁药用(彩图 62),习称"小李仁"。

　　本亚科还有扁核木属的**蕤核** *Prinsepia uniflora* Batal.、**齿叶扁核木** *Prinsepia uniflora* Batal. var. *serrata* Rehd. 的果核(蕤仁)能疏风散热,养肝明目。

苹果亚科(梨亚科) Maloideae

木本。<u>单叶</u>,<u>具托叶</u>。心皮 2~5,常与被丝托之内壁结合,<u>子房下位或半下位</u>。胚珠 2。<u>梨果</u>。

【重要药用植物】

　　山里红 *Crataegus pinnatifida* Bge. var. *major* N. E. Br.　山楂属落叶乔木,小枝通常有刺。叶互生,有长柄;托叶镰形,叶片广卵形或菱状卵形,羽状深裂,裂片 3~9 对。伞房花序生于枝端或上部叶腋,有花 10~12 朵;花白色,花萼 5 齿裂,花瓣 5。梨果熟时深红色,直径 2~2.5cm(图 11-33,彩图 63)。华北各地有栽培。果实(山楂)能消食健胃,行气散瘀,化浊降脂。同属植物我国 17 种,其中**山楂** *Crataegus pinnatifida* Bge. 果较小,表面深红色而带灰白色斑点,亦作山楂药用。**野山楂** *Crataegus cuneata* Sieb. et Zucc. 落叶灌木,枝多刺。果实熟时黄色或红色,入药称"南山楂"。

　　贴梗海棠 *Chaenomeles speciosa* (Sweet) Nakai　木瓜属落叶灌木,枝有刺。托叶大。花 3~5 朵簇生。梨果木质,干后表皮皱缩,称"皱皮木瓜"(图 11-34,彩图 64)。分布于华东、华中、西北、西南等地区,多为栽培。果实(木瓜)能舒筋活络,和胃化湿。同属植物**木瓜(榠楂)** *Chaenomeles sinensis* (Touin) Koehne 落叶小乔木,枝无刺,托叶小。梨果较大,干后表皮不皱缩,称"光皮木瓜"。分布于长江流域及其以南地区,多为栽培品种。

1.果枝　2.花

图 11-33　山里红

1.花枝　2.花解剖图　3.果实

图 11-34　贴梗海棠

枇杷 *Eriobotrya japonica* (Thunb.) Lindl.　枇杷属常绿小乔木。分布于长江以南地区,多为栽培。叶能清肺止咳,降逆止呕。同属植物我国 13 种。

22. 豆科 Leguminosae (Fabaceae)

$$♀*, ↑ K_{5,(5)} C_5 A_{(9)+1,10,∞} \underline{G}_{1:1:1∼∞}$$

木本、草本或藤本。根部常有固氮根瘤。叶常互生,多为羽状复叶,少为掌状和三出复叶,稀为单叶;多具托叶和叶枕。花两性,多为左右对称的蝶形花,少为辐射对称花;通常排成总状花序、聚伞花序、穗状或头状花序;花萼 5 裂,花瓣 5,少合生;雄蕊多为 10 枚,常成二体雄蕊,稀多数;心皮 1,子房上位,1 室,边缘胎座,胚珠一至多数。荚果。种子无胚乳。染色体:X=5∼16,18,20,21。

本科为种子植物第三大科,约 690 余属,18 000 余种,全球分布广泛,生长环境各式各样。我国有 172 属,约 1 550 种,已知药用约 600 种,全国各地均有分布。

本科植物具有重要的经济意义,所含化学成分复杂多样,主要有黄酮类、生物碱类及三萜皂苷类。黄酮类成分在本科分布很广,几乎包罗了各种类型,有些为本科特有活性成分。如甘草属(*Glycyrrhiza*)甘草中的甘草苷(liquiritin)、异甘草苷(isoliquiritin),葛属(*Pueraria*)野葛中的大豆苷(daidzin)、葛根素(puerarin);槐属(*Sophora*)槐中的芦丁(rutin);甘草中还含甘草酸(glycyrrhizic acid)等三萜皂苷类成分。生物碱类主要分布在蝶形花亚纲中,如苦参中的吡啶型苦参碱(matrine);羽扇豆中的吲哚型毒扁豆碱(physostigmine)。此外,本科植物还含有蒽醌类及香豆素类成分。

根据花部特征,豆科可分为三个亚科:含羞草亚科 Mimosoideae、云实亚科 Caesalpinioideae 和蝶形花亚科 Papilionoideae(图 11-35)。但在哈钦松和克朗奎斯特等分类系统中将本科分立为三个科:含羞草科 Mimosaceae、云实(苏木)科 Caesalpiniaceae 和蝶形花科 Papilionaceae。

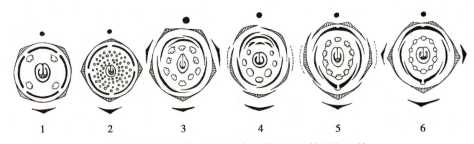

1、2. 含羞草亚科　3、4. 云实亚科　5、6. 蝶形花亚科

图 11-35　豆科三亚科的花图式

豆科三亚科检索表

1. 花辐射对称,花瓣镊合状排列,分离或下部合生;雄蕊多数···················含羞草亚科
1. 花两侧对称;花瓣覆瓦状排列
　　2. 花冠为假蝶形;花瓣上升覆瓦状排列;雄蕊 10 枚或更少,通常离生··············云实(苏木)亚科
　　2. 花冠为蝶形;花瓣下降覆瓦状排列;雄蕊 10 枚,通常为二体雄蕊··············蝶形花亚科

含羞草亚科 Mimosoideae

木本、藤本,稀草本。叶多为二回羽状复叶。花辐射对称;萼片下部多少合生;花瓣与萼片同数,镊合状排列,分离或合生成管状;雄蕊多数,突露于花被之外。荚果,有的具次生横隔膜。

组图:豆科

【重要药用植物】

合欢 *Albizia julibrissin* Durazz.　合欢属落叶乔木,树冠开展。二回偶数羽状复叶。花序头状。花粉红色,萼片、花瓣下部合生;雄蕊多数,花丝细长(图 11-36,彩图 65)。分布于南北各地,多栽培。树皮(合欢皮),能解郁安神,合欢的花序习称"合欢花"、花蕾习称"合欢米",均能解郁安神。同属植物我国 17 种。

含羞草 *Mimosa pudica* L.　含羞草属灌木状草本。二回羽状复叶,小叶触之即闭合下垂。荚果成熟时节间脱落。分布于华南、西南等地,野生或栽培。全草能散瘀止痛,安神。

云实亚科 Caesalpinioideae

　　木本、藤本,稀草本。一回或二回羽状复叶。<u>花两侧对称</u>;萼片 5,通常分离,有时上方二枚合生;<u>花冠假蝶形</u>,花瓣多为 5,上升覆瓦状排列;雄蕊 10 或较少,分离或各式联合;子房有时有柄。<u>荚果</u>,常有隔膜。

【重要药用植物】

　　决明(小决明) *Cassia tora* L.　决明属一年生亚灌木状草本。偶数羽状复叶,小叶 3 对。花瓣黄色,下面二片略长;能育雄蕊 7 枚,花丝短于花药。荚果纤细,近四棱形。种子约 25 颗,菱形,光亮(图 11-37,彩图 66)。主要分布于长江以南地区,有栽培。种子(决明子)能清热明目,润肠通便。同属植物**钝叶决明** *Cassia obtusifolia* L. 种子亦作"决明子"药用。

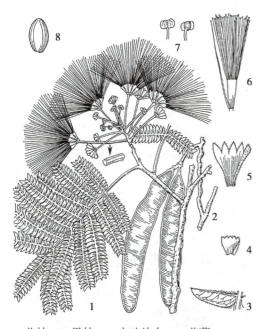

1. 花枝　2. 果枝　3. 小叶放大　4. 花萼
5. 花冠　6. 雄蕊与雌蕊　7. 花药　8. 种子

图 11-36　合欢

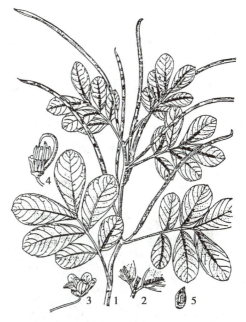

1. 果枝　2. 复叶的一部分(示小叶间的腺体)
3. 花　4. 雄蕊与雌蕊　5. 种子

图 11-37　决明

　　狭叶番泻 *Cassia angustifolia* Vahl　矮小灌木,羽状复叶,小叶片长卵形、卵形或披针形,叶端渐尖,叶基不对称。总状花序腋生或顶生,萼片、花瓣各 5;雄蕊 10;子房具柄。荚果扁平长方形。分布于印度、埃及和苏丹,我国云南、海南有栽培。干燥叶(番泻叶)能泻热行滞、通便利尿。同属植物**尖叶番泻** *Cassia acutifolia* Delile 的干燥叶也作番泻叶药用。

　　决明属植我国 22 种,其中**望江南** *Cassia occidentalis* L. 小叶 4~5 对,膜质。荚果带状镰形。种子能清热明目,健脾,润肠;根能祛风湿;叶捣烂外敷能解毒。

　　皂荚 *Gleditsia sinensis* Lam.　皂荚属落叶乔木,枝有分枝棘刺。果实扁条形,紫棕色。分布南北各地,多栽培。皂荚树因衰老或受外伤等影响而结出的畸形不育果实(猪牙皂)(彩图 67)能祛痰开窍,散结消肿;皂荚树上的棘刺称"皂荚刺",能活血消肿,排脓通乳。同属植物我国 6 种。

　　紫荆 *Cercis chinensis* Bunge　紫荆属落叶灌木。叶近心形。花玫瑰红色,簇生,先叶开放。分布于华北、华东、西南、中南等地区,多作观赏花木栽培。其树皮能行气活血,消肿止痛,祛瘀解毒。同属植物我国 8 种。

蝶形花亚科 Papilionoideae

草本、灌木或乔木，有时具刺。单叶、三出复叶或羽状复叶；常有托叶和小托叶。花两侧对称；花萼 5 裂；蝶形花冠，花瓣 5，下降覆瓦状排列；侧面 2 片为翼瓣，被旗瓣覆盖；位于最下的 2 片其下缘稍合生而成龙骨瓣。雄蕊 10，常为二体雄蕊，为(9)+1，或(5)+(5)两组，也有 10 个全部联合成单体雄蕊。荚果，有时断裂为节荚。

【重要药用植物】

甘草 *Glycyrrhiza uralensis* Fisch.　甘草属多年生草本。根与根状茎圆柱状，主根粗长；外皮红棕色或暗棕色；味甜。全株被白色短毛及刺毛状腺体。羽状复叶，小叶 5~17。总状花序腋生，花蓝紫色，花瓣具爪；荚果镰刀状或环状，密被刺状腺毛(图 11-38，彩图 68)。分布于华北、西北、东北地区。根及根状茎能补脾益气，清热解毒，祛痰止咳，缓急止痛，调和诸药。同属植物我国 10 余种，其中**光果甘草** *Glycyrrhiza glabra* L.(彩图 69)、**胀果甘草** *Glycyrrhiza inflata* Bat.(彩图 70)的根及根状茎亦作"甘草"药用。

膜荚黄芪(黄耆) *Astragalus membranaceus* (Fisch.) Bge.　黄芪属多年生草本。主根粗长，圆柱形。奇数羽状复叶，小叶 6~13 对，两面被白色长柔毛。总状花序腋生；蝶形花冠黄色，翼瓣及龙骨瓣均具长爪及短耳；雄蕊二体；子房被柔毛。荚果膜质，膨胀，具长柄，被黑色短柔毛(图 11-39，彩图 71)。分布于东北、华北、西北、西南等地区。根(黄芪)能补气升阳，固表止汗，利水消肿，生津养血，行滞通痹，托毒排脓，敛疮生肌。同属植物我国 130 种，其中**蒙古黄芪** *Astragalus membranaceus* (Fisch.) Bge. var. *Mongholicus* (Bge.) Hsiao 小叶 12~18 对。子房与荚果无毛。分布于内蒙古、吉林、山西、河北等地区。根亦作黄芪药用。同属植物**扁茎黄芪** *Astragalus complanatus* R. Br. 的种子(沙苑子)能补肾助阳，固精缩尿，养肝明目。

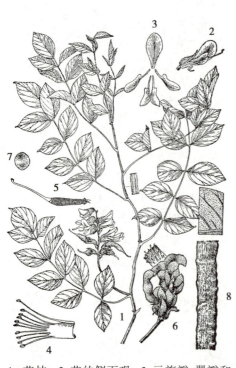

1. 花枝　2. 花的侧面观　3.示旗瓣、翼瓣和龙骨瓣　4.雄蕊　5.雌蕊　6.果序　7.种子　8.根的一段

图 11-38　甘草

1. 根　2. 花、果枝　3. 花　4.旗瓣、翼瓣和龙骨瓣　5. 雄蕊　6.雌蕊　7.果实　8.种子

图 11-39　膜荚黄芪

本科岩黄芪属**多序岩黄芪** *Hedysarum polybotrys* Hand.-Mazz. 主产于甘肃,其根(红芪)药用,功效似黄芪。

槐 *Sophora japonica* L. 槐属落叶乔木。奇数羽状复叶,小叶 9~15。荚果连珠状。我国大部分地区有栽培。其花蕾(槐米)、花(槐花)均能凉血止血,清肝泻火,并可提取芦丁(rutin);果实称槐角,能清热泻火,凉血止血。同属植物国产约有 20 种,其中**苦参** *Sophora flavescens* Ait.(彩图 72)多年生草本。荚果条形,略呈串珠形。南北各地均有分布。根能清热燥湿,杀虫,利尿。**越南槐** *Sophora tonkinensis* Gagnep. 的根和根状茎(山豆根)能清热解毒,消肿利咽。

补骨脂 *Psoralea corylifolia* L. 补骨脂属一年生草本。单叶,互生。荚果扁肾形,果皮与种子不易分离,种子 1 枚。主产于四川、河南、陕西、安徽等地,多栽培。其果实(补骨脂)能温肾助阳,纳气平喘,温脾止泻。

密花豆 *Spatholobus suberectus* Dunn 密花豆属木质大藤本。老茎砍断后有鲜红色汁液流出,种子 1 枚。分布于广东、广西、云南。其藤茎(鸡血藤)能补血活血,调经止痛,舒筋通络。同属植物我国 6 种。

野葛(葛) *Pueraria lobata* (Willd.) Ohwi 葛属藤本,全体被黄色长硬毛。块根肥厚。三出复叶。花冠蓝紫色(彩图 73)。全国大部分地区有分布。根(葛根)能解肌退热,生津止渴,透疹,升阳止泻,通经活络,解酒毒;未完全开放的花称葛花,能治头痛、呕吐和解酒毒。同属植物国产 12 种,其中**甘葛藤** *Pueraria thomsonii* Benth. 的根习称"粉葛",功效同"葛根"。

该亚科药用植物较多,常见的还有豇豆属植物**赤小豆** *Vigna umbellata* (Thunb.) Ohwi et Ohashi、**赤豆** *Vigna angularis* (Willd.) Ohwi et Ohashi 的种子(赤小豆)能利水消肿,解毒排脓。胡芦巴属植物**胡芦巴** *Trigonella foenum-graecum* L. 的种子能温肾助阳,祛寒止痛。山蚂蝗属植物**广金钱草** *Desmodium styracifolium* (Osb.) Merr. 的地上部分能利湿退黄,利尿通淋。相思子属植物**广州相思子** *Abrus cantoniensis* Hance 的全草(鸡骨草)能利湿退黄,清热解毒。黄檀属植物**降香檀** *Dalbergia odorifera* T. Chen 树干和根的干燥心材(降香)均能化瘀止血,理气止痛。扁豆属植物**扁豆** *Dolichos lablab* L. 的种子(白扁豆)能健脾化湿,和中消暑。刀豆属植物**刀豆** *Canavalia gladiata* (Jacq.) DC. 的种子能温中,下气,止呃。

23. 芸香科 Rutaceae

$$♀* K_{4-5} C_{4-5} A_{8-10, \infty} \underline{G}_{(2-\infty : 2-\infty : 1-2)}$$

乔木或灌木,稀草本,有时具刺。常有透明油腺点,多含挥发油。叶常互生,复叶或单身复叶,无托叶。花辐射对称,两性,稀单性,单生、簇生或排成聚伞花序、总状花序;萼片 4~5,花瓣 4~5;雄蕊与花瓣同数或为其倍数,多两轮,着生于花盘基部。子房上位,心皮 2~5 或更多,多合生;每室胚珠 1~2,稀更多。蓇葖果、柑果、蒴果和核果,稀翅果。染色体:X=7~9,11,13,16。

本科约 150 属,1600 余种,全世界分布,主产于热带、亚热带和温带。我国有 28 属,150 余种,已知药用 100 余种,分布于全国各地,以西南和南部为多。

本科植物有较大的经济价值,并且多数是民间草药。所含化学成分主要有挥发油、生物碱、黄酮、香豆素及木脂素类,多具有明显的药理活性,一些呋喃喹啉类、吡喃喹啉和吖啶酮类生物碱为本科的特征成分具有分类学意义。如黄檗属(*Phellodendron*)、花椒属(*Zanthoxylum*)及吴茱萸属(*Evodia*)植物常含有异喹啉类生物碱;柑橘属(*Citrus*)植物中富含橙皮苷(hesperidin)、新橙皮苷(neohesperidin)和柚皮苷(naringin)等黄酮类成分。

【重要药用植物】

橘 *Citrus reticulata* Blanco 柑橘属常绿小乔木或灌木,常有刺。叶革质,单身复叶互生。柑果扁球形,果皮密布油腺点。长江以南地区广泛栽培,品种甚多。其成熟果皮(陈皮)能理气健脾,燥湿化痰;种子(橘核)能理气,散结,止痛;中果皮与内果皮之间的维管束群习称"橘络",能通络化痰;幼果或未成熟果的果皮(青皮)能疏肝破气,消积化滞。

酸橙 *Citrus aurantium* L.　常绿小乔木。叶革质,单身复叶,叶柄翅倒心形。柑果近球形(图11-40)。长江流域及其以南地区有栽培。其幼果(枳实)能破气消积,化痰散痞;未成熟的果实(枳壳)能理气宽中,行滞消胀。同属甜橙 *Citrus sinensis* Osbeck 的幼果也作枳实药用。佛手 *Citrus medica* L. var. *sarcodactylis* Swingle(彩图74)果实有裂瓣如拳或张开如指状,能疏肝理气,和胃止痛,燥湿化痰。

柑橘属的柚 *Citrus grandis* (L.) Osbeck、化州柚 *Citrus grandis* 'Tomentosa' 的未成熟或近成熟的干燥外层果皮(化橘红)能理气宽中,燥湿化痰。其他药用植物还有香圆 *Citrus wilsonii* Tanaka、香橼(枸橼)*Citrus medica* L. 等。

黄檗 *Phellodendron amurense* Rupr.　黄檗属落叶乔木。树皮外层灰色或灰褐色,木栓发达,内皮鲜黄色。奇数羽状复叶对生,小叶5~15。花单性异株,圆锥状聚伞花序;花小,黄绿色。浆果状核果球形,熟时紫黑色,有特殊香气和苦味(彩图75)。分布于东北、华北地区及宁夏等地,有栽培。其树皮(关黄柏)能清热燥湿,泻火除蒸,解毒疗疮。同属植物川黄檗(黄皮树)*Phellodendron chinense* Schneid. 分布于四川、贵州、云南、湖北、陕西等地。其树皮习称"川黄柏",功效同"关黄柏"。

吴茱萸 *Evodia rutaecarpa* (Juss.) Benth.　吴茱萸属落叶灌木或小乔木。奇数羽状复叶对生,小叶背面密被白色柔毛,并有粗大透明腺点,聚伞圆锥花序。蒴果开裂成蓇葖果状,有强烈香气。分布于中南、华东、西南地区及陕西、甘肃等地。其近成熟果实能散寒止痛,降逆止呕,助阳止泻。同属植物我国25种,其中疏毛吴茱萸 *Evodia rutaecarpa* (Juss.) Benth. var. *bodinieri* (Dode) Huang、石虎 *Evodia rutaecarpa* (Juss.) Benth. var. *officinalis* (Dode) Huang 的近成熟果实亦作"吴茱萸"药用。

白鲜 *Dictamnus dasycarpus* Turcz.　白鲜属多年生草本。羽状复叶,叶柄及叶轴两侧有狭翅,花淡红色,有紫色条纹,蒴果5裂(彩图76)。分布于我国大部分地区。其根皮能清热燥湿,祛风解毒。

本科花椒属植物花椒 *Zanthoxylum bungeanum* Maxim.、青花椒(青椒)*Zanthoxylum schinifolium* Sieb. et Zucc. 成熟果实能温中止痛,杀虫止痒;两面针 *Zanthoxylum nitidum* (Roxb.) DC. 根能活血化瘀,行气止痛,祛风通络,解毒消肿。

芸香属植物芸香 *Ruta graveolens* L. 叶二至三回羽状分裂,全株有浓烈香气,蒴果(图11-41)。原产欧洲,我国长江以南有栽培。全草能祛风,镇痛,活血,杀虫。

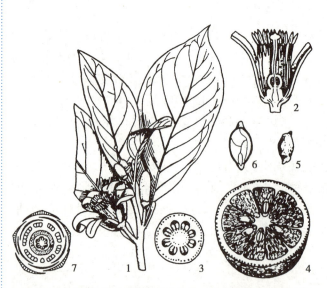

1. 花枝　2. 花纵剖(示雄蕊和雌蕊)　3. 子房横切　4. 果横切
5. 种子　6. 种子纵切(示折叠的子叶)　7. 花图式

1. 花枝　2. 四基数的侧生花　3. 五基数顶生花的花图式

图 11-40　酸橙

图 11-41　芸香

九里香属植物**九里香** *Murraya exotica* L.、**千里香** *Murraya paniculata*（L.）Jack 叶和带叶嫩枝（九里香）能行气止痛，活血散瘀。本科还有枳属的**枳（枸橘）***Poncirus trifoliata* （L.）Raf.［*Citrus trifoliata L.*］（彩图 77）果实药用，能破气行痰，消积。

图片：芸香科 - 柚

24. 棟科 Meliaceae

$$\mathbf{\mathmale\mathfemale} * \mathbf{K}_{(4\sim5),(6)} \mathbf{C}_{4\sim5,3\sim7,(3\sim7)} \mathbf{A}_{(4\sim10)} \underline{\mathbf{G}}_{(2\sim5:2\sim5:1\sim2)}$$

木本，叶常互生，多为羽状复叶，无托叶。花多两性，辐射对称，多集成圆锥花序；萼片 4~5，稀 6，下部通常合生；花瓣 4~5，稀 3~7，分离或基部合生；雄蕊 4~10，花丝合生成管状；具花盘或缺；子房上位，心皮 2~5，2~5 室，每室胚珠 1~2，稀更多。蒴果、浆果或核果。

本科约 50 属，1 400 种，主要分布于热带和亚热带。我国有 15 属，约 60 种，已知药用 20 余种，分布于长江以南地区。

本科植物主要含有三萜、生物碱、香豆素及酚酸类化合物。如棟、川棟的树皮和根皮中含有的川棟素（toosendanin）和洋椿苦素（cedrelone），具有驱蛔、抗炎、抗病毒等作用。

【重要药用植物】

棟（苦棟） *Melia azedarach* L.　棟属落叶乔木，二至三回奇数羽状复叶，小叶边缘有钝锯齿。核果球形，直径 1.5~2cm（图 11-42，彩图 78）。分布于黄河以南各地。根皮和树皮（苦棟皮）能杀虫，疗癣。同属植物**川棟** *Melia toosendan* Sieb. et Zucc. 小叶全缘或有不明显疏锯齿；核果较大。分布于四川、贵州、云南、湖南、湖北、河南、甘肃等地。果实（川棟子）能疏肝泄热，行气止痛，杀虫；根皮和树皮功用同"苦棟皮"。

1. 花枝　2. 果枝　3. 花萼及雌蕊　4. 雄蕊管剖开
5. 雄蕊管顶端　6. 雄蕊管顶端的内侧（示花药与裂片互生）

图 11-42　棟

25. 大戟科 Euphorbiaceae

$$\mathbf{\mathmale} * \mathbf{K}_{0\sim5} \mathbf{C}_{0\sim5} \mathbf{A}_{1\sim\infty,(\infty)}; \mathbf{\mathfemale} * \mathbf{K}_{0\sim5} \mathbf{C}_{0\sim5} \underline{\mathbf{G}}_{(3:3:1\sim2)}$$

木本或草本，常含有乳汁。多单叶，互生，间有对生或轮生；叶基部常有腺体；托叶早落或缺。花单性，雌雄同株或异株，多为聚伞或杯状聚伞花序；萼片 2~5，稀 1 或缺；无花瓣或稀有花瓣；有花盘或腺体；雄蕊多数，或仅 1 枚，花丝分离或连合；子房上位，雌蕊心皮 3，3 室，中轴胎座，每室胚珠 1~2。蒴果，少数为浆果或核果。种子具胚乳。染色体：X=6~14。

本科约 300 属，8 000 余种，广布于全世界，主产于热带和亚热带。我国约有 70 属，460 余种，已知药用约 160 种。

本科植物化学成分主要有二萜、三萜、生物碱及黄酮类化合物。二萜类成分多有强烈的生理活性或刺激性，并有较重要的分类学意义。生物碱中的一叶萩碱（securinine）能兴奋中枢神经，美登木素类生物碱有抗癌活性。该科植物大多有毒性，种子常含毒蛋白，如巴豆毒素（crotin）、蓖麻毒素（ricin）等。

【重要药用植物】

巴豆 *Croton tiglium* L. 巴豆属常绿小乔木,幼枝、叶有星状毛。花单性,雌雄同株。蒴果卵形(图 11-43)。分布于长江以南各地,野生或栽培。种子有大毒,能泻下祛积,逐痰行水。根可治风湿腰腿痛和跌打损伤,叶可作杀虫剂。同属植物国产约 20 种。

蓖麻 *Ricinus communis* L. 蓖麻属高大草本,叶掌状深裂。雌雄同株。蒴果有软刺,种子椭圆形,一端有种阜,具斑纹(图 11-44)。我国各地均有栽培。种仁能泻下通滞,消肿拔毒。蓖麻油为刺激性泻药。

大戟 *Euphorbia pekinensis* Rupr. 大戟属多年生草本,具白色乳汁。多歧聚伞花序由多数杯状聚伞花序排列而成。杯状总苞 4~5 浅裂,有 4 枚肥厚肾形腺体(图 11-45)。分布于我国各地。根(京大戟)有毒,能泻水逐饮,消肿散结。同属植物我国原产 60 余种。较重要的药用植物还有:**月腺大戟** *Euphorbia ebracteolata* Hayata、**狼毒大戟** *Euphorbia fischeriana* Stend.、**甘遂** *Euphorbia kansui* Liou、**续随子(千金子)***Euphorbia lathyris* L.(彩图 79)、**地锦** *Euphorbia humifusa* Willd.、**斑地锦** *Euphorbia maculata* L.、**飞扬草** *Euphorbia hirta* L. 等。

1. 花枝　2. 雄花　3. 雌花　4. 子房横切面
5. 果枝　6. 种子

图 11-43　巴豆

1. 果枝　2. 花株的上部　3. 未开放的雄花　4. 雄花
5. 花药　6. 雌花　7. 子房横切　8. 蒴果　9. 无刺的蒴果　10. 种子

图 11-44　蓖麻

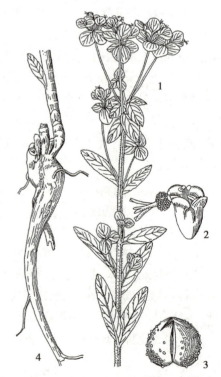

1. 花枝　2. 杯状花序　3. 果实　4. 根

图 11-45　大戟

本科药用植物还有：**余甘子** *Phyllanthus emblica* L.(叶下珠属)，蒴果球形，外果皮肉质，为藏族习用药材，能清热凉血，消食健胃，生津止渴。**叶下珠** *Phyllanthus urinaria* L. 一年生草本(彩图 80)，全草能清肝明目，渗湿利水。**一叶萩** *Flueggea suffruticosa* (Pall.) Baill.(白饭树属)落叶灌木，枝、叶、花能活血通络，并可提取一叶萩碱，用于治疗小儿麻痹后遗症和面神经麻痹。**乌桕** *Triadica sebifera* (Linnaeus) Small(乌桕属)(彩图 81) 的根皮、叶能杀虫，治毒蛇咬伤。**龙脷叶** *Sauropus spatulifolius* Beille(守宫木属)的叶能润肺止咳，通便。

26. 漆树科 Anacardiaceae

$$♀ * K_{(3-5)} C_{3-5} A_{5-10} \underline{G}_{(1-5 : 1-5 : 1)}$$

乔木或灌木，常含有树脂。复叶或单叶，互生，稀对生，无托叶。花多辐射对称，两性、单性或杂性，通常排成圆锥花序；萼片 3~5，合生，花瓣 3~5，稀缺；花盘多扁平，环状；雄蕊 5~10，稀更多或退化为 1 枚；子房上位，心皮 1~5，常 1 室，或 2~5 室，每室胚珠 1 颗。果实多为核果。种子无胚乳或少量胚乳。染色体：X=7~16。

本科约 60 属，600 余种，主要分布于热带、亚热带。我国有 16 属，50 余种，其中药用种类约 35 种，多分布于长江以南地区。

本科植物的化学成分多为黄酮类、三萜类、树脂和五倍子鞣质等。黄酮类主要为槲皮素(quercetin)、漆黄素(fisetin)等。三萜类主要为达玛烷型、木栓烷型、羽扇豆烷型。

【重要药用植物】

盐肤木 *Rhus chinensis* Mill.　盐肤木属小乔木或灌木，羽状复叶，叶轴及叶柄常有翅(图 11-46，彩图 82)。除东北、内蒙古和新疆外，分布几遍全国。**五倍子蚜** *Melaphis chinensis* (Bell.) Baker 寄生后，在幼枝和叶上刺激形成虫瘿为"五倍子"，含有大量的鞣质，能敛肺降火，涩肠止泻，敛汗，止血，收湿敛疮。同属植物**青麸杨** *Rhus potaninii* Maxim. 和**红麸杨** *Rhus punjabensis* Stew. var. *sinica* (Diels) Rehd. et Wils. 由于蚜虫寄生也可形成虫瘿作"五倍子"用。

南酸枣 *Choerospondias axillaris* (Roxb.) Burtt et Hill 南酸枣属落叶乔木，奇数羽状复叶互生，小叶 7~19。春季开花，杂性异株，雄花序为聚伞状圆锥花序，雌花单生于叶腋。核果椭圆形，味酸。分布于长江以南地区。成熟果实(广枣)为藏医、蒙医常用药材，能行气活血，养心安神。树皮能收敛，止血，止痛。

漆树(漆) *Toxicodendron vernicifluum* (Stokes) F. A. Barkl.　漆属落叶乔木，树皮有树脂状乳汁。除黑龙江、吉林、内蒙古和新疆外，我国大部分地区有分布。树干韧皮部割取的生漆是一种优良涂料，经加工干燥后入药为"干漆"，能破瘀通经，消积杀虫。同属植物国产 16 种。

1. 果枝　2. 核果

图 11-46　盐肤木

27. 冬青科 Aquifoliaceae

$$♂ * K_{(4-6)} C_{4-6, (4-6)} A_{4-6} ; ♀ * K_{(4-6)} C_{4-6, (4-6)} \underline{G}_{(2-5 : 2-∞ : 1-2)}$$

常绿乔木或灌木。单叶互生；托叶早落。花小，辐射对称，单性异株，或杂性；花萼 4~6 裂，基部多少连合;花瓣 4~6,分离或基部合生;雄蕊与花瓣同数;<u>子房上位,心皮 2~5,合生,2 至多室,每室胚珠 1~2</u>。浆果状核果,由 2 至多个分核组成,每一分核具一种子。染色体:X=18,20。

本科有 4 属,400 余种,绝大多数种为冬青属 *Ilex*,广布于热带和温带地区。我国仅有 1 属,204 种,已知药用 40 余种,主要分布于长江流域及以南地区。

本科植物主要含三萜酸及皂苷、环烯醚萜、黄酮、鞣质及香豆素类等。有的植物还含生物碱类。冬青叶中的鞣质类化合物,如原儿茶酸(protocatechuic acid)和原儿茶醛(protocatechuic aldehyde),具有较强的抑菌作用。

【重要药用植物】

枸骨 *Ilex cornuta* Lindl. et Paxt.　冬青属常绿灌木或小乔木,叶硬革质,矩圆状,边缘具 3 个硬尖刺。花单性异株。核果熟时红色(图 11-47,彩图 83)。分布于长江中、下游地区。叶能清热养阴,益肾,平肝。果能补肝肾,止血。

冬青 *Ilex chinensis* Sims　常绿乔木,叶长椭圆形。花单性异株,雄花紫红色。果椭圆形,熟时红色。分布于长江流域及以南地区。叶(四季青)能清热解毒,消肿祛瘀。

冬青属植物国产约 200 种,药用的还有:**毛冬青** *Ilex pubescens* Hook. et Arn. 根能活血通脉,消肿止痛,可用于治疗冠心病、脉管炎等。**大叶冬青** *Ilex latifolia* Thunb. 嫩叶(苦丁茶),能清热解毒,止渴生津。果实能解暑。**铁冬青** *Ilex rotunda* Thunb. 根能清热凉血,止痛。

1. 果枝　2. 雄花枝　3. 雄花　4. 雄花去花瓣与雄蕊后(示退化雌蕊)

图 11-47　枸骨

28. 卫矛科 Celastraceae

$$\text{♀} * K_{4-5} C_{4-5} A_{4-5} \underline{G}_{(2-5:2-5:2-6)}$$

<u>乔木、灌木或藤本</u>。<u>单叶</u>,对生或互生;花两性或单性,小型,辐射对称。集成顶生或腋生的聚伞花序,或有时单生;<u>萼片 4~5,宿存</u>;花瓣 4~5;<u>花盘发达</u>,呈各种形状;雄蕊 4~5,常着生于花盘上;<u>子房上位</u>,由 2~5 心皮组成 2~5 室,每室胚珠 2~6;花柱短,柱头 2~5 裂。蒴果、翅果、浆果或核果;<u>种子常具红色或橙红色的假种皮</u>。染色体:X=7,8,9,10,12,16,18,23,32,40。

本科约 60 属,850 余种,主要分布于热带和亚热带。我国有 12 属,200 余种,已知药用近 100 种。

倍半萜醇和酯及倍半萜酯生物碱为本科代表性化合物。其中雷公藤的根含雷公藤碱(wilfordine)类生物碱,有免疫抑制作用,可治类风湿关节炎。美登木茎和果实含有的美登素(maytansine)有抗癌作用。本科还含有二萜内酯三环氧化物、五环三萜、强心苷和黄酮类化合物。

【重要药用植物】

卫矛 *Euonymus alatus* (Thunb.) Sieb.　卫矛属落叶灌木,小枝有 2~3 列木栓质的阔翅。聚伞花序具 3~9 花。蒴果,瓣裂,种子假种皮橘红色(图 11-48,彩图 84)。分布于我国南北各地。枝翅或带翅嫩枝(鬼箭羽)能破血通经,杀虫,止痛,又可煎汤熏洗,治疗过敏性皮炎。同属植物国产约有 110 种,其中已知药用 58 种。药用的还有**丝棉木** *Euonymus bungeanus* Maxim. 等。

雷公藤 *Tripterygium wilfordii* Hook. f.　雷公藤属落叶藤状灌木,小枝棕红色,具 4~6 棱,密生皮孔和锈色短毛。圆锥状聚伞花序,花白绿色。蒴果具 3 片膜质翅(图 11-49)。分布于长江流域及以南各地。根有毒,能祛风湿,杀虫,主治类风湿关节炎。同属植物国产 3 种,其中:**昆明山海棠** *Tripterygium hypoglaucum* (Lévl.) Hutch. (彩图 85)叶卵圆形至长卵圆形,背面有白粉。全株药用,能治风湿性关节炎。

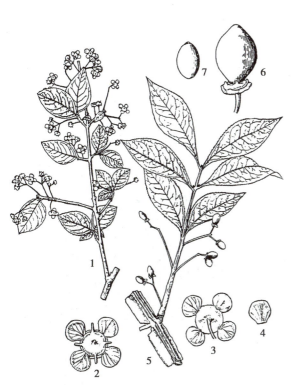

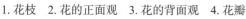

1. 花枝　2. 花的正面观　3. 花的背面观　4. 花瓣
5. 果枝　6. 果实　7. 种子

图 11-48　卫矛

1. 花枝　2. 花　3. 蒴果

图 11-49　雷公藤

本科药用植物还有：**南蛇藤** *Celastrus orbiculatus* Thunb.（南蛇藤属）、**美登木** *Maytenus hookeri* Loes.（美登木属）等。

29. 无患子科 Sapindaceae

$$♀*,↑K_{(4-5)}C_{4-5,0}A_{8,5-10}\underline{G}_{(2-4:2-4:1-2)}$$

多为乔木或灌木，稀攀缘状草本，常为羽状复叶；多无托叶。花两性、单性或杂性异株，辐射对称或两侧对称，常为聚伞花序所集成的总状花序或圆锥花序；萼片 4~5；花瓣 4~5，有时缺；花盘发达；雄蕊 5~10，常 8；子房上位，心皮 2~4，合生，子房 2~4 室，每室胚珠 1~2。蒴果、浆果、坚果或翅果。种子无胚乳，常有假种皮。染色体：X=11~16。

本科约 150 属，2 000 种，广布于热带和亚热带。我国有 25 属，50 余种，已知药用 20 种，主要分布于长江以南地区。

本科植物常含三萜皂苷，如无患子果皮中含有的无患子皂苷（sapindosides）为天然的非离子型表面活性剂。

【重要药用植物】

龙眼（桂圆） *Dimocarpus longan* Lour.　龙眼属常绿乔木，幼枝具锈色柔毛。偶数羽状复叶互生。花杂性，子房 2~3 室，仅 1 室发育。果实核果状。假种皮白色，肉质多汁味甜（图 11-50）。龙眼为著名水果之一，广东、海南、广西、福建、云南、四川、贵州、台湾均有栽培。假种皮（龙眼肉）为滋补品，能补益心脾，养血安神。

荔枝 *Litchi chinensis* Sonn.　荔枝属常绿乔木，小枝有白色小斑点和微柔毛。核果近球形，外果皮有瘤状突起，熟时暗红色。种子黑褐色，假种皮白色，肉质多浆，味甜，为我国特产水果。产于广东、海南、福建、广西、四川、云南、台湾等地。种子（荔枝核）能行气散结，祛寒止痛。

本科较重要的药用植物尚有：**无患子** *Sapindus mukorossi* Gaertn.（无患子属），果肉能清热化痰，止痛，消积；果皮可代肥皂。**文冠果** *Xanthoceras sorbifolium* Bunge（文冠果属），心材或枝叶能治风湿性关节炎；种子可食，风味似板栗。

30. 鼠李科 Rhamnaceae

$$\male\female * K_{(4\sim5)} C_{4\sim5} A_{4\sim5} \underline{G}_{(2\sim4 : 2\sim4 : 1)}$$

乔木或灌木，常具刺。单叶，多互生；托叶小，常脱落或变成刺状。花小，两性，稀单性，辐射对称；通常排成聚伞花序；萼片 4~5，合生，花瓣 4~5 或缺；雄蕊 4~5，与花瓣对生，花盘肉质；子房上位，埋藏于肉质花盘中，心皮 2~4，合生，2~4 室，每室胚珠 1。核果、蒴果或翅果。染色体：X=9~13，23。

本科 58 属，约 900 种，分布于温带至热带。我国有 14 属，约 130 种，已知药用 76 种，南北均有分布，主产于长江以南地区。

本科植物所含化学成分多样。鼠李属（*Rhamnus*）含有蒽醌类化合物，如大黄素（emodin）、大黄酚（chrysophanol）等，有缓泻，消炎作用。枣属（*Zizyphus*）含有三萜皂苷，如酸枣仁皂苷（jujuboside）。另还含有肽型生物碱和异喹啉生物碱。

【**重要药用植物**】

枣 *Ziziphus jujuba* Mill. 枣属落叶乔木，枝具刺。叶互生，基生三出脉，花黄绿色。核果红色，中果皮肉质而厚，味甜，果核两端尖锐。全国各地均有栽培，分布于河北、河南、山东、山西、陕西、甘肃、内蒙古等地。果实（大枣）能补中益气，养血安神。同属植物**酸枣** *Ziziphus jujuba* Mill. var. *spinosa*（Bunge）Hu ex H. F. Chow（图 11-51，彩图 86）落叶灌木，叶、果实较枣小。果实味酸，果核两端钝。分布于辽宁、内蒙古、河北、山东、山西、河南、陕西、甘肃、宁夏、新疆、江苏、安徽等地。种子（酸枣仁）能补肝，宁心，敛汗，生津。同属植物国产 12 种。

枳椇 *Hovenia acerba* Lindl. 枳椇属落叶乔木，聚伞花序，果成熟时花序轴肥厚肉质扭曲，味甜可食用，称"拐枣"。种子入药，能解酒毒，止吐，利尿。同属植物国产 3 种。

31. 锦葵科 Malvaceae

$$\male\female * K_{(3\sim5),3\sim5} C_5 A_{(\infty)} \underline{G}_{(2\sim\infty : 2\sim\infty : 1\sim\infty)}$$

草本或木本，富含韧皮纤维，有的具黏液，表面常有星状毛。单叶互生，常掌状分裂；有托叶，早落。

1. 花枝　2. 花　3. 雌蕊　4. 果实

图 11-50　龙眼

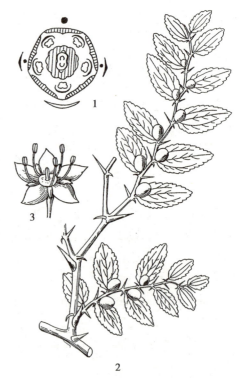

1. 鼠李科花图式　2. 果枝　3. 花

图 11-51　酸枣

花两性,辐射对称,单生或呈聚伞花序;萼片 3~5 片,离生或合生,镊合状排列,其下常有 3 至多数小苞片(副萼);花瓣 5,旋转状排列,雄蕊多数,花丝连合成管状(单体雄蕊);心皮 3 至多数,合生或分离,轮状排列。子房上位,2 至多室,每室 1 至多数胚珠,中轴胎座,花柱与心皮同数或为其 2 倍。蒴果或分果,稀浆果。

本科约 50 属,1 000 余种,分布于热带至温带。我国 16 属,约 80 种,已知药用约 60 种,分布南北各地。

本科植物的主要化学成分有黄酮苷、生物碱、木脂素和香豆素类等。不少植物的叶、根和种子中含有黏液和多糖。棉属(*Gossypium*)植物中含有的棉酚(gossypol)有抗菌、抗病毒、抗肿瘤和抗生育作用。

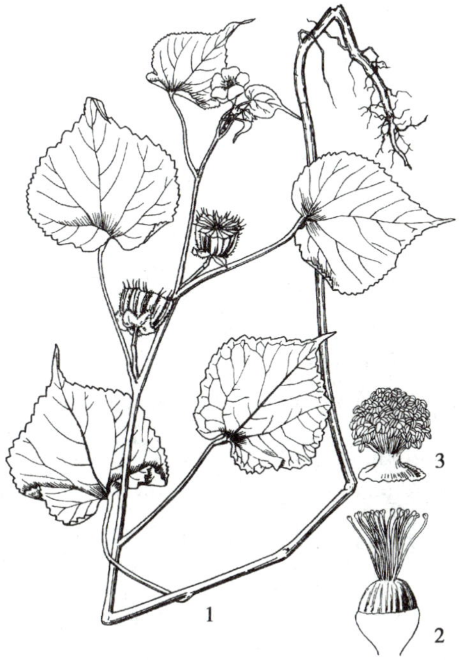

【重要药用植物】

苘[qǐng]麻 *Abutilon theophrasti* Medicus 苘麻属一年生草本,茎有柔毛。花黄色,蒴果半球形,分果 15~20。种子圆肾形,黑色(图 11-52,彩图 87)。全国大部分地区有分布。种子能清热解毒,利湿,退翳。全草也可药用,能解毒祛风。同属植物国产 9 种。

冬葵(野葵) *Malva verticillata* L. 锦葵属二年生草本,茎有星状长柔毛,叶掌状 5~7 浅裂。花小,淡红色,丛生于叶腋。蒴果扁圆形,熟时心皮分离成 10~20 瓣。分布于东北、华北、西北、西南、华中等地。果实为蒙古族习用药材,能清热利尿,消肿。

木芙蓉 *Hibiscus mutabilis* L. 木槿属落叶灌木或小乔木,花大,秋季开放,白色或粉红色。我国多数地区有栽培。叶能凉血解毒,消肿止痛。同属植物国产 20 余种。其中:**木槿** *Hibiscus syriacus* L. 落叶灌木,茎皮和根皮能杀虫,止痒,止血。花能清热解毒,止痢。果实能清肝化痰,解毒止痛。

图 11-52 苘麻
1. 植株 2. 雌蕊 3. 雄蕊筒

图片:锦葵科 - 野生蜀葵

本科较重要的药用植物还有:**草棉** *Gossypium herbaceum* L.(棉属),根能通经止痛,止咳平喘。同属植物**陆地棉** *Gossypium hirsutum* L. 广泛栽培于各产棉区。**黄蜀葵** *Abelmoschus manihot* (L.) Medicus (秋葵属)的干燥花冠能清热利湿,消肿解毒。**咖啡黄葵(秋葵)** *Abelmoschus esculentus* (L.) Moench 广泛栽培,嫩果作蔬菜食用。

32. 瑞香科 Thymelaeaceae

$$\male\female * K_{(4-5)} C_0 A_{4-5,8-10} \underline{G}_{(2-5 : 1-2 : 1)}$$

灌木或乔木,稀为草本。茎皮多韧皮纤维。单叶,对生或互生,全缘;无托叶。花两性或单性,辐射对称,集成头状、总状或伞形花序,稀单生;花萼管状,4~5 裂,呈花瓣状;花瓣缺或为鳞片状;雄蕊通常着生于萼管的喉部,与花萼裂片同数或为其两倍,稀为 2 枚;子房上位,心皮 2~5 个合生,1~2 室,每室胚珠 1。浆果、核果或坚果,稀蒴果。种子有胚乳。染色体:X=9。

本科约 48 属,650 余种,分布于热带和温带。我国有 10 属约 100 种,已知药用近 40 种,主要分布于长江流域及以南地区。

本科植物多数含有生理活性强烈或有毒成分,主要有二萜酯类、香豆素、木脂素、挥发油和黄酮类等。瑞香属(*Daphne*)植物中含有的瑞香素(daphnetin)及其苷类,有抗凝和促进尿酸排泄作用。芫花中的二萜酯类有抗生育作用,木脂素类芫花醇(wikstromol)有抗淋巴细胞白血病作用。本科不少植物含挥发油,油中成分多为倍半萜类成分,能止痛、理气。某些黄酮类有镇咳祛痰作用。

【重要药用植物】

土沉香(白木香)*Aquilaria sinensis*(Lour.)Spreng. 沉香属常绿乔木,叶革质。伞形花序顶生或腋生;花黄绿色,芳香;花萼浅钟状,裂片5;花瓣10,鳞片状,生于萼管喉部。蒴果卵球形,被灰黄色短柔毛。分布于海南、广西、福建等地,台湾有栽培。其含树脂的心材(沉香)能行气止痛,温中止呕,纳气平喘。同属植物**沉香** *Aquilaria agalloca* Roxb. 分布于印尼、马来西亚、柬埔寨、越南等国,我国台湾、海南亦有栽培。其含树脂的心材称"进口沉香"。

芫花 *Daphne genkwa* Sieb. et Zucc. 瑞香属落叶灌木,幼枝被浅黄色绢毛。花于早春先叶开放,数朵簇生于叶腋,淡紫色。核果白色,种子1枚(图11-53,彩图88)。分布于长江流域各地区。花蕾能泻水逐饮,外用杀虫疗疮。同属植物国产44种。其中:**黄瑞香** *Daphne giraldii* Nitsche 分布于我国西北及南部,其茎皮和根皮(祖师麻)能麻醉止痛,祛风通络。

了哥王 *Wikstroemia indica*(L.)C. A. Mey. 荛花属小灌木,茎红褐色,全株光滑。分布于长江以南各地。全株有毒。根和叶能消肿散结,泻下逐火,止痛。同属植物国产40种。

本科较重要的药用植物尚有:**狼毒** *Stellera chamaejasme* L. 狼毒属多年生草本(彩图89),根(瑞香狼毒)有毒,能散结,逐水,杀虫。**结香** *Edgeworthia chrysantha* Lindl. 结香属落叶灌木,常作观赏花木栽培。根可治跌打损伤、风湿关节痛。

1. 果枝　2. 花枝　3. 花被筒剖开(示雄蕊和雌蕊)　4. 果实　5. 瑞香属的花图式

图11-53　芫花

33. 桃金娘科 Myrtaceae

$$\male\female * K_{(4\sim\infty)} C_{4\sim5} A_{\infty,(\infty)} \overline{G}_{(2\sim\infty:1\sim\infty:1\sim\infty)}$$

常绿木本。单叶对生,少互生或轮生,有透明腺点,揉之有香气;无托叶。花两性,辐射对称,单生或集成穗状、伞房状、总状或头状花序;萼管与子房合生,萼片4~5或更多,宿存;花瓣4~5,着生于花盘的边缘,或与萼片连成一帽状体;雄蕊多数,花丝分离或连成管状,或成数束与花瓣对生,药隔顶端常有1腺体;子房下位或半下位,心皮2至多个,1至多室,花柱单生,中轴胎座。稀侧膜胎座,胚珠每室1至多颗。浆果、核果或蒴果。种子无胚乳,胚直生。染色体:X=6~9,12。

本科约有100属,3 000余种,分布于热带和亚热带。我国原产8属,89种,引种8属,70余种,已知药用约30种,分布于长江以南地区。

本科植物普遍含挥发油,其他尚有黄酮、三萜、鞣质及间苯三酚类等成分。丁香花蕾、桉叶中的挥发油有显著的抑菌和镇痛作用。黄酮类有槲皮素、桉树素(eucalyptin)等。三萜类主要为齐墩果酸型、乌苏烷型和羽扇豆烷型化合物。

【重要药用植物】

丁香 *Eugenia caryophyllata* Thunb. 番樱桃属常绿乔木,叶对生,长椭圆形,先端渐尖或急尖,基部渐窄,下延至柄,全缘,具透明腺点。顶生聚伞花序;萼筒4裂;花瓣4,淡紫色,均有浓烈香气;雄蕊多数,子房下位,2室。浆果,倒卵形,红棕色(图11-54,彩图90)。原产印尼、越南及东非沿海等地,我国广东、海南有栽培。花蕾(公丁香)和近成熟果实(母丁香)能温中降逆,补肾助阳。花蕾含挥发油16%~20%,可提取丁香油,常用治牙痛和作香料。

大叶桉 *Eucalyptus robusta* Smith　桉属常绿乔木,小枝淡红色。叶在幼枝上对生,老枝上互生,革质,长卵形,揉之有香气。原产澳大利亚,我国西南部和南部有栽培。叶和顶生小枝可提取桉叶油。叶能疏风清热,抗菌,消炎,止痛。同属植物国产及引种有30种以上。其中:**蓝桉** *Eucalyptus globulus* Labill. 叶披针形或镰刀形,蓝绿色,常被白粉(图11-55)。我国南方有栽培。用途与大叶桉相似。

1. 花蕾纵剖面　2. 花蕾　3. 枝条　4. 花图式

图 11-54　丁香

1. 花枝　2. 幼苗枝叶

图 11-55　蓝桉

桃金娘 *Rhodomyrtus tomentosa* (Ait.) Hassk.　桃金娘属常绿灌木,叶对生,聚伞花序。分布于福建、台湾、广东、海南、广西、云南、贵州、湖南等地。根、果、叶均可供药用,能补气,通络,止血,止泻。

白千层(玉树) *Melaleuca leucadendra* L.　白千层属乔木。原产澳大利亚,我国广东、广西、福建、海南、台湾有栽培。树皮能安神镇静,祛风止痛。树皮、叶、枝提取的挥发油(玉树油)可作兴奋、防腐和祛痰剂。

34. 五加科 Araliaceae

$$\text{☿} * K_5\ C_{5\sim10}\ A_{5\sim10}\ \overline{G}_{(2\sim15:2\sim15:1)}$$

木本、藤本或多年生草本。叶多互生,掌状复叶、羽状复叶,或为单叶(多掌状分裂)。花两性,稀单性或杂性,辐射对称,排成伞形花序,或再集合成圆锥状或总状花序;花萼小,或具小型萼齿5枚;花瓣5~10,分离,有时顶部连合成帽状;雄蕊与花瓣同数,互生,稀为花瓣的二倍或更多;花盘位于子房顶部;子房下位,心皮2~15,合生,常2~15室,每室有1倒生胚珠。浆果或核果;种子有丰富的胚乳。染色体:X=11~13。

本科约80属,900余种,分布于热带和温带。我国有23属,160余种,已知药用近100种,除新疆外,各地均有分布。

本科植物大多含皂苷类、黄酮及香豆素类,其中以富含三萜皂苷为其特点。达玛烷型四环三萜皂苷主要存在于人参、三七、西洋参中,其中人参皂苷(ginsenoside)具有多方面的生理活性;齐墩果烷型五环三萜皂苷主要分布在楤木属(*Aralia*)、刺楸属(*Kalopanax*)、五加属(*Acanthopanax*)及人参属(*Panax*)等植物中,具有兴奋中枢神经、抗炎和抗溃疡等作用。

【重要药用植物】

人参 *Panax ginseng* C. A. Mey.   人参属多年生草本。根状茎(芦头)结节状;主根粗壮,圆柱形,肉质。掌状复叶,小叶常5,上面脉上疏生刚毛。伞形花序顶生;花小,淡黄绿色。核果浆果状,扁球形,成熟时鲜红色(习称"亮红顶")(图11-56,彩图91)。分布于东北,现多栽培。栽培人参常称为园参,野生人参常称为山参,播种在山林野生状态下自然生长的称为林下山参,习称"籽海",广泛栽培于吉林和辽宁。根和根状茎能大补元气,复脉固脱,补脾益肺,生津养血,安神益智。人参的根、茎、叶、花和果实含多种人参皂苷。

> **知识拓展**
>
> ### 野生人参的生长规律
>
> 野生人参根状茎(芦头)较长,多横生。一年生者具一枚三出复叶,称"三花";二年生者具一枚五出复叶,通称"巴掌";三年生者有2枚五出复叶,通称"二甲子";四年生者有3枚复叶,开始轴生花序,称"灯台子";五年生者有4枚复叶,称"四批叶";六年以上者有5或6枚复叶,分别称为"五批叶"或"六批叶"。最多可至6枚复叶。野生人参被列为我国一级保护植物。

三七 *Panax notoginseng*(Burk.)F. H. Chen   人参属多年生草本。主根粗壮倒圆锥状或短柱形,常有瘤状突起的分枝。根状茎短;茎直立,单一。掌状复叶3~6枚轮生于茎顶,小叶3~7,形态变化大,中央一片最大,长椭圆形至倒卵状长椭圆形,两面脉上密生刚毛。伞形花序顶生,花小;萼齿5;花瓣5,淡黄绿色;雄蕊5;子房下位。浆果状核果扁球形,成熟时红色(图11-57,彩图92)。主要栽培于云南、

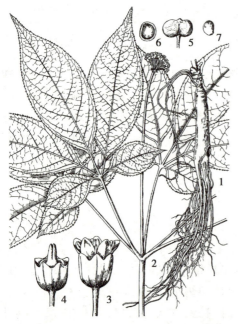

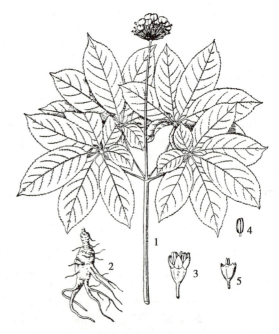

1. 根的全形   2. 花枝   3. 花   4. 去花瓣及雄蕊
后(示花柱及花盘)5. 果实   6. 种子   7. 胚体

1. 植株上部   2. 根状茎及根   3. 花   4. 雄蕊
5. 花萼及花柱

图 11-56   人参   **图 11-57   三七**

广西。现四川、江西、湖北、广东、福建等地也有栽培。根和根状茎(田七)能散瘀止血,消肿定痛。

西洋参 *Panax quinquefolium* L.　形态与人参近似,区别在于本种小叶片倒卵形,先端突尖,脉上无刚毛。原产北美,现我国北京、黑龙江、吉林、陕西等地有引种栽培。根性凉,能补肺降火,养胃生津。

竹节参 *Panax japonicus* C. A. Mey.　多年生草本。根状茎横卧,节膨大呈竹鞭状或串珠状(彩图93)。分布于长江以南地区以及云南、贵州、西藏等地山区。根状茎可散瘀止血,消肿止痛,祛痰止咳,补虚强壮。

珠子参 *Panax japonicus* C. A. Mey. var. *major*(Burk.)C. Y. Wu et K. M. Feng　多年生草本。根状茎弯曲横卧,节膨大呈珠状或纺锤状,形似纽扣。分布于河南、湖北、陕西、宁夏、甘肃、四川、贵州、云南、西藏等地。根状茎(珠子参、钮子七)能舒筋活络,养阴清肺,补血,止血。**羽叶三七(疙瘩七)** *Panax japonicus* C. A. Mey. var. *bipinnatifidus*(Seem.)C. Y. Wu et K. M. Feng 根状茎也作"珠子参"入药。

人参属植物约有8种,我国7种、3变种,分布于亚洲东部、中部和北美洲,多为林下喜阴性草本植物。除前面介绍的外,本属国产还有**狭叶竹节参** *Panax japonicus* var. *angustifolius*(Burkill)J. Wen、**假人参** *Panax pseudoginseng* Wallich、**屏边三七** *Panax stipuleanatus* C. T. Tsai & K. M. Feng、**姜状三七** *Panax zingiberensis* C. Y. Wu & K. M. Feng 等。

知识拓展

人参属的化学与形态分类

人参属自林奈1735年创立以来,由于植物形态变异性大,属的系统分类长期存在着争议,但本属植物大多具有较高的药用价值,一直是人们研究关注的热点。目前学者们从植物形态、化学、数量分类学等方面对人参属进行了较深入地研究,并按其地下部分的形态特征划分为两种类型:①以达玛烷型四环三萜类皂苷为特征性成分,肉质根发达、根状茎紧缩的类群,主要药用植物有人参、三七、西洋参。②以齐墩果烷型五环三萜类皂苷为特征性成分,肉质根不发达、根状茎较长的类群,主要植物有竹节参、姜状三七、屏边三七。

细柱五加 *Acanthopanax gracilistylus* W. W. Smith〔*Eleutherococcus nodiflorus*(Dunn)S. Y. Hu〕　五加属落叶蔓状灌木,掌状复叶,小叶通常5,多簇生。叶柄基部单生有扁平刺。伞形花序腋生;花黄绿色;花柱2,分离。浆果熟时紫黑色(图11-58,彩图94)。黄河以南大部分地区均有分布。根皮(五加皮)能祛风除湿,补益肝肾,强筋壮骨,利水消肿。

刺五加 *Acanthopanax senticosus*(Rupr. et Maxim.)Harms〔*Eleutherococcus senticosus*(Rupr. & Maxim.)Maxim.〕　落叶灌木,茎枝直立,密生细针状刺。掌状复叶,叶下面脉腋密生黄褐色毛。伞形花序生于茎顶,花柱5,合生成柱状(图11-59,彩图95)。分布于东北、华北。根、根状茎、茎有人参样作用,能益气健脾,补肾安神。

五加属植物国产约26种,**红毛五加** *Acanthopanax giraldii* Harms.、**无梗五加** *Acanthopanax sessiliflorus*(Rupr. et Maxim.)Seem.(彩图96)、**白簕** *Acanthopanax trifoliatus*(L.)Merr. 等亦作药用。

通脱木 *Tetrapanax papyrifer*(Hook.)K. Koch　通脱木属落叶灌木,茎干粗壮。叶大,掌状5~11裂,下面密被黄色星状毛。伞形花序集成圆锥状。分布于长江流域以及以南地区。茎髓白色,入药称"通草"或"大通草",能清热利尿,通气下乳。

楤[sǒng]木 *Aralia chinensis* L.　楤木属落叶灌木或小乔木,茎枝有粗刺。二回或三回羽状复叶。分布于华北、华东、中南及西南。根及树皮药用,能祛风除湿,活血;叶能提取齐墩果酸。该属国产约有30种。药用的还有:**辽东楤木** *Aralia elata*(Miq.)Seem.、**食用土当归** *Aralia cordata* Thunb. 等的功用与楤木近似。

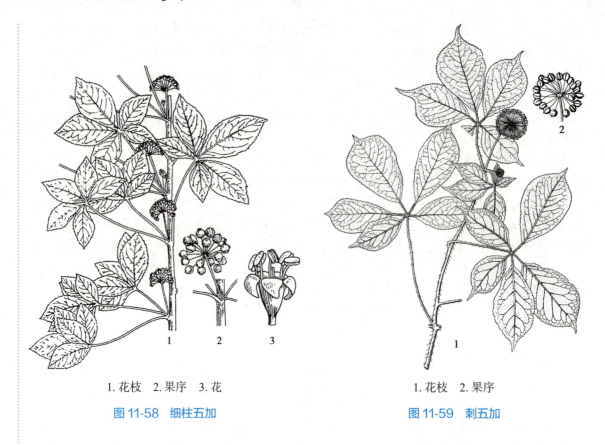

1. 花枝　2. 果序　3. 花

图 11-58　细柱五加

1. 花枝　2. 果序

图 11-59　刺五加

本科药用植物还有：**树参** *Dendropanax dentiger*（Harms）Merr.（树参属）、**刺楸** *Kalopanax septemlobus*（Thunb.）Koidz.（刺楸属）、**刺人参** *Oplopanax elatus* Nakai（刺参属）等。

35. 伞形科 Umbelliferae（Apiaceae）

$$☿ * K_{(5),0} C_5 A_5 \overline{G}_{(2:2:1)}$$

草本，常含挥发油而有香气。茎中空，表面常有纵棱。叶互生或基生，多为一至多回三出复叶或羽状分裂，叶柄基部扩大成鞘状；花小，两性或杂性，多辐射对称，集成复伞形花序或单伞形花序（积雪草属 *Centella*、马蹄芹属 *Dickinsia*、天胡荽属 *Hydrocotyle*）；萼齿 5 或不明显；花瓣 5；雄蕊 5，与花瓣互生；子房下位，2 心皮合生，2 室，每室胚珠 1；花柱 2，基部往往膨大成盘状或短圆状的花柱基（stylopodium，系花盘与花柱结合而成），柱头头状。果实为双悬果（一种分果，成熟时沿 2 心皮合生面自上而下分离成 2 分果瓣，分果顶部悬挂于纤细的心皮柄上），每个分果常有主棱 5 条（1 条背棱、2 条中棱、2 条侧棱），有时在主棱之间还有 4 条次棱；外果皮表面平滑或有毛、皮刺、瘤状突起，棱和棱之间有沟槽，沟槽内和合生面通常有纵走的油管一至多条（图 11-60）。种子有胚乳。染色体：X=4~12。

本科约 300 属，3 000 余种，广布于热带、亚热带和温带地区。我国约 100 属，600 余种。已知药用 230 种，全国均有分布。

本科植物含有多类化学成分，主要有挥发油、香豆素、三萜皂苷、生物碱、黄酮及多烯炔类等。所含的挥发油常与树脂伴生而贮于油管中。油中除含有萜类成分外，主要含有各种内酯成分，如当归挥发油中含苯肽内酯类衍生物藁苯内酯（ligustilide）和丁烯基苯酞（butylidene phthalide），为解痉有效成分。香豆素是本科的特征性成分，类型较多。主要为香豆素衍生物及呋喃骈香豆素衍生物，存在于当归属（*Angelica*）、前胡属（*Peucedanum*）、藁本属（*Ligusticum*）、独活属（*Heracleum*）等 20 多个属中。如当归属植物含有伞形花内酯（umbelliferone），白花前胡含有白花前胡甲素、乙素（praeruptorin A、

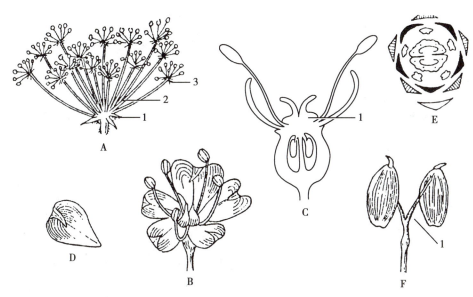

A. 复伞形花序:1. 总苞　2. 伞辐　3. 小总苞　B. 花的外形　C. 花的纵剖:1. 花柱基
D. 小舌片　E. 花图式　F. 双悬果:1. 心皮柄

图 11-60　伞形科花果模式

B)等。本科植物含有毒的聚炔类化合物(polyacetylenic compound)也是其另一化学特征,如毒芹属(Cicuta)植物含有的毒芹毒素(cicutoxin)。此外,三萜类皂苷存在于少数属中,如柴胡根中含有柴胡皂苷(saikosaponins)。极少数植物中含有生物碱,如川芎中含有可治疗冠心病的川芎嗪(四甲基吡嗪,tetramethylpyrazine),毒参属(Conium)含有毒的毒参碱(coniine)等。

本科的科特征明显,但许多属和种形态较为接近,鉴别时要注意以下特征:叶和叶柄基部的形状;花序为复伞形还是单伞形,总苞片及小苞片存在与否,其形状和数目;花的颜色,萼片的情况,花柱的长短,花柱基的形态特征;双悬果的形状,有无刺毛,分果是背腹压扁或两侧压扁,主棱和次棱的情况,油管的分布和数目等。

【重要药用植物】

当归 Angelica sinensis (Oliv.) Diels　当归属多年生草本。主根粗短,有数条支根,全株具强烈香气。茎带紫红色。叶二至三回羽状全裂,叶柄基部膨大成鞘抱茎,紫褐色。复伞形花序,总苞片无或有 2 枚,小苞片 2~4 枚,小花白色。双悬果椭圆形,背腹压扁,每分果有 5 条果棱,侧棱发育成薄翅(图11-61,彩图 97)。分布于陕西、甘肃、湖北、四川、云南、贵州,多为栽培。根能补血活血,调经止痛,润肠通便。

白芷 Angelica dahurica (Fisch. ex Hoffm.) Benth. et Hook f. ex Franch. et Sav.　多年生高大草本,高 1~2.5m。根圆柱形,有分枝,外表黄褐色至褐色,有浓烈气味。茎上部叶二至三回羽状分裂。复伞形花序顶生或侧生。花瓣白色,倒卵形,顶端内曲。双悬果,椭圆形,侧棱翅状。分布于东北及华北地区,多栽培。根能解表散寒,祛风止痛,宣通鼻窍,燥湿止带,消肿排脓。

杭白芷 Angelica dahurica (Fisch. ex Hoffm.) Benth. et Hook f. ex Franch. et Sav. 'Hangbaizhi'　与白芷植物形态基本一致,高 1~1.5m。茎及叶鞘多黄绿色。根长圆锥形,上部近方形,表面灰棕色,断面白色,粉性大(彩图 98)。主要栽培于江苏、安徽、浙江、湖南、湖北、四川等地。根亦作"白芷"入药。同属植物祁白芷(禹白芷)Angelica dahurica (Fisch. ex Hoffm.) Benth. et Hook. f. ex Franch. et Sav. 'Qibaizhi'(图 11-62,彩图 99)形态与杭白芷相近,区别为根圆锥形,表面灰黄色至黄棕色,断面灰白色,粉性略差,油性较大。

当归属植物国产 45 种,已知药用 20 余种。药用的还有:**重齿毛当归(重齿当归)**Angelica

1. 果枝　2. 根　3. 叶

图 11-61　当归

1. 花、果枝　2. 根　3. 花　4. 果实　5. 分果横切面

图 11-62　祁白芷

biserrata（Shan et Yuan）Yuan et Shan 多年生高大草本。根（独活、川独活）有特殊香气，能祛风除湿，通痹止痛。

柴胡 *Bupleurum chinense* DC.　柴胡属多年生草本。主根粗大，棕褐色，质坚硬。茎直立，上部分枝略成"之"字形。基生叶早枯，中部叶倒披针形或剑形，全缘，平行状脉 7~9 条，叶下面具粉霜。复伞形花序，花黄色，双悬果广椭圆形，棱狭翅状（图 11-63）。分布于东北、华北、西北、华东地区及湖北、四川等地。根药用，习称"北柴胡"，能疏散退热，疏肝解郁，升举阳气。同属植物国产 42 种，**狭叶柴胡** *Bupleurum scorzonerifolium* Willd. 叶条形或狭条形，具白色骨质边缘。分布于东北、华北、西北、华东及广西等地。根（柴胡）习称"南柴胡"或"红柴胡"。

川 芎［xiōng］*Ligusticum chuanxiong* Hort.［*Ligusticum sinense* ‘Chuanxiong’］（图 11-64）　藁［gǎo］本属多年生草本，高 40~70cm。根状茎呈不整齐结节状拳形团块，有浓香气。茎下部的节膨大成盘状（苓子）。叶三至四回三出式羽状分裂或全裂，小叶 3~5 对。复伞形花序，总苞片 3~6，小苞片线形；花白色，但少见开花。双悬果卵形。分布于四川、云南、贵州。根状茎能活血行气，祛风止痛。

同属植物国产 40 种，药用的还有：**藁本** *Ligusticum sinensis* Oliv. 多年生草本，根状茎呈不规则的团块。二至三回羽状复叶。双悬果长卵圆形。分布于河南、陕西、甘肃、江西、湖南、湖北、四川、云南。根状茎及根能祛风，散寒，除湿，止痛。**辽藁本** *Ligusticum jeholense* Nakai et Kitag. 根状茎较短，根圆锥形，茎带紫色。分布于东北、华北及山东等地。功用同藁本。

防风 *Saposhnikovia divaricata*（Turcz.）Schischk.　防风属多年生草本，根长圆柱形，有特异香气。根头处密生纤维状叶柄残基和环纹。茎二歧分枝，有细棱。基生叶丛生，二至三回羽状分裂。花瓣白色（图 11-65）。分布于黑龙江、吉林、辽宁、内蒙古、山西、河北等地。根能祛风解表，胜湿止痛，止痉。

珊瑚菜 *Glehnia littoralis* Fr. Schm. ex Miq.　珊瑚菜属多年生草本，高 5~20cm。全株被白色柔毛。主根细长，圆柱形。茎短。基生叶一至二回三出式羽状深裂。复伞形花序密生长柔毛（彩图 100）。生

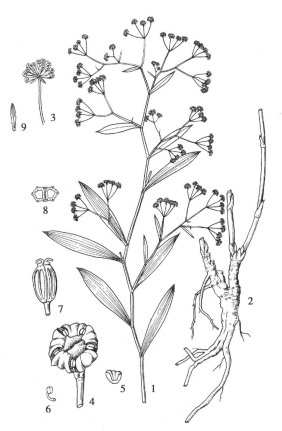

1. 花枝　2. 地下部分　3. 小花序　4. 花　5. 花瓣
6. 雄蕊　7. 果实　8. 果实横切面　9. 小总苞

图 11-63　柴胡

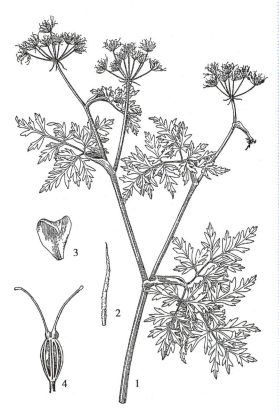

1. 花枝　2. 总苞片　3. 花瓣　4. 未成熟果实

图 11-64　川芎

于海岸沙滩或沙地，有栽培。分布于山东、河北、辽宁、江苏、浙江、福建、台湾。根（北沙参）能养阴清肺，益胃生津。

蛇床 Cnidium monnieri (L.) Cuss. 蛇床属一年生草本，茎表面具深纵棱，上具短毛。叶二至三回羽状全裂，裂片边缘及脉上粗糙。花白色。分果上 5 条主棱扩展成翅状。全国大部分地区有分布。果实（蛇床子）能燥湿祛风，杀虫止痒，温肾壮阳。

白花前胡 Peucedanum praeruptorum Dunn 前胡属多年生草本，根圆锥形。叶二至三回三出式羽状分裂。花白色。分布于华东、华中、西南等地。根（前胡）能降气化痰，散风清热。

本科药用植物较重要的还有：**积雪草** Centella asiatica (L.) Urb.、**明党参** Changium smyrnioides Wolff、**野胡萝卜** Daucus carota L.、**茴香（小茴香）** Foeniculum vulgare Mill.、**阜康阿魏** Ferula fukanensis K. M. Shen、**新疆阿魏** Ferula sinkiangensis K. M. Shen、**羌[qiāng]活** Notopterygium incisum Ting ex H.

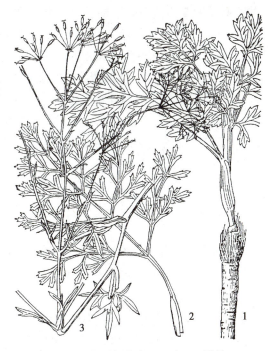

1. 根和茎下部茎叶　2. 叶　3. 果枝

图 11-65　防风

T. Chang、**宽叶羌活** *Notopterygium franchetii* H. de Boiss. 等。

36. 山茱萸科 Cornaceae

$$☿ * K_{3-5,0} C_{3-5,0} A_{3-5} \overline{G}_{(2:1-4:1)}$$

乔木或灌木,稀草本。叶常对生或轮生,少互生,无托叶。花常两性或单性。辐射对称,常排成聚伞花序或伞形花序,有时具总苞;花萼常3~5裂,或缺;花瓣3~5,或缺;雄蕊与花瓣同数,互生,生于花盘基部;子房下位,心皮通常2枚,合生,1~4室,每室胚珠1。核果或浆果状核果。染色体:X=8~14,19。

本科15属,110余种,分布于热带至温带及北半球环极地区。我国有9属,约60种,已知药用种类达45种。

本科植物含有三萜类化合物,如熊果酸(ursolic acid)。山茱萸果实中含环烯醚萜苷,如莫诺苷(morroniside)、马钱苷(loganin)。此外,还含鞣质、黄酮、有机酸等化学成分。

【重要药用植物】

山茱萸 *Cornus officinalis* Sieb. et Zucc.　山茱萸属落叶小乔木或灌木,单叶对生,卵形至长椭圆形,侧脉6~8对。先叶开花,伞形花序,花黄色。核果熟时红色(图11-66,彩图101)。分布于浙江、河南、安徽、陕西、山东、山西、四川等地。果肉能补益肝肾,收涩固脱。

青荚叶 *Helwingia japonica* (Thunb.) Dietr.　青荚叶属落叶灌木,花单性异株,雄花集成聚伞花序,雌花单生或2~3朵簇生于叶面中脉中部(彩图102)。分布于华东、华南和西南地区。茎髓(小通草)能清热,利尿,下乳。叶、果能清热解毒、活血化瘀。同属植物国产5种。

1. 花枝　2. 花序　3. 花　4. 果枝　5. 果实　6. 果核

图 11-66　山茱萸

(二) 后生花被亚纲 Sympetalae

后生花被亚纲又称合瓣花亚纲,主要特征为:花瓣或多或少连合,形成多种形状,如漏斗状、钟状、唇形、管状、舌状等。合瓣花增强了对虫媒传粉的适应和对雄蕊及雌蕊的保护,因而后生花被亚纲被认为是较进化的植物类群。

37. 杜鹃花科 Ericaceae

$$☿ * K_{(4-5)} C_{(4-5)} A_{(8-10;4-5)} \underline{G}_{(4-5:4-5:∞)}, \overline{G}_{(4-5:4-5:∞)}$$

多为灌木或小乔木,极少乔木,一般常绿。单叶互生,常革质,椭圆形或披针形,多全缘,无托叶。花两性,辐射对称或稍两侧对称;单生或呈总状、伞房、伞形、圆锥等花序;花萼4~5裂,宿存;花冠4~5裂,合生呈钟状、漏斗状或壶状;雄蕊数目多为花冠裂片数的2倍,稀同数而互生,花药2室,多顶端孔裂,有些属有芒状或尾状附属物;花盘存在或缺如;子房上位,稀下位,多为4~5心皮合生,4~5室,中轴胎座,每室胚珠常多数;花柱单一,柱头头状。蒴果或浆果,少有浆果状蒴果。染色体:X=(8-)12或13(-23)。

本科约103属,3 350余种;分布于全世界,以亚热带山区最多。我国有15属,约757种,已知药用 126 种。以西南山区种类较多。

本科植物的特征性活性成分为黄酮类和挥发油,它们大多有抗菌消炎和止咳平喘、化痰作用。如杜鹃素(farrerol)和荚果蕨素(matteucin)为甲基取代的双氢黄酮类,在被子植物中,目前只发现在杜鹃花属中存在。挥发油中的吉马酮(germacrone)也有明显止咳作用。此外,在杜鹃属(*Rhododendron*)和马醉木属(*Pieris*)的一些植物中常存在杜鹃毒素(andromedotoxin),为倍半萜类化合物,可引起呼吸困难、心跳减弱及肝功能异常。

越橘属(*Vaccinium*)植物还含苷类,如熊果苷(arbutin)、桃叶珊瑚苷(aucubin)。

1. 花枝　2. 叶　3. 果实　4. 种子

图 11-67　兴安杜鹃

【重要药用植物】

兴安杜鹃 *Rhododendron dauricum* L.　杜鹃属半常绿灌木,小枝有鳞片及柔毛。单叶互生,近革质,常集生小枝上部。花先叶开放,紫红或粉红色,蒴果矩圆形(图 11-67)。分布于东北及内蒙古。叶(满山红)能祛痰止咳。

羊踯躅[zhí zhú] *Rhododendron molle*(Blum)G. Don　杜鹃属落叶灌木。叶背密生灰白色柔毛。伞形花序顶生,钟形花冠大,金黄色。分布于长江流域及以南地区。全株有大毒。花(闹羊花)、果(六轴子)能祛风除湿,止痛。

该属植物我国约 650 种,已知药用有 65 种,大多能止咳祛痰和平喘,如:**烈香杜鹃** *Rhododendron anthopogonoides* Maxim.、**映山红** *Rhododendron simsii* Planch.、**岭南杜鹃** *Rhododendron mariae* Hance 及**照山白** *Rhododendron micranthum* Turcz. 等。

南烛(乌饭树) *Vaccinium bracteatum* Thunb.　越橘属常绿灌木或小乔木。花冠圆筒状,白色。分布于长江流域及以南地区。民间用枝、叶渍汁浸米煮食“乌饭”。根、叶及果入药。该属植物我国已知有 90 余种,同属药用的还有:**笃斯越橘(蓝莓)** *Vaccinium uliginosum* L. 落叶灌木,多分枝。叶片倒卵形。花冠宽坛状,下垂。浆果熟时蓝紫色。分布于东北、华北、西北等地。叶和果能清热,收敛;果可食用或作保健饮料。**越橘** *Vaccinium vitis-idaea* L. 为常绿矮小灌木。分布和功用与笃斯越橘相似。

38. 报春花科 Primulaceae

$$\male\female * K_{(5),5} C_{(5),0} A_5 \underline{G}_{(5:1:\infty)}$$

草本,稀亚灌木,有时有腺点。单叶互生、对生、轮生或全部基生;无托叶。花两性,辐射对称,单生或呈多种花序;萼常 5 裂,宿存;花冠常 5 裂;雄蕊与花冠裂片同数而对生,着生于花冠管上;子房上位,稀半下位,1 室,特立中央胎座。蒴果。染色体:X=9,10,12,19。

本科共 22 属,近 1 000 种,广于全世界,主产北温带。我国 13 属,500 余种,已知药用 119 种。全国分布,以西部高原和山区种类最多。

本科所含化学成分主要有三萜皂苷及其苷元:如报春花皂苷及其苷元(primulagenin)和山茶皂苷元(camelliagenin);此外,尚有黄酮类,如金丝桃苷(hyperoside)、紫云英苷(astragalin)等。

【重要药用植物】

过路黄 *Lysimachia christinae* Hance　珍珠菜属多年生匍匐草本,茎柔弱,略带红色,常节上生根。叶卵形,对生。花腋生,两朵相对,花冠黄色。蒴果球形(图 11-68,彩图 103)。分布于长江流域及以南地区。全草(金钱草)能利湿退黄,利尿通淋,解毒消肿。同属植物**点腺过路黄** *Lysimachia hemsleyana* Maxim. 外形与过路黄相似,但其叶阔卵形,叶、苞片和花萼均散生红色或黑色腺点,在四川等地多作"过路黄"用。本属植物我国有 130 余种,入药 54 种,多有清热解毒作用。如**珍珠草** *Lysimachia clethroides* Duby、**红根草** *Lysimachia fortunei* Maxim.、**灵香草** *Lysimachia foenum-graecum* Hance 等。

点地梅 *Androsace umbellata* (Lour.) Merr.　点地梅属一年或二年生小草本,被白色柔毛。叶基生。伞形花序顶生,花白色,萼宿存(图 11-69)。全国各地分布。全草能清热解毒、消肿止痛,用于治疗咽喉炎。本属植物我国有 70 余种,约有四分之一在各地民间作药用。

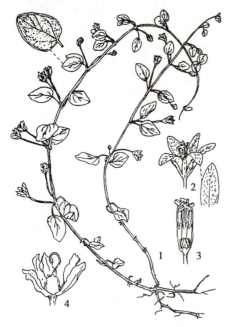

1. 植株　2. 花　3. 雄蕊和雌蕊　4. 未成熟的果实

图 11-68　过路黄

1. 植株　2. 花冠展开(示雄蕊)　3. 雌蕊剖面　4. 果实　5. 种子

图 11-69　点地梅

39. 木犀科 Oleaceae

$$\male\, \ast\, K_{(4)}C_{(4)}A_2\, \underline{G}_{(2:2:2)}$$

乔木,直立或藤状灌木。叶对生,稀互生或轮生,单叶、三出复叶或羽状复叶,无托叶。花两性,稀单性,辐射对称,呈圆锥、聚伞花序或簇生,很少单生;萼 4 裂,有时顶部近平截;花冠 4 裂,稀缺如;雄蕊 2 枚,着生于花冠上;子房上位,2 室,每室 2 胚珠,花柱单生或缺如;柱头单一或分叉。核果、浆果、蒴果、翅果或浆果状核果。染色体:X=13,14,23。

本科约 27 属,400 余种,广布于温带或热带地区。我国 12 属,近 200 种,各地均有分布。已知药用 80 余种。

本科化学成分多样,有香豆素类:如秦皮苷(fraxin)、秦皮乙素(esculetin)、七叶树苷(aesculin)均有抗菌消炎、止咳化痰作用;苦味素类:如素馨苦苷(jasminin)有健胃作用,丁香苦苷(syringopicroside)具利胆作用;酚类:如连翘酚(forsythol)有抗菌作用。木脂素类:如连翘苷(forsythin)具抗菌消炎作用。而素馨属(*Jasminum*)和紫丁香属(*Syringa*)植物的花中还常含芳香油。

【重要药用植物】

连翘 *Forsythia suspensa* (Thunb.) Vahl　连翘属落叶灌木。枝条开展或下垂,嫩枝具四棱,小枝茎中空。单叶对生,叶片完整或 3 全裂,卵形或长椭圆形。春季先花后叶,花冠黄色。木质蒴果狭卵形

（图11-70，彩图104）。分布于华北、湖北、四川等地区。成熟果实能清热解毒，消肿散结。本属植物我国有7种，某些种类的果实在各地也作连翘使用。

女贞 *Ligustrum lucidum* Ait.　女贞属常绿乔木或灌木。叶革质，全缘。花小，密集呈顶生圆锥花序。花冠白色。核果弯曲，熟时紫黑色。分布于长江流域及以南地区。果实能滋补肝肾，明目乌发。本属植物我国有近40种，入药17种。

白蜡树（梣）*Fraxinus chinensis* Roxb.　梣属落叶大乔木。奇数羽状复叶对生，小叶5~7，通常为5。圆锥花序；花单性或杂性异株，花冠缺如，两性花有2雄蕊。翅果长倒披针形（图11-71）。主要分布于东北、华北、华中等地。枝干上可以放养白蜡虫，分泌的白蜡作药用及工业用。树皮（秦皮）能清热燥湿，收涩止痢，止带，明目。

1. 果枝　2. 花萼展开（示雌蕊）　3. 花冠展开（示雄蕊）

图 11-70　连翘

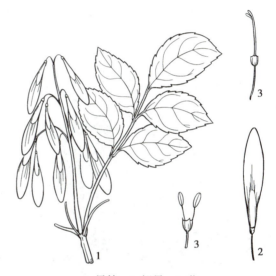

1. 果枝　2. 翅果　3. 花

图 11-71　白蜡树

梣属植物我国有27种，其中多种植物的树皮可作"秦皮"用，如：**苦枥白蜡树** *Fraxinus rhynchophylla* Hance、**尖叶白蜡树（尖叶梣）**-*Fraxinus szaboana* Lingelsh.、**宿柱白蜡树** *Fraxinus stylosa* Lingelsh.。

暴马丁香 *Syringa reticulata*（Bl.）Hara var. *mandshurica*（Maxim.）Hara，丁香属灌木或小乔木，干皮或枝皮（暴马子皮）能清肺祛痰，止咳平喘。

40. 龙胆科 Gentianaceae

$$♀ * K_{(4-5)} C_{(4-5)} A_{4-5} \underline{G}_{(2:1:∞)}$$

草本，茎直立或斜升。单叶对生，全缘，少轮生，无托叶。花常两性，辐射对称，多呈聚伞花序，稀单生；萼筒管状、钟状或辐状，常4~5裂；花冠漏斗状、辐状或管状，常4~5裂，多旋转状排列，有时有距；雄蕊与花冠裂片同数而互生，着生于花冠管上；子房上位，常2心皮合生成1室，侧膜胎座，胚珠多数。蒴果2瓣裂。染色体：X=9~13。

本科约80属，700余种，广布于全世界，主产于北温带。我国22属，420余种，各地有分布，以西南山区种类较多。已知药用15属，109种。

本科的特征性化学成分为裂环烯醚萜苷和酮类化合物。如龙胆苦苷（gentiopicrin）、獐牙菜苷（sweroside）、当药苦苷（swertiamarin），它们为龙胆科的苦味成分，具抗菌消炎、促进胃液分泌等作用。龙胆根素（gentisin）、当药宁（swertianin）有抗结核及利胆作用。有些还含生物碱，如龙胆碱（gentianine）能镇静和抗过敏。

【重要药用植物】

龙胆 *Gentiana scabra* Bunge　龙胆属多年生草本。根状茎簇生多数略肉质的须根，味苦。叶无柄，对生，全缘，主脉 3~5 条，下面突出。花蓝紫色，长钟形。蒴果长圆形。种子有翅（图 11-72）。分布于我国除西北及西藏外的大部分地区。根能清热燥湿，泻肝胆火。同属**条叶龙胆** *Gentiana manshurica* Kitag.、**三花龙胆** *Gentiana triflora* Pall.、**坚龙胆（滇龙胆草）** *Gentiana rigescens* Franch. ex Hemsl. 也入药，功效同龙胆。该属植物我国有 247 种，药用 52 种。

秦艽 *Gentiana macrophylla* Pall.　龙胆属多年生草本。主根细长、扭曲。叶对生，长圆状披针形，5 主脉明显。花冠蓝紫色（图 11-73，彩图 105）。产于西北、华北、东北等地及四川。根能祛风湿，清湿热，止痹痛，退虚热。此外，**麻花秦艽** *Gentiana straminea* Maxim.、**粗茎秦艽** *Gentiana crassicaulis* Duthie ex Burk. 或**小秦艽** *Gentiana dahurica* Fisch. 等也入药功效同秦艽。

1. 根　2. 花枝

图 11-72　龙胆

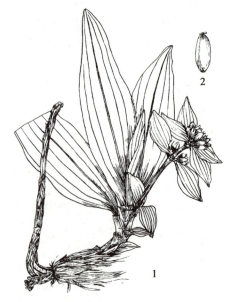

1. 植株　2. 果实

图 11-73　秦艽

图片：龙胆科 - 龙胆

本科药用的还有**蒙自獐牙菜（青叶胆）** *Swertia leducii* Franch.（獐牙菜属），一年生草本。主产于云南。全草能利胆除湿，治疗病毒性肝炎。**当药（紫花当药）** *Swertia pseudochinensis* Hara，一年生草本，茎四棱。全草能清热，利湿健脾。**双蝴蝶（肺行草）** *Tripterospermum chinense*（Migo）H. Smith（双蝴蝶属），多年生草质藤本。分布于陕西、安徽、浙江、江西、福建、广东、贵州、云南、四川等地。幼嫩全草能清热解毒，祛痰止咳。

41. 夹竹桃科 Apocynaceae

$$♀ * K_{(5)} C_{(5)} A_5 \underline{G}_2, \underline{G}_{(2:1-2:1-\infty)}$$

乔木、灌木、藤本或草本，具乳汁或水液。单叶对生或轮生，全缘，常无托叶。花两性，辐射对称，单生或呈聚伞花序及圆锥花序；萼 5 裂，下部呈筒状或钟状，基部内面常有腺体；花冠 5 裂，高脚碟状、漏斗状、坛状或钟状，裂片覆瓦状排列，花冠喉部常有鳞片状或毛状附属物，有时具副花冠；雄蕊 5 枚，着生于花冠筒上或花冠喉部,花药常呈箭头状;有花盘;子房上位,2 心皮离生或合生,1~2 室,中轴或侧膜胎座,胚珠一至多数;柱头头状、环状或棒状。果实多为 2 个并生蓇葖果,少为核果、浆果或蒴果。种子一端常具毛或膜翅。染色体:X=8,10,11,12。

本科共 250 属,2 000 余种,主要分布于热带、亚热带地区,少数在温带地区。我国 46 属,176 种,主要分布于南部地区。已知药用 95 种。

本科植物的特征性活性成分为吲哚类生物碱和强心苷。生物碱类,如利血平(reserpine)、蛇根碱(serpentine)等,具降压作用;长春碱(vinblastine)、长春新碱(vincristine)等有抗癌作用。强心苷类,如黄夹苷(thevetin)、羊角拗苷(divaricoside)、毒毛旋花子苷(strophanthin)等。

【重要药用植物】

萝芙木 *Rauvolfia verticillata* (Lour.) Baill.　萝芙木属小灌木,多分枝,具乳汁。单叶对生或轮生。聚伞花序顶生,高脚杯状花冠白色。核果卵形,离生,熟时由暗红色变紫黑色(图 11-74,彩图 106)。产于华南、西南等地区。全株能镇静,降压,活血止痛,清热解毒,常作提取"降压灵"和"利血平"的原料。该属植物我国产 9 种 4 变种和 3 个栽培种,大多可药用。

长春花 *Catharanthus roseus* (L.) G. Don　长春花属半灌木,具水液,叶对生。花冠红色,蓇葖果双生。种子具小瘤状突起(图 11-75,彩图 107)。原产非洲,我国长江以南地区有栽培。全株能抗癌,抗病毒,利尿,降血糖。为提取长春碱和长春新碱的原料。

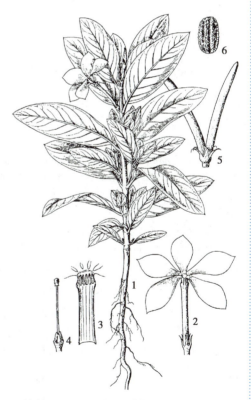

1. 花枝　2. 花　3. 花冠展开　4、5. 雄蕊　6. 雌蕊
7. 果实纵切(示胚的着生位置)　8. 果序

图 11-74　萝芙木

1. 植株　2. 花　3. 花冠管部展开(示雄蕊)
4. 雌蕊　5. 果实　6. 种子

图 11-75　长春花

罗布麻 *Apocynum venetum* L.　罗布麻属亚灌木,枝条带红色,叶对生。花冠紫红或粉红色。蓇葖果长条形,下垂(彩图 108)。产于长江以北地区。叶能平肝安神,清热利水。该属植物我国有 2 种。

络石 *Trachelospermum jasminoides* (Lindl.) Lem.(彩图 109)　络石属木质藤本。花冠白色。蓇葖果二叉状。种子顶端有毛。全国各地有分布。茎叶(络石藤)能祛风通络,凉血消肿。该属植物我国有 6 种。

黄花夹竹桃 *Thevetia peruviana* (Pers.) K. Schum.　黄花夹竹桃属小乔木,叶长圆状披针形,花黄色。原产美洲热带,我国南方地区有栽培。果仁含多种强心苷,能强心,利尿,消肿。全株有毒。

本科药用植物还有:**羊角拗** *Strophanthus divaricatus* (Lour) Hook. et Arn.(羊角拗属)的种子及叶能强心,消肿,杀虫,止痒。**杜仲藤** *Urceola micrantha* (Wallich ex G. Don) D. J. Middleton(水壶藤属)的树皮(红杜仲)能祛风活络,强筋壮骨。

42. 萝藦科 Asclepiadaceae

$$\male\female * K_{(5)} C_{(5)} A_{(5)} \underline{G}_{2:1:\infty}$$

多年生草本、灌木或藤本,具乳汁。单叶对生,少轮生,全缘,叶柄顶端常具丛生的腺体。聚伞花序呈伞状、伞房状或总状;花萼筒短,内面基部常有腺体;花冠辐状或坛状,稀高脚碟状,裂片旋转,覆瓦状或镊合状排列,常具副花冠,为5枚裂片或鳞片组成,着生于合蕊冠(花丝与柱头合生并包在雌蕊上面的覆盖物)或花冠管上;雄蕊5枚,与雌蕊合生成合蕊柱,花药黏在一起,紧贴于柱头基部,花丝合生,呈筒状,具蜜腺,或互相分离;花粉器匙形,内有四合花粉,或花粉团聚成2个或4个蜡状花粉块;子房上位,2心皮,离生;花柱2,顶部合生,柱头膨大,常与花药合生。蓇葖果双生,或因一个不育而单生。种子多数,顶端具白色丝状毛。染色体:X=11。

本科特征与夹竹桃科相近,主要区别是本科具花粉块和合蕊柱,叶片基部与叶柄连接处有丛生的腺体,而夹竹桃科的腺体在叶腋内或叶腋间。

本科共180属,2 200余种,分布于全世界,主产于热带。我国44属,245种,全国分布,以西南、华南种类较多。已知药用32属,112种。

本科化学成分多样。有强心苷:如杠柳毒苷(periplocin)、马利筋苷(asclepin)、牛角瓜苷(calotropin);苦味甾体酯苷,其水解后的苷元为萝藦苷元(metaplexigenin)、肉珊瑚苷元(sarcostin);皂苷,如杠柳苷(periplocin);生物碱,如娃儿藤碱(tylocrebrine);酚性成分,如丹皮酚(paeonol)等。

【重要药用植物】

白薇 *Cynanchum atratum* Bunge　鹅绒藤属多年生草本,全株被绒毛,根有香气。茎直立,中空。花紫红色。蓇葖果单生,种子一端有长毛(图11-76,彩图110)。全国多数地区有分布。根及根状茎能清热凉血,利尿通淋,解毒疗疮。同属植物**变色白前(蔓生白薇)***Cynanchum versicolor* Bunge 的根和根状茎入药同白薇。

柳叶白前 *Cynanchum stauntonii* (Decne.) Schltr. ex Lévl.　根状茎细长。叶狭长披针形。花冠紫红色,副花冠裂片盾状。蓇葖果单生,种子顶端有绢毛。分布于长江流域及西南地区。全株能清热解毒,根及根状茎(白前)能降气,消痰,止咳。**白前(芫花叶白前)***Cynanchum glaucescens* (Decne.) Hand.-Mazz.,根状茎较短小或略呈块状。茎具二列柔毛,叶长椭圆形。花冠黄白色。根和根状茎入药同白前。**徐长卿** *Cynanchum paniculatum* (Bge.) Kitag.,茎直立,根有香气。聚伞花序生于顶部叶腋,花冠黄绿色。蓇葖果单生。全国大部分地区有分布。根与根状茎能祛风,化湿,止痛,止痒。**白首乌** *Cynanchum bungei* Decne. 攀缘性半灌木,花冠白色,块根入药,具强壮、健胃作用。鹅绒藤属植物我国有53种,12变种,其中30余种在各地作药用。

杠柳 *Periploca sepium* Bunge　杠柳属落叶蔓生灌木。叶披针形。花萼裂片内面基部各有2小腺体。花冠紫红色。蓇葖果双生(图11-77,彩图111)。分布于长江以北地区及西南地区。根皮有香气,药材称"北五加皮"或"香加皮",能利水消肿,祛风湿,强筋骨。

本科药用植物还有:**萝藦** *Metaplexis japonica* (Thunb.) Makino(萝藦属)的果壳称"天将壳",能止咳化痰,平喘。**娃儿藤(三十六荡)***Tylophora ovata* (Lindl.) Hook. ex Steud.(娃儿藤属)的根及全草能祛风湿,散瘀止痛,止咳定喘,解蛇毒,此外,根和叶中含娃儿藤碱,有抗癌作用。**通关藤** *Marsdenia tenacissima* (Roxb.) Moon(牛奶菜属)的藤茎能止咳平喘,祛痰,通乳,清热解毒。

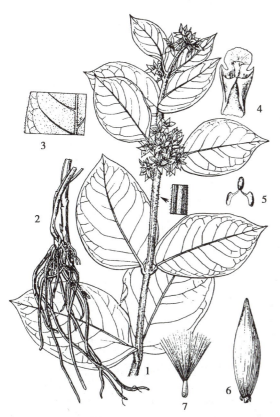

1. 花枝　2. 根　3. 叶背面(部分)　4. 剖开的雄蕊
5. 花粉块　6. 果实　7. 种子

图 11-76　白薇

1. 花枝　2. 花萼裂片(示基部两侧腺体)　3. 花冠裂片
4. 副花冠和雄蕊　5. 果实　6. 种子　7. 根皮

图 11-77　杠柳

43. 旋花科 Convolvulaceae

$$♀ * K_5 C_{(5)} A_5 \underline{G}_{(2:1-4:1-2)}$$

常为缠绕性草质藤本,多含乳状汁液。单叶互生,无托叶。花两性,辐射对称,单生或呈聚伞花序;萼片 5 枚,常宿存;花冠漏斗状、钟状或坛状,全缘或微 5 裂,开花前呈旋转状;雄蕊 5 枚,着生于花冠管上;子房上位,常被花盘包围,2 心皮合生,1~2 室,有时因假隔膜而成 4 室,每室胚珠 1~2 枚。蒴果,稀浆果。染色体:X=12,15。

本科共56属,1 800余种,广布于全世界,主产于美洲和亚洲热带、亚热带地区。我国22属,128种。已知药用 16 属,54 种。

本科植物含莨菪烷类生物碱:如丁公藤甲素,为治疗青光眼的有效成分。苷类:如牵牛子苷(pharbitin),具泻下作用。某些植物的种子(如菟丝子、牵牛子)中还含有赤霉素(gibberellin)。

【重要药用植物】

菟丝子 *Cuscuta chinensis* Lam.　菟丝子属一年生缠绕性寄生草本。茎黄色。叶退化,苞片及小苞片呈鳞片状。花簇生呈球形,花冠壶状、黄白色(图 11-78)。分布于华北、东北、西北、华东、华中等地。常寄生在豆科、藜科、蓼科、菊科等多种草本植物上。种子能补肝肾,益精,安胎,明目,止泻。菟丝子属植物我国有 10 种,约一半在各地作药用。国内菟丝子的商品药材以**南方菟丝子** *Cuscuta australis* R. Br.(彩图 112)的种子为主。

牵牛(裂叶牵牛)*Pharbitis nil*(L.)Choisy　牵牛属一年生缠绕草本。单叶互生,叶片近卵状心形、阔卵形或长卵形,常掌状 3 裂。花多单生,或 2~3 朵着生于花梗顶端;萼片狭披针形;花冠漏斗状,浅

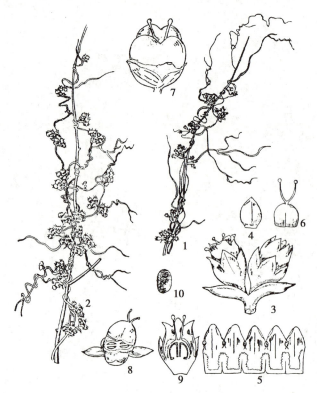

1. 花枝　2. 果枝　3. 花　4. 花萼　5. 花冠展开(示雄蕊)
6. 雌蕊　7. 果实　8. 果实横切　9. 果实纵切　10. 种子

图 11-78　菟丝子

蓝色或紫红色(图 11-79)。全国大部分地区有分布或栽培。种子黑色的称"黑丑",淡黄白色的称"白丑",能泻水通便,消痰涤饮,杀虫攻积。同属植物**圆叶牵牛** *Pharbitis purpurea* (L.) Voigt 的种子入药同牵牛。

　　丁公藤 *Erycibe obtusifolia* Benth.　丁公藤属木质藤本。单叶互生,革质,椭圆形。花小,花冠钟状,白色,5 深裂。浆果,具 1 枚种子。主产于广东。藤茎有小毒,能祛风除湿,消肿止痛。所含成分丁公藤甲素可用治青光眼。**光叶丁公藤** *Erycibe schmidtii* Craib 入药同"丁公藤"。同属植物国产有 11 种。

　　本科的药用植物还有**马蹄金** *Dichondra micrantha* Urban(马蹄金属)的全草能清热利湿,消肿解毒。**番薯** *Ipomoea batatas* (L.) Lam. 的块根是重要粮食,也可药用。

44. 紫草科 Boraginaceae

$\male\female * K_{5,(5)} C_{(5)} A_5 \underline{G}_{(2:2\sim4:2\sim1)}$

多为**草本**,常密被粗硬毛。单叶互生,稀对

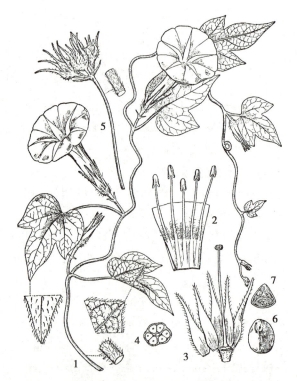

1. 花枝　2. 花冠筒部展开(示雄蕊)　3. 萼片展开(示雌蕊)　4. 子房横切面　5. 花序　6. 种子　7. 种子横切

图 11-79　牵牛

生,常全缘。花两性,辐射对称,稀两侧对称,多呈单歧聚伞花序;萼片5枚,分离或基部合生;花冠5裂,呈筒状、钟状、漏斗状或高脚碟状,喉部常有附属物;雄蕊与花冠裂片同数而互生,着生于花冠上;子房上位,2心皮合生,2室,每室2胚珠,有时4深裂而成假4室,每室1胚珠;花柱单一,着生于子房顶部或4深裂子房的中央基部。果为4小坚果或核果。染色体:X=10,12。

本科约100属,2 000余种,分布于温带和热带地区,以地中海区域较多。我国48属,269种,各地均产,以西南地区种类较多。已知药用22属,62种。

本科的特征性化学成分为萘醌类色素:如紫草素(shikonin),具抗菌消炎、抗病毒作用;吡咯里西啶类生物碱:如天芥菜碱(heliotridine)、刺凌德草碱(echinatine)、大尾摇碱(indicine)等。

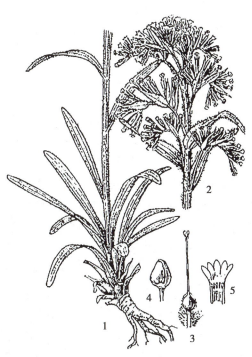

1. 植株　2. 单歧聚伞花序　3. 雌蕊　4. 柱头放大
5. 花冠展开(示雄蕊)

图 11-80　新疆紫草

【重要药用植物】

新疆紫草(软紫草) *Arnebia euchroma* (Royle) Johnst. 软紫草属多年生草本,高15~40cm。全株被白色或淡黄色粗毛。花冠筒状钟形,紫色。小坚果具瘤状突起(图11-80,彩图113)。分布于甘肃、新疆、西藏。根(紫草)能清热凉血,活血解毒,透疹消斑。本属植物我国有5种,其中同属植物**内蒙紫草** *Arnebia guttata* Bunge的根也作“紫草”用。

紫草(硬紫草) *Lithospermum erythrorhizon* Sieb. et Zucc. 紫草属多年生草本,高50~90cm。全株被白色糙状毛。根紫红色。聚伞花序茎顶集生。花冠白色。全国大部分地区有分布。《中国药典》自2005年版起不再收载作为“紫草”药用。

滇紫草 *Onosma paniculatum* Bur. et Franch. 滇紫草属二年生草本,分布于四川、贵州、云南等地,部分地区代“紫草”用。

45. 马鞭草科 Verbenaceae

$$\raisebox{0.1em}{\male}\raisebox{0.1em}{\female}\uparrow K_{(4-5)}C_{(4-5)}A_{4-6}\underline{G}_{(2:4:1-2)}$$

木本,稀草本,常具特殊气味。单叶或复叶,多对生。花两性,常两侧对称,呈穗状花序或聚伞花序,或由聚伞花序再集成圆锥状、头状或伞房状花序;萼4~5裂,宿存,常果时增大;花冠管口裂为二唇形或不等4~5裂;雄蕊4,或2,5~6,常2强,着生于花冠管上;子房上位,2心皮合生,常因假隔膜而成4~10室,每室胚珠1~2,花柱顶生,柱头2裂,稀不裂。核果或浆果。染色体:X=7,8,12,16,17,18。

本科共80属,3 000余种,分布于热带、亚热带地区,少数延至温带。我国21属,175种,主产于长江以南各地。已知药用15属,100种。

本科所含化学成分主要有二萜类:如海州常山苦素 A、B(clerodendrin A、B);三萜类:如赪桐酮(clerodone)、马樱丹酸(lantanolic acid)。环烯醚萜苷:如马鞭草苷(verbenalin)、桃叶珊瑚苷(aucubin);生物碱:如臭梧桐碱(trichotomine)、蔓荆子碱(vitricin)。黄酮类:如荭草素(orientin)、黄荆素(vitexicarpin)、海州常山苷(clerodendrin)。而牡荆属(*Vitex*)和马樱丹属(*Lantana*)还常含挥发油。

【重要药用植物】

马鞭草 *Verbena officinalis* L. 马鞭草属多年生草本。茎四方。叶对生。穗状花序如马鞭状。花冠二唇形,淡紫至蓝色,果长圆形(图11-81,彩图114)。分布于全国各地。地上部分能活血散瘀,解毒,利水,退黄,截疟。

　　蔓荆 *Vitex trifolia* L. 牡荆属落叶灌木。全株具香气。掌状三出复叶,对生,侧枝上部有时成单叶。圆锥花序顶生;花冠二唇形,淡紫色或蓝紫色;雄蕊4。核果熟时黑色。主产于福建、广东、广西、云南、台湾。果实(蔓荆子)能疏散风热,清利头目。其变种**单叶蔓荆** *Vitex trifolia* L. var. *simplicifolia* Cham(彩图 115),落叶小灌木。单叶对生,叶片倒卵形(图 11-82)。分布于我国沿海地区海滨沙地。其果实也作"蔓荆子"用。同属植物**牡荆** *Vitex negundo* L. var. *cannabifolia* (Sieb. et Zucc.) Hand.-Mazz. 落叶灌木或小乔木。掌状复叶对生,小叶边缘具锯齿。花冠淡紫色,二唇形。果实球形,黑色(彩图 116)。分布于黄河以南地区。果实能祛痰下气,平喘止咳,理气止痛。叶含挥发油0.1%,入药能祛风解表,止咳平喘,祛痰。**黄荆** *Vitex negundo* L. 的种子有镇静镇痛作用。该属植物我国有 14 种,多数可供药用。

　　海州常山(臭梧桐) *Clerodendrum trichotomum* Thunb. 大青属灌木。叶对生,被柔毛。花萼紫红色,花冠白色或带粉红色。核果蓝紫色(图 11-83)。分布于华北、华东及西南地区。根、茎、叶能祛风活络,有降血压作用。本属植物我国 35 种,不少种在民间药用。如**臭牡丹** *Clerodendrum bungei* Steud. 分布于华北、西北、中南及西南等地,根、叶能降压、祛风

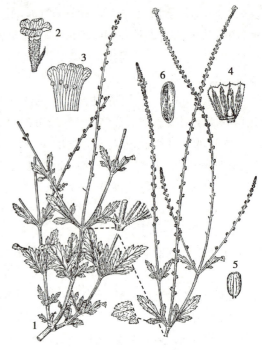

1. 植株　2. 花　3. 花冠展开(示雄蕊)　4. 花萼展开(示雌蕊)　5. 果实　6. 种子内面

图 11-81　马鞭草

1. 单叶蔓荆花枝　2. 蔓荆果枝　3. 单叶蔓荆果枝　4. 花　5. 花冠展开(示雄蕊)　6. 花萼展开(示雌蕊)

图 11-82　蔓荆和单叶蔓荆

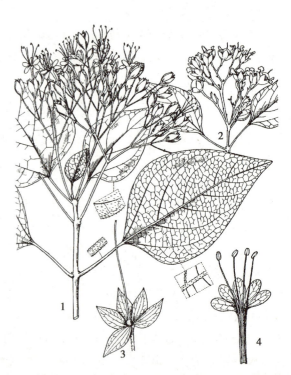

1. 花枝　2. 果枝　3. 花萼展开(示雌蕊)　4. 花冠展开(示雄蕊)

图 11-83　海州常山

除湿、活血消肿,叶外用治痈疮;**大青** *Clerodendrum cyrtophyllum* Turcz. 分布于华东、中南、西南,根、茎、叶能清热解毒,祛风除湿,消肿止痛,我国部分地区作"大青叶"入药。

华紫珠 *Callicarpa cathayana* H. T. Cheng　紫珠属灌木。小枝和花序密被黄褐色星状毛。多歧聚伞花序。核果浆果状,蓝紫色。产于华东、中南。茎、叶能止血散瘀,消肿。同属植物我国有 46 种,入药的还有**广东紫珠** *Callicarpa kwangtungensis* Chun、**大叶紫珠** *Callicarpa macrophylla* Vahl、**杜虹花** *Callicarpa formosana* Rolfe 等。

本科药用植物还有:**单花莸** *Caryopteris nepetaefolia*(Benth.)Maxim. 分布于江苏、安徽、浙江、福建,全草能祛暑解表,利尿解毒。**兰香草** *Caryopteris incana*(Thunb. ex Hout.)Miq.(莸属)全株入药,能祛风除湿,散瘀止痛。**马缨丹(五色梅)***Lantana camara* L.(马缨丹属),多栽培,根能解毒、散结止痛。枝叶有小毒,能祛风止痒、解毒消肿。

46. 唇形科 Labiatae(Lamiaceae)
$$\text{☿}\uparrow K_{(5)}C_{(5)}A_{4,2}\underline{G}_{(2:4:1)}$$

多草本,稀灌木,常含挥发油而有香气。茎呈四棱形。叶对生,单叶,稀复叶。花两性,两侧对称,呈轮状聚伞花序(轮伞花序),有的再集成穗状、总状、圆锥状或头状的复合花序;花萼合生,通常 5 裂,宿存;花冠 5 裂,多二唇形(通常上唇 2 裂,下唇 3 裂),少为假单唇形(即上唇很短,2 裂,下唇 3 裂,如筋骨草属 *Ajuga*)或单唇形(即无上唇,5 个裂片全在下唇,如石蚕属 *Teucrium*);雄蕊通常 4 枚,2 强,贴生在花冠管上,与花冠裂片互生,或上面 2 枚不育,花药 2 室,纵裂,有时药隔伸长成臂(如鼠尾草属 *Salvia*);雌蕊子房上位,2 心皮组成,4 深裂成假 4 室,每室含胚珠 1 枚;花柱着生于 4 裂子房隙中央的基部,柱头 2 浅裂。果实由 4 枚小坚果组成。染色体:X=8,9,10,12,16,17,18。

本科共约 220 属,3 500 余种,广布于全世界。我国 99 属,808 种,全国各地均有分布。已知药用 75 属,436 种。

本科植物主要特征性活性成分为二萜类,如丹参属(*Salvia*)植物中所含的丹参酮(tanshinone)、隐丹参酮(cryptotanshinone)、异丹参酮(isotanshinone)等,具抗菌消炎、降血压及改善微循环、促进伤口愈合等作用。香茶菜属(*Isodon*)植物中的冬凌草素(oridonin)、延命草素(enmein)具抗菌消炎和抗癌作用。本科大多数植物含有挥发油,其中:薄荷油、荆芥油、广藿香油和紫苏油等有抗菌、消炎及抗病毒作用。黄酮类成分:如黄芩苷(baicalin)、黄芩素(scutellarein)等,均有抗菌消炎作用。生物碱类:如益母草碱(leonurine)、水苏碱(stachydrine)。此外,筋骨草属(*Ajuga*)植物中还含羟基促蜕皮甾酮(ecdysterone)、筋骨草甾酮(ajugasterone)、杯苋甾酮(cyasterone)等昆虫变态激素,能促进蛋白质合成和降血脂。

【重要药用植物】

丹参 *Salvia miltiorrhiza* Bunge　鼠尾草属多年生草本。全株被腺毛或柔毛。根肥壮,外皮砖红色。羽状复叶对生。花冠紫蓝色至白色,二唇形,能育雄蕊 2 枚。小坚果黑色,椭圆形(图 11-84,彩图 117)。分布于全国大部分地区。根含丹参酮Ⅰ、ⅡA、ⅡB、隐丹参酮、丹酚酸 B 等成分,能活血祛瘀,通经止痛,清心除烦,凉血消痈。同属植物我国 84 种及多个变种、变型,药用 43 种(不包括变种);其中**甘肃丹参(甘西鼠尾草)***Salvia przewalskii* Maxim.、**南丹参** *Salvia bowleyana* Dunn 等 23 种在部分地区也作"丹参"用。

黄芩 *Scutellaria baicalensis* Georgi　黄芩属多年生草本,主根断面黄绿色。叶披针形,无柄或具短柄。花序中花偏向一侧,花冠蓝紫色或紫红色。小坚果卵球形(图 11-85,彩图 118)。分布于长江以北地区,主产于东北、华北等地。根能清热燥湿,泻火解毒,止血,安胎。我国有黄芩属植物 98 种,药用 48 种,其中:**滇黄芩** *Scutellaria amoena* C. H. Wright、**粘毛黄芩** *Scutellaria viscidula* Bge.、**丽江黄芩** *Scutellaria likiangensis* Diels、**甘肃黄芩** *Scutellaria rehderiana* Diels 等在不同地区也作"黄芩"药用。

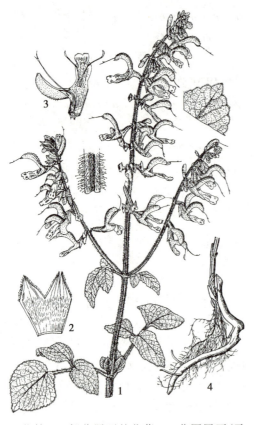

1. 花枝　2. 部分展开的花萼　3. 花冠展开(示雄蕊和雌蕊)　4. 根

图 11-84　丹参

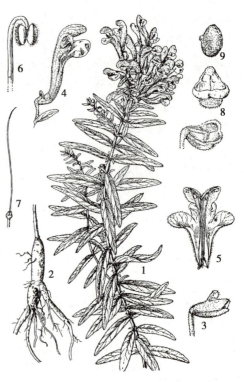

1. 花枝　2. 根　3. 花萼侧面观　4. 花冠侧面观和苞片　5. 花冠展开(示雄蕊)　6. 雄蕊　7. 雌蕊　8. 果时花萼　9. 果实

图 11-85　黄芩

　　益母草 *Leonurus japonicus* Houtt.　益母草属一年生或二年生草本。基生叶具长柄,近圆形;茎生叶掌状 3 深裂呈线形,近无柄。轮伞花序腋生,花冠二唇形,淡红色或紫红色,有时开白花(有人认为其是白花变种)(图 11-86,彩图 119)。全国各地有分布。地上部分能活血调经,利尿消肿,清热解毒。果实(茺蔚子)能清肝明目,活血调经。幼苗(童子益母草)功效同益母草,并有补血作用。

　　益母草属植物我国有 12 种 2 变型,几乎均作药用,其中:分布于华北、东北、西北的**细叶益母草** *Leonurus sibiricus* L. 和新疆北部的**突厥益母草** *Leonurus turkestenicus* V. Krecz. et. kupr. 在当地也作益母草用。

　　薄荷 *Mentha canadensis* L.　薄荷属多年生草本,有强烈清凉香气。叶对生,叶片长卵形,具腺体。轮伞花序腋生。花冠淡紫色,4 裂。小坚果褐色(图 11-87,彩图 120)。全国各地有分布或栽培。全草能疏散风热,清利头目,理气解郁。薄荷属我国 6 种及多个栽培种,全部可作药用,如**留兰香** *Mentha spicata* L.、**辣薄荷** *Mentha×piperita* L. 等。

　　裂叶荆芥(荆芥)*Schizonepeta tenuifolia* Briq.　荆芥属一年生草本,全体具柔毛。叶指状 3 裂。轮伞花序呈穗状间断排列。分布于东北、华北及西南地区。地上部分及花(果)生用能解表散风、透疹,炒炭能收敛止血。

　　石香薷 *Mosla chinensis* Maxim.　石荠苧属一年生草本。茎纤细。叶对生,线状披针形。花冠淡紫红色,少有白色。分布于长江以南地区。地上部分(香薷)能发汗解表,化湿和中。该属植物我国 12 种,**江香薷** *Mosla chinensis* 'Jiangxiangru' 也作"香薷"入药。

　　广藿香 *Pogostemon cablin* (Blanco) Benth.　刺蕊草属多年生草本或半灌木,全体密被短柔毛。叶片阔卵形,浅裂。原产菲律宾,我国华南有栽培。地上部分能芳香化浊,和中止呕,发表解暑。

1. 植物下部(示基生叶)　2. 花枝　3. 花　4. 花冠展开(示雄蕊)　5. 雄蕊　6. 雌蕊

图 11-86　益母草

1. 茎基及根　2. 茎上部　3. 花　4. 花萼展开　5. 花冠展开(示雄蕊)　6. 果实及种子

图 11-87　薄荷

　　紫苏 *Perilla frutescens* (L.) Britt.　紫苏属一年生草本,茎、叶带紫色。花冠淡紫红色(彩图 121)。分布于全国各地,多栽培。叶(紫苏叶)、茎(紫苏梗)、果(紫苏子)均药用。苏叶能解表散寒,行气和胃;苏梗能理气宽中,止痛,安胎;苏子能降气化痰,止咳平喘,润肠通便。紫苏有多个变种:**回回苏** *Perilla frutescens* var. *crispa* (Thunb.) Hand.-Mazz.、**野紫苏** *Perilla frutescens* var. *purpurascens* (Hayata) H. W. Li 也可入药。

　　夏枯草 *Prunella vulgaris* L.　夏枯草属多年生草本。茎带紫色。叶长卵形。轮伞花序密集茎顶呈粗穗状,花冠唇形,淡紫色(彩图 122)。全国大部分地区有分布。全草或花序(果穗)能清肝泻火,明目,散结消肿。本属植物我国有 4 种,全部入药。

　　连钱草(活血丹) *Glechoma longituba* (Nakai) Kupr.　活血丹属多年生匍匐草本,着地节上生根。单叶对生,叶片肾形或近圆形,边缘具圆齿。花冠唇形,淡蓝紫色。分布于全国各地。全草能利湿通淋,清热解毒,散瘀消肿。

　　本科药用植物较重要的还有:**独一味** *Lamiophlomis rotata* (Benth. ex Hook. f.) Kudo(独一味属)(彩图 123),地上部分入药,能活血止血,祛风止痛。**风轮菜** *Clinopodium chinense* (Benth.) O. Ktze.(风轮菜属)和**灯笼草** *Clinopodium polycephalum* (Vaniot) C. Y. Wu et Hsuan ex P. S. Hsu. 的地上部分作"断血流"入药,能收敛止血。**地笋(泽兰)** *Lycopus lucidus* Turcz.(地笋属)全草能活血通经,祛瘀消痈,利水消肿。**金疮小草(筋骨草)** *Ajuga decumbens* Thunb.(筋骨草属)全草能清热解毒,凉血消肿。**半枝莲** *Scutellaria barbata* D. Don(黄芩属)全草能清热解毒,化瘀利尿,临床用于治疗癌症。**碎米桠(冬凌草)** *Isodon rubescens* (Hemsley) H. Hara(香茶菜属)所含成分冬凌草素具抗癌作用。

组图:唇形科

47. 茄科 Solanaceae

$$\lightning * K_{(5)}C_{(5)}A_5 \underline{G}_{(2:2:\infty)}$$

多为草本或灌木,稀小乔木或藤本。单叶互生,茎顶部有时呈大小叶对生状,稀复叶。花两性,辐射对称,单生、簇生或呈各式的聚伞花序;萼常5裂或平截,宿存,常果时增大;花冠5裂,呈辐状、钟状、漏斗状或高脚碟状;雄蕊常5枚,着生于花冠上,与花冠裂片互生,花药纵裂或孔裂;子房上位,2心皮2室,有时因假隔膜而成不完全4室,中轴胎座,胚珠多数;柱头头状或2浅裂。蒴果或浆果。种子盘形或肾形。染色体:X=12,30。

本科约30属,3 000余种,广布于温带及热带地区。我国24属,105种,35变种,各地均有分布。已知药用25属,84种。

本科化学成分以含多种托品类、甾体类和吡啶类生物碱为主要特征。托品类生物碱,如阿托品(atropine)、东莨菪碱(scopolamine)、颠茄碱(belladonine),为抗胆碱药,能扩瞳,解痉,止痛及抑制腺体分泌,多含于颠茄属(Atropa)、莨菪属(Scopolia)、曼陀罗属(Datura)等一些植物中;甾体类生物碱,如龙葵碱(solanine)、澳茄碱(solasonine)、蜀羊泉碱(soladulcine)、辣椒胺(solanocapsine)等,多具抗菌消炎和抗霉菌作用,为甾体药物合成的原料,主要存在于茄属(Solanum)、酸浆属(Physalis)及辣椒属(Capsicum)植物中;吡啶类生物碱,如烟碱(nicotine)、胡芦巴碱(trigonelline)、石榴碱(pelletierine)。此外,还含吡咯啶类、吲哚类、嘌呤类生物碱等。

【重要药用植物】

宁夏枸杞 *Lycium barbarum* L. 枸杞属多年生灌木,具枝刺。叶互生或丛生,长椭圆状披针形。花数朵簇生,花冠粉红色或淡紫色,花冠管长于裂片。浆果椭圆形,长1~2cm,熟时红色(图11-88,彩图124)。分布于西北、华北,主产于宁夏。果实(枸杞子)能滋补肝肾,益精明目。根皮(地骨皮)可凉血除蒸,清肺降火。同属植物我国有7种3变种,均可药用。其中:**枸杞** *Lycium chinense* Miller. 花冠管短于或等于裂片;全国大部分地区有分布;根皮作"地骨皮"入药。

白花曼陀罗(洋金花) *Datura metel* L. 曼陀罗属一年生草本。花单生,花冠白色,漏斗状或喇叭状(图11-89,彩图125)。分布于长江以南地区,或栽培。全株及种子有毒。花能平喘止咳,解痉定痛。同属植物**毛曼陀罗** *Datura innoxia* Miller 分布于北方地区,其花入药称"北洋金花"。**曼陀罗** *Datura stramonium* L.(彩图126)花白色或淡紫色,蒴果直立,有刺或无刺。两者功用与洋金花相似。

颠茄 *Atropa belladonna* L. 颠茄属多年生草本。花单生叶腋,钟形,下垂,花冠暗紫色。浆果球形,熟时紫黑色(图11-90,彩图127)。原产欧洲,我国有栽培。全草可用于提取阿托品,为抗胆碱药。

莨菪(天仙子) *Hyoscyamus niger* L. 天仙子属二年生草本,全株有腺毛,具特殊臭气。花冠黄绿色,具紫色脉纹(彩图128)。分布于西北、华北、西南等地区,也有栽培。叶、种子能解痉止痛,平喘,安神,并作提取莨菪碱的原料。

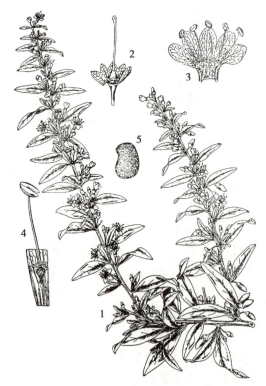

1. 花枝　2. 花萼展开(示雌蕊)　3. 花冠展开(示雄蕊)　4. 雄蕊　5. 种子

图11-88　宁夏枸杞

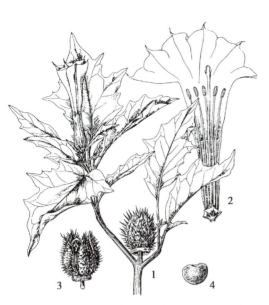

1. 植株　2. 花冠展开(示雄蕊、雌蕊)　3. 果实
4. 种子

图 11-89　白花曼陀罗

1. 植株　2. 花冠展开(示雄蕊)　3. 雄蕊
4. 雌蕊　5. 果实

图 11-90　颠茄

本科药用植物还有:**酸浆(挂金灯)**_Physalis alkekengi_ L. var. _franchetii_(Mast.) Makino(酸浆属)果实能清热解毒、利咽化痰。**漏斗泡囊草(华山参)**_Physochlaina infundibularis_ Kuang(泡囊草属)根有毒,能温肺祛痰,平喘止咳,安神镇惊。**龙葵** _Solanum nigrum_ L. 和**白英(蜀羊泉)**_Solanum lyratum_ Thunb.(茄属)全草能清热解毒。**三分三** _Anisodus acutangulus_ C. Y. Wu et C. Chen(山莨菪属)根有大毒,能解痉、镇痛。**马尿泡** _Przewalskia tangutica_ Maximo.(马尿泡属)(彩图 129)根入药能解痉、镇痛和解毒消肿,也是提取托品类生物碱的重要原料。**辣椒** _Capsicum annuum_ L.(辣椒属)干燥果实入药能温中散寒,健胃消食。

48. 玄参科 Scrophulariaceae

$$♀↑K_{(4\sim5)}C_{(4\sim5)}A_{4,2}\underline{G}_{(2:2:\infty)}$$

多草本,少灌木或乔木。叶多对生,少互生或轮生,无托叶。花两性,常两侧对称,呈总状或聚伞花序;花萼 4~5 裂,宿存;花冠 4~5 裂,多少呈二唇形;雄蕊多为 4 枚,2 强,少为 2 枚或 5 枚,着生花冠上;花盘环状或一侧退化;子房上位,2 心皮,2 室,中轴胎座,每室胚珠多数;花柱顶生。蒴果,稀浆果。种子多而细小。染色体:X=6,8,10,12,14,20,24。

本科约 220 属,4 500 种,广布于全世界。我国有 61 属 681 种,全国分布,主产于西南。已知药用 45 属,233 种。

本科植物化学成分主要有强心苷、环烯醚萜苷、苯丙素类、黄酮类、酚类、醌类等。如毛蕊花属(_Verbascum_)植物含桃叶珊瑚苷(aucubin)型和梓醇型(catapol)环烯醚萜苷。毛地黄属(_Digitalis_)含洋地黄毒苷(digitoxin)、地高辛(digoxin)、毛花苷 C(lanatoside C)等强心苷类成分,为临床常用的强心药;黄酮类,如泡桐属(_Paulownia_)植物含芹菜素(apigenin)、木犀草素(luteolin)、柚皮素(naringenin)等;蒽醌类,如母草属(_Lindernia_)植物含芦荟大黄素(aloe-emodin)和迷人醇(fallacinol)等。玄参属(_Scrophularia_)含 ningpoensine A、B、C 等生物碱类成分。

【重要药用植物】

毛地黄 *Digitalis purpurea* L.　毛地黄属一年生或多年生草本,全株被灰白色短柔毛和腺毛。总状花序顶生,花向一侧偏斜,花冠紫红色,花冠筒钟状二唇形(彩图 130)。原产欧洲西部,我国有栽培。叶含强心苷,能兴奋心肌,增强收缩力,增加血液输出量,起到改善血液循环的作用,为提取强心苷的重要原料。同属植物**狭叶洋地黄(毛花洋地黄)**Digitalis lanata Ehrh. 叶狭长披针形,全缘,花淡黄色,花萼、花梗和花轴密被柔毛。功效同毛地黄,但强心苷种类较多,有效成分含量高。

地黄 *Rehmannia glutinosa* Libosch.　地黄属多年生草本,全株被灰白色长柔毛及腺毛。根状茎肉质肥大,呈块状,圆锥形或纺锤形,鲜时黄色。叶多基生成丛。总状花序顶生;花冠管稍向下弯曲,外面紫红色,内面黄色带紫色条纹,略呈二唇形。蒴果卵形(图 11-91,彩图 131)。分布于长江以北大部分地区。药用者多为栽培品,主产于河南等地。块根入药,鲜用(鲜地黄)能清热生津,凉血,止血;生地黄能清热凉血,养阴生津;熟地黄能补血滋阴,益精填髓。

玄参 *Scrophularia ningpoensis* Hemsl.　玄参属多年生高大草本。根数条,肥大呈纺锤状,黄褐色,干后变黑。花冠紫褐色(图 11-92,彩图 132)。分布于长江流域,以及华东、中南、西南各地。根能滋阴降火,生津,消肿,解毒。玄参属我国 36 种,已知 10 种入药,其中:**北玄参** *Scrophularia buergeriana* Miq. 聚伞花序紧缩呈穗状,花冠黄绿色。分布于北方地区。其根也作"玄参"用。

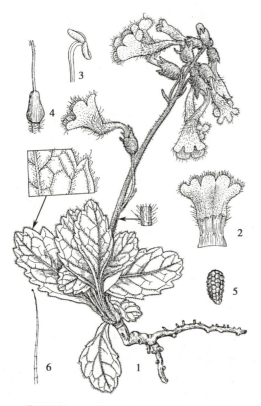

1. 带花植株　2. 花冠展开(示雄蕊)　3. 雄蕊
4. 雌蕊　5. 种子　6. 腺毛

图 11-91　地黄

1. 花枝　2. 植株　3. 根　4. 花冠展开(示雄蕊)
5. 果实

图 11-92　玄参

胡黄连 *Picrorhiza scrophulariiflora* (Pennell) D. Y. Hong　胡黄连属多年生矮小草本。根状茎粗壮,长圆锥形。叶基生,匙形。花密集呈穗状聚伞花序;花冠二唇形,暗紫色或浅蓝色。分布于西藏及云南西北部。根状茎能退虚热,除疳热,清湿热。

　　本科药用植物还有:**阴行草** *Siphonostegia chinensis* Benth. 阴行草属一年生草本,全株被粗毛,叶对生,全草(北刘寄奴)能活血祛瘀,通经止痛,凉血,止血,清热利湿。**白花泡桐** *Paulownia fortunei*

(Seem.)Hemsl.　泡桐属落叶乔木。根能消肿止痛,果能止咳平喘。**苦玄参** *Picria felterrae* Lour.(苦玄参属)全草能清热解毒,消肿止痛。**短筒兔耳草** *Lagotis brevituba* Maxim.(兔耳草属)全草(洪连)能清热,解毒,利湿,平肝,行血,调经。

49. 爵床科 Acanthaceae

$$\male\female \uparrow K_{(4\sim5)}C_{(4\sim5)}A_{4,2}\underline{G}_{(2:2:1\sim\infty)}$$

草本或灌木。茎节常膨大。单叶对生,无托叶。花两性,两侧对称,每花下常具1苞片和2小苞片,苞片多具鲜艳色彩;花由聚伞花序再组成各种花序,少总状花序或单生;花萼4~5裂;花冠4~5裂,二唇形或为不相等的5裂;雄蕊2或4枚,2强,贴生于花冠筒内或喉部,下部常有花盘;子房上位,2心皮2室,中轴胎座,每室胚珠2至多数。花柱单一,柱头通常2裂。蒴果室背开裂;种子通常着生于珠柄演变成的钩状物(种钩)上,成熟后弹出。染色体:X=7~10,13~22,25,26,28,30。

本科共220属,4 000余种,广布于热带和亚热带。我国35属,304种,多分布于长江流域以南各地。药用32属,71种。

本科植物主要活性成分有二萜类内酯,如穿心莲属(*Andrographis*)植物含穿心莲内酯(andrographolide),具抗菌消炎作用;黄酮类,如穿心莲黄酮(andrographin)、榄核莲黄酮(panicolin)。有些种类含有木脂素,如爵床属(*Justicia*)植物含爵床素(justicin)、爵床脂素(justicidin);生物碱类,如马蓝属(*Strobilanthes*)植物含菘蓝苷(isatan)、靛苷(indican)。

【重要药用植物】

穿心莲(一见喜) *Andrographis paniculata* (Burm.f.)Nees　穿心莲属一年生草本。茎直立,节膨大,四棱形。单叶对生。花冠白色或淡紫色,二唇形。蒴果长椭圆形,2瓣裂(图11-93)。原产东南亚,我国南方有栽培。全草味极苦,能清热解毒,凉血,消肿。

板蓝(马蓝) *Baphicacanthus cusia* (Nees) Bremek.　板蓝属多年生草本,具根状茎。茎节膨大。单叶对生。花冠紫色,裂片5,近相等。蒴果棒状(图11-94)。分布于华南、西南地区,当地常将叶作"大青叶",根作"南板蓝根"药用。叶可加工制成青黛,能清热解毒,凉血消斑,泻火定惊。

爵床 *Justicia procumbens* L.　爵床属一年生草本,多分枝,叶对生。穗状花序顶生,小苞片有缘毛,花冠粉红色。全国大部分地区有分布。全草能清热解毒,消肿利尿。**小驳骨** *Justicia gendarussa* N. L. Burman 地上部分能祛瘀止痛,续筋接骨。

本科药用植物尚有:**狗肝菜** *Dicliptera chinensis* (L.)Juss.(狗肝菜属)全草能清热解毒,

1. 叶枝　2. 花枝　3. 花　4. 花冠展开(示雄蕊)　5. 花萼展开(示雌蕊)　6. 果实　7. 果实横切面　8. 种子

图 11-93　穿心莲

凉血,利尿。**九头狮子草** *Peristrophe japonica* (Thunb.)Bremek.(观音草属)全草能清热解毒,发汗解表,并有降压作用。**孩儿草** *Rungia pectinata* (L.)Nees(孩儿草属)全草能清肝明目,消积止痢。

1. 花枝　2. 花冠展开(示雄蕊着生方式)　3. 花萼及雌蕊的柱头　4. 雄蕊

图 11-94　板蓝

50. 车前科 Plantaginaceae

$$\male\female * K_{(4)} C_{(4)} A_4 \underline{G}_{(2\sim4 : 2\sim4 : 1\sim\infty)}$$

一年生或多年生草本。单叶,常基生。穗状花序;花小,绿色,两性,辐射对称;花萼 4 裂,宿存;花冠 4 裂,干膜质;雄蕊 4,贴生于花冠筒上,与花冠裂片互生,有时 1 或 2 枚不发育;子房上位,2~4 心皮成 2~4 室,每室胚珠 1 至多数;花柱单生,有细白毛。蒴果盖裂。染色体:X=4,6,12,18。

本科共 3 属,约 200 余种,广布于全世界。我国产 1 属,20 种,多数可药用。

本科车前属(Plantago)植物主要含:黄酮类,如车前苷(plantaginin)、高车前苷(homoplantaginin)、黄芩素(baicalein);环烯醚萜苷类,如桃叶珊瑚苷(aucubin)、樟醇苷(catapol)。

【重要药用植物】

车前 Plantago asiatica L.　车前属多年生草本,根须状。叶基生,卵形或椭圆形,主脉弧形,明显。穗状花序,苞片三角形。蒴果椭圆形,内含种子 4~6 粒。种子黑褐色(图 11-95)。全国大部分地区有分布。全草能清热利尿通淋,祛痰,凉血,解毒;种子能清热利尿通淋,渗湿止泻,明目,祛痰。

1. 植株　2. 花　3. 果实

图 11-95　车前

同属植物:**平车前** *Plantago depressa* Willd. 一年生草本,具圆柱形主根,叶片椭圆状披针形。分布于长江以北地区。功用同车前。**大车前** *Plantago major* L. 多年生草本,根须状,叶片宽卵形。全草及种子也可入药。

51. 茜草科 Rubiaceae

$$\male\female * K_{(4\sim5)} C_{(4\sim5)} A_{4\sim5} \overline{G}_{(2:2:1\sim\infty)}$$

木本或草本,有时攀缘状。<u>单叶对生或轮生</u>,常全缘,有托叶,<u>有时托叶呈叶状</u>,稀连合成鞘或退化成托叶痕迹。花常两性,辐射对称,以聚伞花序排成圆锥状或头状,少单生;萼4~5裂,或先端平截,有时个别裂片扩大呈花瓣状;<u>花冠4~6裂</u>,稀多裂;雄蕊与花冠裂片同数而互生,贴生于花冠筒上;具各式花盘;<u>子房下位</u>,2心皮2室,每室一至多数胚珠。蒴果、浆果或核果。染色体:X=9,11,17。

本科约660属,11 150余种,广布于热带和亚热带,少数分布于温带地区。我国有97属,701种,分布于西南及东南部。已知药用50属,219种。

本科活性成分主要有生物碱、环烯醚萜苷和蒽醌类等。生物碱有多种类型:喹啉类,如金鸡纳属(*Cinchona*)植物含奎宁(quinine)、奎尼丁(quinidine),具抗疟活性;吲哚类,如钩藤属(*Uncaria*)植物含钩藤碱(rhynchophylline)、异钩藤碱(isorhynchophylline)具镇静、降血压作用;嘌呤类,如咖啡属(*Coffea*)植物含咖啡因(coffeine)能强心、利尿。环烯醚萜苷类,如栀子属(*Gardenia*)植物含栀子苷(geniposide)、车叶草苷(asperuloside)等,多有促进胆汁分泌作用。蒽醌类,如茜草属(*Rubia*)植物含茜草素(alizarin)、羟基茜草素(purpurin)等。

【重要药用植物】

茜草 *Rubia cordifolia* L.　茜草属多年生攀缘草本。根丛生,橙红色。茎四棱,具倒生小刺。叶4片轮生,具长柄。聚伞花序排成圆锥状;花黄白色(图11-96)。全国大部分地区有分布,也有栽培。根能凉血,祛瘀,止血,通经。茜草属我国有38种,大多可入药。

栀子(山栀子) *Gardenia jasminoides* Ellis　栀子属常绿灌木。叶对生或三叶轮生,具短柄,革质,全缘,托叶鞘状。花冠白色,硕大,芳香。蒴果熟时橘红色(图11-97)。分布于南方地区,各地有栽培。果实能泻火除烦,清热利湿,凉血解毒。同属植物我国有5种。

钩藤 *Uncaria rhynchophylla* (Miq.) Miq. ex Havil.　钩藤属常绿攀缘状灌木。小枝四棱形,褐色。单叶对生,叶腋有下弯的钩状变态枝。头状花序,花黄色(图11-98,彩图133)。分布于中南、西南地区。带钩茎枝入药,能息风定惊,清热

1. 花枝　2. 花　3. 花萼和雌蕊　4. 果实

图 11-96　茜草

平肝。同属植物我国12种,**毛钩藤** *Uncaria hirsuta* Havil.、**大叶钩藤** *Uncaria macrophylla* Wall.、**华钩藤** *Uncaria sinensis* (Oliv.) Havil.、**白钩藤(无柄果钩藤)** *Uncaria sessilifructus* Roxb. 入药同钩藤。

巴戟天 *Morinda officinalis* How　巴戟天属缠绕性藤本。根肉质,有不规则的膨大部分而呈串珠状。头状花序,花冠肉质,白色。核果红色。分布于华南地区,有栽培。根能补肾阳,强筋骨,祛风湿。

1. 花枝　2. 果枝　3. 花纵剖面

图 11-97　栀子

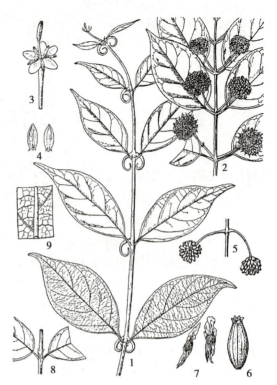

1. 带钩茎枝　2. 花枝　3. 花　4. 雄蕊　5. 果序
6. 果实　7. 种子　8. 枝的节（示托叶）　9. 叶背的
一部分（示脉腋间毛）

图 11-98　钩藤

同属植物**海滨木巴戟（海巴戟）**_Morinda citrifolia_ L. 的果实称"萝莉果"（Noni）（彩图 134），具调节机体免疫的作用，为保健食品常用原料。

　　红大戟（红芽戟）_Knoxia roxburghii_ (Sprengel) M. A. Rau 红芽大戟属多年生草本。常具 2~3 个纺锤状红褐色块根。叶对生，无柄。花小，淡紫红色。分布于华南、西南及西藏南部。块根能泻水逐饮，消肿散结。同属植物我国有 2 种。

　　本科较重要的药用植物还有：**小粒咖啡（咖啡）**_Coffea arabica_ L.，咖啡属灌木或小乔木。浆果。华南、西南有栽培。果实有兴奋，强心，利尿，健胃作用。**金鸡纳树** _Cinchona calisaya_ Weddell（金鸡纳属），树皮能抗疟，退热，可用作提取奎宁的原料。**白花蛇舌草** _Hedyotis diffusa_ Willd.（耳草属），全草能清热解毒，活血散瘀，用于治疗毒蛇咬伤及癌症。**鸡矢藤** _Paederia foetida_ L.（鸡矢藤属），全草能清热解毒，镇痛，止咳。

图片：茜草科 - 栀子

52. 忍冬科 Caprifoliaceae

$$\male\female *, \uparrow K_{(4\sim5)} C_{(4\sim5)} A_{4\sim5} \overline{G}_{(2\sim5:1\sim5:1\sim\infty)}$$

　　灌木或乔木，稀草本和藤本。<u>单叶</u>，<u>对生</u>，少羽状复叶，通常无托叶。花两性，辐射对称或两侧对称，呈聚伞花序或再组成各种花序，稀数朵簇生或单生；花萼 4~5 裂；花冠管状，多 5 裂，有时二唇形；雄蕊与花冠裂片同数而互生，贴生于花冠上；<u>子房下位</u>，2~5 心皮合生成 1~5 室，常 3 室，每室常 1 胚珠。浆果、核果或蒴果。染色体：X=8，9，18。

　　本科共 13 属，500 种左右，分布于温带和热带高海拔地区。我国 12 属，约 200 余种，全国均有分布。已知药用 9 属，106 种。

　　本科植物以含酚性成分和黄酮类为主。如忍冬属（_Lonicera_）植物含绿原酸（chlorogenic acid）、异绿原酸(isochlorogenic acid)、忍冬苷(lonicerin)、忍冬素(loniceraflavone)等。此二类成分均有抗菌消炎作用。此外,还含三萜类成分熊果酸、皂苷和氰苷等。

【重要药用植物】

忍冬 *Lonicera japonica* Thunb. 忍冬属半常绿木质藤本。小枝密生柔毛。叶对生,幼时两面被短毛。花冠二唇形,上唇 4 裂;花初开时白色,后转黄色(图 11-99,彩图 135)。全国大部分地区有分布。花蕾(金银花)能清热解毒,疏散风热。藤茎能清热解毒,疏风通络;茎叶还可治肝炎和高脂血症。忍冬属植物我国 98 种,已知有 44 种在各地作药用,其中:**华南忍冬** *Lonicera confusa* DC.、**红腺忍冬** *Lonicera hypoglauca* Miq. 和**黄褐毛忍冬** *Lonicera fulvotomentosa* Hsu et S. C. Cheng、**灰毡毛忍冬** *Lonicera macranthoides* Hand.-Mazz. 等作“山银花”入药。

本科药用植物还有:**接骨草(陆英)** *Sambucus javanica* Blume(接骨木属)全草能祛风活络,消肿止痛。**接骨木** *Sambucus williamsii* Hance 茎叶入药与接骨草相似。**荚蒾** *Viburnum dilatatum* Thunb.(荚蒾属)根能祛瘀消肿,枝叶能清热解毒、疏风解表。

1. 花枝　2. 果枝　3. 花冠展开(示雄蕊和雌蕊)

图 11-99　忍冬

53. 败酱科 Valerianaceae

$$\male\female \uparrow K_{5-15,0} C_{(3-5)} A_{3-4} \overline{G}_{(3:3:1)}$$

多年生草本,稀灌木,全体通常具强烈气味。叶对生或基生,多为羽状分裂,无托叶。花小,多为两性,稀杂性或单性,稍两侧对称,呈聚伞花序再排成头状、圆锥状或伞房状;萼小,不明显;花冠筒状,3~5 裂,基部常有偏突的囊或距;雄蕊 3 或 4 枚,有时退化为 1 或 2 枚,贴生于花冠筒上;子房下位,3 心皮合生,3 室,仅 1 室发育,胚珠 1。瘦果,有时顶端的宿存花萼呈冠毛状,或与增大的苞片相连而呈翅果状。染色体:X=7~11。

本科共 13 属,400 余种,分布于北温带。我国 3 属,约 30 余种,各地均有分布。已知药用 3 属,24 种。

本科植物化学成分复杂,由于含有异戊酸而具有特殊气味,挥发油有镇静作用。挥发油中含多种倍半萜类,如缬草属(*Valeriana*)植物含甘松醇(narchinol)、缬草酮(valeranone)等。三萜皂苷类,如败酱属(*Patrinia*)植物含败酱皂苷(scabioside),能镇静安神;生物碱类,如缬草碱(valerianine)、木天蓼碱(actinidine),缬草碱有抗抑郁作用。此外,尚含黄酮类化合物。

【重要药用植物】

败酱 *Patrinia scabiosaefolia* Fisch. ex Trev. 败酱属多年生草本,根状茎具特殊的陈败豆酱气。基生叶丛生,长卵形;茎生叶对生,羽状全裂。顶生伞房状聚伞花序,花冠黄色(图 11-100)。全国大部分地区有分布,生于山坡或溪边。全草能清热解毒,消痈排脓。根及根状茎能镇静安神。同属植物我国有 10 种 3 亚种和 2 变种,其中:**攀倒甑[zèng](白花败酱)** *Patrinia villosa* (Thunb.) Juss. 茎枝被粗白毛,花白色。全草也作“败酱草”使用。

缬草 *Valeriana officinalis* L. 缬草属多年生草本。根状茎粗短,簇生。根和根状茎含挥发油,有特异气味。基生叶丛生,茎生叶对生,羽状深裂。茎中空,被粗白毛。聚伞花序顶生,花冠淡红色。瘦果具羽毛状宿萼(图 11-101)。全国大部分地区有分布。根及根状茎能镇静安神,理气止痛。本属我国有 17 种 2 变种,已知药用有 10 种。其中**蜘蛛香** *Valeriana jatamansi* Jones 的根及根状茎能理气止痛,消食止泻,祛风除湿,镇惊安神。

1. 带花序植株　2. 花

图 11-100　败酱

1. 幼苗(示基生叶)　2. 茎的一段　3. 花枝　4. 花

图 11-101　缬草

甘松 *Nardostachys chinensis* Bat.　甘松属多年生草本,根状茎粗短,具强烈松脂气。聚伞花序呈紧密圆头状。瘦果倒卵形(彩图 136)。分布于云南、四川、甘肃、青海等地。根及根状茎能理气止痛,开郁醒脾。同属植物**匙叶甘松** *Nardostachys jatamansi* (D. Don) DC. 入药同甘松。

54. 葫芦科 Cucurbitaceae

$$♂ * K_{(5)}C_{(5)}A_{5,\,(2)+(2)+1};♀ * K_{(5)}C_{(5)}\overline{G}_{(3\,:\,1\,:\,\infty)}$$

草质藤本,具卷须。多为单叶互生,常为掌状浅裂及深裂,有时为鸟趾状复叶。花单性,同株或异株,辐射对称;花萼及花冠 5 裂;雄花有雄蕊 5 枚,分离或各式合生,合生时常为 2 对合生,1 枚分离,药室直或折曲;雌花子房下位,3 心皮 1 室,侧膜胎座,胎座肥大,常在子房中央相遇,胚珠多数;花柱 1,柱头膨大,3 裂。瓠果,稀蒴果。种子常扁平。染色体:X=9,11,12,14。

本科约 113 属,800 余种,多分布于热带、亚热带地区。我国约 32 属,154 种 35 变种,各地均有分布,以华南和西南种类最多。药用 21 属,90 种。

本科的主要活性成分为四环三萜类葫芦烷(cucurbiane)型皂苷,如栝楼属(*Trichosanthes*)植物含葫芦素(cucurbitacine),有抗癌活性,并能阻止肝细胞脂肪变性及抑制肝纤维增生;雪胆甲素、乙素具抗菌消炎作用;罗汉果属(*Siraitia*)植物中的罗汉果苷(mogroside),其甜度约为蔗糖的 300 倍。五环三萜齐墩果烷型皂苷、黄酮及其苷类在本科植物中存在较普遍。绞股蓝属(*Gynostemma*)植物中含有四环三萜类达玛烷型皂苷,如绞股蓝苷(gypenoside)和人参皂苷,有类似人参样的生理活性。此外,某些植物中还含有具有特殊活性的蛋白质和氨基酸,如天花粉毒蛋白具引产作用,南瓜子氨酸

（cucurbitine）有驱虫作用。

【重要药用植物】

栝楼 *Trichosanthes kirilowii* Maxim.　栝楼属多年生草质攀缘藤本。叶掌状浅裂或中裂。雌雄异株。雄花呈总状花序，雌花单生。果实近球形，黄褐色，种子浅棕色（图 11-102，彩图 137）。分布于长江以北及华东地区。成熟果实（瓜蒌）能清热涤痰，宽胸散结，润燥滑肠。果皮（瓜蒌皮）能清热化痰，利气宽胸。根（天花粉）能清热泻火，生津止渴，消肿排脓，其所含成分天花粉蛋白可用于中期引产及治疗宫外孕。种子（瓜蒌子）能润肺化痰，润肠通便。本属植物我国分布有 34 种和 6 变种，25 种在各地入药，其中：**中华栝楼（双边栝楼）***Trichosanthes rosthornii* Harms 的叶通常 5 深裂，裂片披针形；种子深棕色。入药同栝楼。

罗汉果 *Siraitia grosvenorii* (Swingle) C. Jeffrey ex A. M. Lu et Z. Y. Zhang　罗汉果属多年生草质攀缘藤本。根块状，卷须 2 裂，雌雄异株，全株被短柔毛。果实淡黄色，干后呈黑褐色（图 11-103，彩图 138）。分布于华南地区。干燥果实入药，味极甜，能清热润肺，利咽开音，润肠通便。

1. 根　2. 花枝　3. 果实　4. 种子

图 11-102　栝楼

1. 雄花序　2. 雌花枝　3. 叶　4. 果实

图 11-103　罗汉果

木鳖子 *Momordica cochinchinensis* (Lour.) Spreng.　苦瓜属多年生草质攀缘大藤本。宿根粗壮，块状。叶 3~5 深裂或中裂。卷须不分叉。雌雄异株，花冠黄色。果实卵形，上有刺状凸起。种子扁卵形，灰黑色。分布于华中、华南地区。种子入药，有毒，能散结消肿，攻毒疗疮。同属植物**苦瓜** *Momordica charantia* L. 中所含的多肽具降血糖作用。

绞股蓝 *Gynostemma pentaphyllum* (Thunb.) Makino　绞股蓝属草质藤本，具鸟趾状复叶。雌雄异株。果实球形，熟时黑色（图 11-104，彩图 139）。广布于长江以南。全草能消炎解毒，止咳祛痰，并有增强免疫作用。同属植物我国有 11 种 2 变种，均可药用。

本科药用植物还有：**冬瓜** *Benincasa hispida* (Thunb.) Cogn.（冬瓜属），果皮能利尿消肿。种子能清热利湿，排脓消肿。**丝瓜** *Luffa aegyptiaca* Miller（丝瓜属），果实成熟后的维管束网称"丝瓜络"，能祛风通络,活血消肿。**西瓜** *Citrullus lanatus* (Thunb.) Matsum. et Nakai(西瓜属)的果皮可用于制"西瓜霜"。**雪胆** *Hemsleya chinensis* Cogn. ex Forbes et Hemsl.(雪胆属)(彩图 140),根能清热利湿,消肿止痛。**甜瓜** *Cucumis melo* L.(黄瓜属),果蒂及果柄能退黄疸,除湿热;种子能清肺,润肠,祛瘀。**假贝母(土贝母)** *Bolbostemma paniculatum* (Maxim.) Franquet(假贝母属),干燥块茎能解毒,散结,消肿。

组图:葫芦科

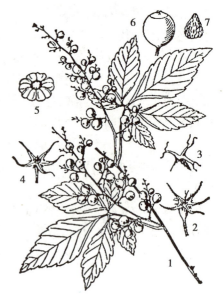

1. 果枝　2. 雌花　3. 柱头　4. 雄花
5. 雄蕊　6. 果实　7. 种子

图 11-104　绞股蓝

55. 桔梗科 Campanulaceae

$$☿ *, ↑ K_{(5)} C_{(5)} A_{5,(5)} \overline{G}_{(2\sim5:2\sim5:∞)}; \overline{G}_{(2\sim5:2\sim5:∞)}$$

草本,少灌木,常具乳汁。单叶互生或对生,稀轮生,无托叶。花两性,辐射对称或两侧对称,单生或呈聚伞、总状、圆锥花序;萼常 5 裂,宿存;花冠 5 裂,钟状或管状,稀二唇形;雄蕊 5,与花冠裂片同数而互生,着生于花冠基部或花盘上,花丝分离,花药聚合成管状或分离;子房下位或半下位,2~5 心皮合生成 2~5 室,中轴胎座,胚珠多数;花柱圆柱状,柱头 2~5 裂。蒴果,稀浆果。种子扁平,小型,有时有翅。染色体:X=6,8,9,11,17。

本科共 86 属,2 300 余种,分布于温带和亚热带。我国 16 属,约 159 种,全国分布,以西南地区种类最多。已知药用 13 属,111 种。

哈钦松分类系统把本科中具二唇形花冠、聚药雄蕊及含吡啶类生物碱(山梗菜碱)的半边莲属(*Lobelia*)等从桔梗科中分出,另立半边莲科或山梗菜科(Lobeliaceae)。

本科植物多数含有皂苷和多糖,如桔梗属(*Platycodon*)植物含桔梗皂苷(platycodin)具镇静、镇痛、抗炎作用;党参属(*Codonopsis*)含党参多糖能增强机体免疫力。而半边莲属(*Lobelia*)植物普遍含生物碱,如山梗菜碱(lobeline)有兴奋呼吸,降压,利尿作用。某些种类含有菊糖(inulin),并具聚药雄蕊,可能与菊科某些植物有亲缘关系。

【重要药用植物】

党参 *Codonopsis pilosula* (Franch.) Nannf.　党参属多年生草质藤本,具乳汁。根肉质,圆柱状。花冠浅黄绿色,内面有紫色斑点。蒴果圆锥形(图 11-105,彩图 141)。分布于秦巴山区及华北、东北各地。根能健脾益气,养血生津。党参属植物我国 40 种,多数可药用。其中:**素花党参** *Codonopsis pilosula* Nannf. var. *modesta*(Nannf.)L. T. Shen、**川党参** *Codonopsis pilosula* subsp. *tangshen*(Oliver)D. Y. Hong 等入药同党参。

沙参 *Adenophora stricta* Miq.　沙参属多年生草本,有白色乳汁。根粗壮。基生叶肾圆形或心形,有长柄;茎生叶互生,狭卵形或矩圆状狭卵形。花序狭长;萼钟状,

1. 植株　2. 根　3. 叶尖　4. 雌蕊和雄蕊

图 11-105　党参

先端 5 裂;花冠紫蓝色,宽钟形;雄蕊 5,有密柔毛;子房下位,3 室,花柱细长,被毛,略伸出花冠外,柱头膨大,3 裂。蒴果球形(图 11-106)。分布于安徽、江苏、浙江等地。根入药称"南沙参",能养阴清肺,益胃生津,化痰,益气。同属**轮叶沙参** *Adenophora tetraphylla* (Thunb.) Fisch. 茎生叶 3~6 片轮生。花序分枝也常轮生;花盘较短;花冠细小,近于筒状,口部稍收缢。**杏叶沙参** *Adenophora petiolata* subsp. *hunanensis* (Nannfeldt) D. Y. Hong & S. Ge 茎生叶在茎上部无柄或仅有楔状短柄,叶基部常楔状下延,基生叶具长柄。花序分枝粗壮(彩图 142)。它们的根在不同地区也作"南沙参"用。

　　桔梗 *Platycodon grandiflorum* (Jacq.) A. DC.　桔梗属多年生草本。根肉质,圆柱形。叶对生、轮生或互生。花冠宽钟状,蓝色或蓝紫色。蒴果倒卵形(图 11-107,彩图 143)。广布于全国各地。根含多种皂苷,既可入药又可食用,能宣肺,祛痰,利咽,排脓。

1. 根　2. 花枝　3. 叶尖　4. 花纵切面

图 11-106　沙参

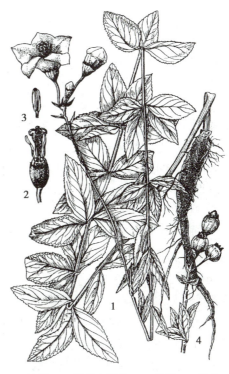

1. 植株　2. 雌蕊和雄蕊　3. 花药　4. 果枝

图 11-107　桔梗

　　半边莲 *Lobelia chinensis* Lour.　半边莲属多年生湿生小草本,具白色乳汁。茎细弱,基部横卧地上,节上生根。叶互生,条形。花单生于叶腋,花柄细长,花冠淡红色或紫红色,花冠筒有一侧深裂至基部,先端 5 裂,裂片披针形,均偏向于一侧。蒴果顶端开裂(彩图 144)。分布于我国长江中、下游及以南地区。全草能清热解毒,利尿消肿。同属植物**山梗菜** *Lobelia sessilifolia* Lamb.,根及全草能祛痰止咳,清热解毒。用于毒蛇咬伤,小便不利等。

　　本科较重要的药用植物还有:**羊乳(四叶参)** *Codonopsis lanceolata* (Sieb. et Zucc.) Trautv. (彩图 145),党参属多年生缠绕草本,全株有乳汁及特异气味。根有瘤状突起。根能养阴润肺,排脓解毒。**铜锤玉带草** *Pratis nummularia* (Lam.) A. Br. et Aschers(铜锤玉带属),全草能祛风利湿、活血、解毒。**蓝花参** *Wahlenbergia marginata* (Thunb.) A. DC.(蓝花参属),根及全草能补虚、解表。

组图:桔梗科

56. 菊科 Compositae（Asteraceae）

$$\lightning *, \uparrow K_{0\sim\infty} C_{(3\sim5)} A_{(4\sim5)} \overline{G}_{(2:1:1)}$$

草本、灌木或藤本,稀木本。有的种类具乳汁或树脂道。叶互生,少对生或轮生。花小,两性,稀单性或无性,呈头状花序,外有由 1 层或数层总苞片所组成的总苞围绕;头状花序单生或再排成总状、聚伞状、伞房状或圆锥状;花序柄扩大的顶部平坦或隆起称为花序托,有些花具小苞片称为托片;花萼退化呈冠毛状、鳞片状、刺状或缺如;花冠管状、舌状或假舌状(先端 3 齿、单性),少二唇形、漏斗状(无性)。头状花序中的小花有异型(外围舌状、假舌状或漏斗状花,称缘花;中央为管状花,称盘花)或同型(全为管状花或舌状花)(图 11-108)。雄蕊 5,稀 4,花丝分离,贴生于花冠管上,花药结合成聚药雄蕊,连成管状包在花柱外面,花药基部钝或有尾状物;子房下位,2 心皮 1 室,1 枚胚珠,基底着生;花柱单一,柱头 2 裂。瘦果,顶端常有刺状、羽状冠毛或鳞片。染色体:X=6~10,12,14~16,18。

本科约 1 000 属,25 000~30 000 种,广布全球,主产于温带地区。我国约 200 属,2 000 余种,全国均有分布。已知药用 154 属,778 种。

菊科植物中常见的活性成分有倍半萜内酯、黄酮类、生物碱、挥发油、香豆素、三萜皂苷、倍半萜和菊糖等。其中最具特征性的为倍半萜内酯和菊糖,前者至今已发现 500 多种,并多具药理活性,如佩兰内酯(eupatorin)、斑鸠菊内酯(vernolepin)、地胆草内酯(elephantopin)、蛇鞭菊内酯(liatrin)均有抑制癌细胞作用。青蒿素(arteannuin)有截疟作用。山道年(santonin)、天名精内酯(carpesia-lactone)有驱虫作用。菊科植物营养器官(尤其在地下茎中)几乎不含淀粉,而普遍含有菊糖(inulin)。黄酮类,如水飞蓟属(*Silybum*)中的水飞蓟素(silymarin)可治肝炎。生物碱,如野千里光碱(campestrine)、蓝刺头碱(echinopsine)、左旋水苏碱(betonicine)。三萜皂苷,如紫菀属(*Aster*)植物含紫菀皂苷。而管状花亚科还常含挥发油和聚炔类成分。如佩兰挥发油有抗病毒作用,艾叶油能祛痰,云木香油有抗菌、降压作用。聚炔类,如茵陈二炔(capillene)、茵陈素(capillarin)、苍术炔(atractylodin)。香豆素类,如蒿属香豆素(scoparone)有利胆、降压和镇静作用。此外,尚有多糖、有机酸等。

组图:菊科

本科通常分为两个亚科:管状花亚科(Tubuliflorae)和舌状花亚科(Cichorioideae)。

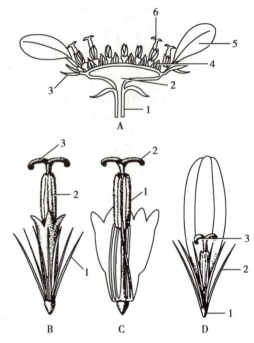

A. 头状花序:1. 花序梗　2. 花托　3. 总苞片
4. 膜片状的苞片　5. 舌状花　6. 管状花
B. 管状花:1. 冠毛　2. 花药　3. 柱状分枝
C. 管状花剖开:1. 花药　2. 柱头分枝
D. 舌状花:1. 下位子房　2. 冠毛　3. 柱头分枝

图 11-108　菊科花的解剖

管状花亚科 Tubuliflorae

整个花序全为两性的同形管状花或中央为管状花,边缘为舌状花。植物体无乳汁,有的含挥发油。

【重要药用植物】

红花 *Carthamus tinctorius* L.　红花属一年生或越年生草本。叶缘裂齿具尖刺或无刺。头状花序全为管状花。瘦果无冠毛(图 11-109,彩图 146)。全国各地有栽培,主产新疆。管状花冠能活血通经,散瘀止痛。

菊花 *Dendranthema morifolium* Ramat.　菊属多年生草本,茎直立,基部木质,全体被白色绒毛。叶片卵形至披针形,叶缘有粗大锯齿或羽裂。头状花序外总苞片多层,外层绿色,边缘膜质;缘花舌状,雌性,白色或黄色;盘花管状,两性,黄色,具托片。瘦果无冠毛。各地栽培。全国产地、加工方式以及栽培品种不同等因素,形成了不同药材品名。浙江桐乡等地药材称杭菊,安徽亳州、滁州、歙县等地产者称亳菊、滁菊、贡菊。河北、河南、山东以及四川等地产分别称为祁菊、怀菊、济菊和川菊。花序能疏风解热,平肝明目,清热解毒。同属植物我国17种,其中11种入药。如**野菊** *Chrysanthemum indicum* L. 头状花序小,黄色。全国均有野生,花序能清热解毒,并有抗菌、降血压作用。

白术[zhú]*Atractylodes macrocephala* Koidz.　苍术属多年生草本。根状茎肥大,块状。花序全为管状花。瘦果被柔毛,叶互生(彩图147)。华东、华中地区栽培。根状茎能健脾益气,燥湿利水,止汗,安胎。

苍术(茅苍术)*Atractylodes lancea* (Thunb.) DC.　多年生草本,有香气。根状茎结节状。花冠白色。瘦果具棕黄色毛,叶互生(图11-110)。分布于华中、华东地区。根状茎能燥湿健脾,祛风散寒,明目。同属北苍术 *Atractylodes chinensis* (DC.)Koidz、关苍术 *Atractylodes* japonica Koidz. ex Kitam. 的根状茎也入药。

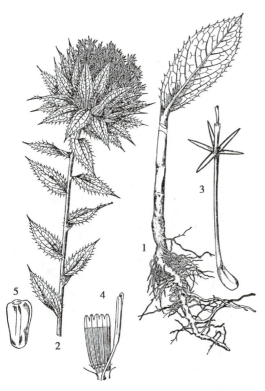

1. 根　2. 花枝　3. 花　4. 雌蕊和雄蕊　5. 瘦果

图 11-109　红花

1. 植株下部(示根)　2. 花枝　3. 花序(示总苞)　4. 关苍术的茎叶　5. 北苍术的茎叶

图 11-110　苍术

茵陈蒿(茵陈)*Artemisia capillaris* Thunb.　蒿属多年生草本,少分枝。幼苗被白色柔毛。叶一至三回羽状分裂,裂片线形(图11-111,彩图148)。全国各地均有分布。幼苗能清利湿热,利胆退黄,用于治疗黄疸性肝炎、胆囊炎。本属我国186种,44变种,有74种在各地作药用。如**猪毛蒿(滨蒿)** *Artemisia scoparia* Waldst. et Kit. 在北方作"茵陈"用。**黄花蒿** *Artemisia annua* L.(彩图149)干燥地上部分入药称"青蒿",能清虚热,除骨蒸,解暑热,截疟,退黄。茎叶中提取的青蒿素用于治疗疟疾。

知识拓展

青蒿素的发现

　　20世纪60年代,在毛泽东、周恩来等领导人的亲自指示下,中国政府启动"523项目",旨在找到具有新结构、克服抗药性的新型抗疟药物。在极为艰苦的科研条件下,中国中医科学院的屠呦呦团队与国内其他机构合作,筛选了成千上万的药物,并根据《肘后备急方》"青蒿一握,以水二升渍,绞取汁,尽服之"的记载获取灵感,采用乙醚提取方法,先驱性地发现了青蒿素,开创了疟疾治疗新方法,挽救了全球特别是发展中国家的数百万人的生命。目前,以青蒿素为基础的复方药物已经成为疟疾的标准治疗药物,世界卫生组织将青蒿素和相关药剂列入其基本药品目录。2011年屠呦呦因发现青蒿素而荣获美国拉斯克奖,2015年获诺贝尔生理学或医学奖。

　　云木香(广木香) Aucklandia costus Falc.　云木香属多年生高大草本。主根肥大。叶基部下延成翅。花序全为管状花。瘦果具浅棕色冠毛(图11-112)。西藏有分布,云南、四川等地有栽培。根能行气止痛,健脾消食。**雪莲花(天山雪莲)**Saussurea involucrata (Kar. et Kir.) Sch.-Bip. 风毛菊属(彩图150)地上部分能温肾助阳,祛风胜湿,通经活血。

1. 花枝　2. 头状花序　3. 雌蕊　4. 两性花
5. 两性花展开(示雄蕊和花柱)

图 11-111　茵陈蒿

1. 基生叶　2. 花枝　3. 根

图 11-112　云木香

　　川木香 Vladimiria souliei (Franch.)Ling　川木香属多年生草本,茎缩短;叶呈莲座状丛生;叶片矩圆状披针形,羽状分裂,叶柄无翅。头状花序6~8个密集生长;花冠紫色。瘦果具棱;冠毛刚毛状,淡棕黄色。根能行气止痛。同属**灰毛川木香** Vladimiria souliei (Franch.) Ling var. cinerea Ling 功效同川木香。

　　紫菀 *Aster tataricus* L. f.　紫菀属多年生草本。根状茎粗短。头状花序排成伞房状。分布于华北、西北和华东地区。根能润肺下气,消痰止咳。紫菀属我国 123 种,药用 34 种。

　　牛蒡 *Arctium lappa* L.　牛蒡属二年生草本。主根长,肉质。基生叶丛生,茎生叶互生;阔卵形或心形。头状花序丛生或排成伞房状;总苞片披针形,顶端钩状弯曲;全为管状花,淡紫色。瘦果扁卵形,冠毛短刚毛状(彩图 151)。广布于全国各地。果实能疏散风热,宣肺透疹,解毒利咽。根、茎叶能清热解毒,活血止痛。

　　旋覆花 *Inula japonica* Thunb.　旋覆花属多年生草本。头状花序直径 3~4cm,具一轮舌状黄色缘花,中央为管状花,冠毛白色(彩图 152)。全国大部分地区均有分布。头状花序能降气,消痰,行水,止呕。本属 20 余种,入药 15 种。其中**欧亚旋覆花** *Inula britannica* L. 等亦作"旋覆花"使用。**线叶旋覆花** *Inula linariifolia* Turcz. 的地上部分作"金沸草"入药。同属**土木香** *Inula helenium* L.(彩图 153)的根能健脾和胃,行气止痛,安胎。

　　豨莶[xī xiān]*Siegesbeckia orientalis* L.　豨莶属一年生草本。全株被白色柔毛。茎中部叶卵状披针形,边缘具不规则齿,下面有腺点。头状花序排成圆锥状;总苞片背面紫色,具腺毛。雌花舌状,黄色,两性花管状。分布于长江以南地区。全草能祛风湿,利关节,解毒。同属植物**腺梗豨莶** *Siegesbeckia pubescens* Makino、**毛梗豨莶** *Siegesbeckia glabrescens* Makino 功用同豨莶。

　　佩兰 *Eupatorium fortunei* Turcz.　泽兰属多年生草本。根状茎横走。叶 3 全裂或 3 深裂,中裂片较大。头状花序多数在茎顶及枝端排成复伞房花序,苞片紫红色,花白色或带微红色。瘦果圆柱形,冠毛白色。分布于长江流域及以南地区,有栽培。全草能芳香化湿,醒脾开胃,发表解暑。本属我国 14 种及数变种,入药 9 种。

　　漏芦(祁州漏芦)*Rhaponticum uniflorum*(L.)DC.　漏芦属多年生草本。主根粗壮圆柱形。茎被白色绵毛或短柔毛。叶羽状深裂至全裂。头状花序单生茎顶;总苞片多层;花全由管状花组成,淡紫红色。瘦果矩圆形,冠毛刚毛糙毛状。分布于东北、华北地区。根能清热解毒,消痈,下乳,舒筋通脉。蓝刺头属的**驴欺口**(蓝刺头)*Echinops latifolius* Tausch. 和**华东蓝刺头** *Echinops grijisii* Hance 的根作"禹州漏芦"入药。

　　鳢[lǐ]**肠**(墨旱莲)*Eclipta prostrata*(L.)L.　鳢肠属一年生草本。全株被短毛,折断后流出的汁液稍后即呈蓝黑色。叶对生,无柄或基部叶具柄,被粗伏毛,叶片长披针形、椭圆状披针形或条状披针形,全缘或具细锯齿。头状花序顶生或腋生;总苞片 5~6 枚,具毛;托片披针形或刚毛状;缘花舌状,全缘或 2 裂;盘花筒状,4 个裂片。瘦果具棱,表面具瘤状突起,无冠毛。全国广泛分布。全草能滋补肝肾,凉血止血。

　　本亚科药用植物很多,较重要的还有:**艾纳香** *Blumea balsamifera*(L.)DC.(艾纳香属)为提取艾片(左旋龙脑)的原料。**天名精** *Carpesium abrotanoides* L.(天名精属),果实(鹤虱)能杀虫消积。**石胡荽**(鹅不食草)*Centipeda minima*(L.)A. Br. et Aschers.(石胡荽属),全草能发散风寒,通鼻窍,止咳。**蓟** *Cirsium japonicum* Fisch. ex DC.(彩图 154)、**刺儿菜** *Cirsium setosum*(Willd.)MB.(蓟属),全草能凉血止血,散瘀解毒消痈。**熊胆草**(苦蒿)*Conyza blinii* Lévl.(白酒草属),地上部分作"金龙胆草"入药。**短葶飞蓬** *Erigeron breviscapus*(Vant.)Hand. -Mazz.)(飞蓬属)的全草作"灯盏细辛"(灯盏花)入药,能活血通络止痛,祛风散寒。**林泽兰**(尖佩兰)*Eupatorium lindleyanum* DC.(泽兰属),带叶茎枝(野马追)能化痰止咳平喘。**翼齿六棱菊** *Laggera pterodonta*(DC.)Benth.(六棱菊属),全草(臭灵丹草)能清热解毒,止咳祛痰。**千里光** *Senecio scandens* Buch.-Ham. ex D. Don(千里光属),全草能清热解毒,明目,利湿。**水飞蓟** *Silybum marianum*(L.)Gaertn.(水飞蓟属)(彩图 155),果实能清热解毒,疏肝利胆,用于治疗肝炎等。**一枝黄花** *Solidago decurrens* Lour(一枝黄花属),全草能清热解毒,疏散风热。**款冬** *Tussilago farfara* L.(款冬属),干燥头状花序能润肺下气,止咳化痰。**苍耳** *Xanthium sibiricum* Patr.(苍耳属)(彩图 156),带总苞果实有小毒,能散风寒,祛风湿,通鼻窍。

舌状花亚科 Cichorioideae

整个花序全为舌状花,舌片顶端 5 齿裂;植物体通常具乳汁。

【重要药用植物】

蒲公英 *Taraxacum mongolicum* Hand.-Mazz. 蒲公英属多年生草本植物,全体具白色乳汁。叶基生,排成莲座状,大头羽裂或倒向羽裂,基部渐狭成柄。头状花序顶生。总苞片先端常有小角,被白色珠丝状毛;舌状花鲜黄色,先端平截,5 齿裂,两性。瘦果倒披针形,先端有喙,顶生白色冠毛。全国广布。全草能清热解毒,消肿散结,利尿通淋。同属植物**碱地蒲公英** *Taraxacum borealisinense* Kitam. 功效同蒲公英。

菊苣 *Cichorium intybus* L. 菊苣属多年生草本,叶可调制生菜,根含菊糖。干燥地上部分或根入药,能清肝利胆,健胃消食,利尿消肿。同属植物**腺毛菊苣** *Cichorium glandulosum* Boiss. et Huet. 功用同菊苣。

二、单子叶植物纲 Monocotyledoneae

57. 泽泻科 Alismataceae

$$☿ * P_{3+3} A_{3\sim\infty} \underline{G}_{3\sim\infty:1:1}; ♂ * P_{3+3} A_{3\sim\infty}; ♀ * P_{3+3} \underline{G}_{3\sim\infty:1:1}$$

水生或沼生草本,多年生,稀一年生,具根状茎或球茎。单叶,常基生,叶柄基部鞘状,叶形变化大。花两性、单性或杂性,辐射对称,常轮生于花葶上,组成总状或圆锥花序;花被片 6,外轮 3 枚萼片状,绿色,宿存,内轮 3 枚花瓣状,易脱落;雄蕊 3 至多数;雌蕊子房上位,心皮 3 至多数,分离,常螺旋状排列于凸起的花托上,1 室,边缘胎座,胚珠 1 枚,或数枚但仅 1 枚发育,花柱宿存。聚合瘦果,每瘦果含 1 种子。染色体:X=7,11。

约 13 属,近 100 种,广布于全球,但以北半球温带和热带地区为盛。我国产 5 属,17 种,各地均有分布。已知药用 2 属,12 种。

本科植物含三萜类、糖类、挥发油、生物碱等成分。泽泻块茎中含有的泽泻萜醇(alisol)A、B、C,表泽泻醇(epi-alisol)能降低血液中胆固醇含量,临床用于治疗高脂血症。

【重要药用植物】

东方泽泻 *Alisma orientale* (Sam.) Juzep. 泽泻属多年生水生或沼生草本,具根状茎。叶基生,椭圆形或卵形,具长柄(图 11-113,彩图 157)。广布于全国,福建、四川等地有栽培。前种与**泽泻** *Alisma plantago-aquatica* Linn. 的干燥块茎均入药,能利水渗湿,泻热,化浊降脂。本属我国有 4 种。

本科药用植物还有:**慈姑** *Sagittaria trifolia* L.,慈姑属水生草本,其栽培种的球茎供食用。

58. 禾本科 Gramineae(Poaceae)

$$☿ * P_{2\sim3} A_{3,1\sim6} \underline{G}_{(2\sim3:1:1)}$$

多为草本,少木本(竹类)。地下常具根状茎或须根;地上茎称秆,秆有明显的节和节间,节间常中空。单叶互生,排成两列;叶由叶片、叶鞘和叶舌三部分组成;叶鞘抱秆,通常一侧开裂,顶端两侧各有 1 附属物,称叶耳;叶片

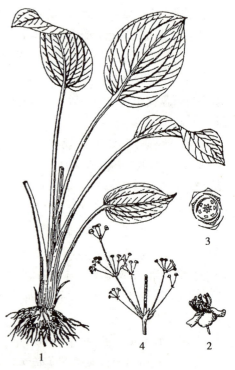

1. 植株　2. 花　3. 花图式　4. 果序

图 11-113　东方泽泻

狭长,具明显中脉及平行脉;叶片与叶鞘连接处的内侧有叶舌,呈膜质或纤毛状。花小,常两性,集成小穗再排成穗状、总状或圆锥花序;每小穗有花 1 至数朵,排列于很短的小穗轴上,基部生有 2 枚颖片(总苞片),下方的称外颖,上方的称内颖;小花外包有外稃和内稃(小苞片),外稃厚硬,顶端或背部常生有芒,内稃膜质,内外稃间子房基部有 2 或 3 枚透明肉质的浆片(鳞被)(为退化的花被片);雄蕊通常3 枚,稀 1、2 或 6,花丝细长,花药丁字着生;雌蕊子房上位,2~3 心皮合生,1 室,胚珠 1 枚,花柱 2,柱头常羽毛状(图 11-114)。颖果。种子含丰富淀粉质胚乳。染色体:X=6,7,10,12。

知识拓展

竹类的变态叶——箨(tuò)

竹类植物主秆上所生的变形叶,不能进行光合作用,仅起保护节间不受机械创伤的作用。当节间生长停止后,箨基部形成离层而脱落,有的竹种箨迟落或宿存。箨是识别竹种类的重要器官。一枚完全的箨包括箨鞘(即叶鞘部分,也称笋壳)、箨叶(箨鞘顶端的叶片)、箨舌(箨鞘与箨叶之间的突起物)、箨耳(箨鞘鞘口两侧的突起物)、遂毛(生于箨耳或鞘口)。

本科共约 700 属,11 000 多种,广布于全世界。分两个亚科:禾亚科 Agrostidoideae(草本)和竹亚科 Bambusoideae(木本)。我国 226 属,1 790 余种,全国皆产。已知药用 84 属,174 种,多为禾亚科植物。

本科化学成分多样。有杂氮嗪酮(benzoxazolinon)类,如薏苡素(coixol),具解热镇痛、降压作用。生物碱类,如芦竹碱(gramine),能升压、收缩子宫;大麦芽碱(hordenine),能抗霉菌。三萜类,如白茅萜(cylindrin)、芦竹萜(arundoin)、无羁萜(friedelin)等,多有抗炎镇痛作用。氰苷,如蜀黍苷(dhurrin)。黄酮类,如大麦黄苷(lutonarin)、小麦黄素(tricin)。而在香根草属(Vetiveria)及香茅属(Cymbopogon)植物中还含挥发油。大麦、水稻、小麦、玉米等富含淀粉、多种氨基酸、维生素和各种酶类。

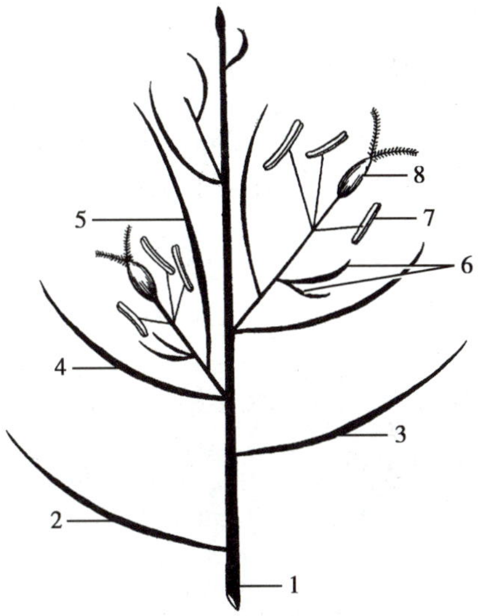

【重要药用植物】

薏苡 *Coix lachryma-jobi* L. var. *ma-yuen* (Romanet du Caillaud) Stapf　薏苡属一年生草本。花序下倾,小穗单性,具骨质总苞,具明显的沟状条纹(图 11-115,彩图 158)。各地栽培及野生。种子(薏苡仁)能利水渗湿,健脾止泻,除痹排脓,解毒散结。

白茅 *Imperata cylindrica* Beauv. var. *major* (Nees) C. E. Hubb.　白茅属多年生草本,具长根状茎。圆锥花序紧贴呈圆柱状,密生丝状柔毛。全国各地均有分布。根状茎(白茅根)能凉血止血,清热利尿。本属植物我国有 2 种 1 变种。

芦苇 *Phragmites australis* (Cav.) Trin. ex Steud.　芦苇属多年生湿生草本,根状茎粗壮。分布全国大部分地区。根状茎(芦根)能清热泻火,生津止咳,除烦,止呕,利尿。

淡竹叶 *Lophatherum gracile* Brongn.　淡竹叶属多年生草本,地下具纺锤状块根。小穗疏生,绿色(图 11-116,彩图 159)。分布于长江以南地区。全草入药,能清热泻火,除烦止渴,利尿通淋。

淡竹(毛金竹) *Phyllostachys nigra* (Lodd. ex Lindl.) Munro var. *henonis* (Mitford) Stapf ex Rendle 竹亚科刚竹属多年生木本,秆绿色至灰绿色,高 7~18m。分布于长江流域及以南地区。其秆的中层刮

图 11-114　禾本科植物小穗的构造示意图

1. 小穗轴　2. 外颖　3. 内颖　4. 外稃
5. 内稃　6. 浆片　7. 雄蕊　8. 雌蕊

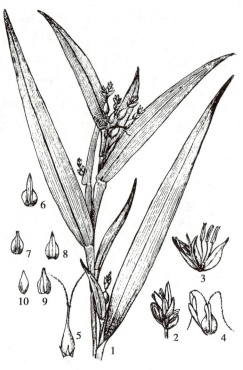

1. 花枝　2. 花序　3. 雄小穗　4. 雌花及雌小穗
5. 雌蕊　6. 雌花的外颖　7. 雌花的内颖　8. 雌花
的不孕性小颖　9. 雌花的外稃　10. 雌花的内稃

图 11-115　薏苡

1. 植株　2. 小穗　3. 叶的一部分
（示叶脉）

图 11-116　淡竹叶

下后称"竹茹"，能清热化痰，除烦止呕。刚竹属我国产 50 余种及多个变种，入药 10 余种。

> **知识拓展**
>
> ## 竹 子 开 花
>
> 　　自然界的开花植物大致可分为两类，一类终身只开一次花，另一类则可连年开花，循环往复。前者的一生被分为营养生长和生殖生长，营养生长期间，舒枝展叶，积蓄营养；一段时间后，开始绽放花朵，繁殖后代，营养耗尽后便死亡，如常见的一、二年生植物萝卜、白菜、油菜都是这样。而产西米的董棕，还有龙舌兰、竹等植物，则会花上数年至数十年的时间积蓄营养，一朝迸发，然后死去。（注：并不是所有竹子都会花后死亡，斑竹、桂竹、雅竹、水竹、花竹等仍会存活。）

　　本科的药用植物还有：**稻** *Oryza sativa* L.（稻属），其颖果发芽后称"稻芽"，能消食和中，健脾开胃。**大麦** *Hordeum vulgare* L.（大麦属），发芽颖果称"麦芽"，能行气消食，健脾开胃，回乳消胀。**芸香草** *Cymbopogon distans*（Nees）Wats.（香茅属），全草能止咳平喘，祛风散寒。**玉蜀黍** *Zea mays* L.（玉蜀黍属），花柱（玉米须）能清热利尿，消肿。**青皮竹** *Bambusa textilis* McClure（簕竹属），秆内被竹黄蜂咬伤后的分泌液干燥后的块状物称"天竺黄"，能清热豁痰，凉心定惊。

59. 莎［suō］草科 Cyperaceae

$$\male \ast P_0 A_{1-3} \underline{G}_{(2-3:1:1)};\ \male \ast P_0 A_{1-3};\ \female \ast P_0 \underline{G}_{(2-3:1:1)}$$

　　多年生草本，稀一年生。常具根状茎，少数兼具块茎。<u>秆多实心</u>，通常三棱形。单叶基生，或茎生，通常排成3列,常有封闭的叶鞘。花两性或单性,单生于颖片(苞片)腋内,2至多花组成小穗,再排成穗状、总状、头状、圆锥或聚伞花序;花序下常有1至数枚总苞片;花被缺如或退化为刚毛状或鳞片状结构;雄蕊1~3枚,花药底着;雌蕊子房上位,2~3心皮合生,1室,1胚珠;花柱单一,细长或基部膨大而宿存;柱头2~3。小坚果或瘦果。染色体:X=5~8。

本科106属,约5 400种,广布于全世界。我国33属,865种,各地均产。已知药用17属,110种。

本科植物的块茎常含挥发油,油中具多种萜类化合物:如香附子的块茎中含香附烯(cyperene)、香附醇(cyperol)、考布松(kobusone)等。此外,不少植物中尚含黄酮类、生物碱、强心苷、糖类等。

【重要药用植物】

莎草(香附子) Cyperus rotundus L.　莎草属多年生草本,块茎具香气。秆锐三棱形,平滑。叶基生,3列,叶片短于秆(图11-117)。全国各地有分布。块茎(香附)能疏肝解郁,理气宽中,调经止痛,并可提取芳香油。莎草属我国有30余种,其中16种有药用记载。

本科药用植物还有:**荆三棱** Scirpus yagara Ohwi(藨草属),块茎能破血祛瘀,行气止痛。**荸[bí]荠** Eleocharis dulcis(Burm. f.)Trin. ex Hensch.(荸荠属),球茎能清热生津,开胃解毒。

1. 植株　2. 穗状花序　3. 小穗的一部分　4. 鳞片
5. 雌蕊

图 11-117　莎草

60. 棕榈科 Palmae(Arecaceae)

$$\female * P_{3,(3)}A_{3+3}\underline{G}_{3:3-1:1,(3:3-1:1)};\male * P_{3,(3)}A_{3+3}\female * P_{3,(3)}\underline{G}_{3:3-1:1,(3:3-1:1)}$$

乔木或灌木,稀藤本。茎常不分枝。叶大型,常绿,互生或聚生于茎顶;叶片掌状或羽状分裂,革质;叶柄基部常扩大成具纤维的鞘。花两性或单性,同株或异株,辐射对称,3基数;肉穗花序,分枝或不分枝,常具佛焰苞1至数枚;花被片6,成二轮,离生或合生;雄蕊常6,稀3或多数;雌蕊子房上位,常3心皮,分离或合生,1或3室,每室1胚珠,花柱短或无,柱头3。浆果、核果或坚果。染色体:X=14,15,16,18。

本科约183属,2 450种,主要分布于非洲、美洲和亚洲的热带、亚热带地区,以及马达加斯加和太平洋地区。我国18属,77种,多数种类分布于云南、广东、广西和台湾等地。已知药用16属,26种。

本科植物含有黄酮类、生物碱、多元酚和缩合鞣质等。黄酮类,如血竭素(dracorhodin)、血竭红素(dracorubin)。生物碱,如槟榔碱(arecoline)、去甲槟榔碱(guvacoline)。

【重要药用植物】

槟榔 Areca catechu L.　槟榔属常绿乔木,不分枝,高10~18m。叶羽状全裂,聚生于茎顶。花序多分枝,下垂;花单性同株(图11-118,彩图160)。产于海南、广东、广西、福建、台湾及云南南部等地。种子能杀虫,消积,行气,利水,截疟;果皮(大腹皮)能行气宽中,行水消肿。

棕榈 Trachycarpus fortunei(Hook. f.)H. Wendl.　棕榈属常绿乔木,叶柄有纤维状叶鞘,分布于长江以南地区。叶柄及叶鞘纤维、根、果实能收敛止血。本属植物我国有5种。

龙血藤(麒麟竭) Daemonorops draco Bl.　黄藤属多年生常绿藤本。原产印度尼西亚,我国海南、

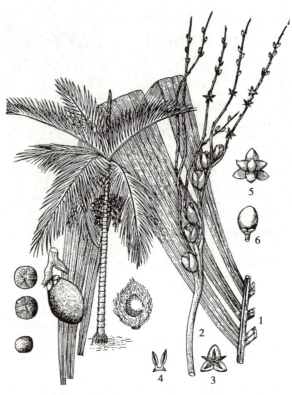

1. 叶　2. 花枝　3. 雄花　4. 雄蕊　5. 雌花　6. 果实

图 11-118　槟榔

台湾有栽培。果实内渗出的树脂干后入药称"血竭"(进口血竭),能散瘀止痛,活血生新。

椰子 *Cocos nucifera* L.　椰子属常绿大乔木,叶丛生于茎顶,叶片羽状,核果。广布于热带地区海岸,我国分布于台湾、海南、广东沿海和云南等地。椰子果肉及汁液可食用及制作饮料,根能止血止痛,胚乳(椰肉)油可治癣及冻疮。胚乳内水液(椰子汁)能补虚,生津止渴,利尿。

61. 天南星科 Araceae

$$\hat{\male\female} * P_{0,4\sim6} A_{2\sim\infty, (2\sim\infty), 4\sim6} \underline{G}_{(1\sim\infty : 1\sim\infty : 1\sim\infty)}; \hat{\male} * P_0 A_{2\sim\infty, (2\sim\infty)}; \female * P_0 \underline{G}_{(1\sim\infty : 1\sim\infty : 1\sim\infty)}$$

多年生草本,稀木质藤本。常具块茎或根状茎。单叶或复叶,常基生,叶柄基部常有膜质鞘,叶脉网状。花小,两性或单性,辐射对称,聚集成肉穗花序,具佛焰苞;单性花同株或异株,同株时雌花群生于花序下部,雄花群生于花序上部,两者间常有无性花相隔,无花被,雄蕊 2~6,常愈合成雄蕊柱,少分离;两性花具花被片 4~6,鳞片状,雄蕊与其同数而互生,雌蕊子房上位,1 至数心皮成 1 至数室,每室 1 至数枚胚珠。浆果,密集于花序轴上。染色体:X=12~14。

本科约 110 属,3 500 余种,主产于热带和亚热带地区。我国 26 属,181 种,多数种类分布于长江以南地区。已知药用 22 属,106 种。

本科植物主要成分有聚糖类、生物碱、挥发油、黄酮类、氰苷等。挥发油,如菖蒲属(*Acorus*)植物中含有菖蒲酮(acolamone)、菖蒲烯(calamenene)等。聚糖类,如磨芋属(*Amorphophallus*)植物块茎中含有甘露聚糖(mannan)等多糖,有扩张微血管、降低胆固醇作用。生物碱,如葫芦巴碱(trigonelline)等。多数植物有毒。

【重要药用植物】

半夏 *Pinellia ternata* (Thunb.) Breit.　半夏属多年生草本,块茎扁球形。叶柄近基部内侧常有一白色珠芽。花单性同株,肉穗花序,佛焰苞管喉部闭合,有横隔膜(图 11-119,彩图 161)。全国均有分布。

块茎有毒,炮制后才能使用,能燥湿化痰,降逆止呕,消痞散结。半夏属我国有 7 种,几乎均可药用。

异叶天南星 *Arisaema heterophyllum* Blume　天南星属多年生草本,块茎扁球形。肉穗花序,佛焰苞管喉部不闭合,无横隔膜(彩图 162)。我国大部分地区有分布。块茎能燥湿化痰,祛风定惊,消肿散结。本属植物我国有 82 种,约一半在各地入药,其中:**东北天南星** *Arisaema amurense* Maxim.、**天南星(一把伞南星)** *Arisaema erubescens* (Wall.) Schott(图 11-120,彩图 163)等的块茎也作"天南星"入药。

石菖蒲 *Acorus tatarinowii* Schott　菖蒲属多年生草本,全体具浓烈香气。根状茎匍匐横走。叶基生,叶片无中脉。花两性,黄绿色(图 11-121)。分布于长江流域及以南地区。根状茎能开窍豁痰,醒神益智,化湿开胃。同属植物**藏菖蒲** *Acorus calamus* L. 水生或沼生草本,叶片直立,剑形,两面中肋均隆起。根状茎能开窍化痰,辟秽杀虫。

本科较重要的药用植物还有:**独角莲** *Typhonium giganteum* Engl.(犁头尖属),块茎(禹白附)有毒,能祛风痰,镇痉,止痛。**千年健** *Homalomena occulta* (Lour.) Schott(千年健属),根状茎能祛风湿,壮筋骨。**磨芋(蒟蒻)** *Amorphophallus rivieri* Durieu(彩图 164),磨芋属多年生大型草本,块茎扁球形,直径 7~25cm,能化痰散积,行瘀消肿。生用有毒。

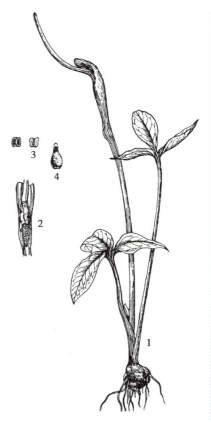

1. 植株　2. 花序佛焰苞展开,示雄花(上),雌花(下)　3. 雄蕊　4. 雌花纵切面

图 11-119　半夏

1. 块茎　2. 带花植株　3. 果序

图 11-120　天南星

1. 植株　2. 花

图 11-121　石菖蒲

62. 百部科 Stemonaceae

$$\emptyset * P_{2+2} A_{2+2} \underline{G}_{(2:1:2\sim\infty)}$$

多为草本,稀亚灌木。常具肉质块根。单叶互生、对生或轮生,多全缘,有明显基出脉和平行、致密的横脉。花两性,辐射对称,单生于叶腋或花梗贴生于叶片中脉上;花被片4,花瓣状,排成2轮;雄蕊4,花丝短,分离或基部合生,花药2室,药隔通常延伸于药室之上成细长的附属物,稀无附属物;雌蕊子房上位,2心皮,1室,胚珠2至多数,柱头单一或2~3浅裂。蒴果开裂为2瓣。染色体:X=13。

本科共4属,约32种,分布于亚洲、美洲和大洋洲。我国2属,8种,产于西南至东南部。已知药用2属,6种。

本科的活性成分主要为生物碱:如百部属(*Stemona*)植物中含有百部碱(stemonine)、百部宁碱(paipunine)、百部定碱(stemonidine)等,有抗菌消炎、镇咳,杀虫作用。

【重要药用植物】

直立百部 *Stemona sessilifolia* (Miq.) Miq.　百部属直立亚灌木,块根纺锤形。3~4叶轮生。花生于茎下部叶腋(彩图165,图11-122)。分布于华东地区。块根(百部)能润肺下气止咳,杀虫灭虱。同属植物国产8种,其中:**对叶百部** *Stemona tuberosa* Lour. 茎蔓生,叶对生,花序梗生于叶腋(彩图166)。**蔓生百部** *Stemona japonica* (Blume) Miq. 茎蔓生,3~4叶轮生。花贴生于叶片中脉上(彩图167)。上述2种植物块根也作"百部"入药。

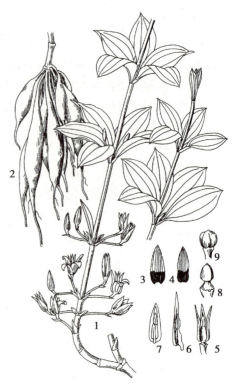

1. 带花植株　2. 根　3. 外轮花被片　4. 内轮花被片　5. 雄蕊　6. 雄蕊侧面观(示花药及药隔附属物)　7. 雄蕊正面观　8. 雌蕊　9. 果实

图 11-122　直立百部

63. 百合科 Liliaceae

$$\emptyset * P_{3+3, (3+3)} A_{3+3} \underline{G}_{(3:3:\infty)}$$

多年生草本,稀灌木或亚灌木,常具鳞茎或根状茎。单叶互生或基生,少对生或轮生。花两性,辐射对称,聚集成穗状、总状或圆锥花序;常3基数,花被片6,花瓣状,排成两轮,分离或合生;雄蕊6枚;子房上位,3心皮合生成3室,中轴胎座,每室胚珠多数。蒴果或浆果。染色体:X=8~14,17,19。

本科约250属,3 500种,广布全球,以温带及亚热带地区较多。我国有57属,726种,各地均产,以西南地区种类较多。已知药用46属,359种。

恩格勒分类系统中百合科的范围较大,而哈钦松分类系统则把延龄草亚科和菝葜(qiā)亚科从百合科中分出,另列延龄草科(Trilliaceae)和菝葜科(Smilacaceae)。塔赫他间分类系统则把恩格勒系统的百合科分成秋水仙科(Colchicaceae)、百合科(Liliaceae)、葱科(Alliaceae)、萱草科(Hemerocallidaceae)、天门冬科(Asparagaceae)、日光兰科(Asphodelaceae)、龙血树科(Dracaenaceae),而把延龄草科、菝葜科与百部科、薯蓣科等同列入菝葜目(Smilacales)。

本科化学成分复杂多样。已知有生物碱、强心苷、甾体皂苷、蜕皮激素、蒽醌类、黄酮类等化合物。生物碱类,如秋水仙碱(colchicine)能抑制细胞核分裂,抗癌、抗辐射作用;贝母碱(peimine)、川贝母素(fritimine)等有止咳、镇静、降压作用。强心苷,如铃兰毒苷(convallatoxin)。甾体皂苷,如七叶一枝花皂苷(polyphyllin)。蒽醌类,如芦荟苷(barbaloin)。此外,葱属(*Allium*)植物中常含有挥发性的含硫化合物。

【重要药用植物】

百合 *Lilium brownii* F. E. Brown var. *viridulum* Baker　　百合属多年生草本,鳞茎近球形。花大型,乳白色(图 11-123)。分布于华北、华南及西南。鳞茎能养阴润肺,清心安神。同属植物我国 40 种,入药 32 种,如**细叶百合** *Lilium pumilum* DC.、**卷丹** *Lilium lancifolium* Thunb.(彩图 168)等的鳞茎入药同百合。

浙贝母 *Fritillaria thunbergii* Miq.　　贝母属多年生草本,鳞茎较大,常由两片肥厚的鳞片组成。叶对生或轮生。早春开花。花被片淡黄绿色,内面具紫色方格斑纹(图 11-124,彩图 169)。主产于浙江北部,江苏、湖南、四川等地亦有栽培。鳞茎含多种生物碱,能清热化痰止咳,解毒散结消痈。该属植物我国约有 60 种,多数可入药。其中:**暗紫贝母** *Fritillaria unibracteata* P. K. Hsiao et K. C. Hsia、**川贝母** *Fritillaria cirrhosa* D. Don(彩图 170)、**甘肃贝母** *Fritillaria przewalskii* Maxim.、**梭砂贝母** *Fritillaria delavayi* Franch.、**太白贝母** *Fritillaria taipaiensis* P. Y. Li 等的鳞茎为中药"川贝母"的主要来源;**伊犁贝母** *Fritillaria pallidiflora* Schrenk ex Fischer et C. A. Meyer、**新疆贝母** *Fritillaria walujewii* Regel 的鳞茎为"伊贝母"的来源;**平贝母** *Fritillaria ussuriensis* Maxim. 的鳞茎入药为"平贝母"。此外还有**湖北贝母** *Fritillaria hupehensis* Hsiao et K. C. Hsia 也供药用。它们皆有清热化痰,止咳,散结的功效。

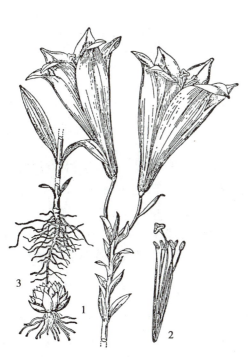

1. 植株上部,带花　2. 雄蕊和雌蕊　3. 植株基部(示鳞茎)

图 11-123　百合

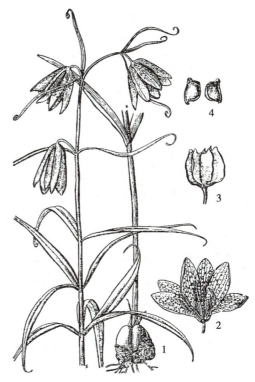

1. 植株　2. 花展开(示花被、雄蕊和雌蕊)　3. 果实　4. 种子

图 11-124　浙贝母

麦冬 *Ophiopogon japonicus* (L. f) Ker-Gawl.　　沿阶草属多年生草本,具椭圆状或纺锤状小块根。叶条形,基生。花淡紫色,子房半下位(图 11-125)。我国大部分地区有分布或栽培。主产于浙江、四川等地。块根(麦冬)入药能养阴生津,润肺清心。沿阶草属我国产 33 种,入药 17 种。此外,山麦冬属(*Liriope*)植物**山麦冬** *Liriope spicata* (Thunb.) Lour.、**短葶山麦冬** *Liriope muscari* (Dccne.) Baily、**湖北麦冬** *Liriope spicata* (Thunb.) Lour. var. *prolifera* Y. T. Ma(彩图 171)的块根作山麦冬入药,功用与麦

冬近似。该属与沿阶草属植物的主要区别为:叶较短,花序直立,子房上位。

七叶一枝花 *Paris polyphylla* Smith var. *chinensis*(Franch.)Hara　重楼属多年生草本。根状茎短而粗壮。叶多为 7 片轮生于茎顶(图 11-126,彩图 172)。分布于长江流域。根状茎(重楼)能清热解毒,消肿止痛,凉肝定惊。同属植物我国 16 种,其中:**云南重楼** *Paris polyphylla* Smith var. *yunnanensis*(Franch.)Hand.-Mazz. 入药同七叶一枝花。

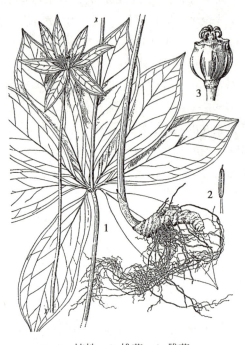

1. 植株　2. 花　3. 花纵切面　4. 雄蕊

图 11-125　麦冬

1. 植株　2. 雄蕊　3. 雌蕊

图 11-126　七叶一枝花

天冬 *Asparagus cochinchinensis*(Lour.)Merr.　天门冬属多年生具刺攀缘草本,有纺锤状块根。叶状枝 2~4 枚丛生。叶退化呈鳞片状。全国大部分地区有分布。块根入药,能养阴润燥,清肺生津。本属植物我国产 31 种,多数可入药,**石刁柏** *Asparagus officinalis* L. 嫩茎芽可作蔬菜。

知母 *Anemarrhena asphodeloides* Bunge　知母属多年生草本。根状茎粗壮,横走,表面具纤维。叶基生,条形。总状花序,花被片淡紫色(彩图 173)。分布于东北、华北及西北。根状茎能清热泻火,滋阴润燥。

黄精 *Polygonatum sibiricum* Red.　黄精属多年生草本,根状茎横走,结节膨大。地上茎单一。叶无柄,4~5 叶轮生。花乳白色至淡黄色。浆果熟时黑色。分布于东北、黄河流域至长江中下游地区。根状茎能补气养阴,健脾,润肺,益肾。**多花黄精(囊丝黄精)** *Polygonatum cyrtonema* Hua、**滇黄精** *Polygonatum kingianum* Coll. et Hemsl. 等的根状茎入药同黄精。**玉竹** *Polygonatum odoratum*(Mill.)Druce 根状茎圆柱状,黄白色。茎上部稍具 4 棱。叶互生,叶片椭圆形。花白色,下垂(彩图 174)。除西北地区外,我国大部分地区有分布或栽培。根状茎能养阴润燥,生津止咳。本属我国有 39 种,多数可入药。

库拉索芦荟(芦荟) *Aloe barbadensis* Miller　芦荟属多年生肉质草本。叶边缘有刺状小齿,折断处有黏液流出。花黄色,有赤色斑点。蒴果(彩图 175)。原产美洲,我国部分地区有栽培。叶汁浓缩干燥物能泻下通便,清肝泻火,杀虫疗癣。芦荟属植物全世界共有 200 余种,**好望角芦荟** *Aloe ferox* Miller、**芦荟** *Aloe vera*(L.)Burm. f. 也有类似功效。

本科较重要的药用植物还有:**蒜** *Allium sativum* L.(葱属),鳞茎能解毒消肿,杀虫,止痢,有抗菌、降血脂等作用。**铃兰** *Convallaria majalis* L.(铃兰属),全草含多种强心苷,有毒,能强心利尿。**藜芦**

Veratrum nigrum L.(藜芦属),根能祛痰,催吐,杀虫。**菝葜**［ bá qiā ］*Smilax china* L.(菝葜属)
的干燥根状茎能利湿去浊,祛风除痹,解毒散瘀。**光叶菝葜** *Smilax glabra* Roxb.(菝葜属),
根状茎(土茯苓)能解毒,除湿,通利关节。**剑叶龙血树** *Dracaena cochinchinensis*(Lour.)
S. C. Chen 和**海南龙血树** *Dracaena cambodiana* Pierre ex Gapnep.(龙血树属)(彩图 176)
的紫红色树脂入药称"国产血竭"。

组图:百合科

64. 石蒜科 Amaryllidaceae

$$\male\female * P_{3+3,\ (3+3)}A_{3+3,\ (3+3)}\overline{G}_{(3:3:\infty)}$$

多年生草本,有鳞茎或根状茎。叶基生,常条形。花两性,辐射对称,单生或常聚集成伞形花序,
其下有干膜质总苞片一至数枚;花被片 6,花瓣状,成 2 轮排列,分离或下部合生;雄蕊 6,花丝分离,少
数基部扩大合生成管状的副花冠;子房下位,3 心皮,3 室,中轴胎座,每室胚珠多数。蒴果,稀浆果状。
染色体:X=7,8,11。

本科共 100 余属,1 200 余种,分布于热带、亚热带和温带地区。我国有 10 属,34 种,广布于南北
各地,不少种为园艺植物。已知药用 10 属,27 种。

修订后的恩格勒系统(1964)及其他一些分类系统,把仙茅属(*Curculigo*)从石蒜科中分出,另列
为仙茅科(Hypoxidaceae)。

本科的主要特征性成分为生物碱,如加兰他敏(galanthamine)为乙酰胆碱酯酶抑制剂,可用于治
疗肌无力症、阿尔茨海默病等;伪石蒜碱(pseudolycorine)能治疗白血病,其作用强于环磷酰胺和长春
新碱。此外,仙茅属植物含仙茅苷(curculigoside)和石蒜碱等。

【重要药用植物】

石蒜 *Lycoris radiata*(L' Her.)Herb. 　石蒜属多年生草本。鳞茎外皮灰紫色。8~10 月花后抽叶,
叶条形。伞形花序,花红色(图 11-127,彩图 177)。分布于华东、中南及西南等地。鳞茎能消肿解毒,
催吐,杀虫。同属植物我国产 15 种,其中不少可作为提取加兰他敏的原料。

仙茅 *Curculigo orchioides* Gaertn. 　仙茅属多年生草本。根状茎粗壮,肉质,直生。叶基生,基部
成鞘。花葶极短,藏于叶鞘内(图 11-128)。分布于华南、西南和华东南部地区。根状茎能补肾阳,
强筋骨,祛寒湿。同属植物我国产 7 种,药用 4 种。

65. 薯蓣科 Dioscoreaceae

$$\male * P_{(3+3)}A_{3+3};\female * P_{(3+3)}\overline{G}_{(3:3:2)}$$

多年生缠绕性草质藤本,具根状茎或块茎。单叶或掌状复叶,多互生,少对生,常具长柄。花多为
单性,异株或同株,辐射对称,单生或聚集成穗状、总状或圆锥花序;花被片 6,成 2 轮,基部常合生;雄
花雄蕊 6,有时 3 枚退化;雌花有时有退化雄蕊 3~6,子房下位,3 心皮 3 室,每室胚珠 2 枚,花柱 3,分离。
蒴果具三棱形的翅。种子常有膜质翅。染色体:X=10,12,13,18。

共 9 属,约 650 种,广布于热带或温带地区,尤以热带美洲为盛。我国仅 1 属,52 种,主要分布于
长江以南地区。已知药用 37 种。

本科植物的特征性活性成分为甾体皂苷,如薯蓣皂苷(dioscin)、纤细薯蓣皂苷(gracillin)、山萆
薢皂苷(tokoronin)都为合成激素类药物的原料。此外,还含生物碱,如薯蓣碱(dioscorine)、山药碱
(batatasine)。

【重要药用植物】

薯蓣 *Dioscorea opposita* Thunb. 　薯蓣属多年生草质藤本。块茎直生,肉质,圆柱形。叶腋常有
珠芽(零余子)。花单性异株(图 11-129,彩图 178)。全国大部分地区有野生及栽培。根状茎(山药)能
补脾养胃,生津益肺,补肾涩精。

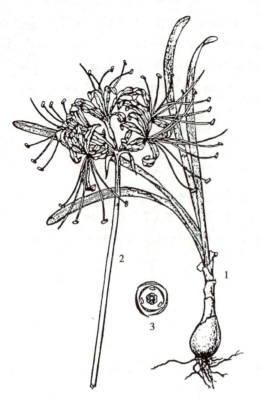

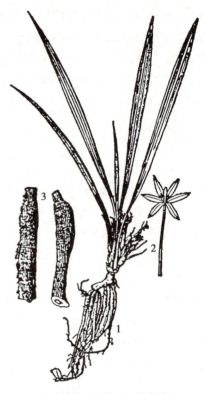

1. 植株　2. 着花的茎　3. 花图式

图 11-127　石蒜

1. 植株　2. 花　3. 根状茎

图 11-128　仙茅

穿龙薯蓣(穿地龙、穿山龙) Dioscorea nipponica Makino　薯蓣属多年生草质藤本,块茎横生。叶宽卵形,3~7 浅裂(图 11-130,彩图 179)。全国大部分地区有分布,主产于长江以北地区。根状茎能祛

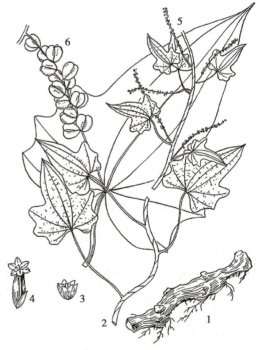

1. 块茎　2. 雄枝　3. 雄花序一部分　4. 雄蕊　5. 雌花
6. 果枝　7. 果实剖开示种子

图 11-129　薯蓣

1. 根状茎　2. 茎、叶　3. 雄花　4. 雌花　5. 花枝
6. 果枝

图 11-130　穿龙薯蓣

风除湿,舒筋通络,活血止痛,止咳平喘。薯蓣皂苷含量较高,用于提取薯蓣皂苷元(diosgenin),作为合成激素类药物的原料。

同属药用植物还有:**黄独** *Dioscorea bulbifera* L.,叶心形,雌雄异株。块茎(黄药子)球形,能解毒消肿,化痰散瘀。**粉背薯蓣** *Dioscorea collettii* HK. f. var. *hypoglauca*(Palibin)Pei et C. T. Ting. 的根状茎(粉萆薢[bì xiè])能利湿去浊,祛风除痹。**绵萆薢** *Dioscorea spongiosa* J. Q. Xi,M. Mizuno et W. L. Zhao、**福州薯蓣** *Dioscorea futschauensis* Uline ex R. Knuth 的根状茎作中药"绵萆薢"用,功用与粉萆薢近似。**黄山药** *Dioscorea panthaica* Prain et Burk. 干燥根状茎能理气止痛,解毒消肿。

66. 鸢尾科 Iridaceae

$$\male\female *,\uparrow P_{(3+3)}A_3\overline{G}_{(3:3:\infty)}$$

多年生草本,有根状茎、块茎或鳞茎。叶常聚生于茎基部;叶片条形或剑形,基部对折,成两列状套叠排列。花两性,辐射对称或两侧对称,聚集成聚伞或伞房花序,稀单生;花被片6,成2轮,花瓣状,基部常合生成管;雄蕊3;子房下位,3心皮,3室,中轴胎座,每室胚珠多数,柱头3裂,有时呈花瓣状或管状。蒴果。染色体:X=7~9,12,16。

本科约70~80属,1 800余种,分布于非洲南部、亚洲和欧洲。我国产3属,61种。

本科特征性化学成分为异黄酮和𠮩酮类。异黄酮类,如鸢尾苷(shekanin)、野鸢尾苷(iridin),具抗菌消炎作用。𠮩酮类,如芒果苷(mangiferin)。番红花柱头中含番红花苷(crocin)等多种色素。

【重要药用植物】

射干 *Belamcanda chinensis*(L.)DC.　射干属多年生草本,根状茎断面鲜黄色。叶二列,宽剑形。花橙黄色,散生暗红色斑点(图11-131,彩图180)。全国大部分地区有分布。根状茎能清热解毒,消痰利咽。

番红花(藏红花) *Crocus sativus* L.　番红花属多年生草本,具球茎。叶基生。花1~2朵从球茎长出,花柱橙红色至深红色,三叉分歧(图11-132,彩图181)。原产欧洲南部,我国引种栽培,主产于上海、江苏、浙江等地。花柱及柱头(西红花)入药,能活血化瘀,凉血解毒,解郁安神。

1. 植株　2. 雄蕊　3. 雌蕊　4. 果实

图 11-131　射干

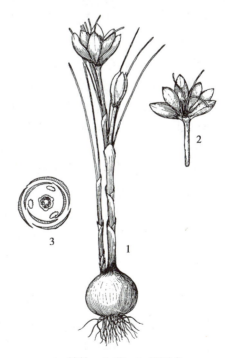

1. 植株　2. 花　3. 花图式

图 11-132　番红花

本科较重要的药用植物尚有：**马蔺** *Iris lactea* Pall. var. *chinensis*（Fisch.）Koidz.（鸢尾属），种子能凉血止血、清热利湿。种皮含醌类化合物马蔺子甲素（pallasone），对多种癌细胞有抑制作用。鸢尾属植物国产 58 种，不少种有药用和观赏价值，某些种的根状茎可提取芳香油。

67. 姜科 Zingiberaceae

$$☿↑K_{(3)}C_{(3)}A_1\overline{G}_{(3:3:\infty),\ (3:1:\infty)}\text{或}☿↑P_{(3)+(3)}A_1\overline{G}_{(3:3:\infty),\ (3:1:\infty)}$$

多年生草本，通常有芳香或辛辣味的块茎或根状茎。单叶基生或互生，常两列状排列，多有叶鞘和叶舌，叶片具羽状叶脉。花两性，稀单性，两侧对称，单生或生于有苞片的穗状、总状、圆锥花序上；每苞片具花一至数朵；花被片 6 枚，2 轮，外轮花萼状，常合生成管状，一侧开裂，上部 3 齿裂，内轮花冠状，上部 3 裂，通常后方一枚裂片较大，退化雄蕊 2 或 4 枚，外轮 2 枚称侧生退化雄蕊，呈花瓣状、齿状或不存在，内轮 2 枚联合成显著而美丽的唇瓣，能育雄蕊 1，花丝细长具槽；雌蕊子房下位，3 心皮，3 室，中轴胎座，少侧膜胎座（1 室），胚珠多数，花柱细长，被能育雄蕊花丝的槽包住，柱头漏斗状，具缘毛。蒴果，稀浆果状。种子具假种皮。染色体：X=9，11，12。

本科 50 属，1 300 余种，分布于热带、亚热带地区，以南亚、东南亚为其分布与多样性中心。我国约 20 属，210 多种，主产于西南、华南至东南部。已知药用 15 属，103 种。

本科植物多含挥发油，其成分多为单萜和倍半萜，如：莪术醇（curcumol），用于治疗子宫颈癌；姜烯（zingiberene）、姜醇（zingiberol）具抗菌消炎作用。此外，还含黄酮类，如山姜素（alpinetin）、高良姜素（galangin）等。闭鞘姜属（*Costus*）植物根状茎和种子中含有甾体皂苷。

【重要药用植物】

姜 *Zingiber officinale* Rosc.　姜属多年生草本。根状茎块状，断面淡黄色，味辛辣。花冠黄绿色（图11-133）。各地栽培。根状茎能温中散寒，回阳通脉，温肺化饮。姜属植物我国产 14 种，几乎均可药用。

阳春砂 *Amomum villosum* Lour.　豆蔻属多年生草本。穗状花序球形，从根状茎生出。蒴果椭圆形，紫色，表面具柔刺（图11-134，彩图182）。分布于华南地区。果实（砂仁）能化湿开胃，温脾止泻，理气安胎。同属**海南砂** *Amomum longiligulare* T. L. Wu、**绿壳砂** *Amomum villosum* Lour. var. *xanthioides* T. L. Wu et Senjen 的果实也作"砂仁"入药。该属我国有 39 种，其中：**白豆蔻** *Amomum kravanh* Pierre ex Gagnep. 和**爪哇白豆蔻** *Amomum compactum* Soland ex Maton 的干燥成熟果实作"豆蔻"入药，能化湿行气，温中止呕，开胃消食。**草果** *Amomum tsao-ko* Crevost et Lemaire 果实熟时红色，干后褐色，能燥湿温中，截疟除痰。

温郁金 *Curcuma wenyujin* Y. H. Chen et C. Ling 姜黄属多年生草本，根状茎肉质。具块根，断面黄色。穗状花序具密集苞片，先叶于根状茎处抽出，上部苞片蔷薇红色（图11-135，彩图183）。浙江、福建等地有栽培。块根习称"黑郁金"，能行气破血，消积止痛。

1. 植株　2. 花　3. 唇瓣

图 11-133　姜

同属植物还有**姜黄** *Curcuma longa* L.，花葶直接从叶鞘中抽出，上部苞片粉红色。根状茎（姜黄）能破血行气，通经止痛；块根习称"黄丝郁金"，功用同"郁金"。**莪术（蓬莪术）***Curcuma phaeocaulis* Val.、**广西莪术** *Curcuma kwangsiensis* S. G. Lee et C. F. Liang 根状茎作"莪术"入药能行气破血，消积

1. 根状茎及果序　2. 叶枝　3. 花　4、5. 雌蕊

图 11-134　阳春砂

1. 叶和花序　2. 带块根的根和根状茎　3. 花

图 11-135　温郁金

止痛。两者的块根也作"郁金"药用。

　　红豆蔻 *Alpinia galanga* (L.) Willd.　山姜属多年生高大草本。根状茎块状,有香气。叶片矩圆形。花绿白色。分布于云南、华南及台湾等地。根状茎(大高良姜)能散寒,暖胃,止痛。果实(红豆蔻)能温中散寒,止痛消食。该属我国有 51 种,其中:**草豆蔻** *Alpinia katsumadae* Hayata(彩图 184)种子入药,能燥湿行气,温中止呕。**益智** *Alpinia oxyphylla* Miq.(彩图 185)种子(益智仁)能暖肾固精缩尿,温脾止泻摄唾。**高良姜** *Alpinia officinarum* Hance　根状茎能温胃止呕,散寒止痛。

　　山柰 *Kaempferia galanga* L.(山柰属),根为芳香健胃剂,能行气温中,消食,止痛。

68. 兰科 Orchidaceae

$$\male\female \uparrow P_{3+3} A_{2-1} \overline{G}_{(3:1:\infty)}$$

　　多年生草本,土生、附生或腐生。常有根状茎或块茎,茎基部常肥厚,膨大为假鳞茎。单叶互生,稀对生或轮生,常具叶鞘。花两性,两侧对称,单生或聚集成总状、穗状、伞形、圆锥花序;花被片 6,常花瓣状,排成 2 轮;外轮 3 片为萼片,上方中央的 1 片为中萼片,下方两侧的 2 片为侧萼片;内轮侧生的 2 片为花瓣,中间的 1 片为唇瓣,常特化成各种形状,由于子房的扭转而居下方;雄蕊与花柱合生成合蕊柱,与唇瓣对生,能育雄蕊通常 1 枚,生于合蕊柱顶端,稀 2 枚生于合蕊柱两侧,花药 2 室,花粉粒黏结成花粉块;雌蕊子房下位,3 心皮,1 室,侧膜胎座,胚珠细小,数目极多,柱头常前方侧生于雄蕊下,多凹陷,2~3 裂,通常侧生的 2 个裂片能育,中间不育的 1 裂片则演变成位于柱头和雄蕊间的舌状突起称"蕊喙",能分泌黏液。蒴果。种子极多,微小粉状,胚小而未分化(图 11-136)。染色体:X=8~10,12,13,16。

　　本科约 800 属,25 000 余种,广布全球,主产于热带及亚热带地区。我国 194 属,1 388 种,主产于南方地区,以云南、海南、台湾种类最多。已知药用 76 属,289 种。

　　本科主要活性成分有:倍半萜类生物碱,如石斛碱(dendrobine)、毒豆碱(laburnine);酚苷类,如天麻苷(gastrodin)、香荚兰苷(vanilloside)。此外,尚含吲哚苷(indican)、黄酮类、香豆素、甾醇类和芳香油等。

【重要药用植物】

天麻 *Gastrodia elata* Blume　天麻属腐生草本,无根,依靠侵入体内的蜜环菌菌丝取得营养。块茎长椭圆形,有环节。叶退化呈膜质鳞片状,不含叶绿素。花茎单生(图 11-137,彩图 186)。全国大部分地区有分布,主产于西南地区,现多人工栽培。块茎能息风止痉,平抑肝阳,祛风通络。

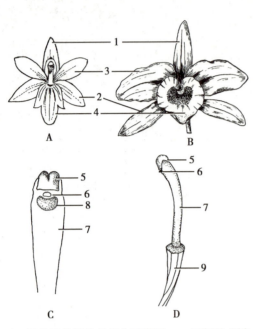

A. 兰花的花被片各部分示意图　B. 石斛的花被片各部分示意图　C.合蕊柱　D.子房和合蕊柱
1. 中萼片　2. 侧萼片　3. 花瓣　4. 唇瓣　5. 花药
6. 蕊喙　7. 合蕊柱　8. 柱头　9. 子房

图 11-136　兰科植物花的构造

1. 植株　2. 花及苞片　3. 花
4. 花被展开(示唇瓣和合蕊柱)

图 11-137　天麻

金钗石斛(石斛) *Dendrobium nobile* Lindl.　石斛属附生草本。茎丛生。叶无柄。花大而艳丽(图 11-138,彩图 187)。分布于长江以南地区。茎能益胃生津,滋阴清热。该属我国有 78 种,一半以上可入药。其中,**鼓槌石斛** *Dendrobium chrysotoxum* Lindl.、**流苏石斛** *Dendrobium fimbriatum* Hook.(彩图 188)、**霍山石斛** *Dendrobium huoshanense* C. Z. Tang et S. J. Cheng(彩图 189)等的茎也都作"石斛"用。**铁皮石斛** *Dendrobium officinale* Kimura et Migo(彩图 190)的茎加工成弹簧状称"铁皮枫斗"(耳环石斛),能益胃生津,滋阴清热。同属植物还有**齿瓣石斛** *Dendrobium devonianum* Paxt. 等也可药用。

白及 *Bletilla striata*(Thunb.)Reichb. f.　白及属多年生草本。块茎肥厚,短三叉状,富黏性。花紫红色,3~8 朵排成总状花序(图 11-139,彩图 191)。广布于长江流域。块茎(假鳞茎)能收敛止血,消肿生肌。同属植物**黄花白及** *Bletilla ochracea* Schltr. 块茎入药同白及。

本科的药用植物还有:**手参** *Gymnadenia conopsea*(L.)R. Br.(手参属)(彩图 192),块茎能益气补血,生津止渴。**杜鹃兰** *Cremastra appendiculata*(D. Don)Makino(杜鹃兰属)、**独蒜兰** *Pleione bulbocodioides*(Franch.)Rolfe(独蒜兰属)、**云南独蒜兰** *Pleione yunnanensis* Rolfe 的假鳞茎入药称"山慈菇",能清热解毒,化痰散结,治淋巴结核和蛇虫咬伤。**金线兰(花叶开唇兰)** *Anoectochilus roxburghii*(Wall.)Lindl.(金线兰属)全草有滋补,止痛,镇咳等功效。**石仙桃** *Pholidota chinensis* Lindl.(石仙桃属)假鳞茎能养阴清肺,化痰止咳。

被子植物门除了以上介绍的科与药用植物外,还有一些《中国药典》收载的常用药用植物见表 11-2。

组图:兰科

1. 植株　2. 唇瓣　3. 合蕊柱剖面　4. 合蕊
柱背面　5. 合蕊柱正面(示雄蕊)

图 11-138　金钗石斛

1. 植株　2. 果枝　3. 花图式

图 11-139　白及

表 11-2　被子植物门其他药用植物简表

中文名	学名	科名	药用部位与功效
肉豆蔻	*Myristica fragrans* Houtt.	肉豆蔻科	种仁能温中行气,涩肠止泻
木通	*Akebia quinata*(Thunb.)Decne.	木通科	藤茎能利尿通淋,清心除烦,通经下乳
白木通	*Akebia trifoliata*(Thunb.)Koidz. var. *australis*(Diels)Rehd.	木通科	藤茎能利尿通淋,清心除烦,通经下乳
三叶木通	*Akebia trifoLiata*(Thunb.)Koidz.	木通科	藤茎能利尿通淋,清心除烦,通经下乳
大血藤	*Sargentodoxa cuneata*(Oliv.)Rehd. et Wils.	木通科	藤茎能清热解毒,活血,祛风止痛
野木瓜	*Stauntonia chinensis* DC.	木通科	带叶茎枝能祛风止痛,舒筋活络
苏合香树	*Liquidambar orientalis* Mill.	金缕梅科	树干的香树脂能开窍,辟秽,止痛
枫香树	*Liquidambar formosana* Hance	金缕梅科	果序(路路通)能祛风活络,利水,通经
胡桃	*Juglans regia* L.	胡桃科	种子能补肾,温肺,润肠
垂序商陆	*Phytolacca amercana* L.	商陆科	根能逐水消肿,通利二便,外用解毒散结
商陆	*Phytolacca acinosa* Roxb.	商陆科	根能逐水消肿,通利二便,外用解毒散结
地肤	*Kochia scoparia*(L.)Schrad.	藜科	果实能清热利湿,祛风止痒
马齿苋	*Portulaca oleracea* L.	马齿苋科	地上部分能清热解毒,凉血止血,止痢
贯叶金丝桃(彩图 193)	*Hypericum perforatum* L.	藤黄科	地上部分能疏肝解郁,清热利湿,消肿通乳
破布叶	*Microcos paniculata* L.	椴树科	叶(布渣叶)能消食化滞,清热利湿
胖大海	*Sterculia lychnophora* Hance	梧桐科	种子能清热润肺,利咽开音,润肠通便
木棉	*Bombax malabaricum* DC.	木棉科	花能清热利湿,解毒
中国旌节花	*Stachyurus chinensis* Franch.	旌节花科	茎髓(小通草)能清热,利尿,下乳

续表

中文名	学名	科名	药用部位与功效
喜马山旌节花	*Stachyurus himalaicus* Hook. f. et Thoms.	旌节花科	茎髓（小通草）能清热，利尿，下乳
紫花地丁 （彩图 194）	*Viola yedoensis* Makino	堇菜科	全草能清热解毒，凉血消肿
柽柳	*Tamarix chinensis* Lour.	柽柳科	嫩枝叶（西河柳）能发表透疹，祛风除湿
鹿蹄草	*Pyrola calliantha* H. Andres	鹿蹄草科	全草（鹿衔草）能祛风湿，强筋骨，止血，止咳
普通鹿蹄草	*Pyrola decorata* H. Andres	鹿蹄草科	全草（鹿衔草）能祛风湿，强筋骨，止血，止咳
柿	*Diospyros kaki* Thunb.	柿科	宿萼（柿蒂）能降逆止呃
白花树	*Styrax tonkinensis*（Pierre）Craib ex Hart.	安息香科	树脂（安息香）能开窍醒神，行气活血，止痛
朱砂根	*Ardisia crenata* Sims.	紫金牛科	干燥根能解毒消肿，活血止痛，祛风除湿
紫金牛	*Ardisia japonica*（Thunb）Blume	紫金牛科	全草（矮地茶）能化痰止咳，清利湿热，活血化瘀
沙棘	*Hippophae rhamnoides* L.	胡颓子科	果实能健脾消食，止咳祛痰，活血散瘀
石榴	*Punica granatum* L.	石榴科	果皮能涩肠止泻，止血，驱虫
使君子 （彩图 195）	*Quisqualis indica* L.	使君子科	果实能消虫杀积
诃子	*Terminalia chebula* Retz.	使君子科	果实能涩肠止泻，敛肺止咳，降火利咽
绒毛诃子	*Terminalia chebula* Retz. var. *tomentell*a Kurt.	使君子科	果实能涩肠止泻，敛肺止咳，降火利咽
檀香	*Santalum album* L.	檀香科	心材能行气温中，开胃止痛
锁阳	*Cynomorium songaricum* Rupr.	锁阳科	肉质茎能补肾阳，益精血，润肠通便
白蔹	*Ampelopsis japonica*（Thunb.）Makino	葡萄科	块根能清热解毒，消痈散结，敛疮生肌
亚麻	*Linum usitatissimum* L.	亚麻科	种子（亚麻子）能润燥通便，养血祛风
远志	*Polygala tenuifolia* Willd.	远志科	根能安神益智，交通心肾，祛痰，消肿
山香圆	*Turpinia arguta* Seem.	省沽油科	叶能清热解毒，利咽消肿，活血止痛
七叶树	*Aesculus chinensis* Bge.	七叶树科	种子（娑罗子）能疏肝理气，和胃止痛
浙江七叶树	*Aesculus chinensis* Bge. var. *chekiangensis*（Hu et Fang）Fang	七叶树科	种子（娑罗子）能疏肝理气，和胃止痛
天师栗	*Aesculus wilsonii* Rehd.	七叶树科	种子（娑罗子）能疏肝理气，和胃止痛
鲍达乳香树	*Boswellia bhaw-dajiana* Birdw.	橄榄科	树脂（乳香）能活血定痛，消肿生肌
乳香树	*Boswellia carterii* Birdw.	橄榄科	树脂（乳香）能活血定痛，消肿生肌
哈地丁树	*Commiphora molmol* Engl.	橄榄科	树脂（没药）能散瘀定痛，消肿生肌
地丁树	*Commiphora myrrha* Engl.	橄榄科	树脂（没药）能散瘀定痛，消肿生肌
橄榄	*Canarium album* Raeusch.	橄榄科	果实（青果）能清热解毒，利咽，生津
鸦胆子	*Brucea javanica*（L.）Merr.	苦木科	果实能清热解毒，截疟，止痢；外用腐蚀赘疣
苦木	*Picrasma quassioides*（D. Don）Benn.	苦木科	枝叶能清热解毒，祛湿
蒺藜 （彩图 196）	*Tribulus terrestris* L.	蒺藜科	果实能平肝解郁，活血祛风，明目，止痒
野老鹳草	*Geranium carolinianum* L.	牻牛儿苗科	地上部分能祛风湿，通经络，止泻痢

续表

中文名	学名	科名	药用部位与功效
老鹳草	*Geranium wilfordii* Maxim.	牻牛儿苗科	地上部分能祛风湿,通经络,止泻痢
牻牛儿苗	*Erodium stephanianum* Willd.	牻牛儿苗科	地上部分能祛风湿,通经络,止泻痢
凤仙花 (彩图 197)	*Impatiens balsamina* L.	凤仙花科	种子(急性子)能破血,软坚,消积
密蒙花	*Buddleja officinalis* Maxim.	马钱科	花蕾和花序能清热泻火,养肝明目,退翳
马钱子	*Strychnos nux-vomica* L.	马钱科	种子能通络止痛,散结消肿
肉苁蓉	*Cistanche deserticola* Y. C. Ma	列当科	带鳞叶肉质茎能补肾阳,益精血,润肠通便
管花肉苁蓉 (彩图 198)	*Cistanche tubulosa*(Schenk)Wight	列当科	带鳞叶肉质茎能补肾阳,益精血,润肠通便
吊石苣苔	*Lysionotus pauciflorus* Maxim.	苦苣苔科	地上部分能化痰止咳,软坚散结
芝麻	*Sesamum indicum* L.	胡麻科	种子能补肝肾,益精血,润肠燥
凌霄	*Campsis grandiflora*(Thunb.)K. Schum.	紫葳科	花能活血通经,凉血祛风
美州凌霄 (彩图 199)	*Campsis radicans*(L.)Seem.	紫葳科	花能活血通经,凉血祛风
木蝴蝶	*Oroxylum indtcum*(L.)Vent.	紫葳科	种子能清肺利咽,疏肝和胃
川续断	*Dipsacus asper* Wall. ex Henry	川续断科	根能补肝肾,强筋骨,续折伤,止崩漏
匙叶翼首草	*Pterocephalus hookeri*(C. B. Clarke)Höeck	川续断科	全草能解毒除瘟,清热止痢,祛风通痹
紫萍	*Spirodela polyrrhiza*(L.)Schleid.	浮萍科	全草能宣散风热,透疹,利尿
鸭跖草	*Commelina communis* L.	鸭跖草科	地上部分能消肿利尿、清热解毒
谷精草	*Eriocaulon buergerianum* Koern.	谷精草科	头状花序能疏散风热,明目退翳
灯心草	*Juncus effusus* L.	灯心草科	茎髓能清心火,利小便
黑三棱	*Sparganium stoloniferum* Buch.-Ham.	黑三棱科	块茎(三棱)能破血行气,消积止痛
水烛香蒲	*Typha angustifolia* L.	香蒲科	花粉(蒲黄)能止血化瘀
东方香蒲 (彩图 200)	*Typha orientalis* Presl.	香蒲科	花粉(蒲黄)能止血化瘀

组图:其他科

内容小结

　　被子植物具有真正的花,特有双受精现象。双子叶植物多为直根系,花通常为 5 或 4 基数,子叶 2 枚,分为离瓣花亚纲与合瓣花亚纲,重要的科有蓼科、毛茛科、木兰科、十字花科、蔷薇科、豆科、芸香科、大戟科、五加科、伞形科、唇形科、玄参科、葫芦科、桔梗科、菊科等,其中蔷薇科、豆科、菊科又分为几个亚科,重要药用植物如大黄、黄连、五味子、菘蓝、杏、甘草、黄芪、黄檗、人参、三七、当归、丹参、地黄、党参、红花等。单子叶植物多为须根系,花通常 3 基数,子叶 1 枚。重要科有禾本科、天南星科、百合科、姜科、兰科等,重要药用植物有薏苡、天南星、半夏、百合、浙贝母、川贝母、麦冬、姜、天麻等。

(王旭红　王 弘　卢 燕　赵 丁　贾景明　刘 忠　黄宝康)

第十一章
目标测试

第十二章

药用植物资源的保护与可持续利用

第十二章
教学课件

第一节　我国药用植物资源概况

一、我国药用植物各类群资源

我国幅员辽阔,自然环境复杂多样,植被类型众多,有高等植物 3 万多种,有记载的药用植物 1 万多种,临床常用的约有 700 多种,多数以根及根状茎、果实、种子或全草入药。部分以花、叶、皮或藤木入药。少部分以植物提取物或加工品入药。

1. **药用藻类、菌类、地衣类** 藻类、菌类、地衣类属于低等植物,我国有药用低等植物 459 种(隶属 188 属 91 科)。药用藻类以海洋藻类为主,约有 120 多种,主要集中在褐藻门和红藻门,如海带 *Laminaria japonica*、昆布 *Ecklonia kurome* 等。药用菌类以真菌为主,主要集中在子囊菌纲和担子菌纲,如冬虫夏草 *Cordyceps sinensis*、灵芝 *Ganoderma lucidum* 等。

地衣是藻类和真菌共生的复合体,其中的真菌绝大多数为子囊菌。以梅衣科、石蕊科等的药用种类较为常见,如环裂松萝 *Usnea diffracta*、鹿蕊 *Cladonia rangiferina* 等。

2. **药用苔藓及蕨类植物** 我国约有 58 种药用苔藓植物,隶属 25 科 39 属,常见的如地钱 *Marchantia polymorpha*、金发藓 *Polytrichum commune* 等。

我国药用蕨类植物约有 300 余种,大多为野生。除药用外,有的种类还可食用。药用蕨类主要在石松亚门和真蕨亚门,约占药用种数的 98%。常见的如卷柏 *Selaginella tamariscina*、贯众 *Cyrtomium fortunei*、狗脊 *Woodwardia japonica*、骨碎补 *Davallia trichomanoides* 等。

3. **药用裸子植物** 种子植物是我国药用植物资源的主体,占 90% 以上。其中裸子植物药用种类有 10 科 27 属 126 种,尤其以松科和柏科为多,如侧柏 *Platycladus orientalis*、马尾松 *Pinus massoniana* 等。三尖杉科多含有抗癌活性物质,三尖杉 *Cephalotaxus fortunei* 及同属许多种均为我国特有,尤以横断山脉以东、秦岭经鄂西、贵州至南岭以西分布的种类最多。红豆杉科的东北红豆杉 *Taxus cuspidata*、南方红豆杉 *Taxus wallichiana* var. *mairei* 和云南红豆杉 *Taxus yunnanensis* 均含有抗肿瘤活性物质紫杉醇(taxol)。麻黄科的草麻黄 *Ephedra sinica* 是《中国药典》收载品种麻黄的主要资源,中麻黄 *Ephedra intermedia*、木贼麻黄 *Ephedra equisetina* 的资源已较少。银杏科仅银杏 *Ginkgo biloba* 一种,为我国特有种,现全世界各地普遍栽培,国内银杏资源量占世界的 3/4 以上。

4. 药用被子植物　被子植物的药用种数有 213 科 1 957 属 1 万多种,其中药用植物种数最多的科为菊科(778 种),其次为豆科(484 种)、唇形科(477 种)、毛茛科(424 种)、蔷薇科(361 种)、百合科(358 种)等。伞形科、玄参科、茜草科、蓼科、五加科、兰科、禾本科等科的药用植物也较多。常见的药用植物如菊科的白术 *Atractylodes macrocephala*、苍术 *Atractylodes lancea*、云木香 *Aucklandia costus*、蒲公英 T *araxacum mongolicum*,豆科的甘草 *Glycyrrhiza uralensis*、蒙古黄芪 *Astragalus membranaceus*、鸡血藤 *Spatholobus suberectus*,唇形科的丹参 *Salvia miltiorrhiza*、黄芩 *Scutellaria baicalensis*,蓼科的药用大黄 *Rheum officinale*、何首乌 *Fallopia multiflora*、虎杖 *Reynoutria japonica*,五加科的人参 *Panax ginseng*、三七 *Panax notoginseng* 等。毛茛科植物约有 58% 药用,其中乌头属 *Aconitum* 药用 103 种,是被子植物药用种类最多的属,该属大多种类如乌头 *Aconitum carmichaelii*、北乌头 *Aconitum kusnezoffii* 等均有毒。单子叶植物如百合科的川贝母 *Fritillaria cirrhosa*、百合 *Lilium brownii* var. *viridulum*,兰科的天麻 *Gastrodia elata*、石斛 *Dendrobium nobile*,禾本科的薏苡 *Coix lacryma-jobi*、白茅 *Imperata cylindrica* 等均为十分重要的药用植物。

二、我国药用植物资源区划分布

我国药用植物资源种类的地域分布总体呈现南多北少的特点。西南、华南和华东地区的药用植物资源种类明显多于华北、东北和西北。2011—2020 年,国家中医药管理局组织开展了第四次全国中药资源普查,汇总了 1.3 万多种中药资源的种类和分布等信息,其中有上千种为中国特有种。药用植物约 1 万多种,种数较多的有云南、四川、贵州、广西等地。

此外,我国还有丰富的民族药资源。如藏药中植物药有 191 科 682 属 2 685 种,蒙药植物药 926 种,维吾尔族药植物药 1 000 多种,傣药植物药 1 000 余种等,彝族药植物药有 871 种。少数民族居住地区也是药用植物资源物种十分丰富的区域,在我国药用植物资源中占有重要的地位。

在药用植物资源系统调查的基础上,根据其自然属性特点及地域性分布规律,按区内相似性和区际差异性可划分不同级别的药用植物资源区。根据我国自然区划并结合中药区划,一般将我国的药用植物资源划分为九个区,分别为东北区、华北区、华东区、西南区、华南区、内蒙古区、西北区、青藏区和海洋区等。

1. 东北区　包括大、小兴安岭和长白山地区以及三江平原。全区药用植物 1 700 种左右,为我国道地药材"关药"的主产区。其中大、小兴安岭地区药用植物有 500 余种,如兴安杜鹃 *Rhododendron dauricum*、升麻 *Cimicifuga foetida*、蒙古黄芪 *Astragalus membranaceus*、防风 *Saposhnikovia divaricata*、北柴胡 *Bupleurum chinense* 等。长白山地区代表药用植物如刺五加 *Eleutherococcus senticosus*、五味子 *Schisandra chinensis*、人参 *Panax ginseng* 等。三江平原主要药用植物有山丹 *Lilium pumilum*、条叶龙胆 *Gentiana manshurica* 等。

2. 华北区　包括华北平原、黄土高原和太行山区。全区有药用植物 1 500 种左右,为我国道地药材"怀药"与"北药"的主产区。如地黄 *Rehmannia glutinosa*、牛膝 *Achyranthes bidentata*、薯蓣 *Dioscorea opposita*、珊瑚菜(北沙参)*Glehnia littoralis*、西洋参 *Panax quinquefolius*、酸枣 *Ziziphus jujuba* var. *spinosa*、苍术 *Atractylodes lancea*、远志 *Polygala tenuifolia*、北柴胡 *Bupleurum chinense*、黄芩 *Scutellaria baicalensis*、知母 *Anemarrhena asphodeloides* 等。

3. 华东区　包括长江中下游、江南丘陵山地及伏牛山、大别山等地区。全区有药用植物 2 500 余种,是我国"浙药""皖药"和部分"南药"的产区。如浙贝母 *Fritillaria thunbergii*、玄参 *Scrophularia ningpoensis*、霍山石斛 *Dendrobium huoshanense*、木瓜 *Chaenomeles sinensis*、牡丹 *Paeonia suffruticosa*、苍术 *Atractylodes lancea*、泽泻 *Alisma plantago-aquatica* 和莲 *Nelumbo nucifera* 等重要药用植物。

4. 西南区　包括秦岭山地、云贵高原与四川盆地。全区药用植物约 4 500 多种,为"川药""云药""贵药"主产区。如川芎 *Ligusticum sinense* 'chuanxiong'、乌头 *Aconitum carmichaelii*、川牛

膝 *Cyathula officinalis*、麦冬 *Ophiopogon japonicus*、郁金 *Curcuma aromatica*、川黄檗 *Phellodendron chinense*、黄连 *Coptis chinensis*、川贝母 *Fritillaria cirrhosa*、暗紫贝母 *Fritillaria unibracteata*、药用大黄 *Rheum officinale*、独活 *Heracleum hemsleyanum*、云木香 *Aucklandia costus*、三七 *Panax notoginseng*、当归 *Angelica sinensis*、天麻 *Gastrodia elata*、杜仲 *Eucommia ulmoides*、半夏 *Pinellia ternata*、吴茱萸 *Tetradium ruticarpum* 等。

5. 华南区　包括岭南丘陵山地、雷州半岛、海南岛、滇西南及港澳台地区。全区药用植物 3 500 种以上，为"南药"的主产区。主要药用植物如槟榔 *Areca catechu*、益智 *Alpinia oxyphylla*、砂仁 *Amomum villosum*、巴戟天 *Morinda officinalis*、广藿香 *Pogostemon cablin*、钩藤 *Uncaria rhynchophylla*、肉桂 *Cinnamomum cassia*、降香 *Dalbergia odorifera*、胡椒 *Piper nigrum*、土沉香 *Aquilaria sinensis*、安息香 *Styrax benzoin*、儿茶 *Acacia catechu*、越南槐 *Sophora tonkinensis*、马钱子 *Strychnos nux-vomica*、草果 *Amomum tsaoko*、山奈 *Kaempferia galanga*、海南山姜 *Alpinia hainanensis*、爪哇白豆蔻 *Amomum compactum*、白豆蔻 *Amomum kravanh* 等。

6. 内蒙古区　包括阴山山地、内蒙古高原和华北、东北部分地区。全区有药用植物 1 000 余种，绝大部分为草本植物。药用植物种类虽少，但每种分布广，资源量大的主要有防风 *Saposhnikovia divaricata*、蒙古黄芪 *Astragalus membranaceus*、芍药 *Paeonia lactiflora*、知母 *Anemarrhena asphodeloides*、草麻黄 *Ephedra sinica*、黄芩 *Scutellaria baicalensis*、甘草 *Glycyrrhiza uralensis*、远志 *Polygala tenuifolia*、龙胆 *Gentiana scabra*、水烛 *Typha angustifolia*、桔梗 *Platycodon grandiflorum*、酸枣 *Ziziphus jujuba* var. *spinosa* 等。

7. 西北区　包括新疆、青海部分区域、陕西、甘肃、宁夏和内蒙古部分区域。全区药用植物近 2 000 种。是"秦药""维药""藏药""蒙药"和"回药"的产区，蕴藏量较大的有甘草 *Glycyrrhiza uralensis*、草麻黄 *Ephedra sinica*、软紫草 *Arnebia euchroma*、肉苁蓉 *Cistanche deserticola*、锁阳 *Cynomorium songaricum*、枸杞 *Lycium chinense*、伊贝母 *Fritillaria pallidiflora*、红花 *Carthamus tinctorius*、罗布麻 *Apocynum venetum*、苦豆子 *Sophora alopecuroides*、马蔺 *Iris lactea*、沙棘 *Hippophae rhamnoides* 等。

8. 青藏区　包括青藏高原大部分地区。全区有药用植物资源 2 000 余种，多为高山草甸药材，有常用"藏药" 300~400 种。如冬虫夏草 *Cordyceps sinensis*、雪莲花 *Saussurea involucrata*、梭砂贝母 *Fritillaria delavayi*、乌奴龙胆 *Gentiana urnula*、露蕊乌头 *Aconitum gymnandrum*、小叶棘豆 *Oxytropis microphylla*、匙叶甘松 *Nardostachys jatamansi*、掌叶大黄 *Rheum palmatum*、鸡爪大黄 *Rheum tanguticum*、胡黄连 *Neopicrorhiza scrophulariiflora*、川贝母 *Fritillaria cirrhosa*、羌活 *Notopterygium incisum*、黄连 *Coptis chinensis*、天麻 *Gastrodia elata*、西藏秦艽 *Gentiana tibetica*、粗茎秦艽 *Gentiana crassicaulis* 等。

9. 海洋区　包括渤海、黄海、东海、南海及周围海滨湿地区域。全区有药用植物 300 余种，包括红藻门、蓝藻门、褐藻门、绿藻门以及生活在海岸潮间带的半水生植物。常见的种类如龙须菜 *Gracilaria lemaneiformis*、角叉菜 *Chondrus ocellatus*、紫菜 *Porphyra* spp.、海带 *Laminaria japonica*、石莼 *Ulva lactuca* 等。

三、我国常见的道地药用植物资源

我国是药用植物资源大国，物种类型十分丰富。而药材的道地性是我国千百年来医药实践的经验总结和凝练，是中药材质量控制中的一项独具特色的综合判别标准。道地药材是指在特定地域、特定生态条件、独特栽培和炮制技术等因素的综合作用下，所形成的产地适宜、品种优良、产量较高、炮制考究、疗效突出、市场认可的药材。道地药材品质佳、疗效好，其形成与生态环境、遗传变异及社会因素密切相关，具有较高的历史文化传承性。道地药材的自然形成和人为发现均以产地为基础，常将这类药材以其产地冠名,如"关药""怀药""浙药""川药"和"南药"等称谓。

我国有记载的道地药材资源约有200余种,占常用大宗中药材品种的40%以上,并且主要以植物药为主。

1. 关药 分布于山海关以北,东北三省和内蒙古自治区东北部。主要有人参 *Panax ginseng*、细辛 *Asarum heterotropoides*、汉城细辛 *Asarum sieboldii*、五味子 *Schisandra chinensis*、黄檗(黄柏)*Phellodendron amurense*、防风 *Saposhnikovia divaricata*、龙胆 *Gentiana scabra*、刺五加 *Eleutherococcus senticosus*、平贝母 *Fritillaria ussuriensis*、升麻 *Cimicifuga foetida*、桔梗 *Platycodon grandiflorum*、苍术 *Atractylodes lancea*、甘草 *Glycyrrhiza uralensis*、草麻黄 *Ephedra sinica*、蒙古黄芪(黄芪)*Astragalus membranaceus*、芍药 *Paeonia lactiflora* 等。

2. 怀药 "怀"是古代河南怀庆府的简称。"怀药"一般指产于古怀庆府所辖的博爱、武陟、孟县、沁阳等地的中药材。有时也泛指河南境内所产有道地特性的药材。如"四大怀药",其原植物为地黄 *Rehmannia glutinosa*、牛膝 *Achyranthes bidentata*、薯蓣(山药)*Dioscorea opposita*、菊花 *Chrysanthemum morifolium*。此外还有栝蒌(瓜蒌)*Trichosanthes kirilowii*、白芷 *Angelica dahurica*、望春玉兰(辛夷)*Yulania biondii*、红花 *Carthamus tinctorius*、忍冬(金银花)*Lonicera japonica*、山茱萸 *Cornus officinalis* 等。

3. 浙药 指主产于浙江的道地药材。如"浙八味"原植物为白术 *Atractylodes macrocephala*、芍药 *Paeonia lactiflora*、延胡索 *Corydalis yanhusuo*、菊花 *Dendranthema morifolium*、麦冬 *Ophiopogon japonicus*、玄参 *Scrophularia ningpoensis*、浙贝母 *Fritillaria thunbergii*、温郁金 *Curcuma wenyujin*。作为新"浙八味"中药材培育品种有铁皮石斛 *Dendrobium officinale*、酸橙 *Citrus aurantium*、乌药 *Lindera aggregata*、三叶青 *Tetrastigma hemsleyanum*、覆盆子 *Rubus idaeus*、前胡 *Peucedanum praeruptorum*、灵芝 *Ganoderma lucidum*、西红花 *Crocus sativus*。此外还有山茱萸 *Cornus officinalis*、莪术 *Curcuma phaeocaulis*、白芷 *Angelica dahurica*、梅 *Armeniaca mume* 等。

4. 川药 泛指主产于四川、重庆等地的道地药材。主要有川芎 *Ligusticum sinense* 'Chuanxiong'、川贝母 *Fritillaria cirrhosa*、乌头(川乌)*Aconitum carmichaelii*、川牛膝 *Cyathula officinalis*、麦冬 *Ophiopogon japonicus*、白芷 *Angelica dahurica*、川黄檗(黄皮树)*Phellodendron chinense*、黄连 *Coptis chinensis*、药用大黄 *Rheum officinale*、掌叶大黄 *Rheum palmatum*、丹参 *Salvia miltiorrhiza*、姜 *Zingiber officinale*、天麻 *Gastrodia elata*、楝(川楝)*Melia azedarach*、川续断 *Dipsacus asper*、花椒 *Zanthoxylum bungeanum*、厚朴 *Houpoea officinalis*、过路黄(金钱草)*Lysimachia christiniae*、冬虫夏草 *Cordyceps sinensis* 等。

5. 南药 指主产于广东、广西、海南及台湾的道地药材,部分种类有时也称为"广药"。著名的"四大南药"即槟榔 *Areca catechu*、益智(益智仁)*Alpinia oxyphylla*、砂仁 *Amomum villosum*(缩砂密 *Amomum villosum* var. *xanthioides*、海南砂仁 *Amomum longiligulare* 也作砂仁用)、巴戟天 *Morinda officinalis*。此外还有广藿香 *Pogostemon cablin*、广东金钱草 *Desmodium styracifolium*、橘(广陈皮)*Citrus reticulata*、越南槐(广豆根)*Sophora tonkinensis*、肉桂 *Cinnamomum cassia*、广西莪术 *Curcuma kwangsiensis*、苏木 *Caesalpinia sappan*、高良姜 *Alpinia officinarum*、八角茴香 *Illicium verum*、橘红(化橘红)*Citrus maxima* 'Tomentosa'、马钱子 *Strychnos nux-vomica* 等。

6. 云药 分布于云南。主要有三七 *Panax notoginseng*、云木香 *Aucklandia costus*、七叶一枝花(重楼)*Paris polyphylla*、茯苓 *Poria cocos*、诃子 *Terminalia chebula*、草果 *Amomum tsaoko*、儿茶 *Acacia catechu* 等。

7. 贵药 分布于贵州以及周边地区,也称"黔药"。天麻 *Gastrodia elata*、杜仲 *Eucommia ulmoides*、灵芝 *Ganoderma lucidum* 有"贵州三宝"之称,其他还有如黄精 *Polygonatum sibiricum*、吴茱萸 *Tetradium ruticarpum*、天门冬 *Asparagus cochinchinensis* 等。

8. 北药 分布于河北、北京、天津、山东、山西以及内蒙古中部。主要的道地药用植物有蒙古黄芪（黄芪）*Astragalus mongholicus*、党参 *Codonopsis pilosula*、黄芩 *Scutellaria baicalensis*、芍药 *Paeonia lactiflora*、珊瑚菜（北沙参）*Glehnia littoralis*、知母 *Anemarrhena asphodeloides*、山楂 *Crataegus pinnatifida*、北柴胡 *Bupleurum chinense*、酸枣 *Ziziphus jujuba* var. *spinosa*、白芷 *Angelica dahurica*、菘蓝 *Isatis indigotica*、香附子 *Cyperus rotundus*、忍冬（金银花）*Lonicera japonica*、连翘 *Forsythia suspensa*、桃 *Prunus persica*、山杏 *Prunus armeniaca*、薏苡 *Coix lacryma-jobi*、茴香 *Foeniculum vulgare*、枣 *Ziziphus jujuba*、杠柳（香加皮）*Periploca sepium* 等。

9. **西北药**　分布于丝绸之路的起点西安以西的广大地区（陕西、甘肃、宁夏、青海、新疆及内蒙古西部）。部分地区有时也称"西药""秦药"。基源植物主要有鸡爪大黄 *Rheum tanguticum*、当归 *Angelica sinensis*、秦艽 *Gentiana macrophylla*、白蜡树 *Fraxinus chinensis*、羌活 *Notopterygium incisum*、枸杞 *Lycium chinense*、银柴胡 *Stellaria dichotoma* var. *lanceolata*、党参 *Codonopsis pilosula*、紫草 *Lithospermum erythrorhizon*、新疆阿魏 *Ferula sinkiangensis* 等。

10. **藏药**　分布于青藏高原地区。如"四大藏药"，基源植物分别为冬虫夏草 *Cordyceps sinensis*、雪莲花 *Saussurea involucrata*、梭砂贝母 *Fritillaria delavayi*、番红花 *Crocus sativus*。此外还有甘松 *Nardostachys jatamansi*、胡黄连 *Neopicrorhiza scrophulariiflora*、总状土木香（藏木香）*Inula racemosa*、菖蒲 *Acorus calamus*、余甘子 *Phyllanthus emblica*、毗黎勒（毛诃子）*Terminalia bellirica* 等。

此外，还有一些湖南、湖北、江苏、江西、安徽、福建等地的道地药材，相关药用植物如江苏的苍术 *Atractylodes lancea*、薄荷 *Mentha canadensi*，安徽的牡丹 *Paeonia suffruticosa*、木瓜 *Chaenomeles sinensis*，江西的江香薷 *Mosla chinensis* 'Jiangxiangru'，湖南的玉竹 *Polygonatum odoratum*、吴茱萸 *Evodia rutaecarpa*，福建的泽泻 *Alisma plantago-aquatica*、莲 *Nelumbo nucifera* 等。

四、药食两用植物资源

根据中华人民共和国卫生部 2002 年发布的《关于进一步规范保健食品原料管理的通知》（卫法监发〔2002〕51 号），既是食品又是药品的物品名单中涉及的药用植物有：茯苓、昆布、银杏、榧树、桑、大麻、蕺菜（鱼腥草）、八角茴香、马齿苋、丁香、忍冬（金银花）、枸杞、胡椒（黑胡椒）、花椒、罗汉果、橄榄、沙棘、茴香、余甘子、栀子、紫苏、莲、芡（芡实）、芝麻、芥菜（黄芥）、萝卜、胖大海、枣、酸枣、枳椇、桃、杏、郁李、山楂、梅、木瓜、华东覆盆子、橘、香橼、佛手、酸橙（玳玳花）、龙眼、白芷、薄荷、藿香、香薷、肉桂、大豆、扁豆、决明、槐、赤小豆、刀豆、甘草、葛、桔梗、菊花、菊苣、刺儿菜（小蓟）、蒲公英、白茅、芦苇、薏苡、淡竹叶、大麦、薯蓣（山药）、百合、薤白（小根蒜）、黄精、玉竹、姜、高良姜、肉豆蔻、益智、绿壳砂（缩砂密）等。

国家卫生健康委员会《关于对党参等 9 种物质开展按照传统既是食品又是中药材的物质管理试点工作的通知》（国卫食品函〔2019〕311 号），新增 9 种中药材物质作为按照传统既是食品又是中药材名单，在限定使用范围和剂量内作为药食两用。相关药用植物有党参、素花党参、川党参、西洋参、蒙古黄芪、膜荚黄芪、天麻、肉苁蓉、管花肉苁蓉、铁皮石斛、赤芝、紫芝、山茱萸、杜仲。国家卫生健康委员会《关于当归等 6 种新增按照传统既是食品又是中药材的物质公告》（2019 年第 8 号），将当归、山柰、番红花、草果、姜黄、荜茇 6 种物质纳入按照传统既是食品又是中药材的物质目录管理，仅作为香辛料和调味品使用。

五、有毒药用植物资源

根据中华人民共和国卫生部发布的通知（卫法监发〔2002〕51 号），保健食品禁用物品名单中涉及的药用植物有：红豆杉、六角莲、八角莲、续随子、山莨菪、乌头（川乌）、北乌头、铁棒锤、短柄乌头（雪上一枝蒿）、广防己、马兜铃、木通马兜铃（关木通）、马桑、马钱子、莨菪（天仙子）、巴豆、甘遂、狼毒、大戟（京大戟）、野百合（农吉利）、夹竹桃、长春花、罂粟、红茴香、红毒茴（莽草）、羊角拗、羊踯躅、昆明山海棠、雷公藤、白曼陀罗(洋金花)、鱼藤、洋地黄(毛地黄)、牵牛、杠柳、骆驼蓬、桃儿七(鬼臼)、黄花夹竹桃、颠茄、石蒜、铃兰、丽江山慈菇(山慈菇)、藜芦、天南星、独角莲、半夏等。这些植物均为有毒植物。

六、我国珍稀濒危药用植物资源

(一)濒危物种的分级与评价

评估物种濒临灭绝风险的分级标准体系,目前多采用世界自然保护联盟(IUCN)濒危物种红色名录的等级和标准。根据物种绝灭发生的概率,可分为绝灭(extinct,EX)、野外绝灭(extinct in the wild,EW)、极危(critically endangered,CR)、濒危(endangered,EN)、易危(vulnerable,VU)、近危(near threatened,NT)、无危(least concern,LC)、数据缺乏(data deficient,DD)和未予评估(not evaluated,NE)。

药用植物按稀有、濒危程度不同可分为濒危种(endangered species)、渐危种(vulnerable species)和稀有种(rare species)3类。

濒危种是指在分布区有绝灭危险的药用植物。这些种类居群不多,数量比较稀少,地理分布有很大的局限性,仅生存在特殊或脆弱的生态环境或有限的地方。其生境和环境的自然或人为改变,都会直接影响种群的大小、存亡,并使一些适应能力差的种类的数量骤减或消亡。

稀有种是指那些并不是立即有绝灭危险的、稀有的、特有的单型科、单种属和少数种属的代表种类。这些种类居群不多,数量也稀少,分布于有限地区,或虽有较大的分布范围,但只是零星分布。

渐危种指目前虽还有一定数量的野生资源,但因森林砍伐和植被破坏、过度开发利用使生态恶化,造成分布范围和居群植株数量减少,如不及时加以保护,控制采伐,很有可能成为濒危或稀有种。

《野生药材资源保护管理条例》将保护等级分为1~3级。一级为濒临绝灭状态的稀有珍贵野生药材物种。二级为分布区域缩小、资源处于衰竭状态的重要野生药材物种;三级为资源严重减少和主要常用野生药材物种。

(二)我国珍稀濒危药用植物资源概况

根据《中国珍稀濒危保护植物名录》及相关调查资料统计,我国珍稀濒危药用植物资源约207种,其中包括濒危种18种、渐危种150种、稀有种39种。我国被列为濒危种的药用植物有荷叶铁线蕨 *Adiantum reniforme*、海南粗榧 *Cephalotaxus hainanensis*、人参 *Panax ginseng*、峨眉含笑 *Michelia wilsonii*、霍山石斛 *Dendrobium huoshanense*、草苁蓉 *Boschniakia rossica*、肉苁蓉 *Cistanche deserticola*、胡黄连 *Picrorhiza scrophulariiflora*、昆布 *Ecklonia kurome* 等;渐危种有桫椤 *Alsophila spinulosa*、狭叶瓶尔小草 *Ophioglossum thermale*、蛇足石杉 *Huperzia serrata*、金毛狗脊 *Cibotium barometz*、木贼麻黄 *Ephedra equisetina*、云南红豆杉 *Taxus yunnanensis*、雪莲 *Saussurea involucrata* 等;稀有种有石韦 *Pyrrosia lingua*、淫羊藿 *Epimedii Folium*、锁阳 *Cynomorium songaricum*、头花蓼 *Polygonum capitatum*、雷公藤 *Tripterygium wilfordii*、白花蛇舌草 *Hedyotis diffusa* 等。

第二节　药用植物资源保护与利用的法规及策略

一、生物多样性及药用植物资源保护现状

(一)生物多样性概述

生物多样性(biological diversity,biodiversity)指地球上生物圈中所有的生物(动物、植物、微生物)与环境形成的生态复合体以及与此相关的各种生态过程的总和,一般包含三个层次:生态系统多样性(ecosystem diversity)、物种多样性(species diversity)和遗传多样性(genetic diversity)。

生物多样性是人类赖以生存和发展的基础,为人类提供了丰富多样的生产生活必需品、健康安全

的生态环境和独特别致的景观文化。也是经济社会可持续发展的基础,是生态安全和粮食安全的保障。生物物种资源是国民经济可持续发展的战略性资源,植物作为全球生物多样性的核心组成部分,为人类的衣食住行提供了最基本的资源,并提供了重要的工业、农业、医药原料。

中国是生物多样性特别丰富的国家之一,居世界第八位,北半球第一位。植物的丰富程度占世界第三位,亚洲第一位。地球上有记载的植物约 30 余万种。我国有高等植物 34 984 种,其中蕨类植物、裸子植物和被子植物分别占世界总种数的 22%、26.7% 和 10%。有许多种是特有种,占总数的 5%以上。

但同时也应看到,我国人口众多,人均生物资源量较少,且地区分布不均衡,对生物资源的过度利用导致生物多样性受破坏,一些本土物种濒危甚至灭绝,加上生物入侵现象,导致一定时段内两个或多个生物区在生物组成和功能上逐渐趋同化,即生物同质化(biotic homogenization)。

(二)我国珍稀濒危药用植物资源保护现状

我国药用植物资源的物种虽然很丰富,但多数是野生的且资源有限。一个物种的自然形成需要漫长的时间,但因人为因素而导致的物种消失灭绝往往是瞬间发生,并经生物链传导,进一步破坏生态及生物多样性。

据第三次全国中药资源普查(1983 年)结果,中国有药用植物资源 383 科 2 309 属 11 146 种(含变种),占全世界 25 000 种药用植物的 40% 以上。2011 年至 2020 年,国家中医药管理局组织开展了第四次全国中药资源普查,汇总了 1.3 万余种中药资源的种类和分布等信息,药用植物有 1 万余种。

我国药用植物的野生种类约占 80%。在 2020 年版《中国药典》收录的植物类药材中,超过一半是野生植物,由于生态环境变化和过度采收,药用植物资源也在不断减少和枯竭,许多种类趋于衰退或濒临灭绝。有些种类的野生植株已很难找到,如人参 *Panax ginseng*、三七 *Panax pseudo-ginseng* var. *notoginseng*、当归 *Angelica sinensis*、川芎 *Ligusticum wallichii*、厚朴 *Magnolia officinalis*、杜仲 *Eucommia ulmoides*、川贝母 *Fritillaria cirrhosa*、白芷 *Angelica dahurica* 等。有些大幅度地下降,如甘草 *Glycyrrhiza spp.*、天麻 *Gastrodia elata*、麻黄 *Ephedra spp.*、凹叶厚朴 *Magnolia biloba* 等药材野生资源量稀少,无法提供商品或只能提供少量商品而处于濒临灭绝的边缘。如上世纪 80 年代后期,甘草资源比 50 年代减少 70%,许多地方野生甘草的覆盖度从 90% 以上降到零星分布。内蒙古原是甘草的主要产地,其中鄂尔多斯在解放初期分布面积有 1 800 万亩,到 1981 年减少到 500 万亩,目前已所剩无几。甘草主产区已由内蒙古转移到新疆。江苏道地药材茅苍术 *Atractylodes lancea* 的情形也是如此。

造成药用植物资源减少既有植物物种自身种群衰退原因,更多的是人为因素影响。近年来随着世界范围内"回归自然"的潮流和生活水平不断提高,人们对天然植物药的需求量剧增,给自然环境和资源造成了巨大压力。另外如毁林开荒,过度放牧和草地开垦以及城市化工业化发展的加速,野生药用植物种类、分布区域及蕴藏量受到严重影响,有的种类急剧减少甚至濒临灭绝。如云南红豆杉 *Taxus yunnanensis* 其树皮含抗癌活性成分紫杉醇,曾因不合理或非法砍伐利用使我国云南红豆杉资源遭到严重破坏。

改革开放以来,我国先后成立了国务院环境保护领导小组和国家濒危物种进出口管理办公室,专门领导、管理动植物资源的保护,并编写颁发了《中国珍稀濒危保护植物名录》和《野生药材资源保护管理条例》,公布了国家重点保护的野生物种名录。对我国野生药材资源的保护起到了重要的作用。但由于利益驱使,滥采、滥伐和过度利用现象仍非常严重,野生药用植物资源保护是一项长期的任务。

二、药用植物资源保护相关法律法规

(一)国际公约

与药用植物资源保护有关的国际公约主要有:《生物多样性公约》(1992,巴西里约热内卢)、《濒危野生动植物种国际贸易公约》(CITES)、《保护野生动物迁徙物种公约》(1979,德国波恩)等。生物多样性公约是一项有法律约束力的公约,旨在保护濒临灭绝的植物和动物,最大限度地保护地球上的多种多样的生物资源,截至目前公约共有 196 个缔约方,中国是最早签署和批准《生物多样性公约》的缔约方之一。《生物多样性公约》第十五次缔约方大会(COP15)在中国昆明举办,主题为"生态文明:共建地球生命共同体"。CITES 是当今唯一对全球野生动植物贸易实施控制的国际公约,截至 2021 年已有 183 个缔约方,设有动植物保护物种名录,分为附录Ⅰ、附录Ⅱ、附录Ⅲ。列入附录Ⅰ的物种是一些有灭绝危险的物种,严格禁止国际商业贸易。列入附录Ⅱ的是指那些目前虽未濒临灭绝,但需对其贸易进行国际管制以防灭绝危险,如果种群持续减少,则将升级入附录Ⅰ。列入附录Ⅲ的物种为成员国视情进行区域性管制国际贸易。截至 2019 年底受 CITES 保护的动物约有 5 950 种,植物 32 800 种,其中附录Ⅰ有植物 395 种,包括 4 亚种。进行附录物种的贸易,必须持有出口国和进口国公约权威管理机构颁发的 CITES 证书。

(二)国内法律法规

中国制定了一系列相关的法律法规,在中国宪法的第 9 条和第 26 条分别规定,国家保障自然资源的合理利用,保护珍稀动植物。禁止任何组织和个人利用任何手段侵占或破坏自然资源。在刑法中,增加了破坏环境资源罪。

我国颁布的与植物资源保护有关的主要法规和通知,主要有:

《中华人民共和国森林法》(1984 年 9 月第六届全国人民代表大会常务委员会第七次会议通过)、《中华人民共和国森林法实施条例》(2000 年 1 月 29 日颁布实施)。

《中国珍稀濒危保护植物名录》(第一册)(1984 年 10 月 9 日公布,1987 年国家环保局、中科院植物所修订),俗称红皮书,共收载 354 种,列入一级重点保护的有 8 种,分别是人参 *Panax ginseng*、金花茶 *Camellia chrysantha*、银杉 *Cathaya argyrophylla*、珙桐 *Davidia involucrata*、水杉 *Metasequoia glyptostroboides*、望天树 *Parashorea chinensis*、秃杉 *Taiwania flousiana*、桫椤 *Alsophila spinulosa*。二级保护 143 种,三级保护 203 种。其中药用植物约有 160 余种。

《国家重点保护野生植物名录(第一批)》(国家林业局、农业部于 1999 年 9 月 9 日发布并实施),2021 年 8 月经国务院批准,新调整的《国家重点保护野生植物名录》共列入国家重点保护野生植物 455 种和 40 类,包括国家一级保护野生植物 54 种和 4 类,国家二级保护野生植物 401 种和 36 类。

《野生药材资源保护管理条例》(1987 年 10 月 30 日),第一批国家重点保护野生药材物种名录,共 76 种,其中植物 58 种,动物 18 种。甘草 *Glycyrrhiza uralensis*、胀果甘草 *Glycyrrhiza inflata*、杜仲 *Eucommia ulmoides*、厚朴 *Magnolia officinalis*、人参 *Panax ginseng* 等 13 种植物被列为二级保护,三级保护植物有山茱萸 *Cornus officinalis* 等 45 种。

《中华人民共和国海洋环境保护法》(1982 年 8 月 23 日第五届全国人民代表大会常务委员会第二次会议通过,2017 年修正)。加强对红树林、珊瑚礁等海鲜生态系统的保护。

《中华人民共和国自然保护区条例》(1994 年 10 月 9 日颁布,1994 年 12 月 1 日实施)。目的是加强自然保护区的建设和管理,保护自然环境和自然资源。

三、药用植物资源保护策略

(一)确定保护等级,进行分级保护

为了有效保护和持续利用药用植物资源,首先要对重点区域、重点品种确立保护等级,确定当前亟待保护的稀有、濒危药用植物种类。应着重保护那些单型科、单型属及少型属的药用植物。要优先保护道地药材品种和有较重要药用价值的种类,对那些野生种群和个体数量较少,稀有濒危程度较高,灭绝后可能造成遗传损失的药用植物种类应重点保护。药用植物分布频度小,野生资源减少速度较快的药用植物应注意保护,如《中国珍稀濒危保护植物名录》(第一册)、《野生药材资源保

护管理条例》等规定的保护种类。除了对品种保护，对于植被区域比较典型的，也要划分等级进行保护。

（二）建立自然保护区与国家公园进行原地保护

原地保护是在植物原来的生态环境下就地保存与繁殖野生植物。自然保护区是指对有代表性的自然生态系统、珍稀濒危野生动植物物种的天然集中分布区、有特殊意义的自然遗迹等保护对象所在的陆地、陆地水体或者海域，依法划出一定面积予以特殊保护和管理的区域。1872年美国建立世界上第一座自然保护区"黄石国家公园"。1956年我国在广东鼎湖山建立第一个自然保护区，以保护南亚热带季雨林。1958年建立西双版纳自然保护区，保护热带雨林、季雨林。至2019年底，我国已建立2 750个自然保护区，其中国家级有474个，自然保护区的总面积达到147万平方公里，占我国陆域国土面积的15%，有34处自然保护区加入联合国教科文组织"人与生物圈"保护区网络。

自然保护区内药用植物得到了比较好的保护，如长白山自然保护区是世界上同纬度高山地带中生物种最丰富的地区，植物资源多达2 380种，其中有国家保护植物24种，药用植物有1 004种（含变种、变型）。天目山自然保护区拥有世界最古老的银杏群落，有药用植物172科571属1 194种。鼎湖山有药用植物193科677属1 077种。此外，尚有如青藏高原中药及藏药材资源保护区、荒漠沙生药用植物自然保护区、海南南药资源保护区、云南西双版纳中药资源保护区及生产性抚育保护区等。

（三）利用植物园或种质库进行迁地保护

迁地保护即在植物原产地以外的地方保存和繁育植物种质材料。包括以保存野生植物为主的植物园（树木园）或种质圃，以及保存栽培植物种质资源的种子库。

目前全世界有植物园（树木园）2 000多个，保育植物超过10万种，保护了40%以上的已知受威胁物种，其中著名的英国皇家植物园（Kew garden）栽培植物达25 000种。我国植物园（树木园）总数200多个，中国植物园联盟成员单位120多个，保育维管植物超过2万种，其中引种濒危植物占已公布的种类80%以上，迁地保育濒危及受威胁植物的数量约1 500种，建立了1 000多个植物专类园区。

除了植物园以外，种子库也是迁地保存的方法之一。将种子存放于低温低湿的环境下有利长期保存，长期库温度一般为–18℃，中期库温度0~10℃，种子含水量控制在5%~8%。这种条件只能贮藏正常型种子，顽拗型种子需要用种质圃、组培技术或液氮技术保存。此外还可以组织培养物和花粉等形式保存种质。

我国的种质资源长期保存工作始于20世纪80年代初。1983年建成国家种子1号库，能容纳25万份种子，2002年改建成的国家农作物种质保存中心库容量超过一百万份。国家种子2号库于1986年落成并投入使用，并在青海省建了一个复份库，目前入库种子已达150万份。继国家种子库以后，各省、自治区、直辖市也开始建立种子库。浙江中药研究所内建有中药资源种质保存库。全球种子库坐落于北极圈的挪威斯瓦尔巴特群岛，储存有100万份以上种子样本。

此外，可根据药用植物区划以及我国区域性气候特点，在东北、青藏高原、云贵高原、华东、华南、海南等不同地区建立国家药用植物种质资源保存圃，以及适合寒冷、干旱（荒漠）、湿地等特殊环境的种质资源圃，形成全国药用植物种质资源收集保存网络系统。我国林木种质资源、药用植物种质资源、水生生物遗传资源、微生物资源、野生动植物基因等种质资源库建设工作也正在开展之中。

（四）加强科教宣传和执法力度

加强科普教育与宣传，完善社会参与机制，提高全体公民自觉主动参与积极性，发挥科技人员专业特长，利用科普基地扩大对外宣传，保护生物多样性，保护珍稀濒危动植物，建设社会主义生态文明。

建立和完善药用植物资源进出口管理的相关法律、法规，加强行政管理与执法力度，对于已有的法规和条例应进一步完善实施细则，做到有法必依，执法必严，违法必究。引导市场合理使用药食两用中药资源，纠正盲目追崇食用野生动植物的不良习惯。对紧缺药材资源实行区域性、阶段性封山

(地)育药材。对已进入紧缺状态的中药材资源,国家采取强有力的措施进行必要的规模和产量限制。通过自觉的、强制的保护措施,使药用植物资源能够得到持续的开发利用,造福子孙后代。

对重点自然保护区要积极加入"国际人与生物圈保护网",成为世界自然保留样地。区内可建立自然博物馆供游人参观,也能起到积极的宣传作用。

(五) 开展保护保育研究

加强野生植物资源与生物多样性保护的科学研究,加强本底调查,建立全国性的药用植物资源的动态监测体系及数据库,完善国家中药种质资源保护体系(国家中药资源自然保护区、种质收集园和基因库)。同时可利用卫星遥感技术开展持续动态中药资源普查,建立完善药用植物资源信息数据库。

开展自然保护区内资源调查和科学研究活动,加强对珍稀濒危植物的保护生物学研究,提出有效的保护策略与保护方法。对有重大药用价值的珍稀植物,在保护的同时,还应在调查资源允许采收量的基础上,合理规划,开展基地培植,做到保护和利用相结合,既保护好珍稀资源,又能发挥资源优势。

四、药用植物资源可持续利用策略

(一) 药用植物规范化栽培,提高产量与品质

野生药用植物由于其资源有限,植物生长过程还受环境变化的影响及制约。通过人工栽培,通过建立 GAP 栽培基地获得高产优质药材,在一定程度上可以保护该种的野生种群。如肉苁蓉 *Cistanche deserticola* 是名贵的沙生中药材,素有"沙漠人参"之称。由于大量采挖导致野生资源濒临枯竭,肉苁蓉已被列为国家二级保护植物,并被收入《濒危野生动植物种国际贸易公约》附录Ⅱ,国内从 1998 年开始肉苁蓉的人工种植研究,对肉苁蓉的繁育及规模化、规范化种植技术开展系列研究,并制定肉苁蓉人工种植标准操作规程(SOP),建立优质、高产肉苁蓉人工种植基地并形成种植规模,提供优质肉苁蓉药材。

(二) 提高药用植物资源的综合利用效率

要高效利用药用植物资源,多用途、多部位综合开发利用提高产品附加值。除主要药用部位,还要对非传统药用部位的根、茎、叶、花、果实、种子等各器官加以利用,建立中药资源可持续利用示范区,并通过示范区建设探索不同类型药材资源的可持续利用模式。

(三) 寻找珍稀濒危药材的替代种、代用品,扩大药源

植物系统进化关系和化学分类学揭示,亲缘关系越近的物种,其所含化学成分越近似,常常含有相同的活性成分。可通过植物类群之间的亲缘关系,来寻找紧缺及濒危物种的代用品和新资源。对原产国外具有特效的药用植物,通过寻找代用品可以减少进口依赖。野生濒危物种通过寻找成分与作用相似、资源较为丰富的物种作为代用品可以减小对野生物种的压力。

(四) 利用组织培养及生物技术培育扩大药源

要加强药用植物资源生物技术研究,利用组织培养快繁技术实现珍稀濒危药用植物的快速繁殖,建立重要野生药用物种资源的核心种质体系,开展种质基因的鉴定、整理和筛选,利用优良基因和转基因技术培育优良药用品种。

利用细胞工程、基因工程、酶工程和发酵工程,扩大繁殖濒危物种,提高活性成分含量,利用细胞工程生产次生代谢产物满足需要。

随着现代农业规模化、自动化、智能化发展,采用自动控制气候及水分营养供给的植物工厂培育濒危药用植物,可以有效控制质量,提高产量,降低对野生药用植物资源的依赖。

总之,药用植物资源可持续利用,要在全面统筹,加强科学技术和管理的基础上,开源和节流并重,处理好保护与利用的关系,充分发挥其社会效益、经济效益和生态效益,对于建设现代生态文明,构建资源节约型社会具有重要意义。

内容小结

　　我国药用植物包括藻菌地衣及高等植物 1 万多种,根据我国自然区划并结合中药区划,一般将我国的药用植物资源划分为九个区。著名的道地药材如"关药""怀药""浙药""川药"和"南药"等。有100多种药食两用植物以及有毒药用植物。还有一些资源减少成为珍稀濒危药用植物资源。根据稀有、濒危程度不同可分为濒危种(endangered species)、渐危种(vulnerable species)和稀有种(rare species)3 类。

　　生物多样性包括生态系统多样性、物种多样性和遗传多样性。《生物多样性公约》以及国内相关法规是生物多样性保护及珍稀濒危药用植物资源保护的依据。保护的策略方法主要有原地保护、迁地保护等。药用植物资源可持续利用策略包括规范化栽培、提高利用效率以及寻找代用品、利用生物工程扩大药源等。

(贾景明　黄宝康)

第十二章
目标测试

主要参考文献

［1］黄宝康.药用植物学.7版.北京:人民卫生出版社,2016.

［2］张浩.药用植物学.6版.北京:人民卫生出版社,2011.

［3］黄宝康.药用植物学实践与学习指导.2版.北京:人民卫生出版社,2016.

［4］熊耀康,严铸云.药用植物学.2版.北京:人民卫生出版社,2016.

［5］马炜梁.植物学.2版.北京:高等教育出版社,2015.

［6］国家药典委员会.中华人民共和国药典:一部.2020年版.北京:中国医药科技出版社,2020.

［7］王文采.植物分类学的历史回顾与展望.生物学通报,2008,43(6):1-4.

［8］王文采.关于一些植物学术语的中译等问题(三).广西植物,2009,29(1):1-6.

［9］古尔恰兰.辛格.植物系统分类学——综合理论及方法.刘全儒,郭延平,于明译.北京:化学工业出版社,2008.

［10］孙嘉惠,刘冰,郭兰萍,等.植物分类学于中药资源学的意义:《中国药典》植物药材基源物种科属范畴变动考证及学名规范化研究.中国科学:生命科学,2021,51(5):579-593.

［11］YOUNG D A,WATSON L. The classification of the dicotyledons:A study of the upper levels of hierarchy. J Bot,1970,18(3):387-433.

药用植物拉丁学名索引

D

H

I

M

N

O

P

S

T

U

V

重要药用植物彩色照片

彩图1　冬虫夏草菌 *Cordyceps sinensis*（Berk.）Sacc.

彩图2　灵芝（紫芝）*Ganoderma sinense* Zhao，Xu et Zhang

彩图3　木耳 *Auricularia auricula*（L. ex Hook.）Underw.

彩图4　环裂松萝（仙人头发）*Usnea diffracta* Vain.

彩图 5　地钱 *Marchantia polymorpha* L.（叶状体、雌器托及雄器托）

彩图 6　金发藓（土马鬃）
Polytrichum commune L.

彩图 7　石松 *Lycopodium japonicum* Thunb. ex Murray

彩图 8　问荆 *Equisetum arvense* L.

彩图 9　海金沙 *Lygodium japonicum*（Thunb.）Sw.（营养叶与孢子叶）

彩图 10　金毛狗脊 *Cibotium barometz*（L.）J. Sm.（叶片与根状茎）

彩图 11　贯众 *Cyrtomium fortunei* J. Sm.（植株与孢子囊群）

彩图 12　紫萁 *Osmunda japonica* Thunb.

彩图 13　槲蕨 *Drynaria roosii* Nakaike

彩图 14　苏铁（铁树）*Cycas revoluta* Thunb.（雄株与雌株）

彩图 15　银杏 *Ginkgo biloba* L.

彩图 16　侧柏 *Platycladus orientalis*（L.）Franco

彩图17　粗榧 *Cephalotaxus sinensis* CRehder et E.
H. Wi（Son）H. L. Li

彩图18　榧树 *Torreya grandis* Fort. et Lindl.

彩图 19　东北红豆杉 *Taxus cuspidata* Sieb. et Zucc.

彩图 20　红豆杉 *Taxus wallichiana var. chirensis*（Pilger）Florin

彩图 21　草麻黄 *Ephedra sinica* Stapf（雄株与雌株）

彩图 22　中麻黄 *Ephedra intermedia* Schrenk. et C. A. Mey.

彩图 23　木贼麻黄 *Ephedra equisetina* Bge.

彩图 24　蕺菜(鱼腥草)*Houttuynia cordata* Thunb.

彩图 25　胡椒 *Piper nigrum* L.

彩图 26　及己(四块瓦)*Chloranthus serratus*(Thunb.) Roem. et Schult.

彩图 27　草珊瑚(肿节风)*Sarcandra glabra*(Thunb.) Nakai

彩图 28　薜荔 *Ficus pumila* L.

彩图 29　大麻 *Cannabis sativa* L.

彩图 30　构树 *Broussonetia papyrifera*（L.）Vent.（雄花序与聚花果）

彩图 31　啤酒花（忽布）*Humulus lupulus* L.（植株与果穗）

彩图 32　掌叶大黄 *Rheum palmatum* L.

彩图 33　唐古特大黄（鸡爪大黄）*Rheum tanguticum* Maxim. ex Regel

彩图 34 虎杖 *Reynoutria japonica* Houtt.

彩图 35 青葙 *Celosia argentea* L.

彩图 36 黄连 *Coptis chinensis* Franch.（生境与植株）

彩图 37　峨嵋野连 *Coptis omeiensis*（Chen）C. Y. Cheng

彩图 38　乌头 *Aconitum carmichaelii* Debx.

彩图 39　芍药 *Paeonia lactiflora* Pall.（地上部分与根）

彩图 40　牡丹 *Paeonia suffruticosa* Andr.（植株与花解剖）

彩图 41　草芍药 *Paeonia obovata* Maxim.

彩图 42　天葵 *Semiaquilegia adoxoides*（DC.）Makino

彩图 43　箭叶淫羊藿（三枝九叶草）*Epimedium sagittatum*（Sieb. et Zucc.）Maxim.

彩图 44　阔叶十大功劳 *Mahonia bealei*（Fort.）Carr.

彩图 45　六角莲 *Dysosma pleiantha*（Hance）Woodson

彩图 46　蝙蝠葛 *Menispermum dauricum* DC.

彩图 47　厚朴 *Magnolia officinalis* Rehd. et Wils.

彩图 48　凹叶厚朴 *Magnolia officinalis* Rehd. et Wils. var. *biloba* Rehd. et Wils.

彩图 49　五味子 *Schisandra chinensis*（Turcz.）Baill.

彩图 50　华中五味子 *Schisandra sphenanthera* Rehd. et Wils.

彩图 51　莽草 *Illicium lanceolatum* A. G. Smith

彩图 52　罂粟 *Papaver somniferum* L.

彩图 53　延胡索 *Corydalis yanhusuo* W. T. Wang

彩图 54　菘蓝 *Isatis indigotica* Fort.（幼苗与花序）

彩图 55　大花红景天 *Rhodiola crenulata*（Hook f. et Thoms）H. Ohba

彩图 56　虎耳草 *Saxifraga stolonifera*（L.）Meerb.

彩图 57　岩白菜 *Bergenia purpurascens*（Hook. f. et Thoms）Engl.

彩图 58　杜仲 *Eucommia ulmoides* Oliv.

彩图 59　金樱子 *Rosa laevigata* Michx.

彩图 60　杏 *Prunus armeniaca* L.

彩图61　郁李 *Prunus japonica* Thunb.

彩图62　欧李 *Prunus humilis* Bge.

彩图63　山里红 *Crataegus pinnatifida* Bge. var. *major* N. E. Br.

彩图64　贴梗海棠 *Chaenomeles speciosa*（Sweet）Nakai（花与果）

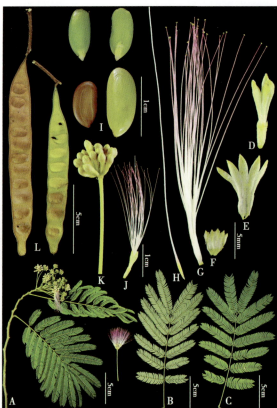

彩图65　合欢 *Albizia julibrissin* Durazz.（花枝与花解剖）

彩图66　决明 *Cassia tora* L.

彩图 67　皂荚 *Gleditsia sinensis* Lam.（果枝与棘刺）

彩图 68　甘草 *Glycyrrhiza uralensis* Fisch.

彩图 69　光果甘草 *Glycyrrhiza glabra* L.

彩图 70　胀果甘草 *Glycyrrhiza inflata* Bat.

彩图 71　膜荚黄芪（黄耆）*Astragalus membranaceus* (Fisch.)Bge.

彩图 72　苦参 *Sophora flavescens* Ait.

彩图 73　野葛 *Pueraria lobata*（Willd.）Ohwi

彩图 74　佛手 *Citrus medica* L. var. *sarcodactylis* Swingle

彩图 75　黄檗 *Phellodendron amurense* Rupr.

彩图 76　白鲜 *Dictamnus dasycarpus* Turcz.（花与果）

彩图 77　枳（枸橘）*Citrus trifoliata* L.（果枝与花解剖）

彩图 78　楝（苦楝）*Melia azedarach* L.

彩图 79　续随子（千金子）*Euphorbia lathyris* L.

彩图 80　叶下珠 *Phyllanthus urinaria* L.

彩图 81　乌桕 *Triadica sebifera*（Linnaeus）Small

彩图 82　盐肤木 *Rhus chinensis* Mill.（植株与虫瘿）

彩图 83　枸骨 *Ilex cornuta* Lindl. et Paxt.

彩图 84　卫矛 *Euonymus alatus*（Thunb.）Sieb.

彩图 85　昆明山海棠 *Tripterygium hypoglaucum*（Lévl.）Hutch.

彩图 86　酸枣 *Ziziphus jujuba* Mill. var. *spinosa*（Bunge）Hu ex H. F. Chow

彩图 87　苘麻 *Abutilon theophrasti* Medicus

彩图 88　芫花 *Daphne genkwa* Sieb. et Zucc.

彩图 89　狼毒 *Stellera chamaejasme* L.

彩图 90　丁香 *Eugenia caryophyllata* Thunb.

彩图 91   人参 *Panax ginseng* C. A. Mey.（园参与野山参）

彩图 92   三七 *Panax notoginseng*（Burk.）F. H Chen.

彩图 93   竹节参 *Panax japonicus* C. A. Mey.

彩图 94　细柱五加 *Acanthopanax gracilistylus* W. W. Smith

彩图 95　刺五加 *Acanthopanax senticosus*（Rupr. et Maxim.）Harms

彩图 96　无梗五加 *Acanthopanax sessiliflorus*（Rupr. et Maxim.）Seem.

彩图 97　当归 *Angelica sinensis*（Oliv.）Diels

彩图 98　杭白芷 *Angelica dahurica*（Fisch. ex Hoffm.）Benth. et Hook f. ex Fanch. et Sav.‘Hangbaizhi’

彩图 99　祁白芷 *Angelica dahurica*（Fisch. ex Hoffm.）Benth. et Hook. f. ex Franch. et Sav.‘Qibaizhi’

彩图 100　珊瑚菜（北沙参）*Glehnia littoralis* Fr. Schm. ex Miq.（植株与花解剖）

彩图 101 山茱萸 *Cornus officinalis* Sieb. et Zucc.（花枝与果枝）

彩图 102 青荚叶 *Helwingia japonica*（Thunb.）Dietr.

彩图 103 过路黄 *Lysimachia christinae* Hance

彩图 104 连翘 *Forsythia suspensa*（Thunb.）Vahl

彩图 105 秦艽 *Gentiana macrophylla* Pall.

彩图 106　萝芙木 *Rauvolfia verticillata*（Lour.）Baill.　　彩图 107　长春花 *Catharanthus roseus*（L.）G. Don

彩图 108　罗布麻 *Apocynum venetum* L.　　彩图 109　络石 *Trachelospermum jasminoides*（Lindl.）Lem.

彩图 110　白薇 *Cynanchum atratum* Bunge　　彩图 111　杠柳 *Periploca sepium* Bunge

彩图 112　南方菟丝子 *Cuscuta australis* R. Br.

彩图 113　新疆紫草(软紫草)*Arnebia euchroma*(Royle)Johnst.

彩图 114　马鞭草 *Verbena officinalis* L.

彩图 115　单叶蔓荆 *Vitex trifolia* L. var. *simplicifolia* Cham

彩图 116　牡荆 *Vitex negundo* L. var. *cannabifolia*(Sieb. et Zucc.)Hand.-Mazz.

彩图 117　丹参 *Salvia miltiorrhiza* Bunge　　　彩图 118　黄芩 *Scutellaria baicalensis* Georgi

彩图 119　益母草 *Leonurus japonicus* Houtt.

彩图 120　薄荷 *Mentha canadensis* L.

彩图 121　紫苏 *Perilla frutescens*（L.）Britt.

彩图 122　夏枯草 *Prunella vulgaris* L.

彩图 123　独一味 *Lamiophlomis rotata*（Benth. ex Hook. f.）Kudo

彩图 124　宁夏枸杞 *Lycium barbarum* L.（果枝与花解剖）

彩图 125　白花曼陀罗（洋金花）*Datum metel* L.

彩图 126　曼陀罗 *Datura stramonium* L.

彩图 127　颠茄 *Atropa belladonna* L.

彩图 128　莨菪（天仙子）*Hyoscyamus niger* L.

彩图 129　马尿泡 *Przewalskia tangutica* Maximo.

彩图 130　毛地黄 *Digitalis purpurea* L.

彩图 131　地黄 *Rehmannia glutinosa* Libosch.

彩图 132　玄参 *Scrophularia ningpoensis* Hemsl.

彩图 133　钩藤 *Uncaria rhynchophylla*（Miq.）Miq. ex Havil.（花枝与带钩枝叶）

彩图 134　海滨木巴戟（海巴戟）*Morinda citrifolia* L.（植株与聚花核果）

彩图 135　忍冬 *Lonicera japonica* Thunb.

彩图 136　甘松 *Nardostachys chinensis* Bat.

彩图137　栝楼 *Trichosanthes kirilowii* Maxim.

彩图138　罗汉果 *Siraitia grosvenorii*（Swingle）C. Jeffrey ex A. M. Lu et Z. Y. Zhang

彩图139　绞股蓝 *Gynostemma pentaphyllum*（Thunb.）Makino

彩图140　雪胆 *Hemsleya chinensis* Cogn. ex Forbes et Hemsl.

彩图141　党参 *Codonopsis pilosula*（Franch.）Nannf.

彩图142　杏叶沙参 *Adenphora petiolata* subsp. *hunanensis*（Nannfeldt）D. Y. Hong & S. Ge

彩图143　桔梗 *Platycodon grandiflorum*（Jacp.）A. DC.（植株及花解剖）

彩图144　半边莲 *Lobelia chinensis* Lour.

彩图145　羊乳（四叶参）*Codonopsis lanceolata*
（Sieb. et Zucc.）Trautv.

彩图 146　红花 *Carthamus tinctorius* L.

彩图 147　白术 *Atractylodes macrocephala* Koidz.

彩图 148　茵陈蒿（茵陈）*Artemisia capillaris* Thunb.

彩图 149　黄花蒿 *Artemisia annua* L.

彩图 150　雪莲花（天山雪莲）*Saussurea involucrata*（Kar. et Kir.）Sch.-Bip.（生境与植株）

彩图 151　牛蒡 *Arctium lappa* L.（植株与带总苞的头状花序）

彩图 152　旋覆花 *Inula japonica* Thunb.

彩图 153　土木香 *Inula helenium* L.

彩图 154　蓟 *Cirsium japonicum* Fisch. ex DC.

彩图 155　水飞蓟 *Silybum marianum*（L.）Gaertn.

彩图 156　苍耳 *Xanthium sibiricum* Patr.

彩图 157　东方泽泻 *Alisma orientale*（Sam.）Juzep.

彩图 158　薏苡 *Coix lachryma-jobi* L. var. *ma-yuen*（Romanet du Caillaud）Stapf（花与果）

彩图 159　淡竹叶 *Lophatherum gracile* Brongn.（叶与花序）

彩图 160　槟榔 *Areca catechu* L.（植株与果实）

彩图 161　半夏 *Pinellia ternata*（Thunb.）Breit.（植株与花解剖）

彩图162 异叶天南星 *Arisaema heterophyllum* Blume

彩图163 天南星（一把伞南星）*Arisaema erubescens*（Wall.）Schott

彩图164 磨芋（蒟蒻）*Amorphophallus rivieri* Durieu（植株与果序）

彩图165 直立百部 *Stemona sessilifolia*（Miq.）Miq.

彩图166 对叶百部 *Stemona tuberosa* Lour.

彩图 167　蔓生百部 *Stemona japonica*（Blume）Miq.

彩图 168　卷丹 *Lilium lancifolium* Thunb.

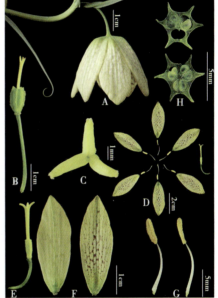

彩图 169　浙贝母 *Fritillaria thunbergii* Miq.（植株与花解剖）

彩图 170　川贝母 *Fritillaria cirrhosa* D. Don

彩图 171　湖北麦冬 *Liriope spicata*（Thunb.）Lour. var. *prolifera* Y. T. Ma

彩图 172　七叶一枝花 *Paris polyphylla* Smith var. *chinensis*（Franch）Hara

彩图 173　知母 *Anemarrhena asphodeloides* Bunge

彩图 174　玉竹 *Polygonatum odoratum*（Mill.）Druce（地上部分与根状茎）

彩图 175　库拉索芦荟（芦荟）*Aloe barbadensis* Miller

彩图 176　海南龙血树 *Dracaena cambodiana* Pierre ex Gapnep.

彩图 177　石蒜 *Lycoris radiata*（L'Her.）Herb.

彩图 178　薯蓣 *Dioscorea opposita* Thunb.

彩图 179　穿龙薯蓣（穿地龙、穿山龙）*Dioscorea nipponica* Makino（带果序的植株与雌花序）

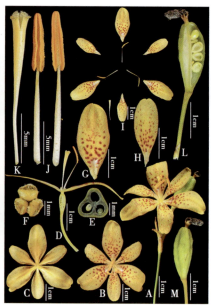

彩图 180　射干 *Belamcanda chinensis*（L.）DC.（花枝与花解剖）

彩图 181　番红花（藏红花）*Crocus sativus* L.（花、植株与室内栽培）

彩图 182　阳春砂 *Amomum villosum* Lour.　　彩图 183　温郁金 *Curcuma wenyujin* Y. H. Chen et C. Ling

彩图 184　草豆蔻 *Alpinia katsumadai* Hayata（植株与果实）

彩图 185　益智 *Alpinia oxyphylla* Miq.

彩图 186　天麻 *Gastrodia elata* Blume

彩图 187　金钗石斛(石斛) *Dendrobium nobile* Lindl.

彩图 188　流苏石斛 *Dendrobium fimbriatum* Hook.

彩图 189 霍山石斛 *Dendrobium huoshanense* C. Z. Tang et S. J. Cheng

彩图 190 铁皮石斛 *Dendrobium officinale* Kimura et Migo（植株与生境）

彩图 191 白及 *Bletilla striata*（Thunb.）Reichb. f.（植株、花与假鳞茎）

彩图 192　手参 *Gymnadenia conopsea*（L.）R. Br.（花序与植株块茎）

彩图 193　贯叶金丝桃 *Hypericum perforatum* L.

彩图 194　紫花地丁 *Viola yedoensis* Makino.

彩图 195　使君子 *Quisqualis indica* L.

彩图 196　蒺藜 *Tribulus terrestris* L.

彩图 197　凤仙花 *Impatiens balsamina* L.

彩图 198　管花肉苁蓉 *Cistanche tubulosa*（Schenk）Wight

彩图 199　美洲凌霄 *Campsis radicans*（L.）Seem.

彩图 200　东方香蒲 *Typha orientalis* Presl.

08